分布式存储系统

核心技术、系统实现与Go项目实战

李庆 著

图书在版编目（CIP）数据

分布式存储系统：核心技术、系统实现与 Go 项目实战 / 李庆著. —北京：机械工业出版社，2024.8

ISBN 978-7-111-75802-0

Ⅰ. ①分… Ⅱ. ①李… Ⅲ. ①分布式存贮器 Ⅳ. ① TP333.2

中国国家版本馆 CIP 数据核字（2024）第 096001 号

机械工业出版社（北京市百万庄大街 22 号 邮政编码 100037）
策划编辑：孙海亮 责任编辑：孙海亮
责任校对：王小童 牟丽英 责任印制：单爱军
保定市中画美凯印刷有限公司印刷
2024 年 8 月第 1 版第 1 次印刷
186mm × 240mm · 26 印张 · 562 千字
标准书号：ISBN 978-7-111-75802-0
定价：119.00 元

电话服务
客服电话：010-88361066
010-88379833
010-68326294

网络服务
机 工 官 网：www.cmpbook.com
机 工 官 博：weibo.com/cmp1952
金 书 网：www.golden-book.com
机工教育服务网：www.cmpedu.com

Preface 前 言

为什么要写这本书

在这个信息技术飞速发展的时代，数据已成为一种重要的资产。随着互联网技术突飞猛进的发展，海量数据的生成、存储、处理以及分析逐渐成为常态。在这种背景下，分布式存储系统以其高可靠性、可伸缩性和高性能，成为支撑大数据时代的坚固基石。

本书的编写基于我对当代分布式存储技术的深刻理解，以及对Go语言在此领域的潜力的深刻认识。Go语言因其简洁的语法、强大的并发处理能力和优异的性能，成为构建大规模分布式系统的首选语言之一。

存储是底层的技术，涉及的知识广泛而复杂，经常让初学者望而却步。很多存储技术开发的人员都是在实际工作中逐步摸索，积累的知识往往是零散且碎片化的，难以形成系统化的思维框架。当遇到问题时，他们往往难以迅速找到解决方案。因此，目前缺少的不仅是一本能够引导读者入门存储领域的书籍，更是一本能帮助读者构建起存储知识体系，并将理论应用到实践中去的指导书。

本书旨在全面深入地解读分布式存储系统的基础原理，并借助Go语言去实践这些原理。从基础知识到知识体系构建，从代码演示到典型项目分析，再到项目实战，本书将逐步引导读者深入理解并实际运用分布式存储技术，帮助读者构建起完整的存储知识体系，以便快速进入存储开发领域。

本书特色

- **Go存储编程的技巧**：深入浅出地讲解Go语言的基础数据结构、存储I/O框架、并发编程等关键技术点。
- **Linux存储体系**：构建起完整的Linux存储体系，帮助读者从根本上理解存储技术的内在逻辑。
- **理论与实践相结合**：通过丰富的代码示例与测试手段分析关键存储技术的实现过程，

并展示如何使用 Go 语言打造真实运行的分布式存储系统。

- **经典项目深度解读**：详细讲解了 Minix、FUSE、LevelDB 等经典存储项目，以便读者深刻理解它们的核心原理，并快速掌握存储技术的开发与实践。
- **分布式存储的项目实践**：实现了一个真实的分布式存储项目，以便读者从实践中深入理解分布式存储的原理。

读者对象

本书适合具备一定 Go 语言开发经验，并对 Linux 基础知识有了解的读者阅读。具体来说，本书适用于以下读者：

- Go 语言开发工程师。
- 分布式存储领域的初学者。
- 希望通过 Go 语言优化现有存储解决方案的资深开发者。

如何阅读本书

本书共 16 章，分为四部分。读者可以按照章节顺序阅读，也可以根据需求挑选感兴趣的章节进行专项学习。

第一部分（第 1～3 章） Go 语言基础，涵盖以下内容。

- **第 1 章**阐述了存储的重要性，并特别讨论了 Go 语言在存储领域的重要性。
- **第 2 章**介绍了 Go 语言在存储编程中常用的数据结构，以方便读者了解底层的数据存储细节。
- **第 3 章**深入介绍了 Go 语言的 I/O 框架，系统梳理了 Go 语言存储编程的知识体系。

第二部分（第 4～9 章） 存储基础，涵盖以下内容。

- **第 4 章**详细探讨了 Linux 的存储架构以及文件和文件系统的核心概念。
- **第 5 章**展示了常见的存储编程案例，探讨了读写优化的策略以及数据安全性的保障方法。
- **第 6 章**深入剖析了多种 I/O 模式，以及 Linux 上的典型 I/O 模式的实现。
- **第 7 章**详细介绍了多种 I/O 并发模型，包括多进程、多线程、协程模型，并深入讨论了 I/O 多路复用的原理和实现。
- **第 8 章**解读了多种缓存模式，包括旁路缓存、读写穿透、异步回写模式等。
- **第 9 章**阐述了数据校验技术及其在实际中的应用场景。

第三部分（第 10～12 章） 分布式系统基础，涵盖以下内容。

- **第 10 章**阐释了分布式系统的基础理论，如 CAP 和 BASE 等，并分析了 2PC、3PC、Paxos、Raft 等分布式协议。

- 第 11 章讲述了常见的高可用模式和关键技术。
- 第 12 章探讨了数据分布策略和数据冗余策略。

第四部分（第 13～16 章） 存储系统实战，涵盖以下内容。

- 第 13 章介绍了 Linux 上经典磁盘文件系统 Minix 的原理和实现。
- 第 14 章介绍了存储引擎 LevelDB 的原理和实现。
- 第 15 章介绍了用户态文件系统的原理和实现，并演示了一个简易用户态文件系统 HelloFS 的构建过程。
- 第 16 章基于 HelloFS，指导读者逐步搭建一个分布式的存储系统。

勘误和支持

由于编写时间仓促，书中难免有疏漏或不够精确之处，恳请读者批评指正。如果读者有更多宝贵意见，欢迎访问微信公众号“奇伢云存储”进行讨论，我会尽力在线上为读者答疑解惑。同时，也可以通过邮箱 liqingqiya@163.com 联系我。期待得到读者的反馈，让我们在技术之路上互勉共进。

致谢

感谢我的妻子，她的耐心和理解为我提供了一个宁静且充满爱的创作环境。同时，感谢我的家人，他们是我坚实的后盾，给予了我必要的支持和鼓励。

本书也是献给我心爱的女儿的特殊礼物，祝愿她健康成长。

李庆

目　录 *Contents*

第二部分 存储基础

第一部分 Part 1

Go 语言基础

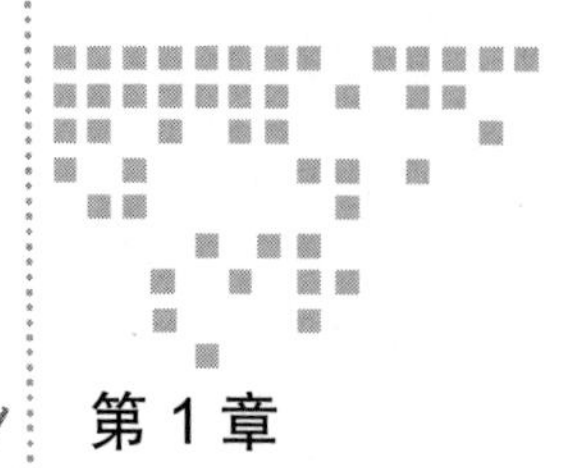

Chapter 1 第 1 章

存储概述

随着云原生、云存储和大数据等领域的发展，存储技术愈发重要。在海量的数据面前，我们首先应考虑的是如何存储，接着是如何处理。同时，存储技术还需要考虑弹性设计、耦合性和物理资源等因素。不同领域的特点和需求决定了存储研究与选择的侧重点，并需要在技术层面进行创新以满足业务发展的需求。Go 语言因其独特的设计，与云技术的结合堪称“珠联璧合”。本章将讨论 Go 语言在云环境中的应用，以及云存储的发展趋势。

1.1 Go 语言与存储应用

Go 语言一直以提高编程效率、保持代码的高性能和可维护性为设计目标，作为一种类型安全且内存安全的语言，它支持高并发编程，因此非常适用于构建高并发、低延迟的分布式系统。

Go 语言针对多核处理器系统进行优化，从而实现了接近 C/C++ 的运行速度。它的语法简洁，关键字仅有 20 多个，编译速度快，开发效率高。同时，Go 语言还集成了许多现代高级语言的特性，如内存管理、垃圾回收和 defer 特性，这些特性使编程更安全，内存管理更简单，减轻了开发者的负担。此外，Go 语言还设计了独特的接口和基于 CSP 的通信模型等。

随着云原生技术的快速发展，许多知名项目，如 Kubernetes、etcd、Prometheus、Consul 等，都选择了 Go 语言作为开发语言。Go 语言在存储领域的应用也非常广泛。例如，SeaweedFS 是一个由 Go 语言编写的分布式存储系统，它主要为处理大规模的小文件而设计，提供了简单而强大的 API，允许用户快速存储和检索数据，同时提供了高可靠性和高可用性。

etcd 是一个分布式的 Key/Value 存储系统，它提供了可靠的方式来存储分布式系统的数据。influxDB是一个使用Go语言编写的时间序列的数据库项目，专门用于处理和分析时间序列的数据，同时提供了高性能的查询和存储功能。

另一个重要的Go语言存储项目是MinIO，这是一个出色的分布式对象存储系统。MinIO兼容Amazon S3的API，为对象存储提供了简单、可扩展和安全的解决方案。

这些项目都充分利用了Go语言在并发处理、性能和易用性方面的优势，使得Go语言在云存储领域有了广泛的应用。

1.2 存储：云变革的基石

存储技术是云变革的基石。在过去，存储设备的速度慢、容量小，人们使用的大多是性能较低的机械硬盘，这在很大程度上束缚了我们的想象力和创新空间。然而，随着SSD等高速存储设备的诞生，云计算、虚拟化、大数据等技术有了实质性的发展，提供了新的可能性。存储技术是云计算、云原生等技术的关键组成部分。存储设备中的数据代表了系统必须维护和处理的状态。

在云化的系统环境中，数据的存储和管理成为不可或缺的环节。随着云上数据量的急剧增加，对大规模数据的存储和管理的需求也日益突出。云存储技术的出现，为云计算等领域提供了有效的解决方案：它可以根据需求动态分配和释放存储资源，同时支持数据的冗余存储，以确保其高可用性和持久性。

随着数据规模的扩大，存储技术也在不断发展。现代的存储系统已经从单一的存储形式发展到多种存储形式并存的格局，包括块存储、文件存储、对象存储等。块存储适用于高性能、低延迟的场景，常见的形式如配合虚拟机使用的云盘，或数据库应用。文件存储则更适用于文件形态的复杂应用场景。而对象存储，更适用于大规模、非结构化的数据存储场景，例如图片、视频等。

1.3 存储技术的发展

存储技术的发展可以从软件和硬件两个角度来探讨。在软件层面，存储技术的焦点在于解决规模扩展、横向性能提升、系统整体可靠性增强和系统易用性改善等问题。随着数据的规模持续扩大，我们需要更多的存储资源，这对存储系统的设计和实现提出了更高的要求。现代存储系统需要处理PB级甚至EB级的数据，因此我们需要新的数据组织和访问方式，才能更有效地管理和使用这些数据。此外，我们还需要新的数据保护和恢复策略（如更先进的纠删码算法），以确保数据的安全和可靠。

从硬件的角度来看，存储技术的演进主要体现在两个方向上：提升速度和扩大容量。接下来我们简单探讨一下这两个方向。

1.3.1 提升速度

存储硬件的速度是其主要的发展方向。在过去，一个机械硬盘的随机 IOPS（每秒读写次数）才几百，这种速度与 CPU 相比，慢了不止一个数量级。由于硬件的性能瓶颈，软件的架构设计和应用受到了很大的限制。

例如，由于机械硬盘的随机性能非常差，软件设计都是尽可能地让磁盘 I/O 顺序进行，为此做出了非常复杂的设计（LSM Tree 的设计就是典型例子），以适应硬件的特性。

然而，随着 SSD 的普及，存储性能得到了飞速发展。IOPS 从原来的几百变成现在的几万甚至 10 万，读写时延达到微妙级别，随机 I/O 性能不再成为瓶颈。业务软件可以不需要任何优化，就能享受到高存储性能。

在 SSD 上，可以同时承载多个租户的业务，软件可以变得更简单，用户可以更多地关注业务的需求，而非底层的特性。存储的革命性变化为我们带来了无限的想象空间，从而推动了云计算、大数据、AI 等领域的飞速发展。

1.3.2 扩大容量

在过去，图片、音视频、游戏等的大小普遍都是 KiB 或 MiB 级别的，这主要是由于存储介质的容量有限。存储设备的价格贵，容量又小，需要在业务侧尽可能地压缩空间。然而，随着存储介质的容量越来越大，价格越来越便宜，业务侧已经不用担心存储的容量问题。因此，现在随处可见 MiB 级别的图片和 GiB 级别的游戏。

在互联网时代，数据是爆炸性增长的，全球的数据量已达到 ZiB 级别，存储这么大量的数据成本巨大。因此，我们需要更大、更便宜的存储介质。目前，十几 TiB 的机械硬盘已经非常普遍，并且新的技术不断涌现，在持续突破现有机械硬盘的容量瓶颈。例如，SMR（Shingled Magnetic Recording，叠瓦式磁记录）技术和 HAMR（Heat-Assisted Magnetic Recording，热辅助磁记录）技术在继续推动着单盘容量的提升。

1.4 本章小结

本章讨论了云计算、云原生、云存储和大数据领域的底层基础——存储技术。我们首先了解了云原生技术的背景，包括其与 Go 语言的紧密联系。

然后，讨论了云变革的基石——存储技术的发展和重要性，探讨了存储介质变快和变大的趋势。

通过本章的学习，我们对存储技术在云环境下的重要性有了深入理解。无论是对理论知识的掌握，还是实际的技术应用，我们都需要对存储技术有足够的了解。只有这样，才能更好地掌握分布式存储技术，进而解决实际问题。

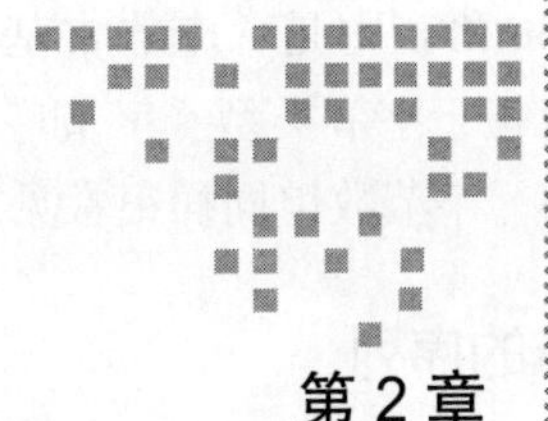

第 2 章 Chapter 2

Go 语言的数据结构

本章将深入探讨 Go 语言中常用的数据结构，如字节、数组、切片、字符串、Map、Channel 以及接口类型等。这些数据结构在编程实践中被频繁使用，因此掌握它们的用法对于我们编写高效且可靠的代码至关重要，同时，也能促进对其他编程语言的理解。我们不仅详细讲解这些数据结构的定义、初始化、访问和操作方法，还将通过示例来加深读者对这些常用数据结构的理解。

2.1 字节

字节是构成数据的基本单位，每个字节由 8 位（bit）组成，能够表示 256 种不同的状态。在进行网络 I/O 或磁盘 I/O 时，所有数据结构都必须转换为字节序列以便传输。

2.1.1 字节的定义

在 Go 语言中，字节被定义为一个独立的数据类型，以关键字 byte 表示。在底层，byte 类型是 uint8 类型的别名，占用 1 字节的存储空间，其取值范围为 0～255，足以表示一个 ASCII 字符。

提示 本书涉及大量 Go 源码分析，所使用的 Go 版本为 Go 1.18。

字节的定义如代码清单 2-1 所示。

代码清单 2-1 字节的定义

```
// 文件: go/src/builtin.go
type byte = uint8
```

字节在 Go 语言中是一个非常基础的类型，它是数据的原始承载形式。序列化和反序列化操作都依赖于字节类型。字节广泛用于存储二进制数据，比如图片、音频和视频文件。在网络编程中，字节数组同样很常见，通常用于传输和描述网络数据包的内容。

2.1.2 字节的序列

在处理数据 I/O 时，我们操作的是字节类型的序列，并不会去感知业务数据类型。跨组件、进程或网络的数据传输通常涉及序列化与反序列化步骤。本质上，序列可以被视为一维数组。

字节是更高级数据类型的基础，是程序的基石之一。理解字节的定义、初始化及重要性对于编写高效且可靠的 I/O 程序至关重要，接下来将介绍一些字节与其他类型相互转换的示例。

1. 字节和整型

多字节的基本数据类型中，最典型的是整型。以 int32 类型为例，它占用 4 字节。若要通过网络发送一个 int32 类型的数据到另一个进程，首先需要将它转换为一个 4 字节的序列。这个转变过程会引出字节端序的问题，即将最高有效字节放前面还是后面，其中涉及大端序和小端序两种表现形式。

大端序（Big-endian）是指将高位字节存储在低地址，而低位字节放在高地址。例如，对于十六进制数据 0x12345678，大端序的存储方式是 0x12，0x34，0x56，0x78。在网络通信中，默认使用大端序，因此大端序也被称为“网络字节序”。

小端序（Little-endian）是指将低位字节存储在低地址，而高位字节存储在高地址。例如，对于 0x12345678，小端序的存储方式为 0x78，0x56，0x34，0x12。在计算机系统中，通常使用小端序，因此小端序也被称为“主机字节序”。大端序和小端序的区别如图 2-1 所示。

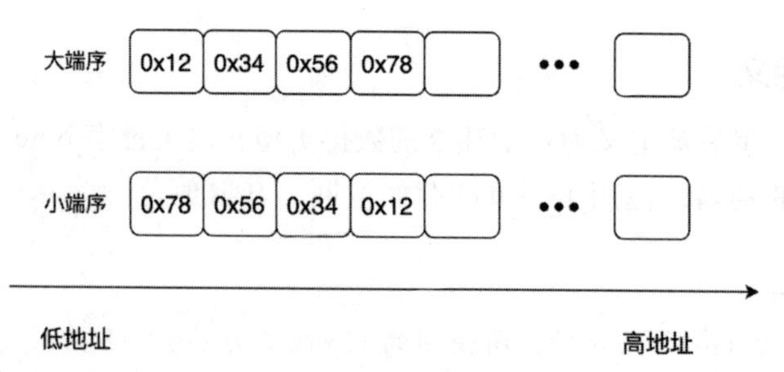

图 2-1 大端序和小端序的区别

在 Go 语言中，标准库 binary 提供了字节端序的相关功能，可以实现大端序和小端序之间的序列化与反序列化。例如，将一个无符号 32 位的整型类型序列化，见代码清单 2-2。

代码清单 2-2 序列化成字节数组

```
var n uint32 = 0x12345678                    // 无符号 32 位整型变量
bigBuf := make([]byte, 4)                    // 创建用于存储大端序的字节切片
litBuf := make([]byte, 4)                    // 创建用于存储小端序的字节切片
// 序列化为大端序和小端序
binary.BigEndian.PutUint32(bigBuf, n)        // 大端序
binary.LittleEndian.PutUint32(litBuf, n)     // 小端序
// 大端序和小端序的反序列化
n1 := binary.BigEndian.Uint32(bigBuf)        // 大端序
n2 := binary.LittleEndian.Uint32(litBuf)     // 小端序
```

上述代码编译后，可以使用调试工具如dlv查看内存分布，验证存储顺序是否与图2-1一致。以下是使用dlv打印代码清单2-2中变量的示例。

```
(dlv) print %x bigBuf
[]uint8 len: 4, cap: 4, [12,34,56,78]
(dlv) print %x litBuf
[]uint8 len: 4, cap: 4, [78,56,34,12]
```

标准库对于大端序和小端序的实现是简单直观的。以大端序为例，它仅需将最高有效字节放置在数组的第一个字节，随后是次高有效字节，以此类推，直至所有字节均被处理。代码清单2-3展示了binary如何实现对uint32类型的大端序转换。

代码清单 2-3 binary包的大端序实现

```
// 将uint32值转换成4字节序列
func (bigEndian) PutUint32(b []byte, v uint32) {
    b[0] = byte(v >> 24)          // 将最高字节放在数组第一个位置
    b[1] = byte(v >> 16)          // 将次高字节放在第二个位置
    b[2] = byte(v >> 8)           // 将第三高字节放在第三个位置
    b[3] = byte(v)                // 将最低字节放在第四个位置
}
// 将4个字节数据转换成uint32值
func (bigEndian) Uint32(b []byte) uint32 {
    return uint32(b[3]) | uint32(b[2])<<8 | uint32(b[1])<<16 | uint32(b[0])<<24
}
```

在整型数据序列化为字节序列之后，便可以通过网络I/O或磁盘I/O等方式进行传输。之后，数据可以在合适的时机被读取并反序列化，以重新构建出原始的整型变量。这个过程实现了整型变量在I/O链路上传输的完整周期。

2. 字节和复合类型

在Go语言中，通常会根据实际需求自定义复合类型，这通过使用struct关键字来声明。如果我们想要在I/O链路中传输复合结构体的内容，例如将一个结构体通过网络I/O发送到另一个进程，那就必须经过序列化和反序列化的过程。序列化可以采用多种格式，例如JSON或XML等。我们也可以自定义序列化的规则，结构体与字节序列之间的转换如图2-2所示。

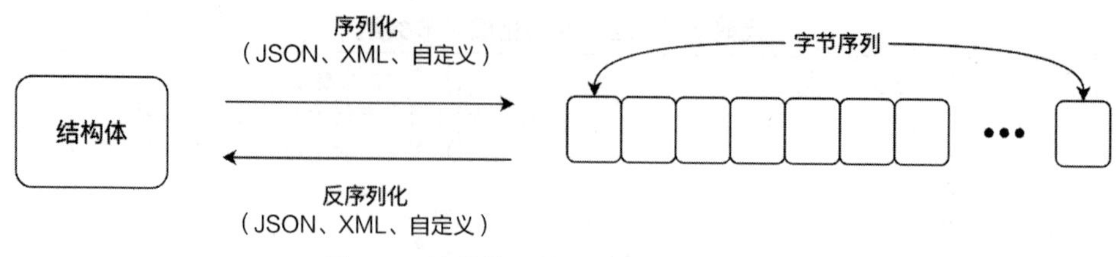

图 2-2 结构体和字节序列的转换示意

以一个具体的例子来阐述，我们首先定义一个名为 Person 的结构体，如代码清单 2-4 所示。

代码清单 2-4 Person 结构体定义

```
type Person struct {
    Name string `json:"name"`
    Age  int32  `json:"age"`
}
```

（1）JSON 序列化规则

接下来使用 JSON 格式来序列化和反序列化该结构体，从而生成字节序列。这一过程的代码如代码清单 2-5 所示。

代码清单 2-5 Person 结构体使用 JSON 序列化和反序列化

```
p := &Person{Name: "Test", Age: 10}
// 使用 JSON 规则进行序列化
data, _ := json.Marshal(p)
var p1 Person
// 使用 JSON 规则进行反序列化
json.Unmarshal(data, &p1)
```

采用通用格式进行序列化和反序列化有显著的优势：只要遵循相同的序列化协议，不同的系统组件就能跨平台和跨语言交换数据。这正是统一标准带来的好处。然而，在某些情况下，我们可能出于对安全性或者性能的考虑，会使用自定义序列化规则来处理数据。

（2）自定义序列化规则

还是以 Person 结构体为例，我们的目标是将该结构体分解为一维的字节序列，同时确保信息的完整性。对于 Person.Name 字段，由于其内存长度不固定，在转换为一维序列后，需要用 4 字节来记录其长度。对于 Person.Age 字段，用 4 字节存储即可。对于整数类型的序列化，我们将采用大端序。Person 的序列化规则如图 2-3 所示。

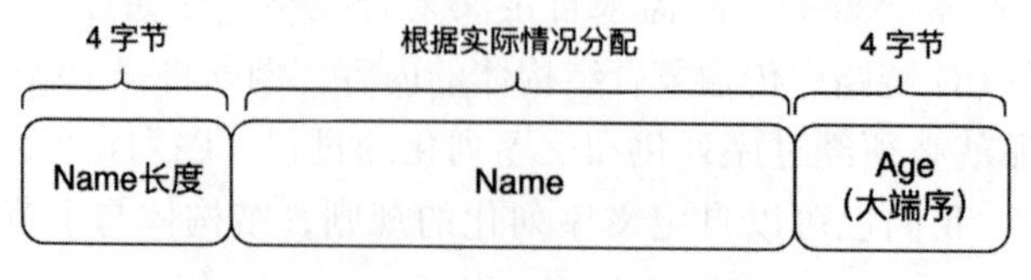

图 2-3 Person 的序列化规则

代码清单 2-6 展示了如何实现 Person 结构体自定义的序列化和反序列化。

代码清单 2-6　Person 结构体自定义的序列化和反序列化

```
// 序列化函数
// 序列化规则：|-NameLength(4B)-|--Name(变长)--|-Age(4B)-|
func (p *Person) Marshal() (data []byte, err error) {
    // 计算名字的长度
    nameLen := len(p.Name)
    // 计算需要分配的内存空间
    n := 4 + nameLen + 4
    // 分配内存空间
    data = make([]byte, n)
    // 填充 Name 字段的长度
    binary.BigEndian.PutUint32(data[:4], uint32(nameLen))
    // 填充 Name 字段
    copy(data[4:], []byte(p.Name))
    // 填充 Age 字段
    binary.BigEndian.PutUint32(data[4+nameLen:], uint32(p.Age))
    return data, nil
}
// 反序列化函数
func (p *Person) Unmarshal(data []byte) (err error) {
    // 恢复 Name 字段的长度
    nameLen := binary.BigEndian.Uint32(data[:4])
    // 恢复 Name 字段
    p.Name = string(data[4 : 4+nameLen])
    // 恢复 Age 字段
    p.Age = int32(binary.BigEndian.Uint32(data[4+nameLen:]))
    return nil
}
```

以上代码展示了一个复杂的、非连续内存的结构体与一维的字节序列相互转换的过程。Person 结构体的序列化和反序列化如代码清单 2-7 所示。

代码清单 2-7　Person 结构体的序列化和反序列化

```
p := &Person{Name: "Test", Age: 10}
data, _ := p.Marshal()
// 此处省略跨网络、进程等过程
p1 := &Person{}
p1.Unmarshal(data)
```

序列化的主要目的是将一个复杂的、在内存中非连续存储的结构体转换成一个顺序的字节序列。实现这一目标的关键是分配足够的连续内存空间，并精确地规划如何在这段内存中安置结构体的数据。相对地，反序列化是这个过程的逆操作，它涉及重新构建和恢复结构体的步骤。

通过上述示例，我们可以观察到在不同形式的数据转换过程中，字节类型扮演了承载数字信息的重要角色。在数据传输过程中，数字信息通常以字节序列的形式进行传输。

2.2 数组和切片

在前文中，我们提到的字节序列实际上是一种一维数组。数组是编程语言中的一个基础结构，是一种顺序集合的表现方式。一个数组主要由两个要素构成：长度和元素类型。在一个数组中，所有的元素类型通常是一致的，并且每个元素占据的空间大小是固定的。这些限制使我们能够通过数组下标直接访问其元素，只需指定下标，编译器就能计算出该元素在内存中的位置。公式如下：

元素的内存位置 = 数组的起始位置 + 下标 × 元素的大小

数组根据长度是否可变分为两种类型：定长数组和变长数组。在 Go 语言中，这两类数组都有所体现：一类是常规的定长数组，简称为数组；另一类是变长数组，也称为切片（Slice）。这两种类型的数组在初始化和使用方面有着明显的区别，接下来将对这两种数组类型进行更深入的探讨。

提示 在后续 Go 语言相关的讨论中，如不特殊指定，数组就代表定长数组类型，切片代表变长数组。

2.2.1 数组

在 Go 语言中，数组的大小在编译时就已确定。Go 语言中的数组在结构上和 C 语言中的数组有些类似，本质上是连续的内存块。一个数组所占的内存大小等于每个元素大小乘以元素的数量。

例如，我们可以定义一个包含 8 个字节的一维数组，如代码清单 2-8 所示。

代码清单 2-8 一维数组的定义

```
// 定义一个长度为 8 的一维数组
var arr [8]byte
```

根据维度不同，数组可以分为一维数组和多维数组。Go 语言支持多维数组的定义，例如，二维数组可以被看作行和列的结构，而三维数组则可以被视为具有“长度、宽度、高度”的空间属性。代码清单 2-9 展示了如何定义一个 4 × 8 的二维数组。

代码清单 2-9 二维数组的定义

```
// 定义一个长度为 4×8 的二维数组
var arr [4][8]byte
```

这是一个具有 4 行 8 列的二维数组。如果我们想要访问第一行第二列的数据，那么只需要使用 arr[0][1] 进行访问。值得注意的是，无论数组有多少维度，在内存分配上，其底层实现都是连续的字节序列，维度的概念只是编译器基于实际内存布局所做的逻辑封装。

我们通过一个实例来理解编译后的情况。先定义一个4行8列的二维数组，并进行赋值，如代码清单2-10所示。

代码清单2-10　二维数组的定义和赋值

```
var twoDimensional [4][8]byte = [4][8]byte{
    {0x1, 0x2, 0x3},
    {0x4, 0x5, 0x6},
}
```

使用dlv调试工具查看内存信息，使用“x”命令可以查看连续内存块的内容。以下是使用dlv命令打印数组twoDimensional的内容的例子：

```
(dlv) p &twoDimensional
(*[4][8]uint8)(0xc00004c750)
// 打印0xc00004c750开始连续32字节的内容。以十六进制形式展示
(dlv) x -fmt hex -count 32 -size 1 0xc00004c750
0xc00004c750:   0x01   0x02   0x03   0x00   0x00   0x00   0x00   0x00
0xc00004c758:   0x04   0x05   0x06   0x00   0x00   0x00   0x00   0x00
0xc00004c760:   0x00   0x00   0x00   0x00   0x00   0x00   0x00   0x00
0xc00004c768:   0x00   0x00   0x00   0x00   0x00   0x00   0x00   0x00
```

从打印出的内存信息可以清楚地看出，0x01、0x02、0x03被赋值到了前3个字节，而0x04、0x05、0x06则被赋值到了第9个字节开始的3个字节位置。这个二维数组连续分配了32字节的内存空间，然后编译器在此基础上实现了多维数组的逻辑抽象。

2.2.2　切片

在Go语言中，切片是一种表达可变长度数组的核心数据结构。切片由两部分组成：一个是24字节的元数据（即切片的Header），另一个是可变长度的底层数组。切片的元数据定义如代码清单2-11所示。

代码清单2-11　切片的元数据定义

```
// 文件：go/runtime/slice.go
type slice struct {
    array unsafe.Pointer        // 元素数组的地址
    len   int                   // 数组实际的元素个数
    cap   int                   // 数组分配的总空间
}
```

在这里，array字段用于存储被管理元素的起始地址，len字段代表切片中实际的元素个数，而cap字段则指示分配的总元素空间。这两个字段的值可以分别通过Go的内置函数len()和cap()来获取。一般而言，cap的值会大于len，这表示切片有额外的预分配空间。值得注意的是，切片元数据和底层数组通常位于内存的不同区域，它们一般是不连续的。图2-4直观地展示了切片的结构。

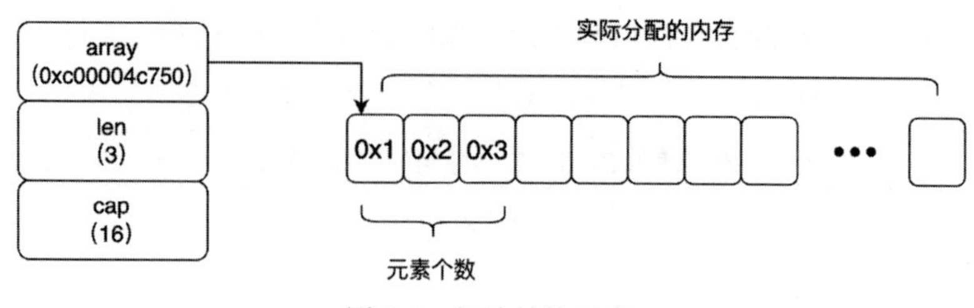

图 2-4 切片结构示意

接下来，我们来了解一下切片的初始化过程。

（1）使用 var 关键字创建切片

在 Go 语言中，结构体的内存分配保证了初始状态下所有字段均为零值。当我们通过 var 声明一个切片变量时，只分配了切片元数据的内存，底层数组的内存尚未分配。因此，在这种情况下使用切片时需要格外小心。

例如，下面的代码展示了使用 var 直接创建一个切片变量，该方式只分配了一个 24 字节的切片元数据，并且切片元数据的各字段都为零值。

```
var buffer []byte
```

（2）使用 make 创建长度为 0 的切片

还有一种方法是通过 make 来创建一个长度为 0 的切片，这种方式也只分配了一个 24 字节的管理元数据内存。如下所示：

```
buffer := make([]byte, 0)
```

采用这种方式创建的切片，切片元数据的 array 字段会指向一个特殊的变量地址（runtime.zerobase）。zerobase 变量也被空结构体使用，主要应用于需要引用地址而不实际分配内存的场景。与使用 var 直接定义相比，这种方式加入了初始化的动作，编译器会在编译时将 make 转换为对 makeslice 函数的调用。

从内存分配的角度来看，以上两种方式创建的切片都只包含切片元数据。此时的切片不能直接通过索引的方式存取元素。但是，当调用 append 函数添加元素时可以直接使用它们，因为编译器会将对 append 函数的调用转换成对 growslice 函数的调用。在 growslice 函数中，会自动处理内存分配问题。如果切片没有分配底层数组的空间则会进行分配，如果容量不足则会进行扩容。

（3）使用 make 创建指定大小的切片

在常见的用法中，可以在创建切片时指定切片长度，示例如下：

```
// 切片的长度和容量都设置成 2
b1 := make([]byte, 2)
```

通过这种方式创建的切片包含两个部分：一部分是 24 字节的切片元数据，另一部分是包含 2 字节元素的底层数组。由于元素类型是字节，因此底层数组总共占用 2 字节。

（4）使用make创建指定大小的切片并预分配空间

另一种创建切片的方法是预分配超出初始长度的内存空间。如果已知切片将来会增长到某个特定大小，就可以预先分配足够的内存空间，这样在切片扩容时，可以避免重新分配内存，直接使用预分配的空间。在性能优化的场景中，这种方式非常有效，因为它省去了临时分配内存的时间开销。示例代码如下：

```
// 切片的长度设置为 2，预分配长度为 4
b2 := make([]byte, 2, 4)
```

总的来说，上面提到的四种初始化切片的方式对应的切片结构如图2-5所示。

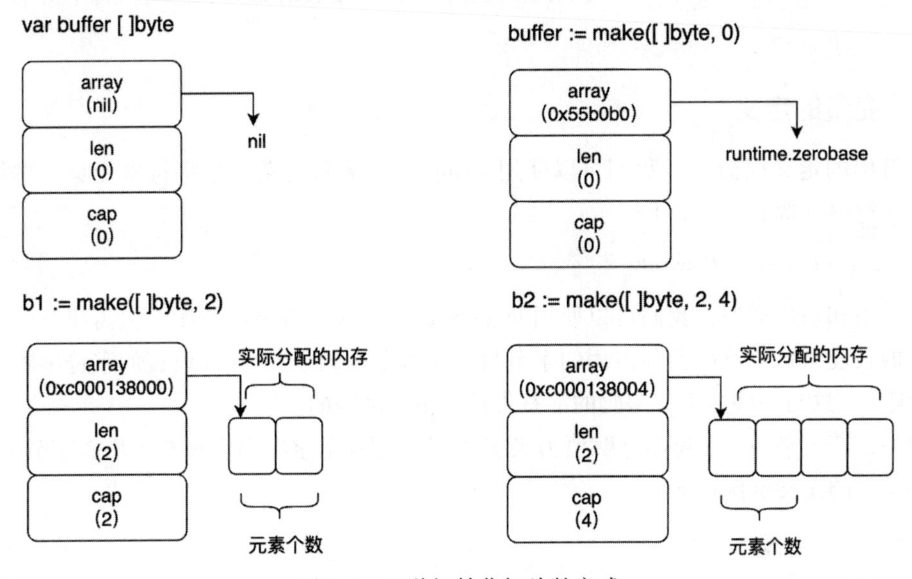

图2-5　四种初始化切片的方式

切片的元素类型可以是任意的，其中字节类型的切片是最常见且核心的结构，它也是I/O操作中的核心参数之一。

除非特别指明，本书提到的“字节序列”默认是指字节类型的切片。

2.3　字符串

在Go语言中，字符串是一种基础类型。我们可以通过string关键字来创建字符串变量。其实，字符串和切片在很多方面都非常相似，它们都由一个元数据的结构体以及一个连续的内存块组成。然而，字符串的内存块是不可更改的，这意味着字符串是一个不可变的字节序列。正因为这个不可变性，字符串的元数据结构只需要两个字段。字符串的元数据结构定义如代码清单 2-12 所示。

代码清单 2-12　字符串的元数据结构定义

```
// 文件: go/src/runtime/string.go
type stringStruct struct {
    str unsafe.Pointer    // 字符串的内存地址
    len int               // 字符串长度，通过 len() 函数可以获取该值
}
```

字符串的内容是只读的，其元数据结构包括地址指针和字符串长度，共占用 16 字节。因此，字符串的总内存占用大小就是这 16 字节的元数据加上字符串内容本身的内存使用量。

2.3.1　变量的定义

字符串的定义很简单，我们可以使用 string 关键字来定义一个字符串变量。例如，直接定义字符串变量的方法如下所示：

```
var str string = "apple"
```

与数组和切片类似，我们可以使用 len() 函数来获取字符串的长度。但需注意的是，这里所指的长度是指字符串实际占用的字节数，而非字符的个数。Go 语言的字符串默认使用 UTF8 编码，这与一些多字节编码的字符集是有很大区别的。

例如，若定义一个字符串并赋值为汉字“我”，则这个字符串实际会占用 3 字节的内存。中文字符串的定义示例如下：

```
var str string = "我"
```

汉字“我”的编码由 0xe6、0x88、0x91 这 3 个字节组成。可以使用 dlv 调试工具来观察中文字符串变量 str 的内容，如下所示：

```
# 打印字符串内存占用: 3 字节
(dlv) p len(str)
3
# 获取字符串元数据的地址: 0xc00004c760
(dlv) p &str
(*string)(0xc00004c760)
# 查看字符串元数据信息，得到字符串内存分配的地址: 0x0000000001065e14
(dlv) x -fmt hex -count 2 -size 8 0xc00004c760
0xc00004c760:   0x0000000001065e14   0x0000000000000003
# 打印字符串的内容
(dlv) x -fmt hex -count 3 -size 1 0x0000000001065e14
0x1065e14:   0xe6   0x88   0x91
```

我们来深入解释一下 dlv 的“x”命令中参数的含义：

- -fmt hex：指定以十六进制的格式展示数据。

- -count 3：指定打印 3 个数据单元。
- -size 1：指定每个数据单元占 1 字节。

实际上，dlv 工具的“x”命令与 gdb 的“x”命令功能类似，只是格式略有区别。因此，如果你更熟悉 gdb 的命令，可以使用“x/3bx 0x0000000001065e14”命令来查看指定内存地址的内容。

2.3.2　内存的分配

字符串在内存中的分配通常有两种情形。一种是在只读区域，其内容在编译时就已确定，当进程启动并加载应用程序的二进制文件到内存地址空间时，这部分内容固定存储在只读区域；另一种是运行时分配的内存，如动态生成的字符串，可以被分配在堆上或者栈上。

与 C 语言不同，在 Go 语言中，内存分配的控制权不再由程序员直接掌握。程序员无法指定结构体的内存究竟分配在堆上还是栈上。在编译阶段，Go 语言会进行一项名为“逃逸分析”的过程，由编译器来决定内存分配的地点。

提示　为了在使用调试工具分析 Go 程序的内存分配时获取更准确的信息，可以在编译 Go 程序时添加“-N -l”选项来禁用编译优化，这有助于我们直观地观察和理解内存是如何分配的。

例如，我们定义了一个字符串，如下所示：

```
var str = "apple"
```

在编译后，可以使用 dlv 调试工具来查看字符串的内存分配地址。下面是使用 dlv 调试 str 变量内容的示例：

```
# 打印字符串内存占用：5 字节
(dlv) p len(str)
5
# 获取字符串元数据的地址
(dlv) p &str
(*string)(0xc000046720)
# 查看字符串元数据的内容
(dlv) x -fmt hex -size 8 -count 2 0xc000046720
0xc000046720:   0x00000000004664c7   0x0000000000000005
# 查看字符串内容
(dlv) x -fmt hex -size 1 -count 5 0x00000000004664c7
0x4664c7:   0x61   0x70   0x70   0x6c   0x65
```

图 2-6 直观地展示了这个字符串变量的结构。

在程序中，用 var str = "apple" 这种方式定义的字符串，其内存分配可以在编译期间确定，并存储在二进制程序文件的 .rodata 段。利用 objdump 工具反汇编应用程序的二进制文件，执行的命令如下：

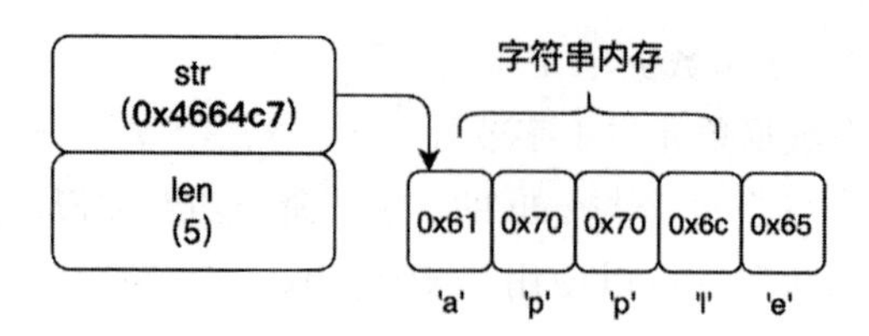

图 2-6 字符串结构示意

```
$ objdump -h ${ 二进制文件名 }
Sections:
Idx Name          Size      VMA               LMA               File off  Algn
  0 .text         000566a3  0000000000401000  0000000000401000  00001000  2**5
                  CONTENTS, ALLOC, LOAD, READONLY, CODE
  1 .rodata       00027123  0000000000458000  0000000000458000  00058000  2**5
                  CONTENTS, ALLOC, LOAD, READONLY, DATA
// 此处省略其他输出
```

通过上述输出我们可以看到，.rodata 的地址范围是 [0x458000，0x458000 + 0x27123]，而我们的字符串内容的存储地址 0x4664c7 正好位于这个区间内。

由于字符串是不可变的，因此将其放在这一内存区域是合理的。如果尝试修改原始字符串，编译器会在编译期间产生错误。

2.3.3 字符串的操作

在各种编程语言中，字符串的处理是一个普遍且常用的需求。特别是在 I/O 操作的过程中，字符串会频繁出现。Go 语言为此提供了一系列字符串的操作方法。

1. 简单操作

首先，字符串作为一种基础数据类型，可以使用便捷的运算符进行操作。例如，通过使用“+”运算可以实现字符串的连接，字符串之间还可以通过比较运算符（如 >、<、== 等）进行直接比较。

由于字符串具有类似数组的特点，类似数组的操作同样适用于字符串，例如索引访问、字符遍历和转换为切片等。

1）获取字符串内存大小（字节维度）的操作如下：

```
n := len(str)
```

这里的长度是内存的长度，并不是字符的个数。在宽字符的场景，内存占用和字符个数并不一致。

2）按照字符串索引访问（字节维度）：

```
// 索引取值
_ = str[1]
```

请注意，这里索引的取值是按照字节粒度的索引，并不是字符粒度的索引。比如，

str = "我" 占用3个字节——0xe6、0x88和0x91，那么str[1]取到的是0x88。如果是普通的ASCII字符，那么索引读取的和字符的序列编号是一致的。

3）使用range遍历字符串（字符维度）：

```
for _, c := range str {
    fmt.Printf("%c\n", c)
}
```

这种方式以字符为最小单元进行遍历，比如str = "我"，循环将只执行1次。如果想要按照字节维度去遍历读取，那么可以先通过len(str)获取到字节长度，然后通过str[x]索引取值的方式去遍历字符串的字节序列。

4）按照字符串切片的语法，生成子字符串：

```
// 切片还是字符串类型，不可修改
s1 := str[:3]
```

生成的子字符串还是字符串类型，内容不可修改。

2. 标准库strings的应用

在所有编程语言中，字符串的处理是常见的需求，如字符串的比较、查找、统计、分裂、排序、裁剪等操作频繁出现。为了方便这些操作，Go语言提供了一个专门处理字符串的标准库——strings，该库提供了诸如拼接、替换、比较、查找、裁剪和分裂等一系列实用方法。下面我们将通过一些具体的例子来介绍这些方法的使用。

（1）字符串拼接

在Go语言中，可以使用Join函数来实现字符串的拼接，该函数能把一个字符串数组拼接成一个大字符串。Join函数原型如下：

```
func Join(elems []string, sep string) string
```

该函数接受两个参数：一个字符串数组和拼接使用的分隔符。返回值是拼接后生成的新字符串。注意，此操作不会改变原始的字符串。下面是使用Join函数进行字符串拼接的示例：

```
str := strings.Join([]string{"hello", "world"}, ",")
```

输出结果是：

```
"hello,world"
```

（2）字符串替换

Go语言提供了Replace和ReplaceAll函数，用于替换字符串中的子字符串，并返回新的字符串。函数原型如下：

```
func Replace(s, old, new string, n int) string
func ReplaceAll(s, old, new string) string
```

其中，ReplaceAll函数实际上是对Replace函数的封装，效果相当于调用Replace(s,

old, new, -1)。以下是字符串替换函数的使用示例：

```
fmt.Println(strings.Replace("hhh, hello, world", "h", "H", 1))
fmt.Println(strings.Replace("hhh, hello, world", "h", "H", -1))
fmt.Println(strings.ReplaceAll("hhh, hello, world", "h", "H"))
```

输出结果是：

```
Hhh, hello, world
HHH, Hello, world
HHH, Hello, world
```

（3）字符串比较

字符串比较有两种方式：一种是直接用 <、>、== 等运算符比较；另一种是使用 Compare、EqualFold 等函数比较。函数原型如下：

```
func Compare(a, b string) int
func EqualFold(s, t string) bool
```

字符串比较示例如下：

```
fmt.Println(strings.Compare("hello", "world"))
fmt.Println(strings.EqualFold("hello", "HELLO")) # 不区分大小写
```

输出结果是：

```
-1      # 表示 "hello" < "world"
true    # 表示 "hello" == "HELLO"
```

Go 的字符串是逐字节比较的。也就是说，字符串的比较是按照字典序进行的。从头开始逐字节比较，若相等则继续向后比较，直至遇到不同的字节为止。以 "hello/10" "hello/2" "world" 这 3 个字符串为例。首先，比较第一个字节，"w"（ASCII 码为 119）大于 "h"（ASCII 码为 104），因此 "world" 最大。"hello/10" 和 "hello/2" 有相同的前缀，继续比较后面的字符，直到发现 "2"（ASCII 码为 50）大于 "1"（ASCII 码为 49）。因此最终结果是："world" > "hello/2" > "hello/10"。这三个字符串结构示意如图 2-7 所示。

字典序的比较方式很常见，在数据存储的过程中频繁使用。特别是想要按一定顺序存储数据以优化读取效率时，就涉及数据排序的问题。最典型的例子就是 LSM Tree 存储引擎的 SST（Sorted String Table）文件，我们将在后文中详细阐述这个文件。

（4）字符串查找

Go 语言提供了多个函数用于在字符串内部查找子字符串，定位子字符串的位置，以及统计符合要求的字符串的个数。函数原型如下：

```
func Index(s, substr string) int
func IndexAny(s, chars string) int
func IndexByte(s string, c byte) int
func IndexRune(s string, r rune) int
func Contains(s, substr string) bool
```

```
func ContainsAny(s, chars string) bool
func ContainsRune(s string, r rune) bool
func Count(s, substr string) int
```

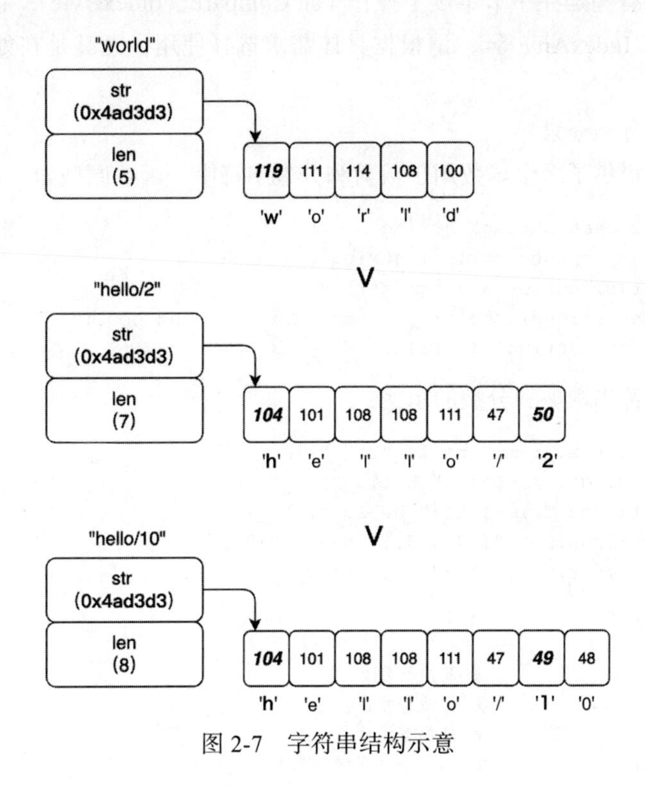

图 2-7　字符串结构示意

下面是一些字符串查找函数的使用示例：

```
fmt.Println(strings.Index("hello", "e"))
fmt.Println(strings.IndexAny("hello", "el"))
fmt.Println(strings.IndexByte("hello", 0x65))
fmt.Println(strings.IndexRune(" 测试中 ", 0x8bd5)))
fmt.Println(strings.Contains("hello, world", "llo"))
fmt.Println(strings.ContainsAny("hello", "el"))
fmt.Println(strings.ContainsRune("hello", 0x65))
fmt.Println(strings.Count("hello", "l"))
```

输出结果是：

```
1    # "e" 在 "hello" 中的开始位置为 1
1    # 字符列表 "el" 在 "hello" 第一次出现的位置为 1。如果返回 -1，那么说明子字符串的任意字符都
       不曾出现在字符串 "hello" 中
1    # ASCII 字符 0x65 ('e') 的开始位置为 1
3    # unicode 字符 '试' 的开始位置为 3，注意这是字节维度的索引
true    # "hello, world" 包含了 "llo"
true    # 字符列表 "el" 的某个字符被包含在 "hello" 中。如果返回的是 false，那么表示 "el" 的
          任意字符都不曾出现在字符串 "hello" 中
```

```
true    # "hello" 包含了字符 0x65 ('e')
2       # "hello" 包含了 2 个字符 'l'
```

以上函数中，有些是在字节维度上操作（如 Compare、IndexByte），有些是在字符维度上操作（如 Index、IndexAny 等），请根据具体需求选择使用，尤其是在处理非 ASCII 字符时要特别注意。

（5）字符串裁剪和分裂

strings 标准库提供了多个函数用于裁剪和分裂字符串。函数原型如下：

```
func Trim(s, cutset string) string
func TrimLeft(s, cutset string) string
func TrimRight(s, cutset string) string
func Cut(s, sep string) (before, after string, found bool)
func Split(s, sep string) []string
```

下面是一些字符串裁剪和分裂的示例：

```
fmt.Println(strings.Trim("_hello_", "_"))
fmt.Println(strings.TrimLeft("_hello_", "_"))
fmt.Println(strings.TrimRight("_hello_", "_"))
fmt.Println(strings.Cut("127.0.0.1:8888", ":"))
fmt.Println(strings.Split("127.0.0.1:8888", ":"))
```

输出结果是：

```
hello                    # 前后都裁剪
hello_                   # 只裁剪左边
_hello                   # 只裁剪右边
127.0.0.1 8888 true      # 以某个 " 子字符串 " 切割成两段
[127.0.0.1 8888]         # 以某个 " 子字符串 " 分裂成多段
```

请注意，以上所有的字符串操作都不会修改原始字符串。这些操作都是生成新的字符串，以此保持字符串的不可变性。

2.3.4 类型转换

在 Go 语言中，字符串可以与某些结构体（比如切片）进行相互转换。这并不意味着 Go 是一种弱类型语言，相反，Go 是一种强类型的语言。这里提到的“转换”是指通过一种类型的变量生成另一种类型的变量，而非改变原有变量的类型。这种转换的可行性主要源于字符串和切片在底层结构的相似性。

由于字符串是不可修改的，因此这个转换必然涉及新的内存的分配和复制。我们需要将字符串的内容复制到一个切片上，下面是字符串转换成切片的代码示例：

```
str := "hello world"
s2 := []byte(str)
```

进行上述类型转换时，会分配新的内存空间，并将字符串的内容复制到新的内存上。

这样做可以保证后续的切片是可以被修改的，同时不影响到原始的字符串。

这种 []byte 和 string 的转换会被编译器转换成对 stringtoslicebyte 和 slicebytetostring 函数的调用，这两个函数的主要任务就是分配内存和复制数据，以保证前后的对象在内存上是不相关的，这样就能维护切片和字符串各自的语义。stringtoslicebyte 函数的实现如代码清单 2-13 所示。

代码清单 2-13　stringtoslicebyte 函数的实现

```
// 文件: go/src/runtime/string.go
func stringtoslicebyte(buf *tmpBuf, s string) []byte {
    var b []byte
    // 内存分配
    if buf != nil && len(s) <= len(buf) {
        *buf = tmpBuf{}
        b = buf[:len(s)]
    } else {
        b = rawbyteslice(len(s))
    }
    // 内存复制
    copy(b, s)
    return b
}
```

因此，在处理 I/O 操作时，如果遇到字符串和切片的转换，我们必须格外小心。此处涉及内存的分配和复制，如果处理的数据量过大或者类型转换过于频繁，可能会对系统性能和资源造成双重消耗。在进行这种操作时，应该仔细权衡其必要性和潜在的代价。

2.4　map 类型

在高级编程语言中，数组通常按照索引访问，而字典（或称映射）则通过 Key 来访问。Go 语言通过内置的 map 类型来满足基于 Key 访问的需求。Go 的 map 内部采用散列表实现，以实现快速增加、删除和查找操作。在 Go 语言中，map 的 Key 查找操作的时间复杂度为 $O(1)$，即常数级别。尽管 map 的扩容可能会导致性能下降，时间复杂度在最坏情况下达到了 $O(n)$，但 Go 语言已采取多种优化措施来减轻这种影响。

2.4.1　创建与初始化

在定义 map 时，我们必须确定 Key 和 Value 的类型。值得注意的是，map 的 Value 可以是任意类型，但是 Key 不能是所有的类型。map 的 Key 常见的类型包括 string、int 等。然而，像切片或者函数这样的类型是不能作为 map 的 Key 的。总体而言，只有能够用“==”符号进行比较的类型才能作为 map 的 Key。map 的定义语法如下：

```
var m map[string]int
```

上述语法仅创建了一个指向hmap结构的指针变量，并没有分配hmap结构体的内存，更没有进行初始化。因此，这种状态下的map变量还不能使用，否则会触发访问nil指针触发的panic错误。

创建和初始化map有三种不同的语法，可以用make来创建，也可以使用字面量的方式。以下是初始化map的三种方式的示例：

```
// 方式一：使用字面量的语法
m1 := map[string]string{}
// 方式二：使用make创建
m2 := make(map[string]string)
// 方式三：使用make创建，预分配空间
m3 := make(map[string]string, 8)
```

在编译时，编译器识别到这些语法，并转换为相应的函数调用，调用makemap来创建并初始化一个hmap结构体，并将该结构体的指针赋给m变量。hmap结构体的定义如代码清单2-14所示：

代码清单2-14 hmap结构体的定义

```
// 文件：go/src/runtime/map.go
type hmap struct {
    count      int             // 表示map中存储的元素数量，执行len()时返回此值
    flags      uint8           // 状态标识
    B          uint8           // 指明buckets数组个数，为2^B
    noverflow  uint16          // 指明桶溢出的大概数量
    hash0      uint32          // 散列种子，随机数
    buckets    unsafe.Pointer  // 指向buckets数组的地址，数组大小为2^B
    oldbuckets unsafe.Pointer  // 保存旧buckets数组的地址，非扩容场景为nil
    nevacuate  uintptr         // 用于扩容场景，指明扩容的进度
    extra      *mapextra       // 用于优化垃圾回收
}
```

hmap是map的核心结构体，本质上是散列表的实现。它在基本散列表结构上增加了一些设计和优化，例如对垃圾回收的优化以及对冲突率的控制，使其结构略显复杂。散列表需要解决散列冲突的问题，hmap通过数组加链表的方式来解决这一问题。

hmap本身是一个管理结构体，其内存大小是固定的。map的Key/Value数据存储在名为bmap（bucket map的缩写）的结构体中。bmap的内存大小则取决于Key/Value的大小。bmap结构体的定义如代码清单2-15所示。

代码清单2-15 bmap结构体的定义

```
// 文件：go/src/runtime/map.go
type bmap struct {
    tophash [bucketCnt]uint8 // bucketCnt为常数8
}
```

从上述定义可以看出，bmap结构体中只定义了一个tophash字段。这是因为编译器需

要在编译时动态构造 bmap 结构体的字段内容，完整的 bmap 结构体会包含更多字段，其定义如代码清单 2-16 所示。

代码清单 2-16　完整的 bmap 结构体的定义

```
type bmap struct {
    topbits [bucketCnt]uint8       // bucketCnt 为常数 8
    keys [bucketCnt]keytype        // keytype 在编译时确认
    elems [bucketCnt]elemtype      // elemtype 在编译时确认
    overflow uintptr               // 指向下一个溢出的 bmap
}
```

这么做的原因是，在定义 map 变量之前，我们无法知道 Key、Value 的类型和内存占用，只有在编译时才能通过分析得到。在 Go 语言的很多场景中，编译器都在后台默默地进行着这种辅助工作。bmap 的定义便是一个典型的例子。

bmap 最多存储 8 对 Key/Value。如果元素的数量超出了这一限制，就需要创建一个新的 bmap 结构体，多个 bmap 结构体通过 overflow 字段构成一个链表。bmap 的内存大小是在编译期间计算得到的，之后固定不变。hmap 和 bmap 结构体的关系如图 2-8 所示。

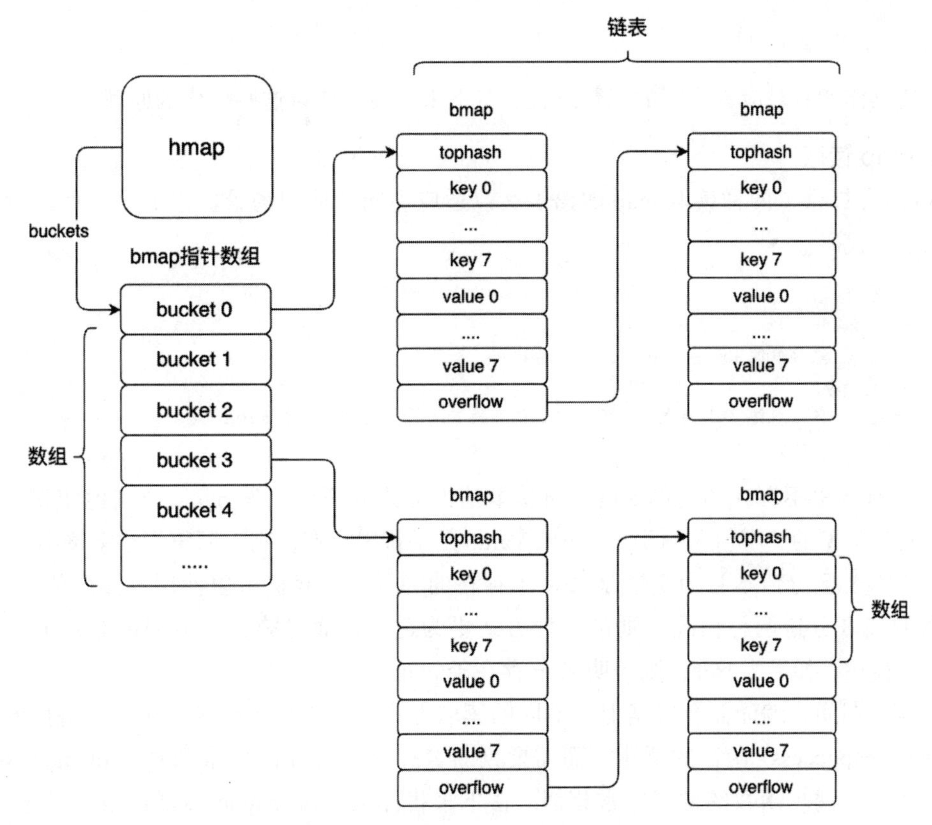

图 2-8　hmap 和 bmap 结构体的关系

hmap 作为核心管理结构，承载了 map 中的 Key/Value 的存储功能。实际的数据存储在 bmap 结构体中。Go 语言的 map 通过结合数组和链表的方式来解决散列冲突问题。首先，Key 通过散列算法的计算得到散列值，然后根据这个散列值将 Key 分配到 hmap.buckets 数组的某个 bucket 中，最后在该 bucket 对应的 bmap 链表上进行查找，最终找到 Key 存取的位置。

接下来将深入探讨 map 的读取、写入以及删除等操作。

2.4.2 读取、写入和删除

在 Go 语言中，map 的读取、写入、删除操作都是通过 Key 进行的。下面是操作 map 的基本方法：

```
// 定义
m := make(map[string]string)
// 读取
m[key]
// 写入
m[key] = value
// 删除
delete(m, key)
```

上述操作背后对应着不同的函数过程，接下来将逐一探讨这些操作的原理。

1. map 读取

Go 语言提供了两种读取 map 的语法，以适应不同的使用场景。以下是两种 map 读取方式的示例代码：

```
// 定义
m := make(map[string]string)
// 方式一：直接取值（调用 mapaccess1 函数）
v := m[key]
// 方式二：同时返回 Value 和一个布尔值，以判断 Key 是否存在（调用 mapaccess2 函数）
v, ok := m[key]
```

如果 map 里不存在指定的 Key，直接取值的方式并不会引发 panic 或其他错误，而只会返回对应类型的“零值”。例如，如果 Value 是字符串类型，则返回值为空字符串。

在不需要区分值本身为空还是 Key 不存在的场景下，我们可以使用直接取值的方式。但若需明确区分这两种情况，则第二种方式更为适合，通过第二个返回的布尔值来判断 Key 是否存在，如果为 true，则表明 Key 存在于 map 中。

在编译期间，编译器会根据上述不同的读取方式转换为相应的函数调用。直接取值的场景对应 mapaccess1 函数的调用，而需要判断 Key 是否存在的场景则对应 mapaccess2 函数的调用。这两个函数的逻辑非常相似。接下来将详细探讨 mapaccess2 函数的具体实现，如代码清单 2-17 所示。

代码清单 2-17　mapaccess2 函数的实现

```
// 文件: go/src/runtime/map.go
func mapaccess2(t *maptype, h *hmap, key unsafe.Pointer) (unsafe.Pointer, bool) {
    // 通过 Key 计算出散列值
    hash := t.hasher(key, uintptr(h.hash0))
    m := bucketMask(h.B)
    // 定位到对应的 bucket
    b := (*bmap)(add(h.buckets, (hash&m)*uintptr(t.bucketsize)))
    // 获取 top 散列值，用于 bucket 内部索引
    top := tophash(hash)
bucketloop:
    // 依次遍历桶里的元素
    for ; b != nil; b = b.overflow(t) {
        for i := uintptr(0); i < bucketCnt; i++ {
            // 对比 top 散列值是否相等
            if b.tophash[i] != top {
                if b.tophash[i] == emptyRest {
                    break bucketloop
                }
                continue
            }
            k := add(unsafe.Pointer(b), dataOffset+i*uintptr(t.keysize))
            if t.indirectkey() {
                k = *((*unsafe.Pointer)(k))
            }
            // 对比 Key 是否相等
            if t.key.equal(key, k) {
                // 定位到 Key 的位置
                e := add(unsafe.Pointer(b), dataOffset+bucketCnt*uintptr(t.
                    keysize)+i*uintptr(t.elemsize))
                if t.indirectelem() {
                    e = *((*unsafe.Pointer)(e))
                }
                return e, true
            }
        }
    }
    // 若未找到，返回零值
    return unsafe.Pointer(&zeroVal[0]), false
}
```

mapaccess2 函数的实现逻辑相对简单。首先，通过 Key 计算得到一个散列值，该散列值一部分用于定位 bucket，另一部分用于在 bucket 内部快速查找 Key/Value。接着，利用散列值定位到对应的 bucket。为了解决散列冲突问题，采用了链表的方式扩展 bmap，即通过 bmap 的 overflow 字段指向下一个 bmap 结构体，从而形成一个链表。

bmap 是 map 内部的存储单位，每个 bmap 有 8 个槽位，最多可以存储 8 个 Key/Value。在访问某个 Key 时，我们会遍历这个 bmap 的所有元素，如果没找到对应的 Key，则继续

去链表的下一个 bmap 节点中搜索，直到找到对应的 Key。图 2-9 直观地展示了散列计算的过程。

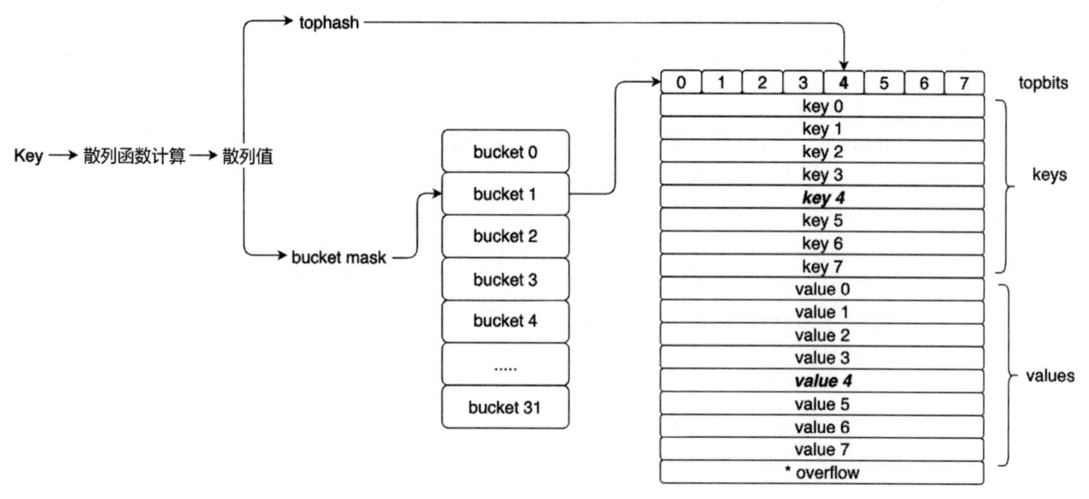

图 2-9 散列计算示意

在访问散列表时，推荐使用 v, ok := m[key] 的方式，这样既可以确切地知道 Key 是否存在，也可以避免任何潜在的歧义。

2. map 写入

map 的写入过程就是一个 Key/Value 的插入或者更新的过程。具体的更新示例如下：

```
// 定义
m := make(map[string]string)
// 赋值
m["key"] = "value"
```

当编译器识别到 map 赋值的语句时，将其转换成 mapassign 函数的调用。其内部的前期流程和读取过程类似。mapassign 函数的实现如代码清单 2-18 所示。

代码清单 2-18 mapassign 函数的实现

```
func mapassign(t *maptype, h *hmap, key unsafe.Pointer) unsafe.Pointer {
    // 计算散列值
    hash := t.hasher(key, uintptr(h.hash0))
    // 根据散列值定位到 bucket
    bucket := hash & bucketMask(h.B)
    b := (*bmap)(add(h.buckets, bucket*uintptr(t.bucketsize)))
    top := tophash(hash)
    // 此处省略部分代码
bucketloop:
    for {
        for i := uintptr(0); i < bucketCnt; i++ {
            if b.tophash[i] != top {
```

```
                if isEmpty(b.tophash[i]) && inserti == nil {
                    inserti = &b.tophash[i]
                    insertk = add(unsafe.Pointer(b), dataOffset+i*uintptr(t.
                        keysize))
                    elem = add(unsafe.Pointer(b), dataOffset+bucketCnt*uintptr(t.
                        keysize)+i*uintptr(t.elemsize))
                }
                if b.tophash[i] == emptyRest {
                    break bucketloop
                }
                continue
            }
            k := add(unsafe.Pointer(b), dataOffset+i*uintptr(t.keysize))
            if t.indirectkey() {
                k = *((*unsafe.Pointer)(k))
            }
            if !t.key.equal(key, k) {
                continue
            }
            // 已经存在的 key，走更新流程
            if t.needkeyupdate() {
                typedmemmove(t.key, k, key)
            }
            elem = add(unsafe.Pointer(b), dataOffset+bucketCnt*uintptr(t.
                keysize)+i*uintptr(t.elemsize))
            goto done
        }
        ovf := b.overflow(t)
        if ovf == nil {
            break
        }
        b = ovf
    }
    // 当前的 bmap 已经满了，需要新分配
    if inserti == nil {
        // 当前 bucket 满了，新建一个
        newb := h.newoverflow(t, b)
        inserti = &newb.tophash[0]
        insertk = add(unsafe.Pointer(newb), dataOffset)
        elem = add(insertk, bucketCnt*uintptr(t.keysize))
    }
    // 存储 Key/Value 数据 (insert 场景 )
    if t.indirectkey() {
        kmem := newobject(t.key)
        *(*unsafe.Pointer)(insertk) = kmem
        insertk = kmem
    }
    if t.indirectelem() {
        vmem := newobject(t.elem)
        *(*unsafe.Pointer)(elem) = vmem
```

```
    }
    typedmemmove(t.key, insertk, key)
    *inserti = top
    h.count++
done:
    if h.flags&hashWriting == 0 {
        throw("concurrent map writes")
    }
    h.flags &^= hashWriting
    if t.indirectelem() {
        elem = *((*unsafe.Pointer)(elem))
    }
    return elem
}
```

首先，根据 Key 计算出来的散列值找到对应的 bucket，然后在 bucket 内部查找 Key 的位置，确认 Key 所在的位置后，更新 Key/Value 的值。如果对应的 bmap 已满，将调用 hmap.newoverflow 函数进行扩容，分配一个新的 bmap 结构体，并将其作为链表的新节点连接到尾部。

在遍历 bmap 的内部元素时，会先比较 tophash，再比较 Key。如果 Key 原来不存在，则执行插入流程，此时会分配 Key/Value 需要的内存空间，并通过 typedmemmove 把 Key 复制到相应的内存位置，随后返回 Value 的内存地址。如果 Key 已存在，则进行更新操作，直接返回 Value 的内存地址。

值得注意的是，无论插入还是更新，在 mapassign 函数中只会返回 Value 的内存地址，而不负责 Value 的赋值。Value 的具体赋值过程是在 mapassign 函数外部完成的，由编译器在编译期间生成的专门代码来处理。对于 map["key"] = "value" 这样的代码，其汇编代码的简化版如下所示：

```
0x0045bfa3: callq  0x40f0c0 <runtime.mapassign_faststr>  // mapassign 类函数调用
// 此处省略部分代码
0x0045bfa8: mov    %rax,0x28(%rsp)        // $rax 为返回值的地址
0x0045bfaf: movq   $0x5,0x8(%rax)         // 为 string 类型的 len 字段赋值
// 此处省略部分代码
0x0045bfc4: lea    0xbd96(%rip),%rcx      // 获取字符串 "value" 的地址 ($rcx)
0x0045bfcb: mov    %rcx,(%rax)            // 为 string 类型的 str 字段赋值
```

在实际的编译过程中，有很多针对性的优化措施。例如，当 Key 的类型为字符串时，赋值操作将调用 mapassign_faststr 函数；如果 Key 是 int64 类型，则会调用 mapassign_fast64 函数，其内部处理逻辑与 mapassign 函数相似，这里不再详细阐述具体的优化细节。

3. map 删除

在 Go 语言中，要删除 map 中的一个元素，通常使用 delete(m, key) 函数。编译器会将该函数转换为对 mapdelete 函数的调用。mapdelete 函数内部的逻辑与读取和写入操作相似，要先定位到 Key 所在的位置。首先，通过给定的 Key 计算出散列值，接着通过该散列值找

到对应的bucket，并在bucket内部进行遍历，最终定位到Key的具体位置。一旦找到Key的位置，就会执行以下主要步骤：

- 将bmap的tophash数组中对应的位置重置为empty。
- 清理bmap中对应的Key/Value的内存值，使Key/Value的内存不再被引用，从而在后续可以被垃圾回收器回收。

因此，删除流程本质上也是赋值操作，只不过这次赋值的内容是empty和nil值。这个流程与map写入逻辑极为相似，这里就不再详细展开了。

2.4.3　元素遍历

在Go语言中，可以使用for-range结构来遍历map的内部元素。然而，需要注意的是，Go的map是无序的结构，这意味着在遍历过程中，元素的出现顺序是不可预测的。如果有按顺序遍历的需求，那么用户需要在外部单独维护一个有序结构来存放Key，然后再结合map来实现有序遍历。

为了强调map遍历的无序性，并阻止用户基于遍历顺序做出错误假设，Go语言的设计者甚至在每次遍历时会故意生成一个随机因子，以打乱元素的遍历顺序，从而使得每次遍历的序列都是不同的。以下是map遍历的代码示例：

```
// 遍历 map 的键值对
for k, v := range m {
    fmt.Println(k, v)
}
```

在上面的代码中，每次打印出的Key/Value的顺序可能会不同。for-range遍历的原理很简单，可以分解为三个要素：

1）初始化（init）。

2）终止条件的判断（condition）。

3）条件递进（increment）。

map遍历的伪代码如下所示：

```
for (init, condition, increment) {
    // 此处省略处理过程
}
```

编译器检测到map和for-range结合使用时，会将其转换为对mapiterinit和mapiternext两个函数的调用，分别对应for循环的初始化、条件递进部分。终止条件则是根据mapiternext函数的返回结果来判断的。下面我们逐一分析这三个部分。

1. for初始化

在讨论map的遍历逻辑之前，我们首先来看迭代器的hiter结构体。hiter是在map遍历过程中使用的一个核心数据结构，它在初始化、递进和终止条件判断等环节中发挥着重要作用。hiter 结构体的定义如代码清单 2-19 所示。

代码清单 2-19 hiter 结构体的定义

```
// 文件: go/src/runtime/map.go
type hiter struct {
    key         unsafe.Pointer   // Key 的地址，为 nil 时表示终止
    elem        unsafe.Pointer   // Value 的地址
    t           *maptype         // map 类型
    h           *hmap            // 核心 hmap 变量
    buckets     unsafe.Pointer   // hmap 的 buckets 数组
    bptr        *bmap            // 当前的 bucket (bmap)
    overflow    *[]*bmap         // 溢出的 bmap 结构
    oldoverflow *[]*bmap         // 旧的溢出的 bmap 结构
    startBucket uintptr          // 开始遍历的 bucket 的地址
    wrapped     bool             // 表示是否从 buckets 数组回绕
    // 此处省略部分代码
}
```

在 hiter 结构体中，hiter.key 和 hiter.elem 用于访问当前的 Key/Value。mapiterinit 函数的主要作用就是构造一个 hiter 迭代器实例。mapiterinit 函数的实现如代码清单 2-20 所示。

代码清单 2-20 mapiterinit 函数的实现

```
func mapiterinit(t *maptype, h *hmap, it *hiter) {
    // 初始化迭代器
    it.t = t
    it.h = h
    it.B = h.B
    it.buckets = h.buckets
    // 使用 fastrand 获取一个随机因子，决定遍历开始的位置
    r := uintptr(fastrand())
    if h.B > 31-bucketCntBits {
        r += uintptr(fastrand()) << 31
    }
    // 计算开始的 bucket
    it.startBucket = r & bucketMask(h.B)
    it.offset = uint8(r >> h.B & (bucketCnt - 1))
    it.bucket = it.startBucket
    // 开始遍历
    mapiternext(it)
}
```

从上述代码可以看出，其主要工作是初始化 hiter 结构体，并计算遍历的起始位置。在 mapiterinit 函数中，使用 fastrand() 函数来生成一个随机因子，从而故意打乱每次遍历的顺序，确保遍历的顺序在每一次都是随机的。

2. for 条件递进

for 循环的条件递进和终止判断都依赖于 mapiternext 函数的执行。在每一次迭代中，

都会调用此函数来推动循环向前，并决定是否结束循环。mapiternext 函数的实现如代码清单 2-21 所示。

代码清单 2-21　mapiternext 函数的实现

```
func mapiternext(it *hiter) {
    h := it.h
    t := it.t
    bucket := it.bucket
    b := it.bptr
    i := it.i
next:
    if b == nil {
        if bucket == it.startBucket && it.wrapped {
            // 迭代终止
            it.key = nil
            it.elem = nil
            return
        }
        // 查找到 bmap
        b = (*bmap)(add(it.buckets, bucket*uintptr(t.bucketsize)))
        checkBucket = noCheck
        bucket++
        if bucket == bucketShift(it.B) {
            bucket = 0
            it.wrapped = true
        }
        i = 0
    }
    // 遍历所有的 bmap
    for ; i < bucketCnt; i++ {
        offi := (i + it.offset) & (bucketCnt - 1)
        if isEmpty(b.tophash[offi]) || b.tophash[offi] == evacuatedEmpty {
            continue
        }
        // 获取到 Key
        k := add(unsafe.Pointer(b), dataOffset+uintptr(offi)*uintptr(t.keysize))
        if t.indirectkey() {
            k = *((*unsafe.Pointer)(k))
        }
        // 获取到 Value
        e := add(unsafe.Pointer(b), dataOffset+bucketCnt*uintptr(t.keysize)+uint
            ptr(offi)*uintptr(t.elemsize))
        // 赋值迭代器
        it.key = k
        if t.indirectelem() {
            e = *((*unsafe.Pointer)(e))
        }
        it.elem = e
        it.bucket = bucket
        if it.bptr != b {
```

```
            it.bptr = b
        }
        it.i = i + 1
        // 正常返回
        return
    }
    // 编译溢出的单链表
    b = b.overflow(t)
    i = 0
    goto next
}
```

mapiternext 函数的处理较为复杂，主要是为了应对垃圾回收以及在遍历过程中可能发生的 map 结构变动等情况。但其核心逻辑是比较直观的：从 mapiterinit 函数确定的 startBucket 开始，处理每个 bucket，包括 bucket 的溢出链表，直到所有 bucket 节点都被处理完成，此时 hiter.key、hiter.elem 都会被设置成 nil 值，这标志着 for 循环的终止条件已达成。

3. for 终止条件

当 for-range 和 map 结合使用时，终止条件的判断很简单：只需要检查 hiter.key 是否为 nil。如果为 nil，则终止 for 循环。

在 Go 语言中，map 的应用场景非常广泛，它通常作为内存中的 Key/Value 存储方案。得益于底层散列表的实现，map 的查询性能非常高效，这使得它特别适用于读多写少的场景。但需要注意的是，Go 语言中的 map 并不是并发安全的。因此在涉及并发操作时，开发者需要自行采取措施保障其安全性。如需一个并发安全的 map，也可以选用标准库的 sync.Map 结构。开发者可以根据自身的需求和场景，选择最合适的使用方式。

2.5 Channel 类型

Channel 是 Go 语言的特色结构，其读写操作都是并发安全的，广泛用于 Goroutine 间的消息传递和状态同步。Channel 能够传输任意类型的数据，接下来将详细探讨 Channel 的使用方式及其背后的实现原理。

2.5.1 创建与初始化

我们可以创建两种类型的 Channel：一种是带缓冲区的，另一种是无缓冲区的。无论哪种类型，创建 Channel 都需要使用 make 函数。创建 Channel 的示例如下：

```
// 方式一：无缓冲区的 Channel
c := make(chan int)
// 方式二：带缓冲区的 Channel，缓冲区大小为 9
c := make(chan int, 9)
```

当编译器识别到 make 函数创建 Channel 的语句时，它会转换成 makechan 函数调用，从而构建并初始化一个 hchan 结构体，并将该结构体的地址赋值给相应的指针变量。hchan 是 Channel 的核心数据结构体，其定义如代码清单 2-22 所示。

代码清单 2-22　hchan 结构体的定义

```
// 文件: go/src/runtime/chan.go
type hchan struct {
    qcount   uint                   // Channel 内元素的个数
    dataqsiz uint                   // 循环数组的长度
    buf      unsafe.Pointer         // 循环数组的地址
    elemsize uint16                 // 元素的大小
    closed   uint32                 // 是否关闭
    elemtype *_type                 // 元素的类型
    sendx    uint                   // 已发送元素在循环数组的索引
    recvx    uint                   // 已接收元素在循环数组的索引
    recvq    waitq                  // 等待接收的 Goroutine 链表
    sendq    waitq                  // 等待发送的 Goroutine 链表
    lock mutex                      // 互斥锁
}
```

从底层数据结构的角度来看，Channel 的内部实现是一个环形数组（仅针对带缓冲区的 Channel）。hchan 结构体使用 buf、sendx 和 recvx 这三个字段来管理环形数组。[recvx, sendx) 区域内的元素是 Channel 内当前有效的元素。

循环数组的元素遵循 FIFO（先进先出）的原则。如果有需要等待的 Goroutine，它们将会插入 recvq 和 sendq 这两个队列中。这两个队列也遵循 FIFO 的原则。这样设计的目的是保证数据的一致性和操作的公平性。图 2-10 直观地展示了 Channel 的内部结构。

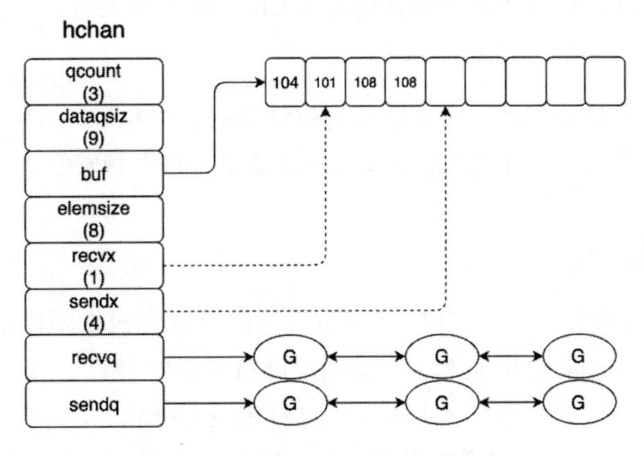

图 2-10　Channel 的内部结构示意

接下来看一下 makechan 函数的实现，如代码清单 2-23 所示。

代码清单 2-23 makechan 函数的实现

```
// 文件: go/src/runtime/chan.go
func makechan(t *chantype, size int) *hchan {
    elem := t.elem
    // 计算元素所占的内存大小
    mem, overflow := math.MulUintptr(elem.size, uintptr(size))
    var c *hchan
    switch {
    case mem == 0:
        // 无缓冲区的场景，不分配环形数组
        c = (*hchan)(mallocgc(hchanSize, nil, true))
        c.buf = c.raceaddr()
    case elem.ptrdata == 0:
        // 元素不包含指针的场景，可以直接分配hchan+元素空间的连续内存
        c = (*hchan)(mallocgc(hchanSize+mem, nil, true))
        c.buf = add(unsafe.Pointer(c), hchanSize)
    default:
        // 元素是一个复合结构，内含指针，那么必须单独分配数组的内存
        c = new(hchan)
        c.buf = mallocgc(mem, elem, true)
    }
    // 初始化元素大小、元素类型、环形数组的大小
    c.elemsize = uint16(elem.size)
    c.elemtype = elem
    c.dataqsiz = uint(size)
    lockInit(&c.lock, lockRankHchan)
    return c
}
```

makechan 的核心逻辑在于内存的分配，如果是带缓冲区的 Channel，那么会分配对应的环形数组的内存。如果是无缓冲区的 Channel，则不会产生这部分内存消耗。

在使用 Channel 时，我们经常见到直接定义 Channel 变量的方式，如下所示：

```
var c chan int
```

这种方式实际上只是分配了一个 8 字节的指针变量，而 hchan 结构体本身并未分配和初始化。因此如果直接使用上述方式定义的 Channel 变量，将会触发空指针导致的 panic 错误。

2.5.2 入队和出队

Channel 的操作是配合“<-”符号来使用的，编译器会根据不同的语法转换成不同的函数调用。Channel 的元素的出队和入队遵循的是 FIFO 的设计，先入队的元素将会先出队。这个原则的另外一层含义是，先从 Channel 读取的 Goroutine 将会先接收到数据，先向 Channel 发送数据的 Goroutine 将会先发送成功。接下来将详细解析元素入队和出队的过程。

1. 元素入队

当“<-”符号在 Channel 变量右侧时，代表元素的入队操作。编译器识别到这一操作

后，会将其转换成对 chansend1 函数的调用。入队操作如下所示：

```
// 元素入队
c <- x
```

chansend1 函数实际上是对 chansend 函数的封装，chansend 函数在多个场景中都有应用，例如 select 和 Channel 结合的场景（对应调用 selectnbsend 函数）。这样设计的目的是复用代码逻辑。chansend1 函数的实现如代码清单 2-24 所示。

代码清单 2-24 chansend1 函数的实现

```
// 文件: go/src/runtime/chan.go
func chansend1(c *hchan, elem unsafe.Pointer) {
    chansend(c, elem, true, getcallerpc())
}
```

接下来，我们深入了解 chansend 函数的核心实现，如代码清单 2-25 所示。

代码清单 2-25 chansend 函数的核心实现

```
// 文件: go/src/runtime/chan.go
func chansend(c *hchan, ep unsafe.Pointer, block bool, callerpc uintptr) bool {
    // 如果是非阻塞模式，且 Channel 已关闭或已满，则直接返回 false
    if !block && c.closed == 0 && full(c) {
        return false
    }
    // 如果有等待的 receiver(Goroutine)，则直接把元素发给它
    if sg := c.recvq.dequeue(); sg != nil {
        send(c, sg, ep, func() { unlock(&c.lock) }, 3)
        return true
    }
    // 对于带缓冲区的场景，如果还有空间，则执行入队操作
    if c.qcount < c.dataqsiz {
        // 定位到数组中的正确位置
        qp := chanbuf(c, c.sendx)
        // 进行元素入队
        typedmemmove(c.elemtype, qp, ep)
        c.sendx++
        if c.sendx == c.dataqsiz {
        c.sendx = 0
        }
        // 队列中元素个数增加
        c.qcount++
        return true
    }
    // 非阻塞模式则直接返回 false
    if !block {
        return false
    }
    // 获取当前 Goroutine
    gp := getg()
```

```
    // 创建并初始化 sudog 结构体
    mysg := acquireSudog()
    mysg.elem = ep
    mysg.waitlink = nil
    mysg.g = gp
    mysg.isSelect = false
    mysg.c = c
    gp.waiting = mysg
    gp.param = nil
    // 将 sudog（绑定了 Goroutine）加入 sendq 链表中
    c.sendq.enqueue(mysg)
    // 让出当前 Goroutine 的执行权，等待被唤醒
    gopark(chanparkcommit, unsafe.Pointer(&c.lock), waitReasonChanSend,
        traceEvGoBlockSend, 2)
    // 从此处唤醒
    // 执行到此处，说明有 receiver 把被阻塞的 sender 唤醒，
    // 并且把它的元素放到最后面。和 chanrecv 函数相对应。
    gp.waiting = nil
    gp.activeStackChans = false
    gp.param = nil
    mysg.c = nil
    releaseSudog(mysg)
    // 入队操作完成
    return true
}
```

chansend 函数的核心逻辑是对环形数组的处理，当带缓冲区的 Channel 的环形数组满了或者是不带缓冲区的 Channel 时，可能会走到阻塞的逻辑。当前 Goroutine 把自身添加到 hchan.sendq 的链表上，然后主动挂起，并等待 receiver 的唤醒。Channel 入队示意如图 2-11 所示。

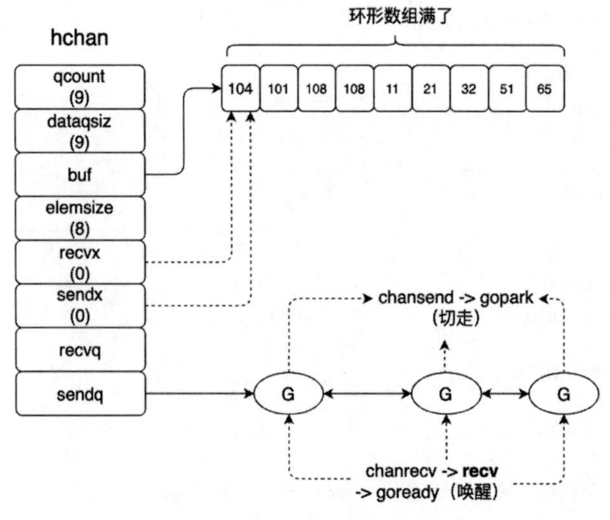

图 2-11　Channel 入队示意

在 chansend 函数中，调用了 send 函数来处理处于阻塞状态的 receiver。send 函数的实现如代码清单 2-26 所示。

代码清单 2-26　send 函数的实现

```
func send(c *hchan, sg *sudog, ep unsafe.Pointer, unlockf func(), skip int) {
    if c.dataqsiz == 0 {
        // 无缓冲区的场景
        racesync(c, sg)
    } else {
        // 带缓冲区的场景。receiver 因为数组为空，被阻塞
        c.recvx++
        if c.recvx == c.dataqsiz {
            c.recvx = 0
        }
        c.sendx = c.recvx // c.sendx = (c.sendx+1) % c.dataqsiz
    }
    // 把值复制给相应的 receiver
    if sg.elem != nil {
        sendDirect(c.elemtype, sg, ep)
        sg.elem = nil
    }
    gp := sg.g
    gp.param = unsafe.Pointer(sg)
    sg.success = true
    // 唤醒相应的 receiver (Goroutine)
    goready(gp, skip+1)
}
```

send 函数会先把入队的元素复制给等待的 receiver，然后把相应的 receiver 唤醒。这里阻塞的 recevier 出自两种情况：一种是因当前是一个无缓冲区的 Channel 而阻塞；另一种是 receiver 来 Channel 读数据时，环形数组为空而阻塞。阻塞的 receiver 会被入队操作时的 send 函数调用而唤醒。

而元素入队操作一般有两种情况导致阻塞：一种是因当前是一个无缓冲区的 Channel 而阻塞；另一种是环形数组已满而阻塞。这两种情况导致阻塞的 sender，将被某个出队操作（触发 chanrecv 函数调用，进一步调用 recv 函数）而唤醒。

2. 元素出队

当“<-”符号在 Channel 变量左侧时，代表出队操作。编译器识别到这一操作后，会将其转换成对相应的 chanrecv 函数的调用。通常，出队操作有三种方式：

```
// 方式一：出队，但不关心返回值
<-c
// 方式二：元素出队，赋值给 v 变量
v := <-c
// 方式三：元素出队，赋值给 v 变量，并且通过另一个返回值来标识此次出队的结果
v, ok := <-c
```

这三种方式各有其适用的场景。例如，如果只是把Channel用作同步工具，可能就不需要关心其返回值。如果不担心Channel被关闭带来的影响，那么就可以直接出队并赋值。但如果需要考虑Channel关闭的情况，并且需要明确区分Channel出队时是否已经关闭，那么就必须用带“ok”返回值的形式。否则无法区分收到的“零值”究竟是发送者发过来的实际值，还是因为Channel关闭后返回的默认值。

带“ok”和不带“ok”返回值的形式会被编译器转换成不同的函数调用，分别对应chanrecv1和chanrecv2函数。这两个函数的实现如代码清单2-27所示。

代码清单2-27 chanrecv1和chanrecv2函数的实现

```
// 文件: go/src/runtime/chan.go
// 对应 <-c, v := <-c 的写法
func chanrecv1(c *hchan, elem unsafe.Pointer) {
    chanrecv(c, elem, true)
}
// 对应 v, ok := <-c 的写法
func chanrecv2(c *hchan, elem unsafe.Pointer) (received bool) {
    _, received = chanrecv(c, elem, true)
    return
}
```

这几种出队方式，默认都是阻塞操作。也就是说，当Channel内无数据时（且未关闭），操作会阻塞导致Goroutine挂起，直到有数据可接收。chanrecv1和chanrecv2的核心过程的实现位于chanrecv函数中，如代码清单2-28所示。

代码清单2-28 chanrecv函数的实现

```
// 文件: go/src/runtime/chan.go
func chanrecv(c *hchan, ep unsafe.Pointer, block bool) (selected, received bool) {
    // 非阻塞模式下，如果Channel内无数据则直接返回
    if !block && empty(c) {
        if empty(c) {
            return true, false
        }
    }
    // 如果Channel已关闭且无数据
    if c.closed != 0 && c.qcount == 0 {
        if ep != nil {
            typedmemclr(c.elemtype, ep)
        }
        return true, false
    }
    // 如果有sender在等待，则采用快速路径
    if sg := c.sendq.dequeue(); sg != nil {
        recv(c, sg, ep, func() { unlock(&c.lock) }, 3)
        return true, true
    }
    // 如果Channel内有数据
```

```
    if c.qcount > 0 {
        qp := chanbuf(c, c.recvx)
        // 元素出队
        if ep != nil {
            typedmemmove(c.elemtype, ep, qp)
        }
        typedmemclr(c.elemtype, qp)
        c.recvx++
        if c.recvx == c.dataqsiz {
          c.recvx = 0
        }
        // 队列中元素数量减少
        c.qcount--
        return true, true
    }
    // 非阻塞模式下，退出函数
    if !block {
        unlock(&c.lock)
        return false, false
    }
    // 阻塞模式下，准备挂起当前 Goroutine
    gp := getg()
    // 创建并初始化 sudog 结构体
    mysg := acquireSudog()
    mysg.elem = ep
    mysg.waitlink = nil
    gp.waiting = mysg
    mysg.g = gp
    mysg.isSelect = false
    mysg.c = c
    gp.param = nil
    // 把 sudog (绑定了 Goroutine) 添加到 recvq 链表中
    c.recvq.enqueue(mysg)
    // 挂起当前 Goroutine，等待被唤醒
    gopark(chanparkcommit, unsafe.Pointer(&c.lock), waitReasonChanReceive,
        traceEvGoBlockRecv, 2)
    // 唤醒后的清理和收尾工作
    gp.waiting = nil
    gp.activeStackChans = false
    gp.param = nil
    mysg.c = nil
    releaseSudog(mysg)
    // 出队操作完成
    return true, success
}
```

chanrecv 的核心逻辑和 chansend 是相呼应的。如果 Channel 内没有数据，那么可能会触发阻塞逻辑。在这种情况下，当前 Goroutine 会将自己添加到 hchan.recvq 的等待链表中，然后主动放弃执行权限，进入等待状态，直至有 sender 将其唤醒。

图 2-12 直观展示了 Channel 出队的过程。

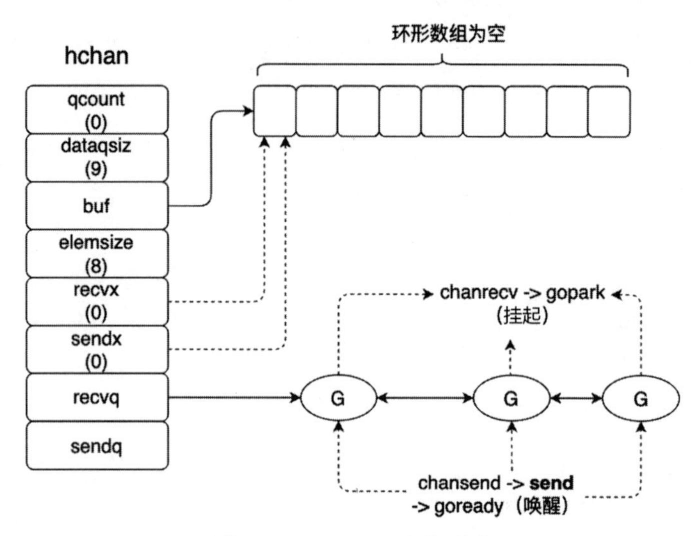

图 2-12 Channel 出队示意

chanrecv 通过 recv 函数来唤醒 hchan.sendq 链表上的 Goroutine。recv 函数的逻辑很简单，主要处理带缓冲区和不带缓冲区的两种场景，并且维护 FIFO 的语义。recv 函数的实现如代码清单 2-29 所示。

代码清单 2-29 recv 函数的实现

```
// 文件: go/src/runtime/chan.go
func recv(c *hchan, sg *sudog, ep unsafe.Pointer, unlockf func(), skip int) {
    if c.dataqsiz == 0 {
        // 无缓冲区 Channel 的场景
        if ep != nil {
            // 直接从 sender 直接获取数据
            recvDirect(c.elemtype, sg, ep)
        }
    } else {
        // 缓冲区 Channel 因为队列满而阻塞的场景
        qp := chanbuf(c, c.recvx)
        // 从环形队列中获取数据，复制给 receiver
        if ep != nil {
            typedmemmove(c.elemtype, ep, qp)
        }
        // 从 sender 中获取数据，放到环形队列的尾端
        typedmemmove(c.elemtype, qp, sg.elem)
        c.recvx++
        if c.recvx == c.dataqsiz {
            c.recvx = 0
        }
        c.sendx = c.recvx // c.sendx = (c.sendx+1) % c.dataqsiz
```

```
    }
    sg.elem = nil
    gp := sg.g
    gp.param = unsafe.Pointer(sg)
    sg.success = true
    // 唤醒相应的 sender(Goroutine)
    goready(gp, skip+1)
}
```

在这段代码中，recv 函数的核心逻辑是接收数据，并且唤醒处于等待状态的 sender。这一逻辑与 send 函数是相互对应的。recv 函数负责接收数据并唤醒因入队操作而阻塞的 Goroutine，而 send 函数则负责发送数据并唤醒因出队操作而阻塞的 Goroutine。

2.5.3 select 和 Channel 结合

在上述讨论中，我们谈到了 Channel 结合“ <-”的操作默认执行的是阻塞流程。例如，当 Channel 中无可用元素时，执行出队操作的 Goroutine 会被阻塞，直到有新的元素入队才会被唤醒。

然而，在某些场合，我们可能并不希望发生阻塞。如果 Channel 中没有元素，我们可能更希望继续执行其他代码。为了实现 Channel 的非阻塞操作，我们可以将 Channel 与 select 关键字结合使用。下面分别针对 Channel 入队和出队场景进行讨论。

1. 元素入队

我们可以将 Channel 的入队操作与 select 结合起来，把它放在 select 的 case 语句中，并指定一个 default 分支。这样，Channel 的入队操作就是非阻塞的。即使 Channel 的队列已满（或者是无缓冲区的 Channel），也不会阻塞 Goroutine 的执行。一旦元素入队成功，就会进入对应 case 的分支。select 与 Channel 的入队操作结合如代码清单 2-30 所示。

代码清单 2-30 select 与 Channel 入队操作结合

```
select {
case c <- v:
    // 元素入队成功，进行业务处理
default:
    // default 分支的处理
}
```

当编译器遇到 select 和 Channel 结合的入队操作时，会将其转换成 selectnbsend 函数调用，因此上述代码示例实质上等同于代码清单 2-31 所示的伪代码。

代码清单 2-31 select 与 Channel 入队操作结合的伪代码

```
if selectnbsend(c, v) {
    // 元素入队成功，进行业务处理
} else {
```

```
    // default 分支的处理
}
```

selectnbsend 函数实际上是对 chansend 函数的封装，复用了与 chansend1 相同的底层代码实现，只是传入的 block 参数为 false 而已。selectnbsend 函数的实现如代码清单 2-32 所示。

代码清单 2-32 selectnbsend 函数的实现

```
// 文件：go/src/runtime/chan.go
func selectnbsend(c *hchan, elem unsafe.Pointer) (selected bool) {
    // 传入的 block 参数为 false，表示为非阻塞模式
    return chansend(c, elem, false, getcallerpc())
}
```

由于 selectnbsend 函数调用 chansend，且传入的 block 参数是 false，这样 chansend 函数内部就不会执行 gopark 挂起的流程。chansend 函数关于非阻塞模式的实现如代码清单 2-33 所示。

代码清单 2-33 chansend 函数关于非阻塞模式的实现

```
// 文件：go/src/runtime/chan.go
func chansend(c *hchan, ep unsafe.Pointer, block bool, callerpc uintptr) bool
{
    // 此处省略部分代码
    if !block && c.closed == 0 && full(c) {
        // 在非阻塞模式下，如果队列已满，则直接返回 false
        return false
    }
    if c.qcount < c.dataqsiz {
        // 入队操作成功，返回结果
        return true
    }
    if !block {
        // 入队操作未成功，在非阻塞模式，直接返回 false
        return false
    }
    // 下面是阻塞流程，此处代码省略
}
```

非阻塞模式下，如果 Channel 空间已满且没有等待的 receiver，那么就会直接返回 false，这样就不会阻塞当前 Goroutine。同时，通过返回值 false，调用者能够立即得知入队操作是否成功。

2. 元素出队

我们也可以将 Channel 的出队操作放在 select 的 case 分支中，使出队操作变为非阻塞的。这意味着即使 Channel 为空（或者是无缓冲区的 Channel），也不会阻塞 Goroutine 的执行。如果出队成功，就会进入到对应的分支。select 与 Channel 出队操作结合的代码如代码清单 2-34 所示。

代码清单 2-34　select 与 Channel 出队操作结合

```
select {
case v, ok := <-c:
    // 出队成功，进行业务处理
default:
    // default 分支处理
}
```

当编译器识别到 Channel 出队操作和 select 结合使用时，会将其转换成对 selectnbrecv 的函数调用。上述代码相当于代码清单 2-35 所示的伪代码。

代码清单 2-35　select 与 Channel 出队操作结合的伪代码

```
if selected, ok = selectnbrecv(&v, c); selected {
    // 出队成功，进行业务处理
} else {
    // default 分支处理
}
```

selectnbrecv 函数实质上是对 chanrecv 函数的封装，它和 chanrecv1、chanrecv2 复用相同的底层实现。selectnbrecv 函数的区别在于传入的 block 参数为 false。chanrecv 函数的实现如代码清单 2-36 所示。

代码清单 2-36　chanrecv 函数的实现

```
// 文件：go/src/runtime/chan.go
func chanrecv(c *hchan, ep unsafe.Pointer, block bool) (selected, received bool) {
    if !block && empty(c) {
        if atomic.Load(&c.closed) == 0 {
            非阻塞模式下，队列为空且未关闭的场景下，返回 false, false
            return false, false
        }
        // 非阻塞模式，队列为空且已关闭的场景下，返回 true, false
        if empty(c) {
            return true, false
        }
    }
    if c.qcount > 0 {
        // 此处省略出队的代码
        // 出队成功，返回 true, true
        return true, true
    }
    if !block {
        // 出队未成功，返回 false, false
        return false, false
    }
    // 以下是阻塞流程，此处代码省略
}
```

在 chanrecv 函数中，如果是非阻塞模式，如果当前 Channel 为空时，函数会直接返回。chanrecv 函数返回两个值：selected 和 received。selected 用于判断 select 的分支，如果为 true，则会进入 select-case 的相关分支下。当 received 为 true 时，则表示成功接收到了一个值。

因此，select 本身并没有用到什么“黑魔法”，它只是在不同的场景中调用了不同的函数。Channel 默认的入队和出队操作对应的是 chansend1 和 chanrecv1 等阻塞式的函数调用。当 select 与 Channel 结合使用时，编译器会对 selectnbsend、selectnbrecv 函数进行调用，从而实现 Channel 的非阻塞操作。

2.5.4 for-range 和 Channel 结合

Channel 可以被视作支持 FIFO 规则的元素集合，当然我们也经常会有遍历 Channel 中元素的需求。在 Go 语言中，我们可以通过 for-range 和 Channel 结合来实现这一点，其基本语法结构如下所示：

```
for v := range c {
    // 进行业务处理
}
```

当解析到这种结构时，编译器会转换成对 chanrecv2 函数的调用。这与我们在 2.4 节中所学习的 map 的 range 遍历机制相似。接下来分析 for-range 和 Channel 结合之后的三个要素：初始化、条件递进和终止条件判断。

（1）初始化和条件递进

在 Channel 的遍历场景，初始化和递进部分如果没有特殊处理，可以认为是空的。关键在于判断终止条件，其伪代码如下所示：

```
for( ; ok := chanrecv2(c, &v) ; ) {
    // 执行业务处理
}
// ok 值为 false 的时候，表示 Channel 被关闭了
```

（2）终止条件判断

我们使用 chanrecv2 的返回值作为判断循环终止的条件。在返回值为 false 的时候，表明 Channel 被关闭，此时会终止循环。

chanrecv2 是对 chanrecv 函数的封装，它将 chanrecv 的返回值 received 作为自己的返回值。当返回值为 false 时，表示循环应终止。在阻塞模式下，chanrecv 只有在一种情况下才会返回 false，即 Channel 被关闭。chanrecv2 函数的实现如代码清单 2-37 所示。

代码清单 2-37 chanrecv2 函数的实现

```
// 文件: go/src/runtime/chan.go
func chanrecv2(c *hchan, elem unsafe.Pointer) (received bool) {
        _, received = chanrecv(c, elem, true)
```

```
        return
    }
    func chanrecv(c *hchan, ep unsafe.Pointer, block bool) (selected, received bool) {
        // 此处省略部分代码
        if c.closed != 0 && c.qcount == 0 {
            // Channel 被关闭，并且 Channel 内元素被消费完
            if ep != nil {
                typedmemclr(c.elemtype, ep)
            }
            return true, false
        }
        // 此处省略部分代码
    }
```

通过上述的代码分析，我们可以总结出 for-range 和 Channel 结合的场景有以下几个关键点：

- 循环结束的条件之一是 Channel 被关闭，如果 Channel 没有被关闭，循环将持续进行。
- 当 Channel 被关闭后，循环并不会立即终止，还必须等到 hchan.qcount==0，即 Channel 中的所有元素都被取出，才会满足 for 循环的终止条件。
- chanrecv2 调用 chanrecv 函数时，block 参数是 true。这意味着在循环执行过程中，Goroutine 可能会被阻塞并让出执行权，进入等待状态。

这三个关键点为我们深入理解并有效使用 for-range 和 Channel 的结合提供了重要参考。

2.6 接口类型

接口概念在计算机科学领域已被广泛应用。在不同的软件模块间进行交互时，通常先定义接口，然后各自实现，这样可以避免模块间的具体实现相互耦合。

在 Go 语言中，接口是实现多态的关键工具，是面向接口编程的核心。Go 语言的接口有一个显著特性，即不需要类型显式声明实现某个接口，只要某个类型实现了接口的所有方法，编译器就自动识别该类型作为接口。接下来我们来详细分析 Go 语言接口的使用方式和实现原理。

2.6.1 变量的定义

在 Go 语言中定义接口可以使用关键字 interface，它允许定义一组方法（即方法集）。接口类型的变量可以存储任何实现该接口方法集的类型实例。简而言之，任何类型只要实现了接口所定义的方法集，就可以将其实例赋值给对应接口类型的变量。下面展示了如何定义一个接口：

```
type 接口类型名称 interface {
    函数方法名1(/* 参数列表 */) 返回值
    函数方法名2(/* 参数列表 */) 返回值
    // 其他方法省略
}
```

接口的方法集可以为空，根据这个特点，接口可分为空接口和非空接口。空接口是接口的一种特殊形式。本书提到的“接口”默认都指非空接口。

1. 非空接口

非空接口指的是包含至少一个方法的接口。我们定义一个名为 TestAPI 的接口类型和一个名为 Tester 的结构体。TestAPI 接口和 Tester 结构体的定义如代码清单 2-38 所示。

代码清单 2-38 TestAPI 接口和 Tester 结构体的定义

```
// TestAPI 接口定义
type TestAPI interface {
    Method1() error
    Method2() error
}
// Tester 结构体定义
type Tester struct{}
// Tester 结构体的方法实现
func (t *Tester) Method1() error { return nil }
func (t *Tester) Method2() error { return nil }
```

TestAPI 接口包含 Method1 和 Method2 两个方法。Tester 结构体实现了这两个方法。因此，Tester 结构体的实例可以赋值给 TestAPI 接口类型的变量。这样一来，我们就能通过 TestAPI 接口来调用 Tester 结构体的 Method1 和 Method2 方法，具体使用方式如下：

```
var t Tester
var api TestAPI
// 将实例赋值给接口变量
api = &t
// 通过接口调用方法
api.Method1()
api.Method2()
```

在使用 TestAPI 接口进行操作时，我们无须关注其背后代表的具体类型，体现了多态本质。后续的业务逻辑都可以基于 TestAPI 接口进行开发，这正是面向接口编程的精髓。

2. 空接口

空接口是一种没有定义任何方法的特殊接口类型。例如，我们可以定义一个空接口类型：

```
// 定义一个空接口变量
var v interface{}
```

空接口变量可以接受任何类型的值，使用非常灵活。看看以下示例：

```
var v interface{}
v = 100
v = "hello world"
v = struct{}{}
```

空接口由于没有定义任何方法，可以承载任何类型的数据。这一点让空接口在处理多种数据类型时显得尤为有用。如果我们希望一个函数能接受多种不同类型的参数，就可以使用空接口来实现。标准库 fmt 包的 Printf 函数就是一个典型的应用实例。fmt.Printf 函数能接受任何类型的参数，就是因为它使用了空接口作为参数类型。这样的设计极大地提高了函数的通用性和灵活性。

2.6.2　实现原理

Go 语言中的接口类型是实现多态性的关键。接下来深入剖析实现原理。

首先，让我们将 Go 语言的接口与 C++ 的“接口”概念相比较。C++ 通过抽象类代表接口，从而实现多态，这一机制要求开发者显式定义继承和组合关系，并在编译时构造虚函数表来实现多态。虚函数表的数量和内容在编译期间就已确定。每个类都拥有自己的虚函数表，不同类的对象会将虚函数表指针指向各自类的虚函数表。尽管在运行时不知道对象属于哪类，但可以通过头部的虚函数表指针找到对应的虚函数表，并通过偏移地址获取具体的方法地址，从而调用实际对象实现，最终实现多态。C++ 这种“侵入式”的方式，并不算灵活。

相比之下，Go 语言的接口实现则更加简便。接口的定义和具体类型的实现完全解耦。开发者不需要显式声明接口和具体实现类型的关系，只要具体类型实现了接口定义的方法，就能被自动识别为该接口的实现。这是一种“非侵入式”的实现方式。

接下来详细分析当一个具体类型的实例被赋值给接口变量之后，接口如何在调用方法时找到正确的方法实现。

Go 接口的底层实现依赖于两个核心结构体——iface 和 eface。它们的定义如代码清单 2-39 所示。

代码清单 2-39　iface 和 eface 的定义

```
// 文件: go/src/runtime/runtime2.go
// 包含方法的接口类型
type iface struct {
    tab *itab
    data unsafe.Pointer
}
// 空接口类型
type eface struct {
    _type *_type
    data unsafe.Pointer
}
```

iface 和 eface 都是和接口相关的结构体，它们的区别在于 iface 对应包含了方法的接口类型，eface 对应空接口（interface{}）类型。

空接口可以被任何类型赋值。其实存储任何对象都只需内存地址和类型这两个信息。因此 eface 用 _type 字段来存储具体对象的类型，用 data 字段存储具体对象的内存地址。

让我们再来看看 iface，它是数据和方法的结合，也是接口真正的精髓所在。当创建出一个接口的变量，就会分配一个 iface 结构体，并对其进行初始化——把具体对象的地址与对应的 itab 表赋值给 data 和 tab 字段。当调用接口方法时，通过查询 itab 表来定位实际的方法地址。TestAPI 接口方法的调用如代码清单 2-40 所示。

代码清单 2-40　TestAPI 接口方法的调用

```
// 具体类型
var t Tester
// 接口变量(创建 iface 变量)
var api TestAPI
// 接口的赋值(初始化 iface 变量)
api = &t
// 方法调用
api.Method1()
api.Method2()
```

在 iface 结构体中，tab 字段的类型是 itab，这个类型是 Go 语言实现接口的核心组成部分。深入理解 itab 有助于我们更透彻地掌握接口的工作原理。itab 结构体定义如代码清单 2-41 所示。

代码清单 2-41　itab 结构体定义

```
// 文件: go/src/runtime/runtime2.go
type itab struct {
    inter *interfacetype  // 描述接口类型
    _type *_type          // 描述具体对象的类型
    hash  uint32          // 类型散列值
    _     [4]byte         // 占位符，用于对齐
    fun   [1]uintptr      // 可变数组，存放具体方法(concrete)的地址
}
```

在 itab 类型的结构体中，inter 字段用于描述接口类型，而 _type 字段用来描述具体实现的类型。fun 字段则是用来存储具体实现类型方法的地址，这是一个可变数组，由编译器决定数组的大小。这些方法按照方法名称的字典序进行排列。当接口调用方法时，实际执行的操作如下：

```
itab.fun[索引偏移]( iface.data , /* 函数参数 */)
```

以上述代码中 api.Method2() 的方法调用为例。这个调用的过程首先是获取正确的 itab（TestAPI，Tester），然后调用 itab.fun 数组的第二个函数，即等价于：

```
itab.fun[1]( iface.data )
```

图 2-13 直观展示了 iface、itab 和 interfacetype 结构的关联。

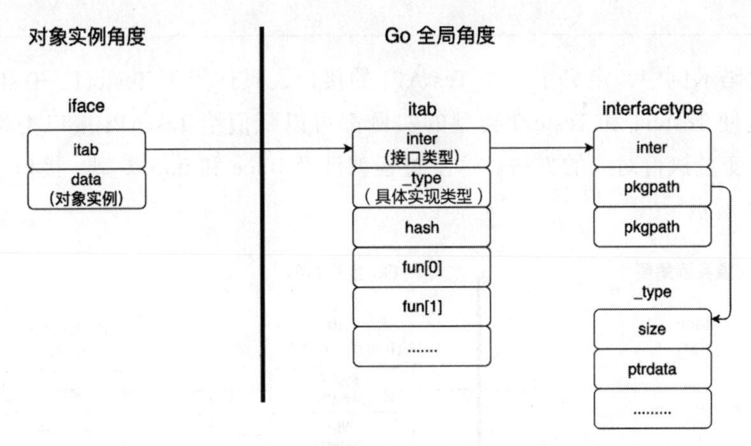

图 2-13 iface、itab 和 interfacetype 结构的关联

每定义一个接口变量就会对应创建一个 iface 类型变量。每创建一个 itab 类型变量就对应一个 <接口类型、具体实现类型> 的二元组。iface 类型和 itab 类型相互配合，在不同层面上协同实现了接口的抽象封装。下面来看接口定义和使用示例，如代码清单 2-42 所示。

代码清单 2-42 接口定义和使用示例

```
// TestAPI 接口定义
type TestAPI interface {
    Method1() error
    Method2() error
}
// 具体类型 Tester1
type Tester1 struct{}
func (t *Tester1) Method1() error { return nil }
func (t *Tester1) Method2() error { return nil }
// 具体类型 Tester2
type Tester2 struct{}
func (t *Tester2) Method1() error { return nil }
func (t *Tester2) Method2() error { return nil }
func (t *Tester2) Method3() error { return nil }
func main() {
    var t1 Tester1
    var t2 Tester2
    // 定义接口变量
    var api1, api2, api3 TestAPI
    // 初始化接口变量
    api1 = &t1
    api2 = &t2
    api3 = &t2
    // 接口方法调用
```

```
    api1.Method1()
    api2.Method1()
    api3.Method2()
}
```

在上述代码示例中，定义了一个 TestAPI 的接口，具体类型 Tester1、Tester2 都实现了这种接口。这使 Tester1 和 Tester2 类型的实例都可以赋值给 TestAPI 接口类型的变量，并通过这个接口变量执行对应的方法。这个过程就涉及 iface 和 itab 类型。接口与相关结构的联系如图 2-14 所示。

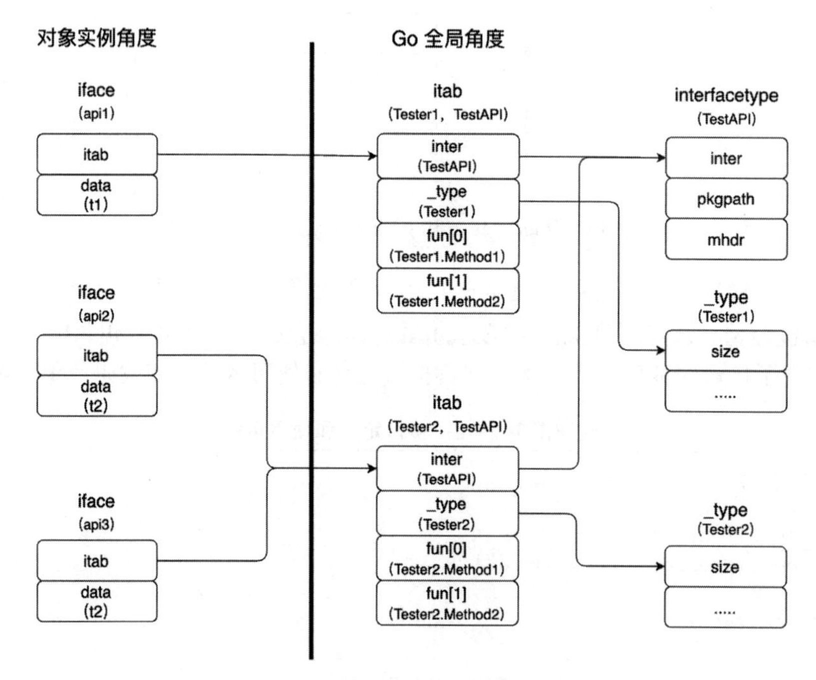

图 2-14 接口与相关结构的联系

从图 2-14 可以看出，接口变量的创建由用户触发，如变量 api1、api2、api3 分别对应着一个 iface 类型变量。而 itab 是全局性质的，通常 Go 运行时会维护一个全局的 itab 散列表（itabTable 类型），程序中的 itab 类型变量会缓存到这个表里，以实现快速查找。

总的来说，接口背后实现机制的关键在于构造正确的 iface 类型变量，而创建 iface 类型的关键在于得到一个正确的 itab 类型变量。有两种方式可以构建 itab 类型变量。

- 第一种方式是在编译时就可以确定 itab 类型变量的内容。如果通过具体类型到接口的赋值就能推断出 itab 类型，那么编译时就能把这部分信息保存起来。
- 第二种方式是编译期间无法确定 itab，那么此时必须在运行时通过动态的查询和构造过程获取 itab 类型变量。

接下来对构建 itab 的两种情况进行详细分析。

1. 编译期静态的 itab

在大多数情况下，当具体类型赋值给接口时，编译期间就能通过分析得到相应的 itab 结构体的变量，itab 结构体的变量的内容会被存储在二进制文件的 .rodata 只读区域，从而在程序启动时可立即构建。

以代码清单 2-42 为例，编译代码并执行，我们使用 gdb 反汇编来查看相关的结构内容，如下所示：

```
(gdb) l
23    var api1, api2, api3 TestAPI
24
25    api1 = &t1
26    api2 = &t2
27    api3 = &t2
28
29    api1.Method1()
30    api2.Method1()
(gdb) disassemble
    0x0045b5e2 <+66>:  mov    0x20(%rsp),%rcx
    0x0045b5e7 <+71>:  mov    %rcx,0x10(%rsp)
# 赋值 api1 = &t1
    0x0045b5ec  <+76>:  lea     0x14955(%rip),%rdx     # 0x46ff48 <go.itab.*main.
        Tester1,main.TestAPI>
    0x0045b5f3 <+83>:  mov    %rdx,0x48(%rsp)
    0x0045b5f8 <+88>:  mov    %rcx,0x50(%rsp)
=>  0x0005b5fd <+93>:  mov    0x18(%rsp),%rcx
    0x0045b602 <+98>:  mov    %rcx,0x8(%rsp)
# 赋值 api2 = &t2
    0x0045b607  <+103>: lea     0x14962(%rip),%rdx     # 0x46ff70 <go.itab.*main.
        Tester2,main.TestAPI>
    0x0045b60e <+110>: mov    %rdx,0x38(%rsp)
    0x0045b613 <+115>: mov    %rcx,0x40(%rsp)
    0x0045b618 <+120>: mov    0x18(%rsp),%rcx
    0x0045b61d <+125>: mov    %rcx,0x8(%rsp)
# 赋值 api3 = &t2
    0x0045b622  <+130>: lea     0x14947(%rip),%rdx     # 0x46ff70 <go.itab.*main.
        Tester2,main.TestAPI>
    0x0045b629 <+137>: mov    %rdx,0x28(%rsp)
    0x0045b62e <+142>: mov    %rcx,0x30(%rsp)
(gdb) p api1
$1 = {tab = 0x46ff48 <Tester1,main.TestAPI>, data = 0x4e2248 <runtime.zerobase>}
(gdb) p api2
$3 = {tab = 0x46ff70 <Tester2,main.TestAPI>, data = 0x4e2248 <runtime.zerobase>}
```

由于 api1 = &t1 是具体类型到接口的赋值，编译器可以直接确定这种语句的接口类型（TestAPI）和具体类型（Tester1）。因此，它对应的 itab（TestAPI，Tester1）也就确定了，请注意看汇编代码中 0x46ff48 和 0x46ff70 这两个地址。

接下来可以用 objdump 工具分析二进制文件，输出结果如下：

```
$ objdump -xt -j .rodata ./${ 二进制文件 }|grep Tester
000000000046ff48 g     O .rodata  0000000000000028 go.itab.*main.Tester1,main.TestAPI
000000000046ff70 g     O .rodata  0000000000000028 go.itab.*main.Tester2,main.TestAPI
```

这证明该 itab 结构体的变量确实是在编译期间构造好的，并保存在二进制文件的 .rodata 数据段。这样，在程序运行时它们可以被直接使用，避免运行时查找和构建 itab 结构体的变量的开销，从而提供更优的性能。

2. 运行时动态的 itab

在很多场景中，编译期间都无法确认 itab 结构体的变量的值，诸如动态查找、获取、生成 itab 类型结构体，这一系列的开销可能很大。

出于对性能的考虑，为了避免每次都产生这些开销，通常会把构造好的 itab 结构体的变量缓存起来，使用一个全局的散列表来管理。这个全局散列表用于快速查找是否有指定的 < 接口类型，具体类型 > 的 itab 类型变量。以下是一个可动态构建 itab 的例子，如代码清单 2-43 所示。

代码清单 2-43　动态构建 itab 的示例

```go
package main
// 接口定义
type API1 interface{ Name() string }
type API2 interface{ Name() string }
// 具体类型
type Object struct{ name string }
func (s *Object) Name() string { return s.name }
func main() {
    var api1 API1
    var api2 API2
    obj := &Object{name: "concrete obj"}
    api1 = obj     // 具体类型到接口的赋值
    api2 = api1    // 接口到接口的赋值
    _, _ = api1, api2
}
```

在上述代码中，api1 = obj 是具体类型到接口的赋值，编译器能够直接确定变量 api1 和 obj 的类型和内容，并构造出静态的 itab 类型结构。而 api2 = api1 是接口到接口的赋值，编译器在编译期间无法确定 itab 的内容，只能等到运行时获取。

我们使用 go build -gcflags "-N -l" 编译上述代码得到二进制文件，并用 objdump 工具观察该二进制文件，如下所示：

```
$ objdump -dt ./${ 二进制文件 } | grep API2
// 执行结果为空，表示二进制文件内无 API2 相关的 itab 数据
$ objdump -dt ./${ 二进制文件 } | grep API1
// 在 .rodata 段区域有相应的 itab 结构
000000000046fe98 g     O .rodata    0000000000000020 go.itab.*main.Object,main.API1
```

```
45b575:     48 8d 15 1c 49 01 00          lea        0x1491c(%rip),%rdx          # 46fe98
    <go.itab.*main.Object,main.API1>
```

在二进制文件中，我们找到了 itab<API1, Object>，但是没有发现 itab<API2, Object>。

当我们使用 gdb 执行 disassemble 命令进行反汇编时，可以看到接口 api1 到接口 api2 的赋值被转换成了 convI2I 函数的调用。以下是反汇编代码示例：

```
(gdb) disassemble
    0x0045b570 <+80>:  mov    %rcx,0x20(%rsp)
    0x0045b575 <+85>:  lea    0x1491c(%rip),%rdx          # 0x46fe98 <go.itab.*main.
        Object,main.API1>
    0x0045b57c <+92>:  mov    %rdx,0x38(%rsp)
    0x0045b581 <+97>:  mov    %rcx,0x40(%rsp)
    0x0045b595 <+117>: mov    %rcx,0x50(%rsp)
    0x0045b59a <+122>: lea    0x6e1f(%rip),%rax           # 0x4623c0
    0x0045b5a1 <+129>: callq  0x409720 <runtime.convI2I>
```

在程序运行时，convI2I 函数用于动态生成 itab<API2,Object> 结构。在 convI2I 函数内部，实际上会调用 getitab 函数从全局的 itab 散列表中查询 < 接口类型，具体类型 > 是否有对应的 itab 类型结构变量。如果不存在，它会去创建并初始化一个 itab，并使用 itabAdd 函数将其加入全局的散列表中，以便后续快速查找。getitab 函数的实现逻辑，如代码清单 2-44 所示。

代码清单 2-44　getitab 函数的实现

```
// 文件：go/src/runtime/iface.go
func getitab(inter *interfacetype, typ *_type, canfail bool) *itab {
    // 此处省略部分代码
    var m *itab
    // 在散列表中查找是否存在与 <inter, typ> 配对的 itab
    t := (*itabTableType)(atomic.Loadp(unsafe.Pointer(&itabTable)))
    if m = t.find(inter, typ); m != nil {
      goto finish
    }
    // 如果散列表没有找到对应的 itab，则创建一个
    m = (*itab)(persistentalloc(unsafe.Sizeof(itab{})+uintptr(len(inter.mhdr)-1)
        *goarch.PtrSize, 0, &memstats.other_sys))
    m.inter = inter
    m._type = typ
    m.hash = 0
    // 初始化 itab 变量，逐个遍历具体类型的所有方法，填充 itab.fun 数组
    // 如果没有实现接口，那么 itab.fun[0] 会填充成 0
    m.init()
    // 将 itab 添加到全局的散列表中
    itabAdd(m)
finish:
    if m.fun[0] != 0 {
        // 如果 itab 获取成功
        return m
    }
    if canfail {
```

```
        // 查找失败且可以返回 nil 的场景，返回 nil
        return nil
    }
    // 查找失败且不可返回 nil 的场景，触发 panic 错误
    panic(&TypeAssertionError{concrete: typ, asserted: &inter.typ, missingMethod:
        m.init()})
}
```

getitab 函数的查找过程非常直接：它通过比较 itab 类型的 itab.inter 和 itab._type 字段，来验证是否有匹配项。如果找到匹配的 itab，则成功返回。如果没有找到则尝试构造 itab 类型变量，并且通过 itab.init() 来构造 itab.fun 数组。构建成功之后，为了实现后续的快速查找，需要将 itab 类型变量缓存到全局散列表中。

2.6.3 接口 nil 赋值和判断

接口在 Go 语言中是由 iface 结构体来实现，该结构体大小是 16 字节，前 8 字节是 itab 类型的指针，后 8 字节是具体对象的指针。判断一个接口是否为 nil，是通过判断前 8 字节是否为零值来完成的。

然而，存在一种特殊情况，即一个具体的类型未被赋值，但赋值了类型变量。代码清单 2-45 展示了这一特殊场景示例。

代码清单 2-45 接口 nil 的赋值示例

```
package main
import "fmt"
type TestAPI interface {
    Method1() error
    Method2() error
}
type Tester struct{}
func (t *Tester) Method1() error { return nil }
func (t *Tester) Method2() error { return nil }
func main() {
    var test *Tester = nil
    var api TestAPI
    // 虽然 test 值是 nil，但它携带了类型信息
    api = test
    if api != nil {
        fmt.Printf("not nil\n")
    }
}
```

上面的例子看似简单，却可能在不经意间出现在开发者的代码中，极易犯错。在将具体类型赋值给接口时，即使具体类型的值是 nil，也会导致接口非 nil。这是因为它已经接收了对应具体类型的 itab 变量的值。接口变量是否为 nil，是根据 iface.itab 字段来判断，而不是 iface.data 字段。

2.7　本章小结

本章重点介绍了 Go 语言中几种常用的数据结构，具体包括以下内容。

- 字节：作为 Go 语言中基础类型，用于表示二进制数据，是 I/O 操作的核心结构。
- 数组和切片：数组是一种固定长度的内存块，切片则是在此基础上提供了更灵活的封装和可变长度的特性。
- 字符串：字符串是不可变的字节序列。它可以与切片相互转换，但转换过程会涉及内存数据的复制。
- map 类型：map 是 Go 语言基于散列表实现的 Key/Value 集合，它支持快速查询但不是并发安全。
- Channel 类型：Channel 是专为 Goroutine 间同步和通信设计的，它的内部实现采用了环形缓冲数组。
- 接口类型：接口是 Go 语言实现多态的关键。内部通过 iface（eface）和 itab 等结构实现接口的调用。

这些基础数据结构是存储过程中的核心组成部分。深入理解这些数据结构，将有助于我们理解数据在不同组件和介质之间的流转，也为我们理解各种存储方式也提供了重要参考。例如，切片的内存管理机制，map 的散列表的存储方式，以及 Channel 的环形数组，都是经典的存储结构。

值得一提的是，Go 语言中的某些符号（例如“<-”）或关键字（如 for-range，select），可能初看之下难以理解，实际上在编译过程中它们会被转换为相应的函数调用，这并无特别之处。Go 语言的编译器在编译期间完成了大量辅助工作，为开发者提供了一个更便捷、灵活的编程环境。编译期间关键字和符号如何转换为函数调用的具体内容，读者可以参考图 2-15。

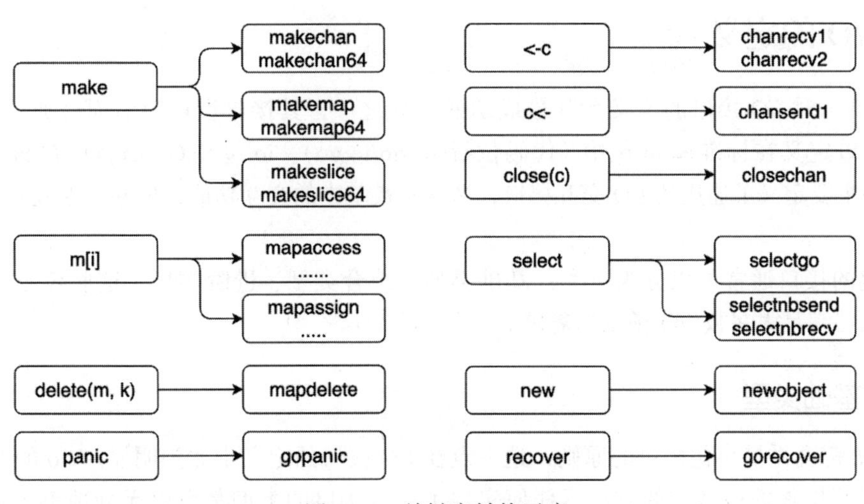

图 2-15　关键字转换示意

Chapter 3 第 3 章

Go 语言的 I/O 框架

在 Go 语言中，I/O 操作是核心功能之一。按照场景来看，I/O 操作主要分为网络 I/O 操作和磁盘 I/O 操作。文件句柄和网络句柄在系统上具有不同的特性，导致它们的使用方式存在明显差异。例如，网络句柄可以使用 epoll 等事件管理器来管理读写事件，而常见的磁盘 I/O 通常不适用这种机制。Go 语言默认实现了对网络 I/O 的异步化处理，而磁盘 I/O 通常是同步操作。因此，Go 语言非常适用于网络 I/O 密集型的程序开发。

本章的目的是帮助读者梳理 Go 语言中 I/O 操作的整体知识框架，建立起对 I/O 操作体系的系统认识。读者不需要记住所有操作的细节，关键是在遇到问题时，能够找到正确的解决方向。

3.1 I/O 的定义

Go 语言对 I/O 接口的定义是其最成功的设计之一，其接口设计简洁而经典。Go 语言的 I/O 接口定义在标准库 io 包中（代码位置 src/io/io.go）。io 包是 Go 语言中最核心的 I/O 库，其中主要定义了通用的 I/O 交互接口，概括了最基本的交互功能，但并不涉及具体的 I/O 实现。

io 包的接口通常可以分为三类：基础类型、组合类型、进阶类型。这些核心的 I/O 接口类型能够满足大多数 I/O 场景的需求。

3.1.1 基础类型

Go 语言遵循最小化接口的原则，这一点在 I/O 接口的定义中尤为明显。Go 的 I/O 接口定义了读写操作的最基本的方法。任何实现了这些接口的类型都可以无缝地整合进 Go 的

I/O 操作体系中。

常见的 I/O 核心接口包括 Reader、Writer、Closer、ReaderAt、WriterAt、Seeker、ByteReader、ByteWriter、RunReader、StringWriter 等。

下面我们将分别查看几个核心接口的定义。

1. 核心接口

读数据的操作主要由 Reader 和 ReaderAt 这两个接口定义，如代码清单 3-1 所示。

代码清单 3-1 Reader 和 ReaderAt 的定义

```
// Read 方法按照当前偏移，读取输入的数据到 p 指向的字节切片中
type Reader interface {
    Read(p []byte) (n int, err error)
}
// ReaderAt 允许从指定偏移量开始读取数据
type ReaderAt interface {
    ReadAt(p []byte, off int64) (n int, err error)
}
```

写数据的操作同样由 Writer 和 WriterAt 这两个接口定义，如代码清单 3-2 所示。

代码清单 3-2 Writer 和 WriterAt 的定义

```
// Write 方法将 p 指向的字节切片中的数据写到输出
type Writer interface {
    Write(p []byte) (n int, err error)
}
// WriterAt 允许从指定偏移量开始写入数据
type WriterAt interface {
    WriteAt(p []byte, off int64) (n int, err error)
}
```

句柄关闭操作由 Closer 接口定义，如代码清单 3-3 所示。

代码清单 3-3 Closer 的定义

```
// Close 方法关闭 I/O 资源，如文件或网络连接
type Closer interface {
    Close() error
}
```

定位读写位置的操作由 Seeker 接口定义，如代码清单 3-4 所示。

代码清单 3-4 Seeker 的定义

```
// Seek 方法设置下次读写的位置
type Seeker interface {
    Seek(offset int64, whence int) (int64, error)
}
```

这些核心接口明确了 Go 语言中的 I/O 操作方法。通过这些最小化的接口，可以组合出更加丰富和多样化的接口，实现代码复用。需要注意的是，Go 语言对这些接口有详细的约束和规范。如果开发者没有遵守这些约定，可能会导致 I/O 操作错误。

2. Reader 和 ReaderAt 的语义区别

Go 语言往往把 I/O 操作接口的约束和规范，以注释的形式和接口定义放在一起。因此如果 Go 语言的接口有注释，建议读者一定要仔细阅读。

接下来深入探讨 Reader 和 ReaderAt 接口的约束和规范，这两个接口的注释原文如下所示：

```
// 文件：go/src/io/io.go
// Reader 的接口定义 & 接口约束
// Reader is the interface that wraps the basic Read method.
// Read reads up to len(p) bytes into p. It returns the number of bytes
// read (0 <= n <= len(p)) and any error encountered. Even if Read
// returns n < len(p), it may use all of p as scratch space during the call.
// If some data is available but not len(p) bytes, Read conventionally
// returns what is available instead of waiting for more.
// When Read encounters an error or end-of-file condition after
// successfully reading n > 0 bytes, it returns the number of
// bytes read. It may return the (non-nil) error from the same call
// or return the error (and n == 0) from a subsequent call.
// An instance of this general case is that a Reader returning
// a non-zero number of bytes at the end of the input stream may
// return either err == EOF or err == nil. The next Read should
// return 0, EOF.

// Callers should always process the n > 0 bytes returned before
// considering the error err. Doing so correctly handles I/O errors
// that happen after reading some bytes and also both of the
// allowed EOF behaviors.

// Implementations of Read are discouraged from returning a
// zero byte count with a nil error, except when len(p) == 0.
// Callers should treat a return of 0 and nil as indicating that
// nothing happened; in particular it does not indicate EOF.

// Implementations must not retain p.
type Reader interface {
    Read(p []byte) (n int, err error)
}
// ReaderAt 的接口定义与接口约束
// ReaderAt is the interface that wraps the basic ReadAt method.

// ReadAt reads len(p) bytes into p starting at offset off in the
// underlying input source. It returns the number of bytes
// read (0 <= n <= len(p)) and any error encountered.
```

```go
// When ReadAt returns n < len(p), it returns a non-nil error
// explaining why more bytes were not returned. In this respect,
// ReadAt is stricter than Read.

// Even if ReadAt returns n < len(p), it may use all of p as scratch
// space during the call. If some data is available but not len(p) bytes,
// ReadAt blocks until either all the data is available or an error occurs.
// In this respect ReadAt is different from Read.

// If the n = len(p) bytes returned by ReadAt are at the end of the
// input source, ReadAt may return either err == EOF or err == nil.

// If ReadAt is reading from an input source with a seek offset,
// ReadAt should not affect nor be affected by the underlying
// seek offset.

// Clients of ReadAt can execute parallel ReadAt calls on the
// same input source.

// Implementations must not retain p.
type ReaderAt interface {
    ReadAt(p []byte, off int64) (n int, err error)
}
```

Go语言的官方源码注释中精确阐述了Reader和ReaderAt接口的参数规范及返回值的约定。

Reader接口的实现者必须遵循以下约束和规范。

- 读取数据量：Read方法从当前偏移位置起，最多可读取len(p)个字节的数据，返回值为（n, err）。其中n表示实际读取的数据量，其范围为0≤n≤len(p)，而err表示遇到的错误。
- 偏移位置变化：每次Read方法的调用都会改变当前偏移量，影响后续的读取操作。
- 部分读取：Read方法允许在没有读完切片p时（n < len(p)）结束调用，并返回部分内容，返回值为（n, nil)，其中0 < n < len(p)。调用者需要妥善处理此类情况。
- 遇到EOF的处理：如果在读取了部分数据（n > 0）之后遇到EOF，Read方法可以返回n > 0、err==EOF或err==nil，但之后的调用应该确保返回（0, EOF）。
- 返回值处理：调用者必须优先考虑n>0的场景（甚至在判断err!=nil之前）。必须处理读到部分数据，然后遇到错误的场景。
- 无操作处理：调用者遇到返回值（n = 0, err = nil）时，应理解成“什么都没发生、无任何副作用”。可以重试读取。不能等价当作EOF的场景。通常，除非len(p)==0，否则Read方法不建议返回（n = 0, error = nil）。

ReaderAt接口的实现者需要遵循如下规范和约束。

- 读取数据量：ReadAt方法从指定的off偏移量开始，最多读取len(p)个字节到p中，并返回值为（n, err）。其中，n表示读取的数据量（范围0 <= n <= len(p)），err表示

遇到的错误。

- ❑ 无状态变化：ReadAt 调用不会改变实例的内部偏移状态，不会影响当前的偏移，不会影响后续读取操作。
- ❑ 必须解释未读满的原因：ReadAt 方法不允许在 n<len(p) 且 err==nil 的情况下返回。如果数据未读满，则必须返回一个非 nil 的 error 来解释原因。如果确实是因为数据还未就绪，那么需要阻塞等待直到数据就绪。ReaderAt 接口此处比 Reader 接口的协议更严格。
- ❑ 遇到 EOF 的处理：若 ReadAt 方法读满 p 之后遇到 EOF，则可以返回 n==len(p)、err==EOF 或 err==nil。
- ❑ 并发读取：ReadAt 方法支持并发读取，即可以在一个数据流上同时进行多个 ReadAt 调用，它们之间不会相互影响。

上面详细描述了 Reader 和 ReaderAt 两个接口的语义差异，它们之间有着非常大的区别。例如，Reader 的接口允许数据没有填满切片 p 的时候不报错，而 ReaderAt 则不允许。接下来将通过一个例子来深入展示这一关键的区别。

I/O 接口把“实现者”和“调用者”分开，遵守接口约定对双方都极其重要。任何一方不遵守约定都可能导致数据错乱。例如，有一个“实现者”A，在实现 ReaderAt 方法时，明明没有读满数据，但是返回了 err=nil。“调用者”B 可能会错误地假设所有请求的数据都已经被读取，以为切片 p 里的全都是正确的用户数据，从而导致它使用了不完整或不正确的数据。这种不一致的语义理解可能导致程序的逻辑混乱，甚至数据损坏。接口语义不一致的示意如图 3-1 所示。

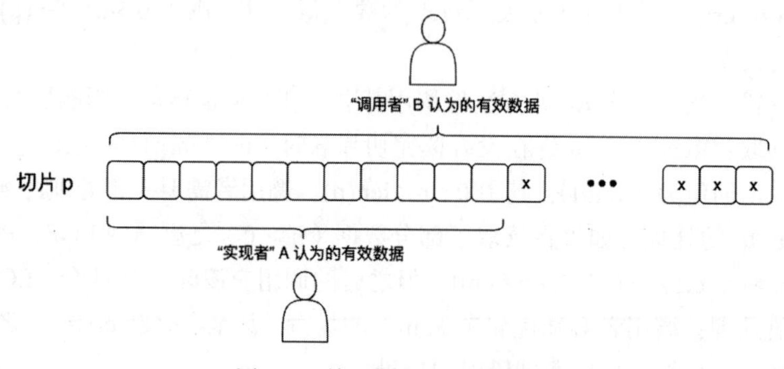

图 3-1 接口语义不一致示意

因此，无论是在设计新的接口，还是实现现有的接口，双方保持一致性和清晰的契约极为关键，这有助于确保软件组件之间的稳定交互和预期行为。

3.1.2 组合类型

Go 语言在遵循接口最小化设计原则的同时，还提供了接口嵌入和组合的能力。这使得用户可以将简单的接口组合成功能更丰富的复杂类型。这样的设计在Go的标准库随处可见，体现在如ReadCloser、WriteCloser、ReadWriter、WriteSeeker等众多接口的设计上。这些接口展现了Go语言在接口设计上的灵活性。接下来将通过几个实际场景来展示常见的接口组合的方式。

1. 接口间的组合

以ReadWriter接口为例，它由Reader和Writer接口组合而成，其内部包含两个方法——Read、Write。ReadWriter的定义如代码清单3-5所示。

代码清单3-5 ReadWriter的定义

```
type ReadWriter interface {
    Reader
    Writer
}
```

ReadCloser接口是Reader和Closer的组合，其定义如代码清单3-6所示。

代码清单3-6 ReadCloser的定义

```
type ReadCloser interface {
    Reader
    Closer
}
```

WriteCloser接口是Writer和Closer的组合，其定义如代码清单3-7所示。

代码清单3-7 WriteCloser的定义

```
type WriteCloser interface {
    Writer
    Closer
}
```

以os包的File结构类型为例，它实现了Read和Write方法以及Close方法，因此它可以同时作为ReadWriter、WriteCloser和ReadCloser接口的具体类型来使用。

2. 接口与方法组合

Go语言不仅支持接口与接口直接组合，也支持接口与方法的灵活组合来构造新的接口。例如，我们定义了一个名为MyWriter的接口，该接口通过io.Writer接口和一个Name()方法组合得到，它的定义如代码清单3-8所示。

代码清单3-8 MyWriter接口的定义

```
type MyWriter interface {
    io.Writer
    Name() string
}
```

任何想要赋值给MyWriter接口的类型，都必须实现Write和Name这两个方法函数。

3. 接口与结构体组合

接口还可以与结构体进行嵌入的组合，这是Go语言提供的一种语法糖，常用于实现类似继承的行为。当在结构体中嵌入接口时，该结构体表面上继承了接口的所有方法，这可能会引起一些混淆，使开发者误以为结构体已经具备了接口定义的所有实现。然而，实际情况可能并非如此，这一点要格外留心。

为了更加清晰地阐述这点，我们一个实际的例子来探讨在结构体内嵌入接口的情形，如代码清单3-9所示。

代码清单3-9 在结构体内嵌入接口

```
package main
// TestAPI 接口定义
type TestAPI interface {
    Method1() error
    Method2() error
}
// Tester 结构体定义
type Tester struct {
    TestAPI                 // 将 TestAPI 接口嵌入结构体 Tester
    Name string
}
// Tester 的 Method1 方法的实现
func (t *Tester) Method1() error { return nil }
func main() {
    var t Tester
    t.Method1()             // 正常调用，等价于：((*Tester)t).Method1()
    t.Method2()             // 运行报告 panic 错误，等价于：((TestAPI)nil).Method2()
    t.TestAPI.Method1()     // 运行报告 panic 错误，等价于：((TestAPI)nil).Method1()
    t.TestAPI.Method2()     // 运行报告 panic 错误，等价于：((TestAPI)nil).Method2()
}
```

虽然代码清单3-9可以顺利编译，且Tester结构体看似拥有了TestAPI接口的全部方法，但当实际调用t.Method2()时会发生异常。这是因为TestAPI接口尚未初始化，默认值为nil。因此，尝试执行t.Method2()实际上等同于在一个nil接口的调用方法。

接下来对比一下t.Method1()和t.Method2()调用之间的差异。

- t.Method1()：Tester通过内嵌TestAPI接口，表面上具备了TestAPI所有的方法。因为Tester实现了Method1方法，所以这个方法会覆盖TestAPI接口的同名方法。这意味着当我们调用t.Method1()的时候，它实际上是在执行Tester结构体自身具体实现的Method1方法，所以这是一个有效的方法调用。
- t.Method2()：因为Tester没有实现Method2方法，所以调用t.Method2()事实上转换成了对t.TestAPI.Method2()的调用。而因为TestAPI接口没有被赋值，所以这样的调用会触发异常。

回顾2.6节对接口类型的分析。我们了解到接口变量在Go语言中对应着iface类型。因此，对t.Method2()的调用等同于对iface.itab.fun[1]()的调用。但是由于接口变量未初始化，iface.itab和iface.data均为nil，这会导致在尝试访问itab.fun字段时触发空指针异常，从而引发panic错误。因此，在结构体中嵌入接口时，我们必须确保对其进行适当的初始化，以防止运行时发生错误。

3.1.3　进阶类型

在深入研究Go语言的标准库的接口类型时，我们会发现一系列具备特殊功能的接口，这些接口构建在基础接口之上，并融入了巧妙的逻辑处理。在存储编程的实践中，我们常常面临以下问题。

- 如何将单一数据流复制成多个相同的数据流？
- 如何将多个数据流合并成一个数据流？
- 能否定义一个有长度边界的数据流？

为了解决这些问题，Go的标准库中精心提供了一系列Reader和Writer的实现。接下来将深入探究它们的内部机制。

1. 特殊的Reader和Writer

Go语言的标准库有很多设计巧妙、功能特殊的Reader、Writer，这些特殊的Reader和Writer不仅在实际应用中表现出强大的实用性，同时也能展现标准库是如何基于接口来实现特殊功能的。接下来来看几个典型的Reader、Writer实现。

1）TeeReader：TeeReader的设计初衷是实现数据分流，它能够将一个Reader中读取的数据流复制成多份。这种功能特别适用于需要创建多个数据副本的场景，或者并行进行数据校验（如计算CRC、MD5）的场景。

2）LimitReader：在流式的数据处理中，EOF通常用于标识数据流的结束。而LimitReader则允许用户显式指定数据流的长度，当读取到指定数据量之后，LimitReader会主动返回EOF，有效防止数据溢出或其他异常情况。

3）MultiReader：通过组合多个Reader数据流，MultiReader创建出一个单一的、连续的Reader视图。这样，用户无须手动在多个Reader之间切换，便能连续读取数据。

4）MultiWriter：MultiWriter将数据写入到多个Writer，实现数据流的复制。与TeeReader相比，MultiWriter专注于Writer的复制。

5）SectionReader：SectionReader提供了对数据流特定部分进行读取的能力。它是对ReaderAt接口的封装，同时还要求实现Seeker的接口。使用SectionReader可以很方便地重复读取数据流的特定区域。

6）PipeReader和PipeWriter：这两个是配合使用的，分别作为管道的Reader和管道的Writer。它们通过io.Pipe()创建，实现了同步传输的内存数据流管道，适用于生产者-消费者模型。

接下来分析 TeeReader 的实现原理和使用方式。在 io 包中，提供了一个名为 TeeReader 的工具函数，该函数返回 Reader 接口，其实际的类型为 teeReader，代码清单 3-10 展示了 TeeReader 函数的实现。

代码清单 3-10 TeeReader 函数的实现

```
// 文件路径：src/io/io.go
func TeeReader(r Reader, w Writer) Reader {
    return &teeReader{r, w}
}
```

TeeReader 函数的核心是创建了 teeReader 结构体，定义如代码清单 3-11 所示。

代码清单 3-11 teeReader 结构体定义

```
type teeReader struct {
    r Reader
    w Writer
}
// Read 方法的实现
func (t *teeReader) Read(p []byte) (n int, err error) {
    // 调用底层 Reader 的 Read 方法
    n, err = t.r.Read(p)
    if n > 0 {
        // 将读取到的数据写入 Writer
        if n, err := t.w.Write(p[:n]); err != nil {
            return n, err
        }
    }
    return
}
```

teeReader 的 Read 方法实现逻辑相当直接，每次 Read 操作中，它将读取到的数据写入关联的 Writer 中，从而实现数据流的分流和复制。

2. 数据 I/O 流的实践

我们将通过两个具体的例子来深入理解这些特殊 Reader、Writer 的使用。第一个示例将介绍如何复制 Reader（即将一份数据源复制成多份数据源），并展示如何进行多副本的并发写操作和并发计算 CRC 的。第二个示例展示如何复制 Writer（即将一份数据源写到多个目标副本），实现一份数据向多个地方的写入操作。

（1）实践 1：复制 Reader

让我们先来看一个基础的示例。此示例涉及读取字符串数据到内存中，然后将其写到标准输出（控制台），如代码清单 3-12 所示。

代码清单 3-12 复制 Reader 的示例

```
// Reader 的实现
```

```
type MyReader struct {
    s string
    i int64
}
func (r *MyReader) Read(b []byte) (n int, err error) {
    if r.i >= int64(len(r.s)) {
        return 0, io.EOF
    }
    n = copy(b, r.s[r.i:])
    r.i += int64(n)
    return
}
// Writer的实现
type MyWriter struct{}
func (w *MyWriter) Write(p []byte) (n int, err error) {
    fmt.Printf("%s", string(p))
    return len(p), nil
}
func main() {
    var r io.Reader
    var w io.Writer
    r = &MyReader{s: "hello world\n"}
    w = &MyWriter{}
    // 处理：读写数据
    io.CopyBuffer(w, r, make([]byte, 1))
}
```

接下来对代码进行两项改进。

1）主Goroutine在执行数据I/O的同时，分出一股数据流做CRC32的计算。

2）将数据流进一步分流，并在另一个Goroutine中进行并发执行I/O操作，模拟多副本数据的写入过程。

为了实现从一个读的数据流中分流，我们需要使用TeeReader。如果要改成多副本并发写，还需要用到Pipe结构。MyReader、MyWriter的定义与代码清单3-12中一致，但main函数有所改动，如代码清单3-13所示（示例中简化了异常处理以突出主要逻辑）。

代码清单3-13　多副本并发写和并发计算CRC的示例

```
func main() {
    var r io.Reader
    var w io.Writer
    r = &MyReader{s: "hello world\n"}
    w = &MyWriter{}
    // 分流1：数据副本（用pipe写转读，然后进行并发操作）
    pr, pw := io.Pipe()
    r = io.TeeReader(r, pw)
    repErrCh := make(chan error, 1)
    // 启动并发的Goroutine
    go func() {
```

```
        var repErr error
        defer func() {
            pr.CloseWithError(repErr)
            repErrCh <- repErr
        }()
        // 处理 3: 处理数据流的副本
        // 常见的是把副本数据写到文件
        _, repErr = io.CopyBuffer(os.Stderr, pr, make([]byte, 1))
    }()
    // 分流 2: 做 crc 计算
    crcW := crc32.NewIEEE()
    r = io.TeeReader(r, crcW)
    // 处理 1: 读写数据
    io.CopyBuffer(w, r, make([]byte, 1))
    // 处理 2: 计算 CRC
    fmt.Printf("crc:%x\n", crcW.Sum32())
    pw.Close()
    <-repErrCh
}
```

在上述代码的例子中，我们把 Reader 用 TeeReader 分流出两个数据流：一个用来做 CRC32 的计算，一个用来模拟多副本的写入操作。为了实现副本的并发写入，我们首先用 Pipe 将 TeeReader 分流出来的 Writer 转成 Reader，随后通过一个并发运行的 Goroutine 来处理这个 Reader，从而达到数据的并发写入的效果。

I/O 数据流通常涉及多次 I/O 操作，为了模拟这一行为，我们故意把 copy 的缓冲区大小设置为 1 个字节。这导致每次 Read 和 Write 都只处理 1 个字节，使得程序必须执行多次 I/O 操作。

最后，编译并运行代码清单 3-13 的代码，我们可以得到以下结果：

```
# 同时查看“标准输出”和“标准错误输出”。
# 由于两个 Goroutine 并发执行，每一次 io 是 1 个字节。
$ ./${ 二进制文件 } 2>&1
hheellllloo  wwoorrlldd
crc:af083b2d
# 只看标准输出
$ ./${ 二进制文件 } 2>/dev/null
hello world
crc:af083b2d
# 只看标准错误
$ ./${ 二进制文件 } 1>/dev/null
hello world
```

结果显示，由于两个 Goroutine 是并发执行，每一次 I/O 操作只处理 1 个字节，因此输出到控制台的结果是重复且交错在一起的，反映了多次的 I/O 操作。此外，主 Goroutine 比子 Goroutine 多做了一次 CRC32 的计算。执行的时间线如图 3-2 所示。

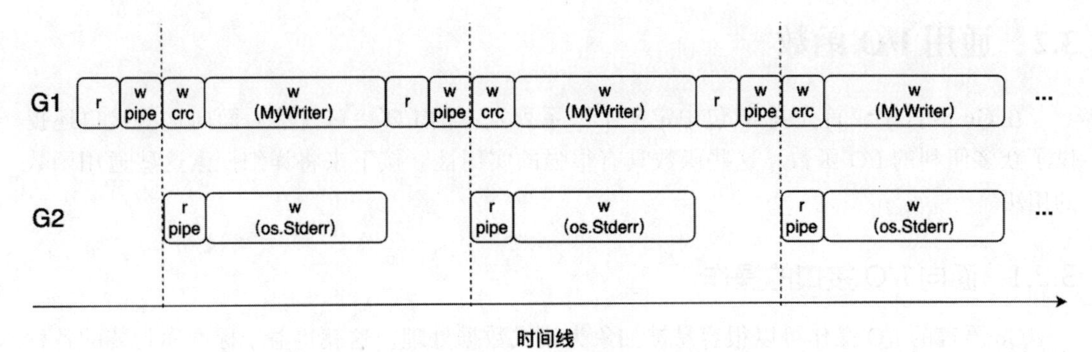

图 3-2　I/O 并发执行

图 3-2 展示了 I/O 并发执行的场景。在实际的应用中，写入磁盘的操作往往耗时最长（我们用 MyWriter 和 os.Stderr 来模拟磁盘的 I/O 写入）。与此相比，内存复制和网络传输的延迟相对较小，因此，从总体时间上看，数据是以并发的方式写入磁盘的。

（2）实践二：复制 Writer

在存储实践中，我们经常需要将一个数据流写到多个目的地。为了实现这一需求，MultiWriter 提供了一个便捷的解决方案。代码清单 3-14 展示了如何将单一的数据流复制到多个 Writer。

代码清单 3-14　一份数据写到多个 Writer 的示例

```
var r io.Reader
var w io.Writer
r = &MyReader{s: "hello world\n"}
w = &MyWriter{}
// 组合多个 Writer
w = io.MultiWriter(w, os.Stderr)
io.Copy(w, r)
```

编译并执行上述代码后，输出结果如下：

```
hheellllloo wwoorrlldd
```

在这个过程中，每一次的 I/O 操作都将数据写到不同目的地：一处是 MyWriter（代表标准输出），另一处则是标准错误输出。值得注意的是，这里的数据复制过程是串行执行的，如图 3-3 所示。

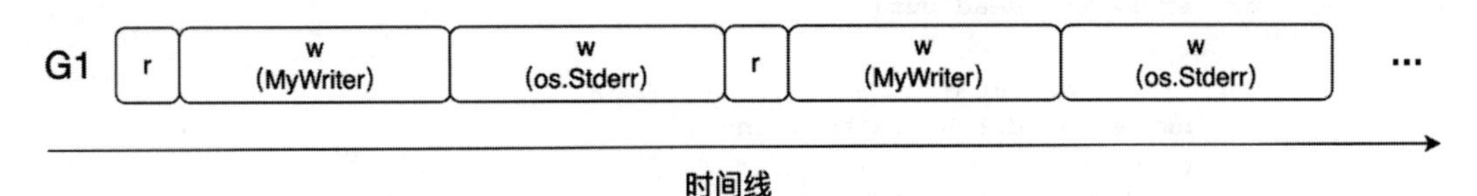

图 3-3　I/O 串行执行

3.2 通用 I/O 函数

在 Go 语言中，首先在 io 包中定义了一系列基本的 I/O 接口，然后面向这些接口还提供了众多便利的 I/O 函数。这些函数具有很强的实用性。接下来将详细探索这些通用函数的用法。

3.2.1 面向 I/O 接口的操作

Go 语言的 I/O 操作可以很容易被抽象为流式数据处理，这就得益于标准库封装的各种的 Copy 和 Read 类函数。这些函数都是基于 Reader、Writer 来实现的。

- Copy、CopyN、CopyBuffer：这些函数负责将数据从 Reader 传输到 Writer。它们底层使用相同的 copyBuffer 函数进行处理，该函数处理了 I/O 错误码、内部循环条件判断、EOF 检测以及长度大小等问题。
- ReadFull、ReadAtLeast、ReadAll：这些函数专注于对 Reader 的操作，提供了完全读取、指定读取和读取全部等封装逻辑。

Reader 接口定义了单次 Read 方法调用的行为，Writer 接口定义了单次 Write 方法调用的行为，流式的 I/O 操作则是这些 Read 和 Write 调用组成的序列构成。其中最为经典的函数便是 io.Copy，它对外提供了一个数据流的复制过程。该函数返回的是整个数据流复制的结果，而不仅仅是单次 I/O 操作的结果。

1. Copy 系列函数

在 Go 语言的 I/O 库中，Copy 系列函数扮演着数据复制的关键角色。以下是 Copy 系列函数的实现原理，如代码清单 3-15 所示。

代码清单 3-15 Copy 系列函数的实现原理

```
// 文件路径：src/io/io.go
func Copy(dst Writer, src Reader) (written int64, err error) {
    return copyBuffer(dst, src, nil)
}
// Copy 操作的底层实现 Copy，CopyN，CopyBuffer 等都是调用此函数
func copyBuffer(dst Writer, src Reader, buf []byte) (written int64, err error) {
    // 省略前置处理
    for {
        // 调用 Reader 的 Read 方法，读取源数据
        nr, er := src.Read(buf)
        if nr > 0 {
            // 调用 Writer 的 Write 方法，写入目标数据
            nw, ew := dst.Write(buf[0:nr])
            written += int64(nw)
            // 省略返回值处理，异常处理
        }
            // 省略返回值处理，异常处理
```

```
    }
    return written, err
}
```

Copy系列函数都依赖于copyBuffer这一核心内部函数。copyBuffer的核心逻辑很简单：内部是一个大的for循环，每一次循环都执行一次Read，然后执行一次Write，直到所有数据被处理完毕或者遇到异常。因此，数据流的复制过程实际上就是由一系列的Read和Write构成的。

在copyBuffer的基础上，还衍生出了CopyN、CopyBuffer这两个复制函数。Copy函数处理的是无边界的数据流，而CopyN提供了数据量的限制功能，CopyBuffer则允许使用自定义的缓冲区来优化每次的I/O传输。

通过上述解析，我们可以了解到Copy系列函数是如何面向I/O接口编程的：这些函数专注于复制逻辑，从一个Reader里读取数据，然后将数据写到Writer里面，而不用关注Reader和Writer的具体类型。这种设计允许开发者将这些函数应用于多种Reader和Writer，提高了代码的复用性。

2. Read系列函数

Go语言处理数据流读取主要包括三个函数：ReadAll、ReadFull和ReadAtLeast。尽管它们都能读取数据流，但终止条件有所区别。

1）ReadAll函数持续读取数据直至遇到EOF或者发生错误。当ReadAll函数在正常情况下读到EOF时，并不会认为是异常，因此返回错误值仍为nil。该函数专注于数据流的整体读取状态。

2）ReadFull函数的目的是读取足够的数据以填满给定的缓冲区（即n==len(buf)）。如果未能填满缓冲区（即n < len(buf)），则会返回错误。例如，如果在填满缓冲区之前遇到数据流的EOF，则会返回UnexpectedEOF错误。只要填满缓冲区，则返回值err是nil。该函数关注的是缓冲区的填充状态。

以下是ReadFull函数的实现，如代码清单3-16所示。

代码清单3-16 ReadFull函数的实现

```
// 文件路径：src/io/io.go
func ReadFull(r Reader, buf []byte) (n int, err error) {
    return ReadAtLeast(r, buf, len(buf))
}
```

3）ReadAtLeast函数用于确保至少读取了指定量的数据。它是ReadFull的底层实现。如果读取的数据量未达到指定的最小值（即n < min），则会返回报错。例如，在读取足够数据之前遇到数据流的EOF，则会返回UnexpectedEOF错误。一旦读取了指定的最小数据量，则返回值err是nil。这个函数关注的是读取数据量的大小。

ReadAtLeast函数的实现如代码清单3-17所示。

代码清单 3-17 ReadAtLeast 函数的实现

```
// 文件路径：src/io/io.go
func ReadAtLeast(r Reader, buf []byte, min int) (n int, err error) {
    if len(buf) < min {
        return 0, ErrShortBuffer
    }
    for n < min && err == nil {
        var nn int
        // 每一次都是 Read 调用
        nn, err = r.Read(buf[n:])
        n += nn
    }
    // 如果已读取至少 min 的数据量，则返回错误码 nil
    if n >= min {
        err = nil
    } else if n > 0 && err == EOF {
        err = ErrUnexpectedEOF
    }
    return
}
```

总的来说，若要简单读取整个数据流，ReadAll 是合适的选择；若目标是填满一个缓冲区，那 ReadFull 会更适用；而 ReadAtLeast 则适合需要读取至少一定数量数据的场景。这些工具函数大大提高了存储编程的效率，简化了数据读取过程中的条件判断和错误处理。

3.2.2 文件 I/O 的操作函数

在存储编程实践中，文件 I/O 操作是常见且关键的一环。Go 语言对此提供了丰富的工具函数，旨在帮助开发者快速实现文件的操作，减少了重复代码。值得注意的是，文件操作强依赖于操作系统，Go 语言通过对 os 包中 File 类型的抽象操作来实现对系统文件的操作。这些文件操作的工具函数存放在 os 包中（曾位于 io/ioutil 包，自 Go 1.16 版本之后进行了重新整理）。

1）ReadFile：通过传入文件路径，可以直接把文件内容读到内存。这省去了开发者对 Open、Read、Close 的调用。

2）WriteFile：允许用户将数据从内存一次性写入文件中。这省去了开发者对 Open、Write、Close 的调用。

3）ReadDir：通过传入目录路径，可以快速获取该路径下所有文件的列表。

这些函数简化了开发者对文件的操作。接下来深入分析 ReadFile 函数的实现原理，如代码清单 3-18 所示。

代码清单 3-18 ReadFile 函数的实现原理

```
// 文件：src/io/ioutil/ioutil.go
func ReadFile(filename string) ([]byte, error){
```

```
    return os.ReadFile(filename)
}
// 文件: src/os/file.go
func ReadFile(name string) ([]byte, error) {
    // 打开文件
    f, err := Open(name)
    data := make([]byte, 0, size)
    for {
        if len(data) >= cap(data) {
            d := append(data[:cap(data)], 0)
            data = d[:len(data)]
        }
        // Read 读取数据, 直到读完数据、遇到 EOF 或者其他错误
        n, err := f.Read(data[len(data):cap(data)])
        data = data[:len(data)+n]
        if err != nil {
            if err == io.EOF {
                err = nil
            }
            return data, err
        }
    }
}
```

使用 ReadFile 函数可以轻松地将整个文件内容读到内存，数据被存放在一个字节切片中。然而，这种方式需要注意文件的大小，以防文件过大而超出内存容量。

在处理配置文件（即文件大小可控的场景）时，ReadFile 和 WriteFile 显得尤为便捷，它们提供了一个简洁的方法来实施配置数据的读取和存储。这两个函数的使用可以简化配置管理过程，让文件的读写变得直接而高效。

3.3　文件系统

Go 语言在其设计中提供了一个独特的“文件系统”接口，这是由语言层面做的抽象，与操作系统的文件系统并不等价。这样设计的初衷在于解耦 Go 语言中文件处理与操作系统之间的直接依赖。

深入研究 Go 的文件操作机制，我们可以发现，文件操作并未以接口形式定义。相反，它直接与 os.File 结构体相关联。例如，os.Open 函数用于打开文件，它返回一个 os.File 结构体的指针，而后续的文件 I/O 操作都是通过这个 os.File 结构体实现来进行的。os.Open 函数的定义如代码清单 3-19 所示。

代码清单 3-19　os.Open 函数的定义

```
// 文件路径: src/os/file.go
// 打开一个文件, 返回 File 结构体指针
```

```
func Open(name string) (*File, error)
// 文件: src/os/types.go
// File 代表在 Go 语言打开的文件描述符
type File struct {
    *file  // 操作系统特定的实现
}
```

Open 返回的是一个具体的类型，而非接口类型。这个选择令 Go 的开发者颇感困惑，因为这会导致业务代码和 os.File 类型紧密耦合。例如，业务函数执行了文件 I/O 操作，那么在单元测试时就必须真实地创建一个文件。如果 os.Open 返回的是接口类型，那么在测试时可以传入满足该接口的任何类型，大大简化了测试过程。

Go 在 1.16 版本中引入 io.FS 接口，以应对与操作系统的文件系统不同的 I/O 需求。例如，embed 文件系统——一种将文件嵌入二进制程序的机制。通过在 io/fs 为文件系统提供抽象定义，使 Go 中的文件系统抽象与操作系统的文件系统得以解耦。

现在，业务程序就可以用标准库 io/fs 定义的 FS 接口进行 I/O 操作，而无须直接依赖于 os 包，这为编写更加灵活和可移植的代码铺平了道路。

3.3.1 FS 接口的定义

接下来介绍 Go 语言的 FS 接口定义。这些接口定义在 io/fs 包中，它们同样遵循最小接口的设计原则，旨在通过组合较小的接口来实现更强大的功能。

1. 基础接口

fs.FS 接口代表了文件系统，按照 Go 语言的理解，最基本的文件系统应至少包含一个 Open 方法。io.FS 接口的定义如代码清单 3-20 所示。

代码清单 3-20 io.FS 接口的定义

```
// 文件: src/io/fs/fs.go
// 文件系统的接口
type FS interface {
    Open(name string) (File, error)
}
```

在 Open 方法中，返回的是 fs.File 接口类型。fs.File 接口代表一个文件，fs.File 接口的定义如代码清单 3-21 所示。

代码清单 3-21 fs.File 接口的定义

```
// 文件的接口
type File interface {
    Stat() (FileInfo, error)      // 获取文件信息
    Read([]byte) (int, error)     // 读取文件内容
    Close() error                 // 关闭文件
}
```

通过 fs.File 接口定义可以看到，一个文件系统的文件至少需要提供 Stat、Read、Close 三种方法。对于 File.Stat 方法返回的 fs.FileInfo 也是接口类型，它代表文件的元数据信息。fs.FileInfo 接口的定义如代码清单 3-22 所示。

代码清单 3-22　fs.FileInfo 接口的定义

```
type FileInfo interface {
    Name() string           // 文件名
    Size() int64            // 文件长度
    Mode() FileMode         // 打开模式
    ModTime() time.Time     // 修改时间
    IsDir() bool            // 是否是目录
    Sys() any               // 扩展接口，返回操作系统相关的文件结构
}
```

以上定义的三个接口构成了一个极简的只读文件系统的框架。文件系统至少要有一个 Open 方法，返回一个可读的文件。我们可以在此基础之上扩展 FS 的接口，来丰富文件系统的功能。

2. 扩展文件系统

Go 语言的文件系统允许通过扩展来满足更丰富的应用场景。接下来看几个 io/fs 中基于 fs.FS 的扩展的文件系统。

（1）ReadDirFS

在 io/fs 包内定义一个名为 ReadDirFS 的接口，该文件系统基于 FS 增加了一个 ReadDir 方法，代表一个能够读取目录内容的文件系统。ReadDirFS 接口的定义如代码清单 3-23 所示。

代码清单 3-23　ReadDirFS 接口的定义

```
type ReadDirFS interface {
    FS
    // 读目录
    ReadDir(name string) ([]DirEntry, error)
}
```

（2）GlobFS

在 io/fs 包内定义一个名为 GlobFS 的接口，该文件系统基于 FS 增加了 Glob 方法，代表一个具备路径通配符查询的文件系统。GlobFS 接口的定义如代码清单 3-24 所示。

代码清单 3-24　GlobFS 接口的定义

```
type GlobFS interface {
    FS
    // 路径通配符的功能
    Glob(pattern string) ([]string, error)
}
```

（3）StatFS

在 io/fs 定义一个名为 StatFS 的接口，该文件系统基于 FS 之上增加了 Stat 方法，代表一个路径查询的文件系统。StatFS 接口的定义如代码清单 3-25 所示。

代码清单 3-25　StatFS 接口的定义

```
type StatFS interface {
    FS
    // 查询某个路径的文件信息
    Stat(name string) (FileInfo, error)
}
```

（4）ReadFileFS

在 io/fs 定义一个名为 ReadFileFS 的接口，该文件系统基于 FS 之上增加了 ReadFile 方法，代表一个可以通过路径读取文件内容的文件系统。ReadFileFS 接口的定义如代码清单 3-26 所示。

代码清单 3-26　ReadFileFS 接口的定义

```
type ReadFileFS interface {
    FS
    // 根据路径读取文件内容
    ReadFile(name string) ([]byte, error)
}
```

图 3-4 形象地展示了 Go 语言的扩展文件系统的拓扑关系。

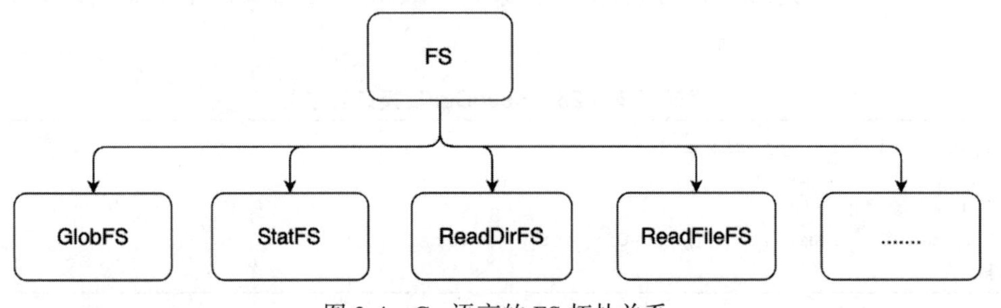

图 3-4　Go 语言的 FS 拓扑关系

3.3.2　FS 接口的实现和扩展

在本节内容中，我们将通过两个具体实例深入探讨 Go 语言是如何实现文件系统的：一种是代表操作系统的 Dir 文件系统，另一种是 embed 文件系统。这两种文件系统的类型都是对 fs.FS 接口的具体实现。

1. Dir 文件系统

io/fs 中定义了文件系统的 fs.FS 接口之后，Go 语言紧接着就在 os 包里实现了这个接口，让os相关的文件操作兼容到fs.FS的接口上。首先，os包提供了一个DirFS函数，返回一个dirFS类型的结构体对象。DirFS函数的实现如代码清单3-27所示。

代码清单3-27　DirFS函数的实现

```
// 文件路径：src/os/file.go
// 根据提供的方法，返回一个Go语言的“文件系统”
func DirFS(dir string) fs.FS {
    return dirFS(dir)
}
```

dirFS类型实现了fs.FS的Open方法，dirFS类型的定义和Open方法的实现如代码清单3-28所示。

代码清单3-28　dirFS类型的定义和Open方法的实现

```
// 文件系统
type dirFS string
//  Open方法的实现
func (dir dirFS) Open(name string) (fs.File, error) {
    f, err := Open(string(dir) + "/" + name)
    if err != nil {
        return nil, err
    }
    return f, nil
}
```

在dirFS.Open方法中，调用了os.Open方法，获取到os.File的结构体的指针。而os.File类型是实现了fs.File接口的所有方法。这样就可以让os的文件操作兼容fs.FS的接口。

举一个实际读取并打印文件内容到控制台的例子。首先，我们需要创建一个名为hello.txt的文件，其内容为hello world。如果用传统的方式来读该文件，则如代码清单3-29所示。

代码清单3-29　使用os.Open函数读文件示例

```
// 参数为*os.File，这是一个struct类型
func PrintFile(f *os.File) {
    data, _ := io.ReadAll(f)
    fmt.Printf("%s\n", data)
}
func main() {
    f, _ := os.Open("./hello.txt")
    PrintFile(f)
}
```

如果针对上述代码中的PrintFile函数做单测，就需要实际创建出一个*os.File实例并传入。现在，我们可以改用接口进行重构，如代码清单3-30所示。

代码清单 3-30 Dir 文件系统读文件示例

```
// 参数是 fs.File 接口
func PrintFile(f fs.File) {
    data, _ := io.ReadAll(f)
    fmt.Printf("%s\n", data)
}
func main() {
    // 创建一个文件系统
    fs := os.DirFS("./")
    // 打开一个文件
    f, _ := fs.Open("hello.txt")
    PrintFile(f)
}
```

通过类似的方法就可以比较平滑地重构代码了。把一些依赖于 *os.File 的参数替换掉。之后对 PrintFile 函数做单测就非常灵活了。

2. embed 文件系统

Go 语言为了更便捷地部署，提供了一个内嵌文件的功能。该功能允许开发者将静态文件直接打包进编译后的二进制程序中。这项特性意味着应用程序和它所需要的数据整合到单个二进制文件中，极大地简化了发布和部署过程。

Go 标准库的 embed 包提供了一个内嵌文件系统（简称 embed FS），通过它我们可以在运行时像操作普通文件一样读取这些嵌入二进制的静态文件。

首先，在 embed 包，我们定义一个名为 FS 的结构体，它具体实现了 fs.FS 接口的所有方法。embed 的 FS 结构体定义如代码清单 3-31 所示。

代码清单 3-31 embed 的 FS 结构体定义

```
// 文件路径：src/embed/embed.go
// fs.FS 的具体实现
type FS struct {
    // 静态资源文件的名字的数组
    files *[]file
}
// 代表一个内嵌静态资源文件
type file struct {
    name string          // 名称
    data string          // 文件的数据全在内存里
    hash [16]byte        // 文件散列值
}
```

根据 fs.FS 的接口的定义，embed 包的 FS 结构体仅需实现 Open 方法。代码清单 3-32 展示了 embed 的 FS 结构体的 Open 方法实现细节。

代码清单 3-32 embed 的 FS 结构体的 Open 方法

```
// Open 的具体实现
```

```
func (f FS) Open(name string) (fs.File, error) {
    // 通过名字匹配、查找到 file 对象
    file := f.lookup(name)

    // 如果没找到
    if file == nil {
        return nil, &fs.PathError{Op: "open", Path: name, Err: fs.ErrNotExist}
    }
    // 如果是目录结构
    if file.IsDir() {
        return &openDir{file, f.readDir(name), 0}, nil
    }
    // 找到了就封装成 openFile 结构体
    return &openFile{file, 0}, nil
}
```

在embed的FS.Open方法中，首先通过lookup方法在files数组中根据名字查找是否存在内嵌文件，如果找到，就返回一个openFile的结构体实例。进一步地，openFile结构则要实现fs.File的接口，openFile的定义和实现如代码清单3-33所示。

代码清单3-33 openFile的定义和实现

```
// fs.File 具体的实现。代表一个文件
type openFile struct {
    f *file      // 内嵌文件
    offset int64  // 当前读取的偏移
}
func (f *openFile) Close() error                  { return nil }
func (f *openFile) Stat() (fs.FileInfo, error) { return f.f, nil }
func (f *openFile) Read(b []byte) (int, error) {
    // 判断偏移是否符合预期
    if f.offset >= int64(len(f.f.data)) {
        return 0, io.EOF
    }
    if f.offset < 0 {
        return 0, &fs.PathError{Op: "read", Path: f.f.name, Err: fs.ErrInvalid}
    }
    // 从内存复制数据
    n := copy(b, f.f.data[f.offset:])
    f.offset += int64(n)
    return n, nil
}
```

openFile结构体实现了Read、Stat、Close方法，这就是一个完整的Go语言FS实现。

下面通过一个实际的示例来展示embed的FS使用技巧。首先，创建一个名为hello.txt的文件，其内容为“hello world”。然后，把这个文件在编译时内嵌到二进制中，如代码清单3-34所示。

代码清单 3-34 embed 文件系统的使用示例

```
//go:embed hello.txt
var f embed.FS
func main() {
    // 打开文件
    file, _ := f.Open("hello.txt")
    // 读文件
    buf := make([]byte, 4096)
    _, _ = file.Read(buf)
    fmt.Printf("%s\n", buf)
}
```

编译之后 hello.txt 文件的内容就被嵌入二进制文件中。在程序运行时我们可以像读取普通文件一样读取 hello.txt 文件，而实际上，读取的是内嵌在二进制文件的数据，而非磁盘上的实体文件。

3.4 I/O 标准库拓扑

Go 的标准库内置了丰富的 I/O 核心接口的实现，旨在简化并加速开发者对 I/O 操作的处理。在本节中，我们将详细探讨 Go 语言 I/O 接口的各种标准库的拓扑关系，展示这些标准库如何为不同的业务场景提供多种 Reader 和 Writer 的实现，以此来优化和提高编程效率。

图 3-5 展示了 Go 标准库围绕 I/O 实现的拓扑关系。

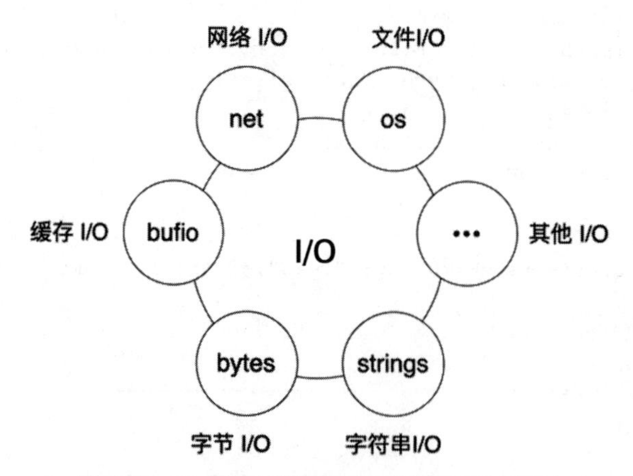

图 3-5 Go 标准库围绕 I/O 实现的拓扑关系

3.4.1 字节 I/O

字节序列也能像文件一样进行 I/O 操作，只需让管理字节序列的对象实现 Reader 和 Writer 的接口即可。标准库中的 bytes 包是专为字节操作而设计，它提供了 bytes.NewReader

函数，可以将字节序列（[]byte）转换成Reader接口的对象，同时bytes.NewBuffer可以将字节序列转换成Reader和Writer接口的对象，使一个简单的内存块可以被当作可读写的数据流来操作。代码清单3-35展示了字节序列的读写操作示例。

代码清单3-35 内存块的读写操作

```
// 定义字节序列
buffer := []byte{104, 101, 108, 108, 111, 10}   // 'h', 'e', 'l', 'l', 'o', '\n'
// 从字节序列构建Reader
readerFromBytes := bytes.NewReader(buffer)
// 将Reader的数据流式传输到标准输出
n, err := io.Copy(os.Stdout, readerFromBytes)
```

通过上述方式，我们可以轻松地将字节序列融入Go语言的I/O框架内，对数据进行读写操作。常见的使用场景包括：

- 场景1：当我们拥有一大块内存数据，欲将数据流式写入某个Writer中时，可以使用bytes包所提供的功能将这块内存转换成Reader，接着利用io.Copy函数进行流式复制。
- 场景2：当我们想把从Reader读到的数据流式写入某个内存块上时，则可以用bytes.NewBuffer将该内存块转换为Writer，然后通过io.Copy函数将数据写入。

图3-6形象地展示了这两个场景的转换关系。

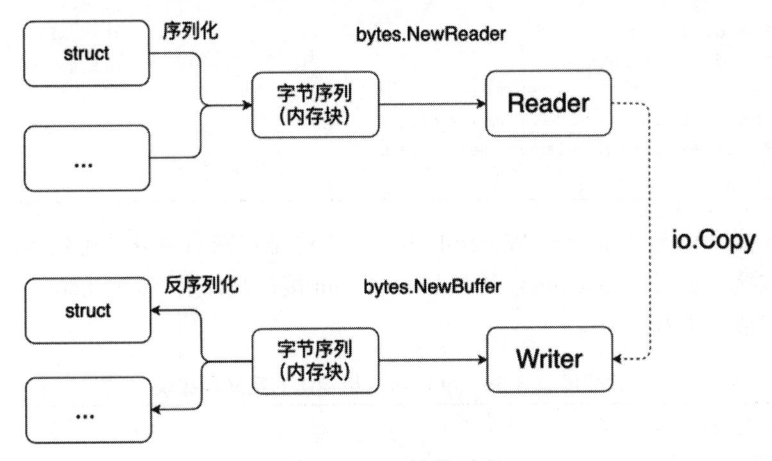

图3-6 I/O转化示意

3.4.2 字符串I/O

字符串也可以变成Reader。标准库strings包提供了相应的转换实现。通过使用strings.NewReader函数，我们可以将任意字符串转换成Reader。这样就使字符串可以作为数据源参与到数据读取的过程中。代码清单3-36展示了字符串转换成Reader的过程。

代码清单 3-36 字符串转换为 Reader

```
// 初始化字符串
str := "hello world"
// 将字符串转换成 Reader
readerFromBytes := strings.NewReader(str)
// 将 Reader 的数据流式写入到标准输出
n, err := io.Copy(os.Stdout, readerFromBytes)
```

字符串转换成 Reader 之后就能够融入 Go 语言的 I/O 框架中。需要注意的是，由于字符串在 Go 语言中是不可变的，因此它们不能直接转换成 Writer。

3.4.3 网络 I/O

在 Go 语言的标准库中，网络 I/O 功能主要由 net 包提供支持。在 net 包中，定义了 net.Conn 接口代表一个网络连接。net.Conn 接口包含了 Read、Write 和 Close 等核心方法。代码清单 3-37 展示了 net.Conn 接口的定义。

代码清单 3-37 net.Conn 接口的定义

```
// 文件路径: src/net/net.go
type Conn interface {
    Read(b []byte) (n int, err error)
    Write(b []byte) (n int, err error)
    Close() error
    LocalAddr() Addr
    RemoteAddr() Addr
    SetDeadline(t time.Time) error
    SetReadDeadline(t time.Time) error
    SetWriteDeadline(t time.Time) error
}
```

net.Conn 接口充当 Reader 和 Writer 的角色，无论是在网络服务端还是客户端，数据操作都是通过该接口进行。net.conn 结构体是 net.Conn 接口具体实现。net.conn 结构体的定义和实现如代码清单 3-38 所示。

代码清单 3-38 net.conn 结构体的定义和实现

```
// 文件路径: src/net/net.go
type conn struct {
    // netFD 代表网络文件描述符
    fd *netFD
}
// 读取网络数据
func (c *conn) Read(b []byte) (int, error) {
    n, err := c.fd.Read(b)
    // 此处省略部分异常处理相关的代码
}
// 写入网络数据
```

```
func (c *conn) Write(b []byte) (int, error) {
    n, err := c.fd.Write(b)
    // 此处省略部分异常处理相关的代码
}
// 关闭网络句柄
func (c *conn) Close() error {
    err := c.fd.Close()
    // 此处省略部分异常处理相关的代码
}
```

netFD结构体是网络I/O中的关键角色，它是对底层socket文件描述符的封装，并且内部还使用了epoll机制来管理socket文件描述符的I/O事件。关于使用I/O多路复用模型的方式来实现网络I/O在本书的后续章节会有更深入的探讨。

接下来通过一个客户端与服务端通信的例子来演示Go语言的网络编程能力。首先，我们要实现一个服务端，它是一个守护进程，需要实现监听和处理的逻辑。服务端的处理实现如代码清单3-39所示。

代码清单3-39　服务端的处理实现

```
func handleConn(conn net.Conn) {
    defer conn.Close()
    buf := make([]byte, 4096)
    // 读取来自客户端的数据
    conn.Read(buf)
    // 处理数据：打印到控制台
    fmt.Printf("get: <%s>\n", buf)
    // 发送响应
    conn.Write([]byte("pong: "))
    conn.Write(buf)
}
func main() {
    // 监听端口
    server, err := net.Listen("tcp", ":9999")
    if err != nil {
        log.Fatalf("err:%v", err)
    }
    for {
        // 等待客户端连接
        c, err := server.Accept()
        if err != nil {
            log.Fatalf("err:%v", err)
        }
        // 使用Goroutine并发处理客户端请求
        go handleConn(c)
    }
}
```

服务端需要持续运行，监听端口并等待客户端连接。一旦客户端连接到服务端，服务端就会启动一个新的 Goroutine 来处理该连接。这是 Go 语言并发模型的一个典型应用：每个连接对应一个 Goroutine 来处理。

现在我们来看客户端的实现。客户端是一个主动建连的过程，向服务端发送请求，然后等待服务端响应，如代码清单 3-40 所示。

代码清单 3-40 客户端的实现

```
func main() {
    // 连接到服务端
    conn, err := net.Dial("tcp", ":9999")
    if err != nil {
        panic(err)
    }
    // 向服务端发送数据
    conn.Write([]byte("hello world"))
    // 输出服务端的响应
    io.Copy(os.Stdout, conn)
}
```

客户端通过 net.Dial 与服务端建立连接，并通过 Write 发送数据，然后通过 Read 读取服务端的响应。这个过程是阻塞的，Read 和 Write 都会等待操作完成。

通过这个简单的客户端 - 服务端模型，我们可以看到 Go 语言在网络编程上的基本用法。得益于 Go 语言轻量级的 Goroutine 和出色的并发支持，开发者可以轻松地处理数以万计的并发连接，构建出复杂且高效的网络服务。

3.4.4 文件 I/O

在 Go 语言中，文件 I/O 的功能主要由 os 包提供支持。我们可以通过 os.OpenFile 和 os.Open 函数打开文件，并获得一个 os.File 对象，该对象提供了一系列方法如 Read、Write、ReadAt、WriteAt 等，使其可以充当 Reader 和 Writer 接口的角色。

"打开文件"这个操作主要是执行一系列准备动作，包括参数校验、文件信息获取，以及构建内存索引结构等，这些都是为后续的 I/O 操作打下基础。代码清单 3-41 展示了如何打开一个文件。

代码清单 3-41 打开文件示例

```
// 打开文件
f, _ := os.OpenFile("hello.txt", os.O_RDONLY, 0)
// 读取文件的数据
io.Copy(io.Discard, f)
```

与网络 I/O 相比，文件 I/O 实现相对简单，它基本上是在操作系统层面上的简单封装，因此文件的读写默认都是同步阻塞的。

下面看三个特殊的文件：标准输入（Stdin）、标准输出（Stdout）、标准错误输出

（Stderr），它们分别对应于os.Stdin、os.Stdout、os.Stderr这三个os.File类型的变量。它们的定义如代码清单3-42所示。

代码清单3-42 Stdin、Stdout和Stderr的定义

```
// 文件: src/os/file.go
var (
    Stdin  = NewFile(uintptr(syscall.Stdin), "/dev/stdin")
    Stdout = NewFile(uintptr(syscall.Stdout), "/dev/stdout")
    Stderr = NewFile(uintptr(syscall.Stderr), "/dev/stderr")
)
```

标准输入可以作为Reader接口的实现，标准输出可以作为Writer接口的实现。这样的设计让用户能够方便地通过键盘输入数据，并将其输出到控制台。代码清单3-43演示了如何用一行代码实现回显功能。

代码清单3-43 一行代码实现回显

```
func main() {
    io.Copy(os.Stdout, os.Stdin)
}
```

3.4.5 缓冲I/O

任何存储系统中，I/O资源的重要性是不言而喻的。通常而言，相比于内存中的一次复制或者计算操作，一次磁盘I/O操作的代价要大得多。出于性能优化的考虑，合并I/O操作以减少不必要的系统调用显得尤为重要。缓冲I/O的技术就是实现I/O操作合并的一种常用方法。

提示

在本书中，我们将系统默认的文件I/O模式称为标准I/O，而缓冲I/O是指通过引入一个中间缓冲层来减少底层系统调用次数的策略。这与C库的“标准I/O”不同。C库的“标准I/O”是ANSI C定义的用户I/O操作的一系列函数。C库的“标准I/O”的核心是在文件I/O的系统调用的基础上，封装和实现了I/O的缓冲机制。例如，可以使用glibc库提供的fopen函数，fopen函数返回的是一个FILE结构体，然后再使用fread、fwrite进行所谓的“标准I/O”流程。

在Go语言中，bufio包提供了缓冲I/O的高效实现。顾名思义，bufio是buffered I/O的缩写。它通过为Reader和Writer接口添加一个内存缓冲层，实现了I/O操作的合并。bufio包的使用如代码清单3-44所示。

代码清单3-44 bufio包的使用示例

```
var r io.Reader
var w io.Writer
// 创建一个默认大小缓冲区的Writer
```

```
w = bufio.NewWriter(w)
//创建指定大小缓冲区的Writer
w = bufio.NewWriterSize(w, 512)
// 在Reader上添加一个缓冲区
r = bufio.NewReader(r)
//创建指定大小缓冲区的Reader
r = bufio.NewReaderSize(r, 512)
```

通过使用 bufio.NewWriter，我们可以创建一个带缓冲区的 Writer，这样后续写入的数据并不会直接写到底层，而是首先存储在内存缓冲区中，当缓冲区满了再统一写入底层，从而显著减少了实际的 I/O 操作次数。

考虑一个写操作的场景：假设用户每次写入操作仅写入 1 字节，并连续写入 512 次，总共写入 512 字节的数据。但由于底层的 I/O 操作是有最小单位的，当 I/O 大小不对齐时会导致严重的写放大（需要先读取，再修改内存，最后写回）。假设底层磁盘 I/O 操作的最小单位是 512 字节，那么用户每次写入 1 字节的时候，必须先从磁盘读取 512 字节。然后在内存修改其中 1 字节，最后把更新的 512 字节写回磁盘。因此，磁盘的实际 I/O 次数为 1024 次，实际写入数据量是 512 × 512 字节。对于这种存在着严重性能问题的场景，使用缓冲 I/O 就很合适。首先创建一个 512 字节的内存缓冲，用户写 1 个字节先缓存在内存里面，直到写满 512 字节，内存缓冲满了之后，一次性把 512 字节的内存缓冲数据写到底层。这样实际发生的 I/O 只有 1 次，实际的数据量只有 512 字节。极大地减少了底层 I/O 的次数，使性能大幅提升。

图 3-7 展示了缓冲 I/O 的写操作。

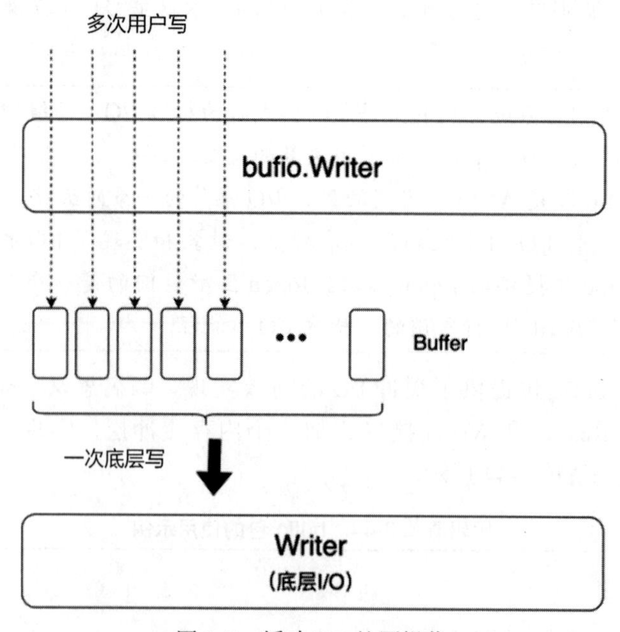

图 3-7 缓冲 I/O 的写操作

我们还可以使用bufio.NewReader创建一个带缓冲区的Reader，一次性读取较多量的数据到内存缓冲区，之后的读取则可以直接从内存中获取数据，避免了底层频繁的读取操作，从而达到批量读和预读的效果，有效地提升了读取性能。图3-8展示了缓冲I/O的读操作。

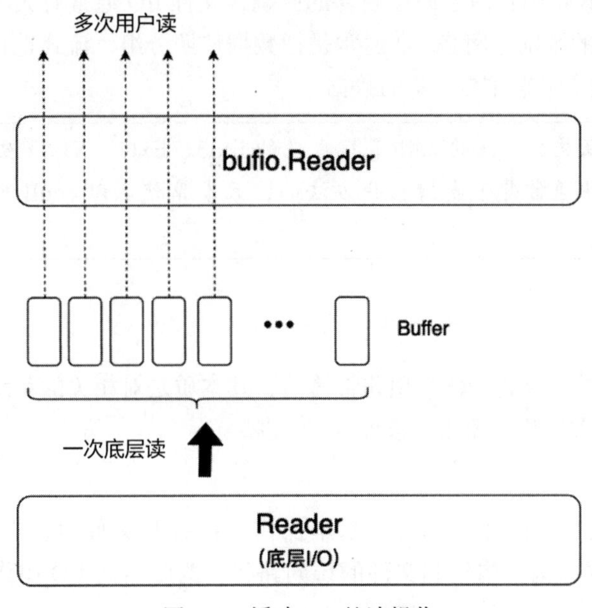

图3-8 缓冲I/O的读操作

然而，需要注意的是，缓冲I/O也有局限性。由于引入了一个中间缓冲层，数据被缓存起来，从而为数据的一致性管理带来了额外的复杂性。例如，预读可能会导致读到脏数据。因此，是否使用缓冲I/O，需要根据具体的使用场景来决定，不能一概而论。

3.5 文件I/O和网络I/O

数据的I/O大体可以分为文件I/O和网络I/O两大类。它们在Go语言中的处理方式存在本质的差异，而理解这些差异对于编写高效的I/O程序是至关重要的。其实，在Go的编程实践中，网络I/O密集型的应用更适合，这是由内部机制决定的。

1）I/O模型不同：在Go语言中，文件I/O通常采用同步阻塞的读写方式。简单来说，文件的读写操作实际上是系统调用的直接体现。而网络I/O，在Go的内部则表现为用异步非阻塞的方式进行读写，即读写操作时，如果有网络数据就进行读取；没数据就返回EAGAIN报错。然后，当前Goroutine会主动挂起并陷入睡眠，让出执行权，当前线程得到释放，执行其他的Goroutine任务。后续通过epoll机制发现网络数据就绪，会唤醒对应的Goroutine，然后继续执行代码。

2）传输方式不同：文件 I/O 操作在应用程序和操作系统之间进行，通常以同步的方式传输数据，数据可以直达存储硬件。网络 I/O 则通常用异步的方式传输数据，例如写操作中，数据到达内核的缓冲之后，应用程序就认为发送完成，后续操作交给网络协议栈处理。

3）数据处理方式不同：由于底层硬件的区别，文件 I/O 通常有大小对齐的要求，还有顺序 I/O 和随机 I/O 的区别。网络 I/O 通常是把数据按照分组，流式地传输，每个分组都包含数据的一部分，组合起来才是完整的数据。

提示 本章节所涉及文件 I/O 的文件是指常见的 Ext3、Ext4、Xfs 等磁盘文件系统中的文件，此类文件通常是不支持 poll 方法的，且本章默认以 epoll 池作为事件管理器进行分析。

3.5.1 文件 I/O

在 Go 语言程序中，文件 I/O 实现非常简洁，其本质是对相关的系统调用的一个轻量级封装。文件 I/O 的相关实现主要由标准库 os 包支持。

1. 打开文件

文件 I/O 都始于“打开文件”这一基本操作。在打开文件时，本质上其实是在内存中初始化相关的数据结构，构建起文件的访问路径，为随后的 I/O 操作做好准备。代码清单 3-45 展示了 os.OpenFile 函数的实现。

代码清单 3-45 os.OpenFile 函数的实现

```
// 文件路径: src/os/file.go
func OpenFile(name string, flag int, perm FileMode) (*File, error) {
    f, err := openFileNolog(name, flag, perm)
}
```

os.OpenFile 函数内部调用了 openFileNolog 函数，这个函数的实现根据不同的操作系统平台有所不同。openFileNolog 函数的实现如代码清单 3-46 所示。

代码清单 3-46 openFileNolog 函数的实现

```
// 文件路径: src/os/file_unix.go
func openFileNolog(name string, flag int, perm FileMode) (*File, error) {
    var r int
    for {
        // 执行 Open 系统调用，得到一个文件描述符
        r, e = syscall.Open(name, flag|syscall.O_CLOEXEC, syscallMode(perm))
        // 此处省略错误处理逻辑的代码
    }
    // 基于文件描述符，构造 os.File 结构体
    return newFile(uintptr(r), name, kindOpenFile), nil
```

```
}
// 构造File结构体
func newFile(fd uintptr, name string, kind newFileKind) *File {
    fdi := int(fd)
    // 构造File结构体
    f := &File{&file{
        pfd: poll.FD{
            Sysfd:         fdi,
            IsStream:      true,
            ZeroReadIsEOF: true,
        },
        // 省略其他字段
    }}
    // 尝试把文件描述符添加到epoll事件池
    if err := f.pfd.Init("file", pollable); err != nil {
        // 磁盘文件I/O，在执行init的时候会报错，进入当前分支
        // pollDesc.init执行的时候会报错
    } else if pollable {
        if err := syscall.SetNonblock(fdi, true); err == nil {
            f.nonblock = true
        }
    }
    runtime.SetFinalizer(f.file, (*file).close)
    return f
}
```

打开文件的过程主要包括两个核心步骤。

1）通过执行Open系统调用，获取到一个非负整数的文件描述符，这是最关键的操作。

2）利用获取到的文件描述符构建Go语言的os.File结构，该结构是文件I/O的核心结构。

os.OpenFile函数返回的os.File结构体实例代表了一个被打开的文件，其内部的实现强依赖于操作系统。以Linux系统为例，os.File相关的结构定义如代码清单3-47所示。

代码清单3-47　os.File结构体定义

```
// 文件：src/os/types.go
// 代表一个打开的文件
type File struct {
    *file           // 操作系统特定的实现
}
// 文件路径：src/os/file_unix.go
type file struct {
    pfd         poll.FD   // 通用句柄结构
    name        string。  // 文件名
    nonblock bool         // 是否设置了非阻塞模式
    // 省略其他字段
}
// 文件路径：src/internal/poll/fd_unix.go
```

```
type FD struct {
    Sysfd int              // 对应操作系统的文件描述符
    pd pollDesc            // I/O 轮询器
    // 省略其他字段
}
```

值得注意的是，在 poll.FD 结构体内有一个 pollDesc 类型的字段，此字段代表 I/O 轮询器。然而，在文件 I/O 的场景下这个字段并不被使用，其主要原因是磁盘文件的文件描述符无法加入 epoll 这样的事件池。pollDesc 类型主要用在网络 I/O 的场景。

2. 读写文件

接下来将探讨一下 Go 语言是如何实现文件的 Read 和 Write 操作的。对于文件写入操作，File 结构体提供了 Write 方法，该方法的实现细节如代码清单 3-48 所示。

代码清单 3-48 File.Write 方法的实现

```
// 文件: src/os/file.go
func (f *File) Write(b []byte) (n int, err error) {
    n, e := f.write(b)
    // 此处省略异常处理逻辑
}
// 文件: src/os/file_posix.go
func (f *File) write(b []byte) (n int, err error) {
    n, err = f.pfd.Write(b)
    // 此处省略异常处理逻辑
}
// 文件: src/internal/poll/fd_unix.go
func (fd *FD) Write(p []byte) (int, error) {
    var nn int
    for {
        // 执行 Write 系统调用
        n, err := ignoringEINTRIO(syscall.Write, fd.Sysfd, p[nn:max])
        // 此处省略异常处理逻辑
    }
}
```

对于文件读取操作，File 结构体提供了 ReadAt 方法，该方法的实现细节如代码清单 3-49 所示。

代码清单 3-49 File.ReadAt 方法的实现

```
// 文件路径: src/os/file.go
func (f *File) ReadAt(b []byte, off int64) (n int, err error) {
    for len(b) > 0 {
        m, e := f.pread(b, off)
        // 此处省略异常处理逻辑
    }
    return
}
```

```
// 文件路径: src/os/file_posix.go
func (f *File) pread(b []byte, off int64) (n int, err error) {
    n, err = f.pfd.Pread(b, off)
}
// 文件路径: src/internal/poll/fd_unix.go
func (fd *FD) Pread(p []byte, off int64) (int, error) {
    for {
        // Pread系统调用
        n, err = syscall.Pread(fd.Sysfd, p, off)
        // 此处省略异常处理逻辑
    }
}
```

由此可见，文件I/O操作本质上是一系列简单的系统调用，如Read、Write、Pread和Pwrite，这些是文件操作的核心。因此Go语言的文件I/O特性与这些系统调用的行为几乎是一致的。这意味着当进行文件I/O操作时，发起这些操作的Goroutine及其线程都不得不进入阻塞状态，等待操作完成，其间它们无法执行其他任务。

随着执行文件I/O的Goroutine越来越多，可能会导致可运行Goroutine的线程越来越少，被阻塞的线程越来越多，从而影响整个程序的请求处理能力。为了缓解这种影响，Go程序会持续新建线程，从而维持一定数量的活跃线程，确保Goroutine持续运行。特别是在文件I/O密集且磁盘I/O响应慢的场景，这种线程数量持续增多的情况会非常明显，一旦线程数量超过系统阈值，程序就可能因资源过载而崩溃。

因此，对于高并发且文件I/O密集的场景，Go程序可能面临性能瓶颈。目前，一些第三方的库已经开始探索操作系统的io_uring的功能，旨在为文件I/O引入异步处理能力。但由于io_uring特性对Linux内核版本要求较高，并且尚未在广泛的生产环境下得到充分验证。因此这一技术虽然令人期待，但在实际应用的表现还有待市场和用户的确认。

3.5.2 网络I/O

在Go语言中，网络I/O与文件I/O在工作原理上存在显著差异。表面上，网络I/O给使用者的感觉好像是同步执行的，但Go的内部巧妙地运用了异步策略。这种设计的核心是，在等待网络操作时，不会阻塞整个线程，只会挂起涉及的Goroutine。这允许线程被释放，去处理其他任务，极大提升了系统的并发处理能力。

1. 网络句柄

以服务端的网络I/O的实现方式为例，通常是通过调用Accept函数获取一个代表客户端连接的socket句柄，后续的网络I/O操作都是基于这个句柄进行的。在Go语言中，socket句柄默认设置为非阻塞模式，这确保了Go程序在读写socket句柄时，能够主动控制线程，而不会被动阻塞在调度线程上。

接下来将深入了解Go语言在处理网络连接时，Accept方法的实现细节，如代码清单 3-50 所示。

代码清单 3-50 Accept 方法的实现

```
// 文件路径: src/net/tcpsock.go
func (l *TCPListener) Accept() (Conn, error) {
    c, err := l.accept()
}
// 文件路径: src/net/tcpsock_posix.go
func (ln *TCPListener) accept() (*TCPConn, error) {
    fd, err := ln.fd.accept()
}
// 文件路径: src/net/fd_unix.go
func (fd *netFD) accept() (netfd *netFD, err error) {
    // 获取 socket 句柄
    d, rsa, errcall, err := fd.pfd.Accept()
    // 初始化 netFD
    if netfd, err = newFD(d, fd.family, fd.sotype, fd.net); err != nil {
    }
    // 把网络 socket 句柄添加到 epoll 池里进行管理
    if err = netfd.init(); err != nil {
    }
}
// 文件路径: src/internal/poll/fd_unix.go
func (fd *FD) Accept() (int, syscall.Sockaddr, string, error) {
    if err := fd.pd.prepareRead(fd.isFile); err != nil {
        return -1, nil, "", err
    }
    for {
        s, rsa, errcall, err := accept(fd.Sysfd)
        switch err {
        case syscall.EAGAIN:
            // 判断是否可轮询
            if fd.pd.pollable() {
                // 等待 fd 的可读事件
                if err = fd.pd.waitRead(fd.isFile); err == nil {
                    continue
                }
            }
        }
    }
}
// 文件路径: src/internal/poll/sock_cloexec.go
func accept(s int) (int, syscall.Sockaddr, string, error) {
    // 网络句柄全部设置为非阻塞
    ns, sa, err := Accept4Func(s, syscall.SOCK_NONBLOCK|syscall.SOCK_CLOEXEC)
    switch err {
    case nil:
        return ns, sa, "", nil
    default:
        return -1, sa, "accept4", err
```

```
    }
    ns, sa, err = AcceptFunc(s)
    // 网络句柄全部设置为非阻塞
    if err = syscall.SetNonblock(ns, true); err != nil {
        CloseFunc(ns)
        return -1, nil, "setnonblock", err
    }
    return ns, sa, "", nil
}
```

在Go语言中，网络的句柄都是放在epoll池里进行管理，epoll机制的封装在internal/poll包提供了支持。网络句柄创建的核心流程如下：

1）在FD.Accept方法中，会执行Accept系统调用以获取一个新的网络socket句柄。如果发生EAGAIN报错，这表明当前没有连接请求，系统会通过fd.pd.waitRead方法进行等待，直到有新的连接请求到达。

2）在netFD.accept方法中，一旦接收到新的连接请求，并获得网络socket句柄，系统便会构造一个netFD结构体。紧接着，通过调用netFD.init方法，把新的网络句柄注册到epoll池中，后续的流程由epoll事件管理器来驱动。

2. 网络读写

网络I/O操作是通过net.Conn接口进行的，它代表一条网络连接。具体到实现层面，这一接口由net.conn结构体实现。为了深入理解其工作机制，我们将深入分析net.conn的Write和Read方法的实现原理。

conn.Write实现了往网络中写数据，以下是conn.Write方法的实现代码，如代码清单3-51所示。

代码清单3-51 conn.Write方法的实现

```
// 文件路径: src/net/net.go
func (c *conn) Write(b []byte) (int, error) {
    n, err := c.fd.Write(b)
}
// 文件路径: src/net/fd_posix.go
func (fd *netFD) Write(p []byte) (nn int, err error) {
    nn, err = fd.pfd.Write(p)
}
// 文件: src/internal/poll/fd_unix.go
func (fd *FD) Write(p []byte) (int, error) {
    // 执行前置操作，保存请求上下文
    if err := fd.pd.prepareWrite(fd.isFile); err != nil {
        return 0, err
    }
    var nn int
    for {
        n, err := ignoringEINTRIO(syscall.Write, fd.Sysfd, p[nn:max])
        if err == syscall.EAGAIN && fd.pd.pollable() {
```

```
            // 如果发生 EAGAIN 报错，说明还未就绪
            // 等待可写事件就绪
            if err = fd.pd.waitWrite(fd.isFile); err == nil {
                continue
            }
        }
    }
}
```

conn.Read 函数实现了从网络连接中读取数据的功能，其代码实现如代码清单 3-52 所示。

代码清单 3-52 conn.Read 函数的实现

```
// 文件: src/net/net.go
func (c *conn) Read(b []byte) (int, error) {
    n, err := c.fd.Read(b)
}
// src/net/fd_posix.go
func (fd *netFD) Read(p []byte) (n int, err error) {
    n, err = fd.pfd.Read(p)
}
// src/internal/poll/fd_unix.go
func (fd *FD) Read(p []byte) (int, error) {
    // 执行前置工作，保存请求上下文
    if err := fd.pd.prepareRead(fd.isFile); err != nil {
        return 0, err
    }
    for {
        n, err := ignoringEINTRIO(syscall.Read, fd.Sysfd, p)
        if err != nil {
            n = 0
            // 如果发生 EAGAIN 报错，说明数据还未就绪
            // 等待可读事件就绪
            if err == syscall.EAGAIN && fd.pd.pollable() {
                if err = fd.pd.waitRead(fd.isFile); err == nil {
                    continue
                }
            }
        }
    }
}
```

回顾 3.5.1 节介绍的文件 I/O 的原理，读者朋友可能会发现一个有趣的现象：尽管网络 I/O 和文件 I/O 看似是完全不同的实现，但它们最终汇聚于同一点。在底层，两者都采用了 poll.FD 这一抽象的结构体。图 3-9 直观地展示了这两种 I/O 方法之间的关系。

为了更深入地理解网络 I/O 的底层机制，下面将从 poll.FD 结构体着手，逐步揭开网络 I/O 的深层原理。

（1）poll.FD

在 poll 包中，FD 结构体是文件 I/O 和网络 I/O 在底层实现中的关键元素，代表一个通用的文件描述符。不论是文件还是网络的 I/O 的操作，它们都依赖于这个结构体提供的方法。以下是 poll.FD 结构体的定义，如代码清单 3-53 所示。

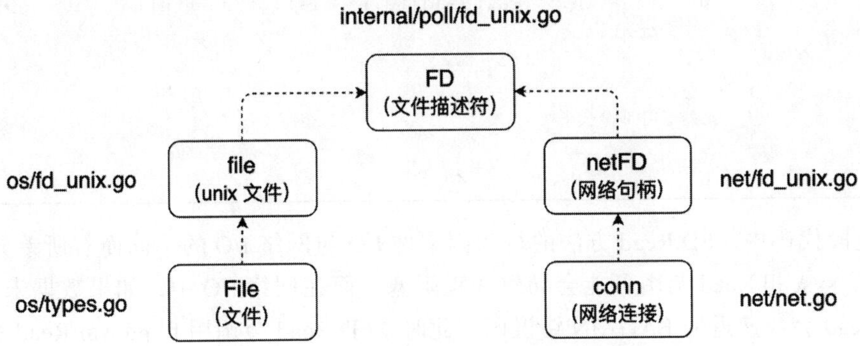

图 3-9　文件 I/O 与网络 I/O 相关句柄结构

代码清单 3-53　poll.FD 结构体的定义

```
// 文件: src/internal/poll/fd_unix.go
type FD struct {
    Sysfd int              // 系统文件描述符，非负整数
    pd pollDesc            // I/O 轮询描述符
    isBlocking uint32      // 标识句柄是否是阻塞模式
    isFile bool            // 标识是否是文件句柄
    // 此处省略其他字段
}
```

在 poll.FD 结构体的定义中，文件 I/O 和网络 I/O 之间的差异得到了体现，其关键字段包括以下几种。

- Sysfd：无论是文件还是网络操作，这都是最关键的字段，代表由操作系统内核提供的文件描述符。
- pd：对 I/O 事件轮询机制的封装。文件 I/O 中这个字段一般都无实际用途，而网络 I/O 则依赖该字段来实现高效的事件处理。
- isBlocking：文件句柄通常是阻塞模式（1），网络句柄通常是非阻塞模式（0）。
- isFile：对于文件句柄来说，此字段为 true；对于网络句柄，则为 false。

下面通过探讨一个典型的读请求示例来深入理解 FD 的实现细节。无论是文件还是网络的读请求，最终都是调用 FD.Read 方法。代码清单 3-54 展示了 FD.Read 方法的实现。

代码清单 3-54　FD.Read 方法的实现

```
// 文件路径: src/internal/poll/fd_unix.go
func (fd *FD) Read(p []byte) (int, error) {
```

```
    // 此处省略部分代码
    for {
            // 执行 Read 系统调用
            n, err := ignoringEINTRIO(syscall.Read, fd.Sysfd, p)
            // 处理 EAGAIN 的错误码
            if err == syscall.EAGAIN && fd.pd.pollable() {
                if err = fd.pd.waitRead(fd.isFile); err == nil {
                    continue
                }
            }
            // 此处省略部分代码
    }
}
```

在这段代码中，FD.Read方法的行为因文件I/O与网络I/O的不同而有所差异。对于文件I/O，syscall.Read调用可能会导致线程阻塞。而在网络I/O中，如果数据未就绪时，syscall.Read会快速返回EAGAIN错误码。此时，FD.Read会调用fd.pd.waitRead(fd.isFile)方法，这是用来等待I/O事件就绪状态的机制。它的特点是不会阻塞整个线程，而只会阻塞挂起当前的Goroutine，并允许它在网络I/O事件就绪之后恢复执行。这种机制有效地释放了线程资源，使其可以去执行其他的Goroutine任务，这体现了Go并发处理Goroutine的能力。

waitRead是poll.pollDesc结构的重要方法，接下来将进一步探讨poll.pollDesc结构体的实现细节。

（2）poll.pollDesc

poll.pollDesc结构体是对I/O事件轮询机制的抽象封装，其设计旨在提供统一的接口来管理各种I/O事件。它的定义如代码清单3-55所示。

代码清单3-55　poll.pollDesc结构体的定义

```
// 文件路径：src/internal/poll/fd_poll_runtime.go
type pollDesc struct {
    runtimeCtx uintptr            // 指向 runtime.pollDesc 的指针
}
```

在poll.pollDesc结构体中，唯一的成员变量是runtimeCtx字段，这是一个指针的值，指向runtime.pollDesc结构体。在pollDesc.init方法中完成了runtimeCtx字段的赋值，该方法有两个关键场景被调用：文件句柄是在newFile函数中被调用，网络句柄是在netFD.init方法中调用。

pollDesc.init方法的实现如代码清单3-56所示。

代码清单3-56　pollDesc.init方法的实现

```
// 文件路径：src/internal/poll/fd_poll_runtime.go
func (pd *pollDesc) init(fd *FD) error {
```

```
    serverInit.Do(runtime_pollServerInit)
    // 将文件描述符注册到事件管理器中
    ctx, errno := runtime_pollOpen(uintptr(fd.Sysfd))
    if errno != 0 {
        return errnoErr(syscall.Errno(errno))
    }
    // 赋值 runtimeCtx 字段
    pd.runtimeCtx = ctx
    return nil
}
```

pollDesc.init 方法的作用是尝试用 runtime_pollOpen 函数把文件描述符注册到事件管理器中，并把得到的 ctx(runtime.pollDesc 类型）赋值给 runtimeCtx 字段。对于网络句柄来说，通常能得到一个有效的 runtimeCtx 值。然而，文件的句柄通常在执行 runtime_pollOpen 时会遇到 EPERM 错误码，这导致文件句柄的 runtimeCtx 字段保持为 nil。

我们可以通过 runtimeCtx 字段来判断当前文件描述符添加到了事件管理器。这正是 pollDesc.pollable 方法的实现。如代码清单 3-57 所示。

代码清单 3-57　pollDesc.pollable 方法的实现

```
// 文件路径：src/internal/poll/fd_poll_runtime.go
// 判断文件描述符是否可以加入事件管理器
func (pd *pollDesc) pollable() bool {
    return pd.runtimeCtx != 0
}
```

下面将进一步探索 runtimeCtx 字段的类型：runtime.pollDesc 结构体的实现细节。

（3）runtime.pollDesc

runtime.pollDesc 类型是 Go 语言的事件驱动架构中的核心的结构体。这个结构体是将 epoll 机制和 Goroutine 调度巧妙结合的枢纽，它在网络 I/O 操作的 Goroutine 切换和唤醒过程中扮演着关键角色。runtime.pollDesc 结构的定义如代码清单 3-58 所示。

代码清单 3-58　runtime.pollDesc 结构的定义

```
// 文件：src/runtime/netpoll.go
type pollDesc struct {
    fd   uintptr           // 系统文件描述符
    rg   atomic.Uintptr    // 等待读事件时，保存当前 Goroutine 指针
    wg   atomic.Uintptr    // 等待写事件时，保存当前 Goroutine 指针
    // 此处省略其他字段
}
```

runtime 包的 pollDesc 结构体的设计旨在保存单个 I/O 请求的上下文信息，例如，它能够存储当前 Goroutine 的地址。该结构体中包括以下关键字段。

- fd：文件描述符，注册到事件管理器。
- rg：与读事件相关，存储触发读操作的 Goroutine 的地址。

- wg：与写事件相关，存储触发写操作的 Goroutine 的地址。

当文件描述符被注册到 epoll 池时，runtime.pollDesc 结构会被用作对应句柄的私有数据。此设计允许 Go 运行时系统有效追踪和管理 I/O 事件以及与之相关的 Goroutine。

接下来将深入探讨与 Goroutine 调度紧密相关的具体实现部分，这一功能主要由 netpoll* 系列函数提供支持，这些函数构成了 Go 网络编程的基础，使得高效的并发 I/O 成为可能。

（4）netpoll

Go 语言 runtime 包实现了对 I/O 的事件管理器的封装。在 Linux 下，其实就是对 epoll 池的封装。runtime 包定义了一系列 netpoll 的函数，如代码清单 3-59 所示。

代码清单 3-59 netpoll 系列函数的定义

```
// 文件路径：src/runtime/netpoll_epoll.go
// 创建 I/O 事件管理池，是对 epoll_create1 的封装
func netpollinit()
// 添加句柄到 epoll 池，是对 epoll_ctl 的封装
func netpollopen(fd uintptr, pd *pollDesc) int32
// 主动唤醒 epoll_wait，Go 内部实现的唤醒机制
func netpollBreak()
// 从 epoll 池里移除句柄，对 epoll_ctl 的封装
func netpollclose(fd uintptr) int32
// 循环处理 I/O 事件，是对 epoll_wait 的调用
func netpoll(delta int64) gList
```

Go 程序运行时维护着一个全局的 epoll 池，这个 epoll 池是持续处理 I/O 事件的关键。当网络句柄被创建时，netpollopen 函数会被调用，将该句柄注册到这个全局的 epoll 池中进行管理。并且 Go 程序会持续调用 netpoll 函数，从 epoll 池里处理就绪的 I/O 事件。

1）Goroutine 的挂起流程。

我们回顾网络 I/O 的读流程，在 FD.Read 方法内部执行了 poll 包的 pollDesc.waitRead 方法。我们之前曾提到，这个函数会导致 Goroutine 阻塞并挂起，将执行权暂时让给其他的 Goroutine。对应的调用栈如下所示：

```
   poll.FD.Read
-> poll.pollDesc.waitRead
  -> poll.pollDesc.wait
      -> poll.runtime_pollWait
          -> runtime.poll_runtime_pollWait
              -> runtime.netpollblock
```

因此，实际上影响 Goroutine 调度的是 netpollblock 函数。它在处理等待事件时发挥着重要作用。netpollblock 函数的实现如代码清单 3-60 所示。

代码清单 3-60 netpollblock 函数的实现

```
// 文件：src/runtime/netpoll.go
```

```
func netpollblock(pd *pollDesc, mode int32, waitio bool) bool {
    // 读事件获取 &pd.rg，写事件获取 &pd.wg
    gpp := &pd.rg
    if mode == 'w' {
        gpp = &pd.wg
    }
    // 此处省略部分代码
    if waitio || netpollcheckerr(pd, mode) == pollNoError {
        // Goroutine 主动挂起，等待 I/O 事件
        gopark(netpollblockcommit, unsafe.Pointer(gpp), waitReasonIOWait,
            traceEvGoBlockNet, 5)
        // Goroutine 被唤醒
    }
    old := gpp.Swap(0)
    if old > pdWait {
        throw("runtime: corrupted polldesc")
    }
    return old == pdReady
}
```

如上所述，netpollblock 函数会先获取对应的 pd.rg 或 pd.wg 的地址，然后利用 gopark 函数将 Goroutine 主动挂起。在挂起之前，netpollblockcommit 函数被调用，它会将当前 Goroutine 的地址设置到 pd.rg 或 pd.wg 中，使它之后可以被唤醒。

2）Goroutine 的唤醒流程。

下面我们进一步分析 Goroutine 是如何被唤醒的，前文因为网络 I/O 未就绪而导致被挂起的 Goroutine，最终将从 netpoll 函数开始唤醒。netpoll 函数的实现如代码清单 3-61 所示。

代码清单 3-61　netpoll 函数的实现

```
// 文件：src/runtime/netpoll_epoll.go
func netpoll(delay int64) gList {
    // 此处省略部分代码
retry:
    n := epollwait(epfd, &events[0], int32(len(events)), waitms)
    var toRun gList
    for i := int32(0); i < n; i++ {
        if mode != 0 {
            pd := *(**pollDesc)(unsafe.Pointer(&ev.data))
            // 逐个唤醒对应的 Goroutine
            netpollready(&toRun, pd, mode)
        }
    }
    return toRun
}
```

在 netpoll 函数核心操作流程如下所示：

- 通过 epollwait 系统调用，可以获取到一组就绪的 I/O 事件，随后启动一个 for 循环逐个对它们进行处理。

- 提取事件句柄的私有数据，该数据类型为 runtime.pollDesc。
- 使用 netpollready 函数获取 pollDesc 结构体中的 rg、wg 字段，从而定位到当前事件对应的 Goroutine 地址。
- 把对应的 Goroutine 加入 toRun 链表中，最终由 netpoll 函数返回这个 Goroutine 的链表。
- netpoll 函数的调用者使用 runtime.injectglist 函数，将得到的 Goroutine 链表全部投递到运行队列中，完成唤醒过程。

图 3-10 展示了文件 I/O 和网络 I/O 在结构上的关联关系。

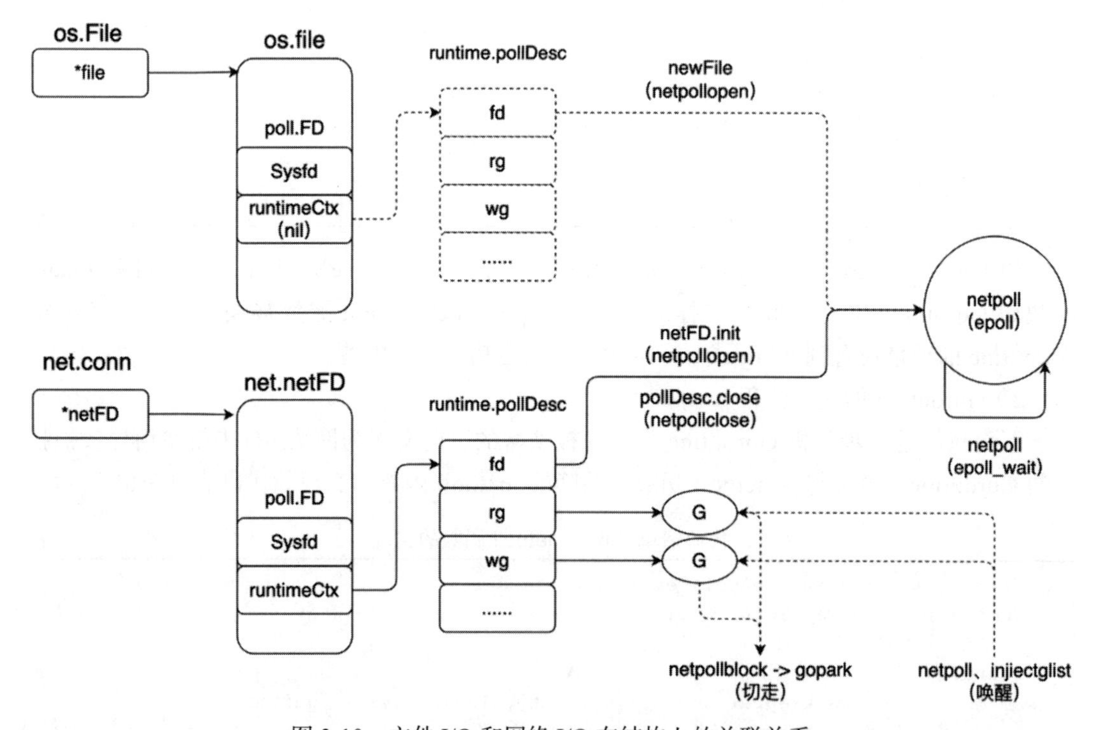

图 3-10 文件 I/O 和网络 I/O 在结构上的关联关系

至此，文件 I/O 和网络 I/O 的全部流程都讲完了。总的来说，Go 语言内部对网络 I/O 的处理采用了异步执行的方式，使其与 Go 语言的 Goroutine 调度机制无缝对接，确保了系统对执行流程的主导权。而文件 I/O 则不然，它主要以系统调用的形式直接实施，采取同步阻塞的策略。由于这种方式会在等待 I/O 操作完成时阻塞执行线程，因此它可能对线程调度和程序的整体吞吐量产生负面影响。

3.6 本章小结

本章概述了 Go 语言中 I/O 框架的核心要素和操作机制。Go 语言的 I/O 操作是构建高效应用程序的关键之一，尤其是在处理网络I/O和磁盘I/O时，理解它们的差异性至关重要。网络I/O可以采用异步处理，而磁盘I/O则通常是同步的。Go语言的io包提供了一系列接口，以满足不同I/O场景的需求。

在基础类型接口中，Go语言遵循最小化接口原则，定义了Reader、Writer等核心接口，这些接口规定了I/O操作的基本方法。例如，Reader接口负责读取数据到字节切片中，而Writer接口则将数据从字节切片写出。同时，Closer接口用于关闭I/O资源，Seeker接口用于定位读写位置。

Go语言将接口的约束和规范作为注释紧随接口定义，强调了开发者在实现这些接口时需要遵循的规范。Reader与ReaderAt的主要区别在于：Reader在读取数据时可能不会填满整个切片，并且每次调用会改变偏移量，而ReaderAt则会阻塞直到所有请求的数据被读取或发生错误，并且不会改变底层的偏移量。

本章的目的是让读者对Go语言I/O操作整体有一个清晰的认识，而非简单记忆所有的细节。重要的是，在面对实际问题时，能够迅速定位并找到正确的解决方向。通过对核心接口的深入分析，本章为读者展现了一个系统的Go语言I/O操作体系，为后续深入学习和实际编程打下坚实基础。

第二部分 Part 2

存储基础

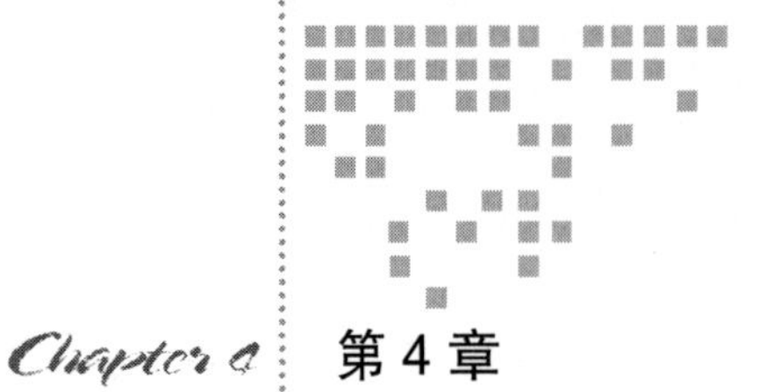

Chapter 4 第4章

Linux 存储基础

尽管各种编程语言在存储操作的方式上存在差异，但归根结底，它们都依赖于操作系统提供的统一存储管理机制——系统调用。本章将从系统层面构建一个完整的存储技术栈体系，深入介绍各种基础的存储接口，并通过应用实例加深读者对这些核心概念的理解。

4.1 存储架构

在实际应用环境中，我们可以看到多种多样的存储硬件，它们由不同的物理介质构成，包括但不限于磁带、磁盘、软盘、SSD 等，每种介质都有其特定的应用场景。在这些硬件基础之上，还有许多不同的文件系统实现，如 Ext3、Ext4、XFS 等。在软件层面，这些文件系统以各自独特的方式来组织和管理存储硬件。

为了简化用户的操作，Linux 对这些文件系统的接口进行了抽象，从而形成了统一的交互界面。因此，无论是哪种硬件或文件系统，Linux 内部会按照模块分层进行管理，有效屏蔽了各自文件系统的复杂性。这意味着用户无须关心底层细节，可以用统一的方式对文件进行访问。在 Linux 内核中，用户的一次 I/O 操作将经过多个模块，形成一个复杂的 I/O 调用栈。

Linux 的存储架构是层次分明的。它抽象出了 VFS（虚拟文件系统）、文件系统层、块层、驱动层等不同的层次。每一层只负责完成自己的数据存储和管理任务，通过各层之间协同配合，共同完成整个数据存储的过程。图 4-1 为 Linux I/O 存储栈的简化版。

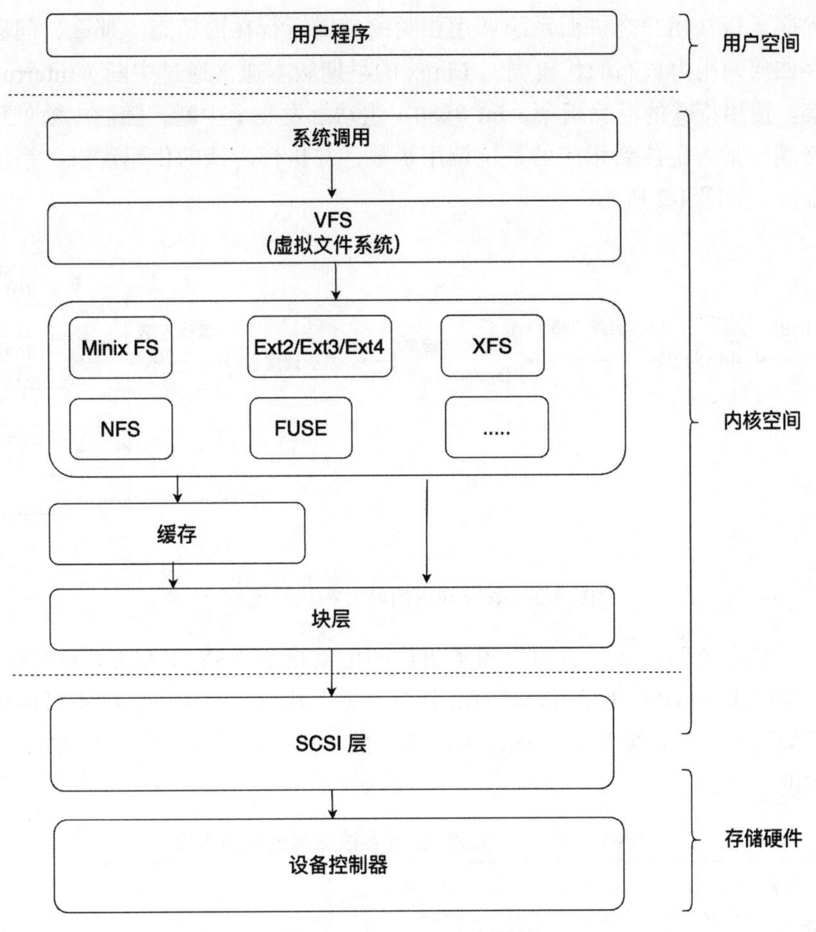

图 4-1 Linux I/O 存储栈

4.1.1 系统调用

在现代的操作系统的设计中，出于对安全和稳定性的考虑，用户态的应用程序通常被限制不能直接操作核心系统资源，例如内存、网络设备及 I/O 设备等。这种策略是为了避免因应用程序的直接操作而引发资源的冲突和系统行为不稳定。操作系统采取了统一管理策略，担任资源守护者和协调者的角色，确保所有对这些敏感资源的访问都在其严格控制和调度之下有序进行。

因此，当应用程序进行诸如读写文件、网络通信或访问硬件设备等操作时，它们必须依赖操作系统提供的一套标准化机制来完成，这种机制就是系统调用。系统调用是操作系统内核向用户态程序提供的一组接口，它们使得应用程序能够请求并执行更高级别的服务。Linux 定义了广泛的系统调用接口，数百个接口涵盖了从文件处理到进程控制等多方面功能，确保了所有形式的 I/O 操作和系统级交互都能在受控且安全的环境中顺利进行。

应用程序运行在用户态，而系统调用相关的逻辑运行在内核态。那么，问题来了：用户态的程序如何调用内核态的代码呢？ Linux 的早期版本通常通过中断（Interrupt）来进行状态的切换。使用特殊的汇编指令（int 0x80）主动触发一个中断，随后中断处理程序会根据预设的终端向量表定位到相应的系统调用函数，并执行内核的代码逻辑。系统调用的触发和执行流程，如图 4-2 所示。

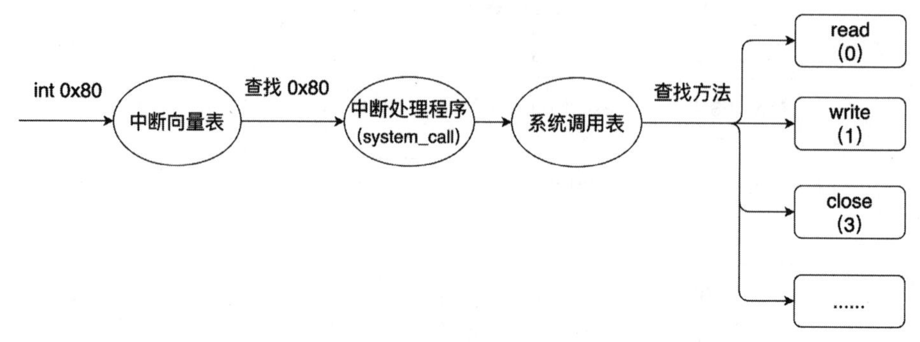

图 4-2 系统调用的触发和执行流程

随着计算机系统的发展，后面采用了更快的汇编指令（SYSCALL）来执行系统调用。然而，无论是使用 int0x80 还是 SYSCALL 指令来触发执行系统调用，都不可避免地涉及编写一部分汇编代码，并需要指定寄存器来传递参数。代码清单 4-1 展示了触发 write 系统调用的汇编实现。

代码清单 4-1 触发 write 系统调用的汇编实现

```
// 文件位置：src/runtime/sys_linux_amd64.s
TEXT runtime·write1(SB),NOSPLIT,$0-28
    MOVQ    fd+0(FP), DI
    MOVQ    p+8(FP), SI
    MOVL    n+16(FP), DX
    MOVL    $SYS_write, AX
    SYSCALL
    MOVL    AX, ret+24(FP)
    RET
```

这种执行系统调用实现的方法相对原始且不方便。业务程序员必须了解很多与操作系统相关的细节。并且，不同操作系统之间的系统调用是不兼容的，因此处理兼容性的问题常常非常麻烦。

为了解决这个问题，通常会在编程语言层面进行进一步的封装，创建一个轻量级的封装层。这样，系统调用就变成了特定语言的函数调用形式，并且该封装层会兼容不同操作系统的实现。这让在语言层面使用系统调用变得简单且接口统一。

例如，Go 语言的标准库 syscall 包就是对系统调用的轻量级封装。它将对操作系统的系统调用都封装在这个包中。这样，当 Go 程序员使用系统调用时，只需使用封装好的 Go 函数，就无须再写复杂的汇编代码。

下面来看一个具体的例子，代码清单4-2展示了syscall包中关于Read系统调用的封装实现。

代码清单4-2 Read系统调用的封装实现

```
// 文件: src/syscall/zsyscall_linux_amd64.go
func read(fd int, p []byte) (n int, err error) {
    var _p0 unsafe.Pointer
    if len(p) > 0 {
        _p0 = unsafe.Pointer(&p[0])
    } else {
        _p0 = unsafe.Pointer(&_zero)
    }
    // 调用底层的Syscall函数，第一个参数SYS_READ指明系统调用的编号
    r0, _, e1 := Syscall(SYS_READ, uintptr(fd), uintptr(_p0), uintptr(len(p)))
    n = int(r0)
    if e1 != 0 {
        err = errnoErr(e1)
    }
    return
}
```

Syscall函数是汇编的实现，代表最原始的调用方式。按照Linux的系统调用规范，需要在汇编中将参数依次传入寄存器，然后调用SYSCALL指令进入内核的处理逻辑。系统调用执行完成后，返回值会被放入RAX寄存器中，用户可以自行获取。代码清单4-3展示了Syscall函数的汇编实现。

代码清单4-3 Syscall函数的汇编实现

```
// 文件: src/syscall/asm_linux_amd64.s
// func Syscall(trap, a1, a2, a3 uintptr) (r1, r2 uintptr, err Errno)
// 汇编指令，执行操作系统的系统调用接口
TEXT ·Syscall(SB),NOSPLIT,$0-56
    CALL    runtime·entersyscall(SB)
    MOVQ    a1+8(FP), DI
    MOVQ    a2+16(FP), SI
    MOVQ    a3+24(FP), DX
    MOVQ    trap+0(FP), AX      // syscall entry
    SYSCALL
    CMPQ    AX, $0xfffffffffffff001
    JLS ok
    MOVQ    $-1, r1+32(FP)
    MOVQ    $0, r2+40(FP)
    NEGQ    AX
    MOVQ    AX, err+48(FP)
    CALL    runtime·exitsyscall(SB)
    RET
ok:
```

```
    MOVQ    AX, r1+32(FP)
    MOVQ    DX, r2+40(FP)
    MOVQ    $0, err+48(FP)
    CALL    runtime·exitsyscall(SB)
    RET
```

以上描述的是Go语言对系统调用的封装，它简化了开发者和底层系统之间的交互。开发者在进行系统调用时，仅需通过Go标准库syscall包提供的函数调用即可轻松实现，无须深入涉足与底层相关的复杂细节。

4.1.2 VFS层

Linux操作系统为了支持多样化的内核文件系统，并向用户提供统一的I/O操作接口，引入了一个重要的抽象层——虚拟文件系统（Virtual File System，VFS）。VFS层位于用户和具体文件系统实现之间，它充当所有文件系统访问的代理。

VFS层为上层提供了文件和目录访问的统一方法，将不同文件系统的操作和管理集成到一个全面的框架内。这使得用户无须关心不同文件系统实现的复杂细节，从而简化了文件操作的复杂性。同时，VFS为底层定义了一系列清晰的文件系统实现接口。任何希望融入Linux体系的文件系统都必须实现VFS定义的接口，这种设计也极大方便了新文件系统的集成和扩展。

VFS层抽象出了"文件"和"文件系统"等核心对象，并定义了相关的数据结构。如inode、file、dentry、super_block等。这些结构是Linux存储系统的基石，并且在VFS内完成了基于这些抽象对象的操作。

例如，当执行系统调用write时，流程首先会调用到ksys_write函数，随后会进一步调用VFS层的vfs_write函数。代码清单4-4展示了从ksys_write函数到vfs_write的调用过程。

代码清单4-4 从ksys_write函数到vfs_write的调用过程

```
// 文件: fs/read_write.c
// 宏SYSCALL_DEFINE3定义的系统调用
SYSCALL_DEFINE3(write, unsigned int, fd, const char __user *, buf,
        size_t, count)
{
    return ksys_write(fd, buf, count);
}

ssize_t ksys_write(unsigned int fd, const char __user *buf, size_t count)
{
    // 通过文件描述符获取file结构体
    struct fd f = fdget_pos(fd);
    ssize_t ret = -EBADF;
    if (f.file) {
        // 获取当前文件的位置偏移
```

```
        loff_t pos, *ppos = file_ppos(f.file);
        if (ppos) {
            pos = *ppos;
            ppos = &pos;
        }
        // 调用 VFS 层的 vfs_write 函数
        ret = vfs_write(f.file, buf, count, ppos);
        if (ret >= 0 && ppos)
            // 在成功写入后更新文件位置偏移
            f.file->f_pos = pos;
        fdput_pos(f);
    }
    return ret;
}
```

在处理调用时，VFS 首先进行一系列通用的参数校验，随后根据文件打开时构建的方法集合，调用底层文件系统的逻辑。即调用到 file_operations 结构体的 write（或 write_iter）方法，以此来实现具体文件系统的写入操作。此机制确保了 Linux 系统能够以一致的方式处理不同文件系统的写操作，同时保留了各个文件系统独有的特性和优化空间。代码清单 4-5 展示了 vfs_write 函数的实现。

代码清单 4-5　vfs_write 函数的实现

```
ssize_t vfs_write(struct file *file, const char __user *buf, size_t count, loff_t
*pos)
{
    // 进行参数校验
    if (!(file->f_mode & FMODE_WRITE))
        return -EBADF;
    if (!(file->f_mode & FMODE_CAN_WRITE))
        return -EINVAL;
    if (unlikely(!access_ok(buf, count)))
        return -EFAULT;
    // 对读写操作的偏移和大小进行校验
    ret = rw_verify_area(WRITE, file, pos, count);
    if (ret)
        return ret;
    if (count > MAX_RW_COUNT)
        count =  MAX_RW_COUNT;
    // 调用相应的 file_operations 方法
    file_start_write(file);
    if (file->f_op->write)
        ret = file->f_op->write(file, buf, count, pos);
    else if (file->f_op->write_iter)
        ret = new_sync_write(file, buf, count, pos);
    else
        ret = -EINVAL;
    if (ret > 0) {
        // 文件被修改，触发通知
```

```
        fsnotify_modify(file);
        // 统计写入字节数
        add_wchar(current, ret);
    }
    inc_syscw(current);
    file_end_write(file);
    return ret;
}
```

因此，VFS不仅仅抽象了文件和文件系统等概念，还提供了一系列的通用的操作方法。当涉及底层文件系统时，VFS会将请求转发至相应的文件系统进行处理。

从VFS的设计来看，它并不是定义了一个所有文件系统都必须实现的最小功能集，而是定义了一个理想的、全功能的文件系统模型。各个具体的文件系统可以根据自己的需要来实现这一功能集的不同部分。接下来将介绍一些核心的数据结构，它们构成了VFS框架的基石。

1. 文件操作

VFS为文件及其目录提供了一套抽象的定义，并为它们赋予了专门的行为模式。这意味着每种角色都有其对应的数据结构和一系列的操作方法。现在让我们深入代码层面，探讨这些结构的定义及其操作方法。

（1）inode结构

inode是VFS中的一个关键数据结构，它用于唯一标识一个文件。在内核中，每个文件都有一个对应的inode与之对应。inode存储的是文件的元数据，并且一个inode可以与多个file结构关联。VFS层的inode结构的定义如代码清单4-6所示。

代码清单4-6 VFS层的inode结构的定义

```
struct inode {
    umode_t                 i_mode;             // 文件模式
    unsigned short          i_opflags;
    kuid_t                  i_uid;              // 用户 ID
    kgid_t                  i_gid;              // 组 ID
    unsigned int            i_flags;
    const struct inode_operations   *i_op;      // inode 操作方法集
    struct super_block          *i_sb;          // 指向所属超级块的指针
    struct address_space        *i_mapping;     // 地址空间方法集
    unsigned long               i_ino;          // inode 编号
    union {
        const unsigned int i_nlink;
        unsigned int __i_nlink;
    };
    dev_t                   i_rdev;
    loff_t                  i_size;             // 文件大小
    struct timespec64       i_atime;            // 访问时间
    struct timespec64       i_mtime;            // 修改时间
```

```
    struct timespec64     i_ctime;                    // 创建时间
    unsigned short        i_bytes;
    blkcnt_t              i_blocks;
    unsigned long         i_state;
    struct rw_semaphore   i_rwsem;
    struct hlist_node     i_hash;
    struct list_head      i_io_list;                  // 设备 I/O 链表
    struct list_head      i_lru;                      // inode LRU 链表
    struct list_head      i_sb_list;                  // 用于链接到 super_block 链表
    struct list_head      i_wb_list;                  // 回写链表
    union {
        struct hlist_head     i_dentry;               // 插入对应的 dentry 节点的链表上
        struct rcu_head       i_rcu;
    };
    atomic64_t                i_version;
    atomic64_t                i_sequence;
    atomic_t                  i_count;
    atomic_t                  i_dio_count;
    atomic_t                  i_writecount;
    union {
        const struct file_operations    *i_fop;  // 文件操作方法集
        void (*free_inode)(struct inode *);
    };
    struct address_space        i_data;
    struct list_head             i_devices;
    __u32                          i_generation;
    void                           *i_private;  // 文件系统的私有数据
} __randomize_layout;
```

inode结构包含了文件的元数据信息，例如文件大小、修改时间等。它还包含多个用于链表管理的字段，这些字段允许inode根据不同的需求挂载到各种不同的链表结构中。例如，一个inode可以被关联到多个file结构上（这表示一个文件被多次打开），也可以挂载在多个dentry节点的链表上（这意味着多个目录树节点指向同一个inode）。

此外，inode的结构设计便于扩展。从不同的角度来看，inode可以分成三种模型：VFS中的inode内存模型、具体文件系统的inode内存模型以及具体文件系统的inode磁盘模型。这种分层设计使inode能够灵活地适应不同文件系统的需求，同时也确保了其与VFS的兼容性。

inode还配了一套操作方法集，即inode_operations结构。这种结构详细定义了inode可以执行的一系列操作接口。通过inode_operations，VFS层抽象了一系列inode的标准操作，然后由不同的文件系统在此基础上实现具体的操作，同时保证了VFS层面上的接口调用的统一性。inode_operations结构体的定义，如代码清单4-7所示。

代码清单 4-7 inode_operations 结构体的定义

```
struct inode_operations {
    struct dentry * (*lookup) (struct inode *,struct dentry *, unsigned int);
```

```
    const char * (*get_link) (struct dentry *, struct inode *, struct delayed_call *);
    int (*permission) (struct user_namespace *, struct inode *, int);
    struct posix_acl * (*get_acl)(struct inode *, int, bool);
    int (*readlink) (struct dentry *, char __user *,int);
    int (*create) (struct user_namespace *, struct inode *,struct dentry *,umode_t,
        bool);
    int (*link) (struct dentry *,struct inode *,struct dentry *);
    int (*unlink) (struct inode *,struct dentry *);
    int (*symlink) (struct user_namespace *, struct inode *,struct dentry *,const
        char *);
    int (*mkdir) (struct user_namespace *, struct inode *,struct dentry *,umode_t);
    int (*rmdir) (struct inode *,struct dentry *);
    int (*mknod) (struct user_namespace *, struct inode *,struct dentry *, umode_
        t,dev_t);
    int (*rename) (struct user_namespace *, struct inode *, struct dentry *,
        struct inode *, struct dentry *, unsigned int);
    int (*setattr) (struct user_namespace *, struct dentry *, struct iattr *);
    int (*getattr) (struct user_namespace *, const struct path *, struct kstat *,
        u32, unsigned int);
    ssize_t (*listxattr) (struct dentry *, char *, size_t);
    int (*fiemap)(struct inode *, struct fiemap_extent_info *, u64 start,u64 len);
    int (*update_time)(struct inode *, struct timespec64 *, int);
    int (*atomic_open)(struct inode *, struct dentry *,struct file *, unsigned open_
        flag, umode_t create_mode);
    int (*tmpfile) (struct user_namespace *, struct inode *,struct dentry *,
        umode_t);
    int (*set_acl)(struct user_namespace *, struct inode *,struct posix_acl *, int);
    int (*fileattr_set)(struct user_namespace *mnt_userns,struct dentry *dentry,
        struct fileattr *fa);
    int (*fileattr_get)(struct dentry *dentry, struct fileattr *fa);
} ____cacheline_aligned;
```

由此可以看出，inode的操作方法主要是围绕文件的元数据处理及其管理控制展开的。接下来详细阐述关键方法的作用。

- lookup：查找目录下的文件，根据文件名查找对应的inode。
- get_link：读取符号链接所指向的目标路径。
- permission：检查文件或目录的访问权限。
- get_acl：获取文件的ACL（Access Control List，访问控制列表），它是传统文件权限的扩展。
- readlink：读取符号链接指向的目标路径。此方法与get_link功能相似，但是应用场景有所不同。get_link多用于文件系统内部，返回值是目标路径的字符串。而readlink常用于用户触发的系统调用场景，它直接把获取的路径复制到用户空间。
- create：在给定的目录中创建一个新的文件。
- link：创建一个新的硬链接到已经存在的文件。
- unlink：用于删除文件。通常仅删除目录项（directory entry），减少inode的引用计数。当 inode 的引用计数降至 0 时，才真正删除文件，释放空间。

- symlink：创建一个符号链接。
- mkdir：在给定目录下创建一个新的目录。
- rmdir：删除一个空目录。
- mknod：创建一个特殊文件，如设备文件、管道或套接字。
- rename：更改文件或目录的名称或位置。
- setattr：设置文件属性，如修改时间、文件模式等。
- getattr：获取文件属性，如大小、创建时间、修改时间等。
- listxattr：列出一个文件的扩展属性。
- fiemap：提供文件的物理布局信息。此方法可以帮助应用程序减少不必要的磁盘 I/O。通常用于文件系统碎片整理等工具。
- update_time：更新 inode 的时间戳。
- atomic_open：提供查找和打开文件的原子操作，提高文件打开的效率，尤其适用于高并发和性能要求严格的场景。
- tmpfile：创建一个临时文件。
- set_acl：设置文件的 ACL。
- fileattr_set：设置文件属性。此方法与 setattr 方法功能类似，但二者在应用场景、接受的参数和属性设置范围上有所区别。
- fileattr_get：获取文件属性。

值得注意的是，并不是所有的 inode 的操作方法都需要实现。具体的文件系统可以根据其特定的需求选择性地实现这些方法。例如，一些文件系统可能会选择不支持 ACL，以此来降低系统的复杂性并节省存储空间。那些追求极致性能的文件系统可能会优先实现 atomic_open。而那些旨在高效利用存储空间的文件系统，可能会提供 fiemap 的支持。

此外，即使是相同的操作，在不同的文件系统中也可能有截然不同的实现方式。例如，lookup 操作在 Ext4 文件系统中的实现，与 Btrfs 文件系统中的实现存在本质差异，这主要是因为两者在空间管理方面采用了不同的策略和技术。

（2）file 结构

file 结构代表了一个打开且可操作的文件。通常在对文件进行操作之前，需要先打开文件，打开之后会生成一个相应的 file 结构实例，并将地址保存在当前进程的内部数组中。保存的数组位置由一个非负整数标识，称为文件描述符，也叫做句柄。文件描述符在文件打开后返回给用户，并在随后的读写操作中作为参数传递给内核，使内核能够通过它定位到具体的 file 结构。代码清单 4-8 展示了 file 结构的定义。

代码清单 4-8 file 结构的定义

```
struct file {
    union {
```

```
        struct llist_node    fu_llist;              // 链表节点
        struct rcu_head      fu_rcuhead;            // RCU 头部
    } f_u;
    struct path          f_path;                    // 文件路径
    struct inode         *f_inode;                  // 对应的 inode 指针
    const struct file_operations    *f_op;          // file 的操作方法集合
    atomic_long_t        f_count;                   // 引用计数
    unsigned int         f_flags;                   // 文件打开标志
    fmode_t              f_mode;                    // 文件模式
    loff_t               f_pos;                     // 文件 I/O 操作的偏移量
    struct fown_struct   f_owner;                   // 文件所有者结构
    void                 *private_data;             // 私有数据指针
    struct address_space    *f_mapping;             // 地址空间操作集
    // 其他成员变量省略
} __randomize_layout;
```

file 结构代表了一个打开的文件实例，提供了对数据流的操作能力。数据的读写操作是通过“文件描述符”索引找到对应的 file 结构，再调用具体文件系统 file_operations 的 write（或者 write_iter）方法来完成，从而把数据写入底层的文件系统。

接下来，让我们来看一下 file_operations 结构体的定义，它包含了与 file 相关的一系列方法集合，如代码清单 4-9 所示。

代码清单 4-9 file_operations 结构体的定义

```
struct file_operations {
    struct module *owner;
    loff_t (*llseek) (struct file *, loff_t, int);
    ssize_t (*read) (struct file *, char __user *, size_t, loff_t *);
    ssize_t (*write) (struct file *, const char __user *, size_t, loff_t *);
    ssize_t (*read_iter) (struct kiocb *, struct iov_iter *);
    ssize_t (*write_iter) (struct kiocb *, struct iov_iter *);
    int (*iopoll)(struct kiocb *kiocb, struct io_comp_batch *, unsigned int flags);
    int (*iterate) (struct file *, struct dir_context *);
    int (*iterate_shared) (struct file *, struct dir_context *);
    __poll_t (*poll) (struct file *, struct poll_table_struct *);
    long (*unlocked_ioctl) (struct file *, unsigned int, unsigned long);
    long (*compat_ioctl) (struct file *, unsigned int, unsigned long);
    int (*mmap) (struct file *, struct vm_area_struct *);
    unsigned long mmap_supported_flags;
    int (*open) (struct inode *, struct file *);
    int (*flush) (struct file *, fl_owner_t id);
    int (*release) (struct inode *, struct file *);
    int (*fsync) (struct file *, loff_t, loff_t, int datasync);
    int (*fasync) (int, struct file *, int);
    int (*lock) (struct file *, int, struct file_lock *);
    ssize_t (*sendpage) (struct file *, struct page *, int, size_t, loff_t *, int);
    unsigned long (*get_unmapped_area)(struct file *, unsigned long, unsigned
        long, unsigned long, unsigned long);
    int (*check_flags)(int);
```

```
    int (*flock) (struct file *, int, struct file_lock *);
    ssize_t (*splice_write)(struct pipe_inode_info *, struct file *, loff_t *,
        size_t, unsigned int);
    ssize_t (*splice_read)(struct file *, loff_t *, struct pipe_inode_info *,
        size_t, unsigned int);
    int (*setlease)(struct file *, long, struct file_lock **, void **);
    long (*fallocate)(struct file *file, int mode, loff_t offset, loff_t len);
    void (*show_fdinfo)(struct seq_file *m, struct file *f);
    ssize_t (*copy_file_range)(struct file *, loff_t, struct file *, loff_t,
        size_t, unsigned int);
    loff_t (*remap_file_range)(struct file *file_in, loff_t pos_in, struct file
        *file_out, loff_t pos_out,
            loff_t len, unsigned int remap_flags);
    int (*fadvise)(struct file *, loff_t, loff_t, int);
} __randomize_layout;
```

在 Linux 系统中，file 结构的操作主要是围绕着数据面展开的。下面详细阐述 file_operations 结构体中关键方法的作用。

- owner：所属内核模块的指针。
- llseek：用于改变文件的当前读写偏移量。
- read：从文件读取数据到内存。
- write：将内存数据写入文件。
- read_iter：基于迭代器的读取操作。此方法与 read 类似，但使用了 kiocb（内核 I/O 控制块）和 iov_iter 结构来支持基于向量的 I/O 操作，提供了更为高效和灵活的数据读取方式。
- write_iter：基于迭代器的写入操作。此方法与 write 类似，但使用了 kiocb 和 iov_iter 结构来支持基于向量的 I/O 操作，提供了更高效的接口。在处理大量数据时，通过聚集 I/O 来减少数据复制，提高 I/O 性能。
- iopoll：用于轮询 I/O 的完成情况。
- iterate：用于列举目录内容，常用于响应用户空间程序的 readdir() 系统调用，以读取目录内容。
- iterate_shared：和 iterate 类似，用于列举目录内容，但允许多个进程同时迭代同一个目录。常用于读多写少的场景，能够明显提升目录读取的性能。
- poll：用于轮询文件的状态，以实现事件通知和非阻塞 I/O。
- unlocked_ioctl：用于传递设备特定的命令或者其他操作，例如控制硬件设备的参数。常用于响应用户空间程序的 ioctl() 系统调用。
- compat_ioctl：与 unlocked_ioctl 功能类似，但主要用于处理不同系统架构之间的兼容性。
- mmap：用于将文件的一个区域映射到进程的内存空间。
- open：用于打开文件。

- flush：用于回刷脏数据到存储设备。通常在文件描述符被关闭时被调用。
- release：释放打开的文件。
- fsync：用于强制同步文件的内容和元数据到存储设备。
- fasync：用于设置对文件 I/O 的异步通知。
- lock：用于对文件加锁，以控制并发访问。
- sendpage：用于将内存页发送到网络，通常用于零复制网络传输。
- get_unmapped_area：用于地址空间管理的高级功能，以寻找一段未映射的内存区域。
- check_flags：检查文件打开的标志。
- flock：给文件加互斥锁。用于响应 flock() 的系统调用。
- splice_write：从管道将数据写入文件。用于响应 splice() 系统调用，让管道数据直接写入文件，而不需要将数据复制到用户空间。
- splice_read：从文件读取数据到管道。该方法与 splice_write 相对应，和 splice_write 类似，该方法也用于高效处理数据传输，通过避免不必要的用户空间和内核空间的数据复制，提升数据传输性能。
- setlease：设置文件租约。
- fallocate：用于预分配文件空间（挖洞也是该方法的实现），这一操作能确保在将来写入数据时，文件系统有足够的连续空间，避免文件碎片化和提高写入性能。
- show_fdinfo：用于显示文件描述符的详细信息。当进程读取 /proc/[pid]/fdinfo/[fd] 时，会触发该方法的调用。
- copy_file_range：用于文件数据的复制操作。该方法提供了一种在两个文件描述符之间高效转移数据而不需要将数据传输到用户空间的方法。
- remap_file_range：用于重新映射文件内存映射区域。该操作允许在不实际复制数据的情况下，共享数据块。
- fadvise：用于对文件提出访问建议，比如预读建议、顺序访问优化、随机访问优化、磁盘布局的优化建议等。

文件系统可以根据其功能需求选择性地实现 file_operations 结构体中的方法集。例如，若要支持文件写入操作，文件系统必须使用 write 或 write_iter 方法。在处理读写请求时，文件系统优先实现基于向量化的 I/O 方法 read_iter 和 write_iter 方法，因为它们能够提升 I/O 操作的效率。若文件系统想支持事件管理机制，则应实现 poll 方法。如果想要提升数据复制的效率，那么 splice_write、splice_read、copy_file_range 等方法值得考虑。此外，如果文件系统要支持空间的预分配或实现文件挖洞功能，fallocate 方法是必需的。

在 Linux 系统中，file_operations 结构体定义了文件语义的操作接口。例如，read 和 write 方法所接受的偏移参数指的是文件的偏移位置。然而，数据的真实读写操作是在内存与底层存储设备之间进行的——读操作是将数据从存储设备传输到内存，而写操作则是将内存的数据写入存储设备。Linux 内核通过页面（Page）结构来管理内存，这里的内存页作为用户程序和底层设备间的桥梁。用户的数据在写入时写入内存页，读取时从内存页提取，内存页和底层存储设备进行数据交换。因此，内核需要提供一种将内存页映射到存储设备物理位置的机制。在 file 结构中，address_space 类型的字段便承担这一重要职责，顾名思义，它管理着文件到底层设备的地址空间映射关系。它不仅负责内存页到文件的物理位置的映射，还提供页面与存储设备之间数据读写的方法。

address_space 结构体至关重要，它是 Linux 文件系统的核心组件之一，与 inode、dentry、super_block 等其他数据结构紧密相连，共同构成了 Linux 文件系统的逻辑结构和访问机制。接下来我们将深入探讨 address_space 结构体的一系列操作方法。

address_space 结构体的操作方法集合由 address_space_operations 结构体定义。该结构涵盖对内存页的各类管理功能，包括读取内存页、写入内存页、将内存页映射到底层设备的物理位置、释放内存页等功能。address_space_operations 结构体的定义如代码清单 4-10 所示。

代码清单 4-10 address_space_operations 结构体的定义

```
// 文件: include/linux/fs.h
struct address_space_operations {
    int (*writepage)(struct page *page, struct writeback_control *wbc);
    int (*readpage)(struct file *, struct page *);
    int (*writepages)(struct address_space *, struct writeback_control *);
    bool (*dirty_folio)(struct address_space *, struct folio *);
    void (*readahead)(struct readahead_control *);
    int (*write_begin)(struct file *, struct address_space *mapping,
        loff_t pos, unsigned len, unsigned flags,
        struct page **pagep, void **fsdata);
    int (*write_end)(struct file *, struct address_space *mapping,
        loff_t pos, unsigned len, unsigned copied,
        struct page *page, void *fsdata);
    sector_t (*bmap)(struct address_space *, sector_t);
    void (*invalidate_folio) (struct folio *, size_t offset, size_t len);
    int (*releasepage) (struct page *, gfp_t);
    void (*freepage)(struct page *);
    ssize_t (*direct_IO)(struct kiocb *, struct iov_iter *iter);
    int (*migratepage) (struct address_space *,
        struct page *, struct page *, enum migrate_mode);
    bool (*isolate_page)(struct page *, isolate_mode_t);
    void (*putback_page)(struct page *);
    int (*launder_folio)(struct folio *);
    bool (*is_partially_uptodate) (struct folio *, size_t from,
        size_t count);
    void (*is_dirty_writeback) (struct page *, bool *, bool *);
    int (*error_remove_page)(struct address_space *, struct page *);
    int (*swap_activate)(struct swap_info_struct *sis, struct file *file,
            sector_t *span);
    void (*swap_deactivate)(struct file *file);
};
```

address_space 的操作主要是围绕着地址空间的操作展开的。下面详细阐述 address_space_operations 结构体中关键方法的作用。

- ❑ writepage：将一个内存页的数据写入磁盘。
- ❑ readpage：从磁盘中读取数据到内存页中。
- ❑ writepages：将多个内存页的数据写入磁盘。
- ❑ dirty_folio：设置一个 folio 结构（对应一个或多个连续的内存页）标记为脏，稍后脏页会写入磁盘。
- ❑ readahead：预读数据到内存中，用于改善顺序读取性能。
- ❑ write_begin：在文件执行写入操作前调用，以准备页面和相关的数据结构。
- ❑ write_end：在文件完成写入操作后调用，用于结束写入操作。
- ❑ bmap：用于将文件地址和底层存储设备的地址映射起来。
- ❑ invalidate_folio：使指定的 folio 结构无效，通常是因为数据已经不再有效或被修改。
- ❑ releasepage：尝试释放一个内存页。
- ❑ freepage：实际释放一个内存页，完成内存资源的回收。
- ❑ direct_IO：用于执行直接 I/O，绕过页面缓存直接从磁盘读写数据。
- ❑ migratepage：迁移内存页，常用于内存整理。
- ❑ isolate_page：隔离一个内存页。
- ❑ putback_page：将被隔离的内存页放回页面列表中。
- ❑ launder_folio：清洗一个脏 folio，将其写回磁盘并清除脏标记。
- ❑ is_partially_uptodate：判断 folio 是否部分更新。
- ❑ is_dirty_writeback：检查一个页面是否有脏标记，以及是否正在被写回磁盘。
- ❑ error_remove_page：在操作出错时调用，移除内存页。
- ❑ swap_activate：当启动内存页交换时调用。
- ❑ swap_deactivate：当停用内存页交换时调用。

在 address_space_operations 结构体中定义的一系列方法，各文件系统开发者需要根据系统特定需求进行量身定制的实现。以 readpage 方法为例，无论是 Ext4 文件系统的 ext4_readpage 还是 btrfs 文件系统的 btrfs_readpage，其共同目标都是将单个页面大小的数据读取到内存中。然而，这两者在内部机制上却有本质区别，这些区别源自两种文件系统在磁盘空间管理上采用了完全不同的策略和技术。

对任何基于磁盘的文件系统而言，搞清楚 address_space_operations 具体实现的细节至关重要。这不仅有助于我们深入理解该文件系统是如何组织和管理磁盘空间的，而且还能揭示文件数据在磁盘上的存取过程。简而言之，掌握这些操作的实现机制能够让我们对文件系统的数据管理策略有更加透彻地认识。

（3）dentry 结构

在 Linux 的设计哲学中，一切皆文件，系统中的所有资源被巧妙地组织成一个倒置的、层次分明的树状结构。在这棵树中，dentry（directory entry，即目录项）结构扮演着目录树节点的关键角色。

考虑到 Linux 目录树的潜在规模可能非常庞大，系统启动时并不会一次性构建整个目录树并载入内存。相对地，Linux 采用了一种更为灵活和高效的策略：按需构建和懒加载。这意味着只有在实际访问时，相应的 dentry 结构才会被创建。而为了加速路径访问效率，内核实现了一个全局缓存机制，即 dcache（directory entry cache，目录项缓存）。这个机制存储和管理那些已经被访问和构建的 dentry 节点，允许它们被快速检索以加快后续的访问请求。内核还会在适当的时机对 dcache 中的 dentry 结构进行淘汰，以此来平衡访问性能与内存使用成本。代码清单 4-11 展示了 dentry 结构的定义。

代码清单 4-11　dentry 结构的定义

```
// 文件: include/linux/dcache.h
struct dentry {
    struct hlist_bl_node d_hash;                    // 散列链表节点
    struct dentry *d_parent;                        // 父节点引用
    struct qstr d_name;                             // 节点的名称
    struct inode *d_inode;                          // 关联的 inode 节点
    unsigned char d_iname[DNAME_INLINE_LEN];        // 节点的名字
    const struct dentry_operations *d_op;           // dentry 的操作集定义
    struct super_block *d_sb;                       // 关联的文件系统超级块
    void *d_fsdata;                                 // 私有数据
    union {
        struct list_head d_lru;                     // LRU 链表的头节点
        wait_queue_head_t *d_wait;                  // 等待队列头
    };
    struct list_head d_child;                       // 子节点链表
    struct list_head d_subdirs;                     // 子目录链表
    union {
        struct hlist_node d_alias;                  // 别名链表
        struct hlist_bl_node d_in_lookup_hash;      // 查找散列链表
        struct rcu_head d_rcu;                      // RCU 头
    } d_u;
} __randomize_layout;
```

通过 dentry 结构内部的字段可以看出，其内部的多个字段可以关联到父节点和子节点，并且内部有多个链表相关的字段，可以让它挂载到不同的链表上，用于不同的场景。值得注意的是，每个 dentry 都与一个 inode 对应，虽然一个 dentry 只能指向一个 inode，但是一个 inode 能关联多个 dentry，这其实就是硬链接的文件系统特性的原理，也意味着同一个文件可以出现在目录树的不同位置。

dentry 还配合了一套操作方法集，即 dentry_operations 结构。该结构详细定义了 dentry 可以执行的一系列操作方法。dentry_operations 结构体的定义如代码清单 4-12 所示。

代码清单 4-12　dentry_operations 结构体的定义

```
// 文件: include/linux/dcache.h
```

```
struct dentry_operations {
    int (*d_revalidate)(struct dentry *, unsigned int);
    int (*d_weak_revalidate)(struct dentry *, unsigned int);
    int (*d_hash)(const struct dentry *, struct qstr *);
    int (*d_compare)(const struct dentry *,
        unsigned int, const char *, const struct qstr *);
    int (*d_delete)(const struct dentry *);
    int (*d_init)(struct dentry *);
    void (*d_release)(struct dentry *);
    void (*d_prune)(struct dentry *);
    void (*d_iput)(struct dentry *, struct inode *);
    char *(*d_dname)(struct dentry *, char *, int);
    struct vfsmount *(*d_automount)(struct path *);
    int (*d_manage)(const struct path *, bool);
    struct dentry *(*d_real)(struct dentry *, const struct inode *);
} ____cacheline_aligned;
```

下面详细阐述 dentry_operations 结构中关键方法的作用。

- d_revalidate：验证缓存中 dentry 的有效性。
- d_weak_revalidate：功能与 d_revalidate 相似，但进行的是较为宽松的验证。
- d_hash：用于计算 dentry 的散列值。该散列值用于查找该 dentry 结构体在全局缓存的位置。
- d_compare：用于比较两个 dentry 对象是否相等。
- d_delete：当 VFS 想要从缓存中删除一个 dentry 时要调用此方法，并标记 dentry 为删除状态。
- d_init：初始化 dentry 结构体对象，在分配新的 dentry 时会调用此方法。
- d_release：释放 dentry 结构体。
- d_prune：清理不再需要的 dentry 结构体，当内核希望通过移除缓存的 dentry 来回收内存时会调用此方法。
- d_iput：当与 dentry 关联的 inode 结构体要被回收时调用此方法。
- d_dname：生成 dentry 的路径名。
- d_automount：由支持自动挂载的文件系统使用。
- d_manage：该方法给文件系统一个机会来管理路径名查找中的挂载点。
- d_real：该方法用于获取一个与 dentry 相关联的真实对象。常用于 overlay 等文件系统。

dentry 是 VFS 定义的通用内存结构，与 inode 类似。dentry 通常存在 3 种形态：VFS 通用的内存形态、具体文件系统的内存形态以及具体文件系统的磁盘形态。dentry 可以由具体文件系统进行定制化实现，以满足其内存结构和磁盘格式的特定需求。

2. 文件系统的操作

通过对 VFS 中 inode、file、dentry 等结构的认识，我们已经了解了文件的定义及其操作方法。接下来将探讨 VFS 对文件系统的定义，以及它需要支持的操作。我们还将了解当一个文件系统想要挂载到目录树时需要执行哪些步骤。这些在 VFS 中都有明确的规定。

（1）file_system_type 结构体

file_system_type 结构体被用来标识一个文件系统的类型。每个具体实现的文件系统都必须定义这个结构体的变量，在 file_system_type 结构中最关键的方法字段是 mount 和 kill_sb，分别用于文件系统挂载和卸载的操作。file_system_type 结构体的定义如代码清单 4-13 所示。

代码清单 4-13　file_system_type 结构体的定义

```
// 文件: include/linux/fs.h
struct file_system_type {
    const char *name;       // 指定文件系统的名称
    int fs_flags;           // 描述文件系统的特性的标志位
    int (*init_fs_context)(struct fs_context *);           // 初始化文件系统上下文数据
    const struct fs_parameter_spec *parameters;            // 文件系统支持的参数规格
    struct dentry *(*mount) (struct file_system_type *, int, const char *, void *);
                                                   // 文件系统的挂载函数
    void (*kill_sb) (struct super_block *);        // 关闭并释放超级块的函数
    struct module *owner;                          // 该文件系统类型所属的内核模块
    struct file_system_type * next;                // 连接下一个文件系统类型
    struct hlist_head fs_supers;                   // 已挂载的文件系统超级块列表
    // 此处省略部分代码
};
```

在内核中，维护着一个名为 file_systems（定义在 fs/filesystem.c 文件中）的全局变量，其类型为 file_system_type。这个全局变量负责管理内核中所有注册的文件系统类型。各种文件系统类型通过 file_system_type 结构体中的 next 字段被串联成一个单链表。通常，当一个内核模块（包含内核文件系统）被加载时，它会将其 file_system_type 实例注册到这个全局链表中。

进行文件系统挂载时（即执行 mount 系统调用），必须提供文件系统类型的名称作为参数。内核根据这个名称在 file_systems 链表中搜索匹配的文件系统类型实例。一旦找到匹配项，内核会按照该文件系统类型实例内定义的挂载逻辑进行挂载和初始化操作。这种机制使得内核能够以统一的方式支持多种文件系统，同时保持模块化和扩展性。

（2）vfsmount 结构体

vfsmount 结构体在 Linux 内核中代表一个已挂载的文件系统的实例。每个成功挂载的文件系统都将拥有一个相应的 vfsmount 对象。代码清单 4-14 展示了 vfsmount 结构体的定义。

代码清单 4-14　vfsmount 结构体的定义

```
struct vfsmount {
    struct dentry *mnt_root;                // 挂载的位置节点
```

```
    struct super_block *mnt_sb;          // 文件系统实例
    int mnt_flags;                       // 定义挂载选项和文件系统行为的标志位
    struct user_namespace *mnt_userns;   // 指向 user_namespace 结构体的指针
};
```

vfsmount 结构体设计简明，主要包含 4 个字段。其中，mnt_root 字段指向一个 dentry 结构体，该结构代表一个挂载点的位置。在大多数情况下，该 dentry 是 Linux 全局目录树中的一个节点，这样用户空间的进程能够通过常规的文件路径来访问挂载的文件系统。然而，某些挂载点可能并不需要出现或不应该出现在全局目录树中。例如，内核创建的一些对用户空间不可见的文件系统，这些文件系统无需挂载在全局目录树，而是使用匿名 dentry 节点进行挂载，如 sockfs、pipefs 和 bdev 等伪文件系统。

vfsmount 结构体的 mnt_sb 字段指向一个 super_block 结构体，它表征一个文件系统实例。当一个文件系统实例在多个挂载点上被挂载时，会出现多个 vfsmount 对象指向同一个 superblock 的情形。例如，设备 /dev/sdb1 被格式化成 Ext3 文件系统并挂载到 /mnt/data01，这将生成一个 super_block 实例以及相应的 vfsmount 实例。如果 /dev/sdb1 接着被挂载至 /mnt/data02，则会创建另一个 vfsmount 实例，且 mnt_sb 字段指向原来的 super_block 实例。

（3）super_block 结构体

super_block 结构体在文件系统中起到了至关重要的作用，代表着文件系统的一个实例。它是管理核心文件系统元数据的关键结构体，涵盖了整个文件系统的控制信息。这包括但不限于 inode 信息的管理，以及对存储设备分区信息的管理。代码清单 4-15 展示了 VFS 抽象出的 super_block 结构体定义。

代码清单 4-15　super_block 结构体的定义

```
struct super_block {
    struct list_head    s_list;                      // 用于连接所有 super_block 的链表
    dev_t               s_dev;                       // 文件系统所在的设备号
    unsigned char       s_blocksize_bits;            // 块大小
    unsigned long       s_blocksize;                 // 块大小
    loff_t               s_maxbytes;                 // 文件系统支持的最大文件大小
    struct file_system_type            *s_type;      // 文件系统类型
    const struct super_operations    *s_op;          // 文件系统操作方法表
    unsigned long           s_flags;                 // 标志位
    unsigned long           s_iflags;                // 内部标志位
    struct dentry           *s_root;                 // 文件系统的根节点
    struct list_head        s_mounts;                // 挂载点链表
    struct block_device     *s_bdev;                 // 块设备
    struct backing_dev_info *s_bdi;                  // 后台写回设备信息
    struct mtd_info         *s_mtd;
    struct hlist_node       s_instances;             // 同类型文件系统实例的链表
    struct sb_writers       s_writers;
    void                    *s_fs_info;              // 文件系统的私有数据
    char                    s_id[32];                // 文件系统标识
    uuid_t                  s_uuid;                  // 文件系统的 UUID
```

```
    unsigned int            s_max_links;          // 最大硬链接数
    fmode_t                 s_mode;               // 文件模式
    const struct dentry_operations *s_d_op;       // 默认的 dentry 操作集合
    struct list_lru         s_dentry_lru;         // dentry 的 LRU 链表
    struct list_lru         s_inode_lru;          // inode 的 LRU 链表
    struct list_head        s_inodes;             // 系统内的所有 inode
    struct list_head        s_inodes_wb;          // 待回写的 inode 链表
    // 此处省略部分代码
};
```

与 inode 和 dentry 类似，super_block 一般以 3 种形态存在：VFS 的内存形态、具体文件系统的内存形态和磁盘形态。文件系统可以根据自身需求，定制化 super_block 的内存结构和磁盘格式。

super_block 的操作方法由 super_operations 结构体定义，包含了一系列的方法。代码清单 4-16 展示了 super_operations 结构体的定义。

代码清单 4-16　super_operations 结构体的定义

```
struct super_operations {
    struct inode *(*alloc_inode)(struct super_block *sb);
    void (*destroy_inode)(struct inode *);
    void (*free_inode)(struct inode *);
    void (*dirty_inode) (struct inode *, int flags);
    int (*write_inode) (struct inode *, struct writeback_control *wbc);
    int (*drop_inode) (struct inode *);
    void (*evict_inode) (struct inode *);
    void (*put_super) (struct super_block *);
    int (*sync_fs)(struct super_block *sb, int wait);
    int (*freeze_super) (struct super_block *);
    int (*freeze_fs) (struct super_block *);
    int (*thaw_super) (struct super_block *);
    int (*unfreeze_fs) (struct super_block *);
    int (*statfs) (struct dentry *, struct kstatfs *);
    int (*remount_fs) (struct super_block *, int *, char *);
    void (*umount_begin) (struct super_block *);
    int (*show_options)(struct seq_file *, struct dentry *);
    int (*show_devname)(struct seq_file *, struct dentry *);
    int (*show_path)(struct seq_file *, struct dentry *);
    int (*show_stats)(struct seq_file *, struct dentry *);
    // 此处省略部分代码
};
```

super_block 用于管理文件系统的全局信息。接下来将详细阐述 super_operations 结构中关键方法的作用。

- alloc_inode：分配一个新的 inode 结构体。
- destroy_inode：销毁 inode 结构体。该方法和 alloc_inode 配套使用。
- free_inode：释放 inode 结构体，释放其内存。

- dirty_inode：标记一个 inode 为脏。
- write_inode：当 VFS 需要将 inode 写回磁盘，则调用该方法。
- drop_inode：删除 inode 结构体时调用该方法。
- evict_inode：驱逐 inode 结构体。
- put_super：卸载文件系统时调用，释放超级块结构和相关资源。
- sync_fs：同步文件系统的状态，将内存中的文件系统状态写回到磁盘上。
- freeze_super：冻结超级块。
- freeze_fs：冻结文件系统。
- thaw_super：解冻超级块。与 freeze_super 对应。
- unfreeze_fs：解冻文件系统。与 freeze_fs 对应。
- statfs：获取文件系统的统计信息，如可用空间、总空间等。
- remount_fs：在不卸载文件系统的情况下，以不同的挂载参数重新挂载文件系统。
- umount_begin：卸载文件系统的准备工作。
- show_options：显示文件系统挂载的选项。
- show_devname：显示文件系统所在设备的名称。
- show_path：显示文件系统的挂载路径。
- show_stats：显示文件系统的统计信息。

super_block 负责维护文件系统的全局信息，尤其是关于 inode 管理的核心操作，如 inode 分配和释放。此外，super_block 还负责挂载、卸载以及全局资源统计等相关工作。

在磁盘文件系统中，super_block 更是扮演着记录整个空间布局的角色。以 minix 文件系统为例，其定制化的 super_block 磁盘形态就包含了 inode 区域、数据区域以及位图区域的详细规划信息。这些信息对文件系统来说至关重要，因为它确保了磁盘空间的有效管理和数据的准确定位。

4.1.3 文件系统层

文件系统位于 VFS 层和块层之间，为上层提供了文件的具体实现。在文件系统层存在着各种丰富类型的文件系统，有常见的磁盘文件系统，如 Ext2、Ext3、Ext4、XFS 和 Minix 等；伪文件系统，如 procfs、bdev、sockfs、pipefs 等；针对一些特殊的功能需求，还有 fuse、fusectl 等文件系统。所有这些文件系统都是按照 VFS 定义的结构和方法接口来实现其独特功能。VFS 本身不需要知晓这些方法的内部实现细节，文件系统仅需将实现的对象注册到 VFS 相应的结构即可。例如，inode 结构体的 i_op 字段（inode_operations 类型指针）、file 结构体的 f_op 字段（file_operations 类型指针），都是指向具体文件系统的实现。VFS 层会通过统一的逻辑来调用这些函数接口，让具体文件系统来处理相关的请求。

除了实现一系列标准的操作方法集（例如，inode_operations、file_operations、dentry_operations 等）之外，文件系统还可以在 VFS 基础结构体上扩展特有的结构体，例如，可以在 inode 结构体的基础上进一步扩展特有的 inode 形态。但需要注意，这些结构体的扩展并非强制性的，相关的方法实现也不需要全面覆盖，文件系统可以根据自己的具体需求来选择性地实现这些方法。如文件系统需要支持写操作，则必须实现 file_operations 的 write 方法（或 write_iter 方法）。若考虑数据零复制等高级的功能，那可能就提供 splice_read、splice_write、copy_file_range 等方法的实现。

在 VFS 定义的框架内，文件系统层保持了高度的自主性，其具体实现细节对外部是不可见的。文件的存储方式和管理策略完全由文件系统自身定义和控制。在某些情况下，数据甚至不会存储在本地，而是传输到远程服务器进行存储。

4.1.4　块层

在计算机系统中，块设备以固定大小的数据块作为 I/O 操作的基本单元而得名。最典型的例子便是传统的机械硬盘，它们通常使用扇区（通常为 512 字节）作为数据传输的基础单位。在 Linux 操作系统中，为了高效处理块设备的 I/O 操作，设计了一个专门的子系统——块层。

块层本身是一个复杂的子系统，内部根据职能划分为 3 个层次：通用接口层、I/O 调度层和块设备驱动层。

（1）通用接口层

这一层构建了一个通用的线性设备的抽象模型，它有效地隔离了底层硬件的复杂性。

（2）I/O 调度层

这一层负责 I/O 的重排、调度和合并等逻辑，目的在于优化 I/O 性能。该层汇聚上层传递下来的 I/O 请求，并根据具体硬件特性采取适宜的调度策略。为了使提交给机械硬盘的 I/O 请求尽可能地顺序执行，可在此层进行 I/O 合并和重排操作，其中最具代表性的是电梯调度算法。

（3）块设备驱动层

这一层直接与硬件交互，包含了多种驱动程序，主要用于不同类型的存储设备，比如机械磁盘、SSD、CD-ROM 等。以机械磁盘为例，可以用 SCSI 驱动程序，把数据传输到磁盘硬件。

块设备只是一个抽象的概念，泛指以定长数据块为传输单位的设备。在现实世界中，存储设备的形态多种多样，块层的主要使命就是隐藏这些硬件的复杂性，为上层提供操作界面简单、统一的文件系统。

块层作为一个集中的处理入口，汇聚了对底层设备的所有请求，让我们可以对 I/O 请求进行更细致的调度，尽可能以最合适硬件特性的方式提交 I/O 请求，从而提升整体的服务品质和系统性能，这便是块层的核心价值。

4.1.5　设备驱动层

设备驱动层位于 Linux 存储系统架构的底层，直接与硬件交互，是操作系统的基础的模块之一。该层的职责既明确又专一，旨在实现与硬件设备之间的有效数据通信。

鉴于硬件设备种类繁多，设备驱动层相应地演化出丰富多样的驱动程序。哪怕是功能相似的设备，不同制造商的产品也可能采用不同或互不兼容的驱动程序。因此，设备驱动层发展成了一个规模庞大、结构复杂的子系统。

深入到某个设备驱动本身，它可能也是一个复杂的模块。以 SCSI（Small Computer System Interface，小型计算机系统接口）设备驱动为例，其内部结构就是分层设计，包括 SCSI 高层、SCSI 中层和 SCSI 低层等多个层次。SCSI 设备驱动层的核心任务如下。

- 设备识别与初始化：发现并初始化连接到操作系统的 SCSI 设备。
- 命令处理：提交 SCSI 命令集，执行设备的读写操作。
- 队列管理：管理与 SCSI 设备相关的请求队列。
- 错误检测与处理：确保数据的完整性和传输的可靠性。

设备驱动层给上层模块提供简洁的设备调用接口，并且处理了与底层硬件命令集的复杂交互，成为上层模块和硬件之间通信的关键枢纽。

了解设备驱动层的深入技术细节与基本功能对于全面理解整个存储系统架构是很有帮助的。考虑本书的重点在于探讨文件存储和分布式存储系统，所以在此不做过多阐述。

4.2 文件的定义

无论在哪个操作系统中，文件的概念都已经深入人心。文件和目录（或文件夹）是信息管理的基石。正如前文所述，文件是一种抽象的概念，其本质上是字节序列。但这通常指的是普通文件，即那些用于存储数据的文件，如文本文件（.txt）、音视频文件（.mp3、.mp4）等，在 Linux 中这些都属于同一种类型——普通文件。这些文件的后缀名，只对特定的应用程序有意义。

在 Linux 系统中，文件的概念被进一步扩展，一切皆文件，所有的资源，包括硬件设备和进程等，都以文件的形式存在。因此，Linux 的文件的功能自然不会仅限于存储数据。按照不同功能用途，Linux 的文件可以被细分成多种类型。现在，我们将深入探讨 Linux 中的各种文件类型及其各自的使用场景。

4.2.1 文件的类型

在 Linux 系统中，文件的类型属性表明了它们在操作系统中的角色。我们可以从操作系统和应用程序的角度来分类文件，如图 4-3 所示。

1. 普通文件

在 Linux 中，绝大多数文件都是普通文件，它是数据的载体。无论是文本文件、mp3 音频文件还是 mp4 视频文件，都属于普通文件。文件的权限决定了用户是否有权读写文件的内容。

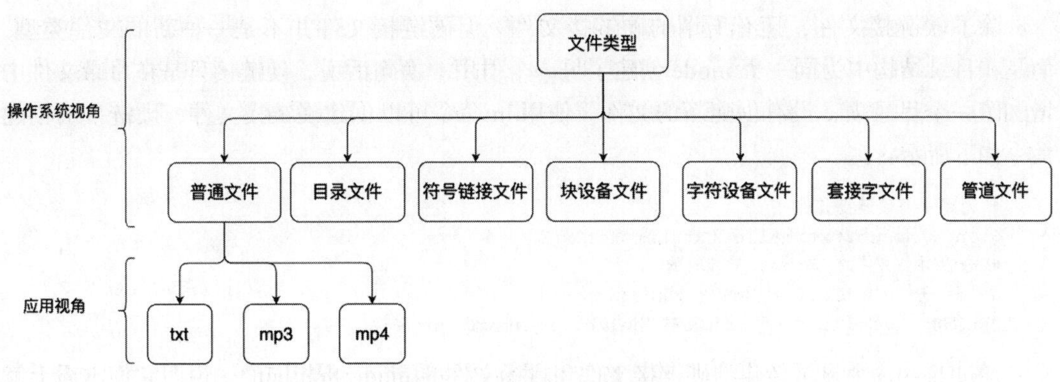

图 4-3　Linux 的文件类型

2. 目录文件

目录也是文件的一种。目录文件存储其他文件的名字和对应的 inode 编号，它的内容由具体的文件系统决定，一般是目录项的列表。目录的权限决定了用户是否能列举文件列表、创建文件或删除文件。

3. 符号链接文件

符号链接文件（简称软链接）的内容是一段指向其他文件的路径信息。软链接文件应用场景有很多，当用户需要在不同位置访问相同文件时，就可以使用 ln 命令创建一个软链接文件。注意，软链接其实是一个独立的新文件，拥有与目标文件不同的 inode。当访问一个软链接时，系统将自动沿着这条路径进行查找，最终访问它指向的目标文件。创建软链接的命令如下所示：

```
# 创建一个软链接文件
$ ln -s ./hello.txt hello.txt.softlink
# 查看链接文件
$ ls -l
lrwxrwxrwx 1 root root      11 Jul  4 22:05 hello.txt.softlink -> ./hello.txt
# 查看两个文件的 inode，是完全不同的（ls -i 命令查看文件 inode 编号）
$ ls -i hello.txt hello.txt.softlink
2621581 hello.txt  2621606 hello.txt.softlink
```

创建软链接文件之后，通过 ls 命令查看文件类型，第一个字符是“l”，表明它是一个软链接文件，通过 ls -i 命令，我们可以确认软链接文件和其目标文件具有不同的 inode 编号，从而证实它们是两个独立的文件。软链接仅保存了一段目标文件路径字符串，两个独立的文件不会相互影响。因此，软链接文件和目标文件可以跨文件系统而存在。现在考虑以下两种情况：

- 如果目标文件被删除，此时软链接文件本身是不受任何影响的，软链接文件内保存的是无效路径，尝试通过这条路径访问目标文件将会失败。
- 如果软链接文件被删除，这对目标文件不会有任何影响。

除了软链接文件，还有所谓的硬链接文件。但硬链接文件并不是一种新的文件类型，而是在目录结构中为同一个 inode 创建了另一个引用。换句话说，硬链接只是在目录文件中增加了一个目录项，没有创建新的文件。使用 ln 命令可以创建硬链接文件，硬链接的创建命令如下所示：

```
# 创建一个硬链接文件
$ ln ./hello.txt hello.txt.hardlink
# 查看两个文件的 inode，是相同的
$ ls -i ./hello.txt hello.txt.hardlink
2621581 ./hello.txt  2621581 hello.txt.hardlink
```

通过 ls -i 命令显示新建的硬链接文件和目标文件的 inode 是相同的，说明它们本质上就是同一个文件。由于硬链接是直接关联到 inode，所以它们不能跨文件系统，因为每个文件系统都有其独立的 inode 管理体系。在硬链接的使用场景中，无论是删除硬链接，还是原始的目标文件，效果都是相同的。实际上都只是移除一个目录的目录项，然后减少 inode 的引用计数。只有当文件的引用计数降至零时，文件系统才会将其真正删除。

4. 块设备文件

块设备是指以定长的数据块为单位进行读写并支持随机访问的设备。常见的有机械硬盘、固态硬盘和光盘驱动器等。块设备文件就是对应块设备硬件的特殊文件，这些块设备文件为用户提供了与块设备硬件进行通信的接口，使得系统能够执行设备数据的存取和管理任务。

通常，块设备文件的位置位于 /dev 目录下，可以使用 ls 命令查看块设备文件，如下所示：

```
$ ls -l /dev/sda1
brw-rw---- 1 root disk    254,   1 Jun  5 16:31 sda1
```

在上述输出中，"brw-rw----" 中的首字符 b 表明该文件是块设备文件。"rw-rw----" 表示用户和用户组有读写权限。

块设备的设计简化了对存储设备的管理和访问方式，并构建了文件系统与底层存储硬件之间的一座桥梁，使得数据存取变得既高效又直观。

5. 字符设备文件

字符设备是指以字符为单位进行顺序读写的设备。常见的有键盘、鼠标、终端等。字符设备文件就是对应字符设备资源的特殊文件，这些文件为用户提供了与字符设备通信的接口。

字符设备文件通常位于 /dev 目录下，可以使用 ls 命令查看字符设备，如下所示：

```
$ ls -l /dev/tty0
crw--w---- 1 root tty       4,   0 Jun  5 16:31 tty0
```

在上述输出中，"crw--w----" 的首字符为 "c"，表明这是一个字符设备文件。

6. 套接字文件

套接字文件是专门用于实现 IPC（进程间通信）的文件。它们不同于传统的文件，因为套接字文件是用来传输数据并非存储数据的。套接字文件封装了网络通信的复杂细节，通过套接字描述符（socket fd）进行的 I/O 操作可以实现不同进程甚至不同主机之间的数据传送。

在 Linux 的文件系统结构中，套接字文件并不以常规文件的形式出现在全局目录树中。实际上，套接字文件存在一个名为 sockfs 的伪文件系统中，这个文件系统专门为套接字文件设计，并且没有挂载到全局目录树中。

套接字的创建通常通过 socket 系统调用实现。创建后，进程可以使用一系列系统调用，例如用 connect、listen、accept、send 和 recv 等，建立连接、监听请求、接受连接、发送数据和接收数据，从而实现复杂的通信模式。

7. 管道文件

管道文件是操作系统提供的一种文件类型，专门用于实现轻量级进程间的通信。管道文件有两种形式，适用于不同的场景。

1）匿名管道：匿名管道是通过 pipe() 系统调用创建的，通常用于进程内或者父子进程之间的通信。

2）命名管道：命名管道可以通过 Linux 的 mkfifo 命令创建，或者直接使用 mknod() 系统调用。与匿名管道不同，命名管道有实际的文件名，并可以在不相关的进程之间进行通信。创建命名管道的命令和结果如下所示：

```
$ mkfifo hello.fifo
$ ls -lh hello.fifo
prw-r--r-- 1 root root 0 Jul  5 10:08 hello.fifo
```

从上面的输出看到，通过 ls -l 可以查看这个文件的属性，“prw-r--r--”的第一个字母“p”表示这个文件是一个命名管道文件。

操作系统中不同文件类型都有独特的处理逻辑和存储机制。普通文件是数据的载体，块设备文件和字符设备文件用于与硬件设备进行交互。套接字文件和管道文件则是操作系统提供的用于传输数据的接口，这种使用文件作为接口的设计大大简化了复杂的设备操作和通信协议。

4.2.2 一切皆文件

Linux 遵循“一切皆文件”的设计哲学，这是对文件抽象的极致体现。我们可以从表现形式、使用方式和实现原理 3 个维度来深入理解这一概念。

1. 表现形式

从表现形式上，Linux 构造了一棵全局目录树，它将各种资源抽象成文件，并通过这棵目录树来组织。每个节点可以通过标准的文件路径进行访问。根目录（/）是这棵全局目录树的起点，向外扩展成一个庞大的树状结构。根目录的子目录按照功能可分为以下几类。

❑ /usr：存放应用程序和系统库的二进制文件。
❑ /etc：包含系统的配置文件。
❑ /home：存储用户相关的数据。
❑ /bin：包含基本系统命令的二进制文件。
❑ /proc：提供进程和内核信息的数据。
❑ /sys：提供系统和内核状态的信息。
❑ /dev：包含设备文件。

图 4-4 展示了一个简化的 Linux 全局目录树结构。

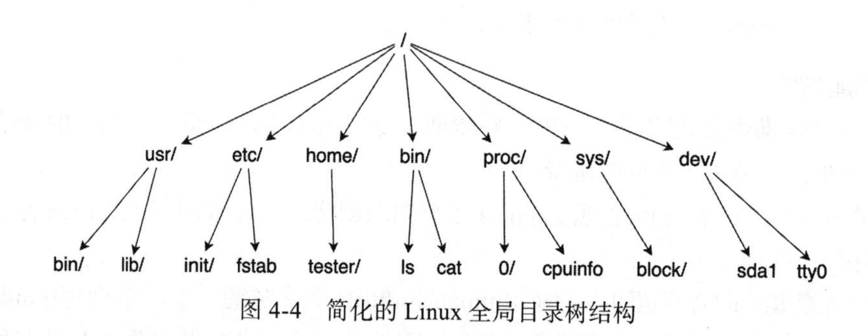

图 4-4 简化的 Linux 全局目录树结构

目录也是特殊类型的文件，其主要职责是用于挂载和构建文件系统的层次结构。Linux 中的各种资源，无论是普通文件、存储设备、网络设备、管道还是定时器，都以文件的形式呈现。这些资源，依据它们所属的文件系统的特性，可以选择性地整合进全局目录树中。

2. 使用方式

在使用方式上，Linux 通过统一的文件 I/O 接口与文件进行交互。系统调用如 Open、Read、Write、Close 等操作，会通过 VFS 转发到相应的文件系统上执行。文件的 I/O 接口实际上是 Linux 内核向用户态程序提供的交互接口。例如：

❑ 若要查看系统支持的所有文件系统类型，可以执行：cat /proc/filesystems。
❑ 若要清理系统的 Page Cache，可以执行：echo 1 > /proc/sys/vm/drop_caches。

尽管这些操作表面上看似读写了存储数据的文件，但实际上，/proc/filesystems 和 /proc/sys/vm/drop_caches 并非真正的数据文件，内核并没有将数据存储在这些文件中。它们仅仅是用户态程序访问内核的接口地址。当这些文件被读取或写入时，内核的 proc 文件系统根据请求的路径执行相应的处理。本质上等同于调用内核 proc 文件系统的特定函数而已。

我们可以将这个过程与 HTTP 服务器的工作原理相类比，HTTP 服务器提供了一组可访问的地址，即 URL。客户端通过对这些 URL 进行发送请求来读取或更新服务器状态。在这种比喻中，内核充当服务器，用户态程序就是客户端，类似于 /proc/filesystems 和 /proc/sys/vm/drop_caches 这样的文件路径，它们就像是 URL，通过系统调用发起的文件 I/O 请求就相当于通过网络发送的 HTTP 请求。

3. 实现原理

从原理实现上，Linux 的“文件”遵循一种通用的结构体模型，即 VFS 层抽象的 inode、file 等结构。无论哪种类型的文件都必须关联一个 inode，想要读写文件则要实现 file 的相关方法。VFS 定义了一套通用的结构体，并预留了接口供底层文件系统进行实现和扩展。图 4-5 展示了部分文件系统对操作方法的扩展实现。

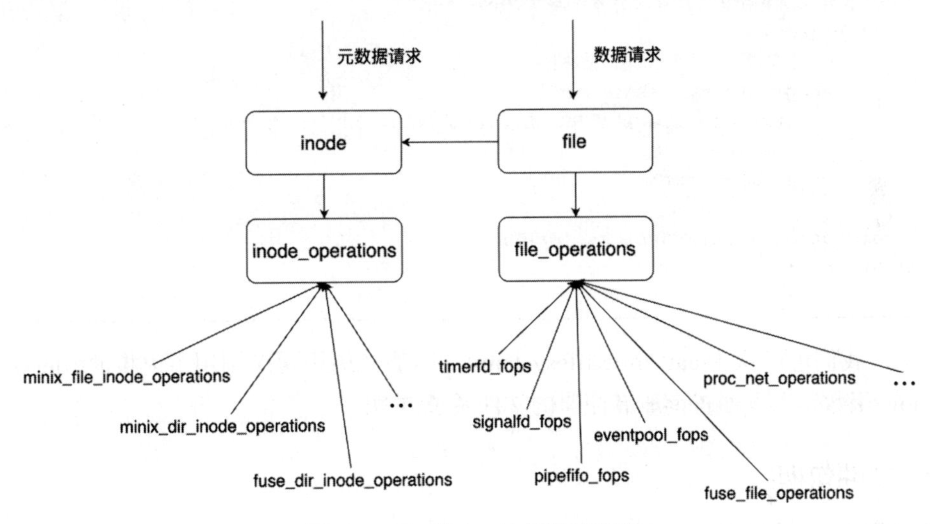

图 4-5 file 和 inode 的扩展实现

现在来分析 cat /proc/filesystems 的实现原理。挂载在 /proc 目录的是一个叫作 proc 的文件系统，这是一个内核实现的特殊文件系统。其作用是将进程、系统、网络等运行时的监控数据通过文件的形式提供给用户态程序，大概流程如下。

- 在 proc 文件系统模块初始化时，它会将 /proc/filesystems 文件的 inode 和处理函数 filesystems_proc_show 关联起来。
- 执行 cat /proc/filesystems 命令会涉及两个系统调用。

  第一个是 Open 系统调用，打开 /proc/filesystems 文件并获取一个文件描述符。Open 操作的主要目的是构建内核的 file 结构体，并与文件的 inode 关联起来，其 file->f_op 字段会被赋值为 proc_iter_file_ops 变量。

  第二个是 Read 系统调用，首先通过文件描述符可获得 file 结构体，VFS 会触发 file->f_op->read_iter 方法（对应 proc_iter_file_ops->read_iter 方法）的调用，该方法最终会调用 filesystems_proc_show 函数。然后由 filesystems_proc_show 函数负责采集返回内核的数据。

filesystems_proc_show 函数的实现逻辑简单直接，其核心就是遍历全局链表，记录每个链表节点的信息。代码清单 4-17 展示了 filesystems_proc_show 函数的实现。

代码清单 4-17 filesystems_proc_show 函数的实现

```
// 对应 /proc/filesystems 节点的处理函数
static int filesystems_proc_show(struct seq_file *m, void *v)
{
    struct file_system_type * tmp;
    read_lock(&file_systems_lock);
    // 所有文件系统类型的链表
    tmp = file_systems;
    // 遍历注册到内核的所有文件系统类型的全局链表
    while (tmp) {
        // 将信息写入序列化文件缓冲区
        seq_printf(m, "%s\t%s\n",
            (tmp->fs_flags & FS_REQUIRES_DEV) ? "" : "nodev",
            tmp->name);
        tmp = tmp->next;
    }
    read_unlock(&file_systems_lock);
    return 0;
}
```

总之，我们可以认为 cat /proc/filesystems 的本质是应用程序调用了内核的 filesystems_proc_show 函数，以方便查询所有注册的文件系统类型。

4.2.3 文件句柄

在计算机科学领域，句柄是一个抽象的概念，它代表的是对一个资源或对象的间接引用。

句柄不局限于任何具体的数据类型，它可能表现为整数、指针或者其他特定类型的标识符。我们不需要过于纠结句柄的具体类型，关键在于抓住句柄的本质作用：它是一种标识符，用来识别和引用对象。引入句柄的核心作用是提供一个抽象层，允许系统或者应用程序通过一个简单的、统一的标识符来管理和访问复杂的底层资源。

在 Linux 中打开文件时，获取的文件描述符实际就是一种句柄，通过句柄能够找到对应的 file 结构体。下面将探讨如何通过文件描述符找到对应的 file 结构体。

在 Linux 系统中，每个进程都由 task_struct 结构体标识，其中包含了一个文件描述符表，这个表的形式是数组。文件描述符本质就是这个数组的索引。我们通过这个索引能够找到对应的 file 结构体，进而才能执行数据 I/O 操作。为了更直观地理解这些结构体的关系，可以参考图 4-6。

图 4-6 展示了 task_struct、file、inode 和 dentry 之间的相互关系，并展现了它们是如何协同工作的。

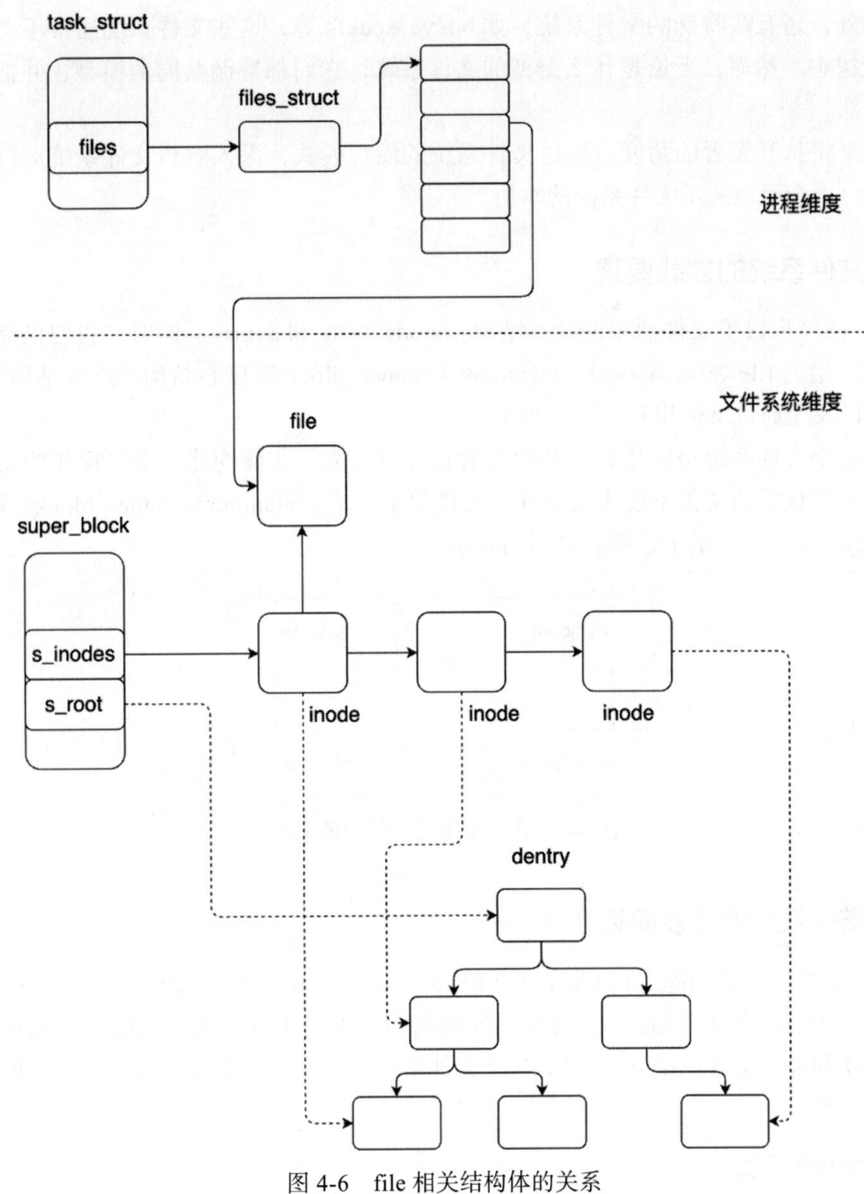

图 4-6　file 相关结构体的关系

4.3　文件系统

无论是什么类型的文件，它一定位于某个文件系统内，文件的特性取决于文件系统的特性。

文件系统类型多种多样，常见的如 Ext4 和 XFS，这些磁盘文件系统是用户交互的主要场景。此外，还有些特殊的文件系统，如 bdev、sockfs 等，这些文件系统通常不会挂载到全局目录树中。然而，无论是什么类型的文件系统，它们都遵循共同的模型，并把复杂性封装于内部。

接下来将从开发者的角度，探讨文件系统的编程模式，深入解析文件系统运行机制的关键要素，更全面地展示文件系统的本质。

4.3.1 文件系统的挂载要素

4.1 节已经探讨了文件抽象的核心结构：inode、file 和 dentry。同时，我们也提到构成文件系统框架的 file_system_type、vfsmount 和 super_block 等核心结构。这些结构是文件、文件系统以及全局目录树相互关联的纽带。

要使一个文件系统得以运行，必须先对它进行挂载，才能构建一个可操作的文件系统实例。一个挂载后的文件系统主要由 4 个关键要素组成：vfsmount、super_block、根 inode 和根 dentry。图 4-7 展示了这四者之间的联系。

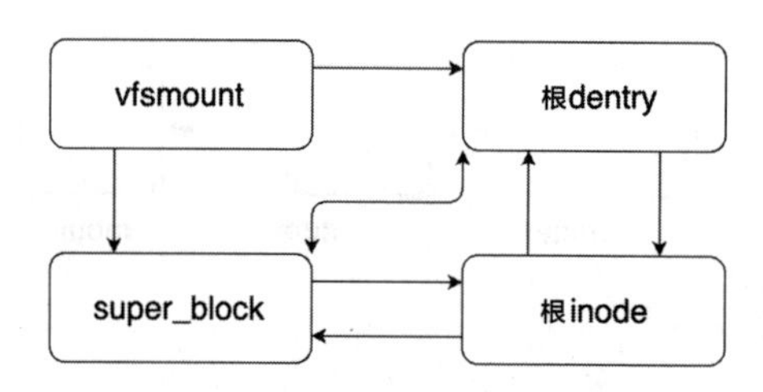

图 4-7　文件系统挂载结构体关系

4.3.2 文件系统的开发要素

在 Linux 中，文件系统的构建基于 VFS 所提供的基础架构，允许开发人员自由实现文件系统的内容。其实，Linux 的内核已经给我们展示了文件系统实现的标准模板，比如 Ext2、Ext4 和 Minix 等。接下来将以 Ext2 文件系统为例，简要介绍内核文件系统的开发要素和实现步骤。

1. 超级块的定义

超级块是文件系统的核心，包含了管理整个文件系统所需的关键信息。Ext2 设计的 super_block 包含两种形态。

- 内存形态：由 ext2_sb_info 结构体表示，用于内存的管理和操作。
- 磁盘形态：由 ext2_super_block 结构体表示，用于适应磁盘持久化。

Ext2 作为经典的基于磁盘存储数据的文件系统，它将磁盘划分多个功能区域，包括超级块区域、inode 区域和数据区域等。

图 4-8 展示了简化的 Ext2 文件系统磁盘空间布局。

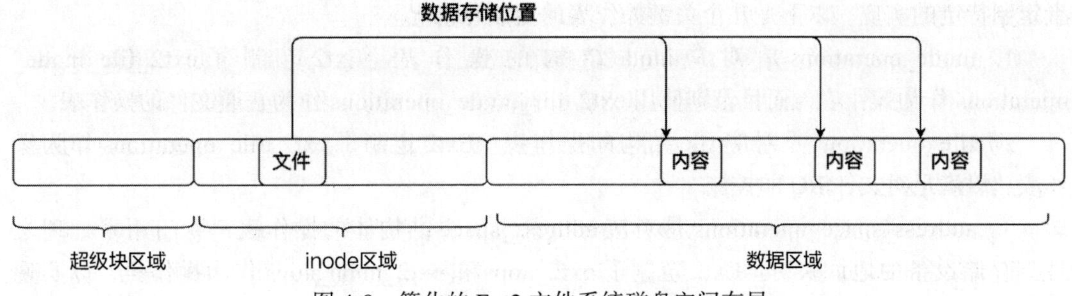

图 4-8 简化的 Ext2 文件系统磁盘空间布局

这些区域的布局信息就存储在 ext2_super_block 结构中。在文件系统被格式化时，这些信息被写入磁盘，当文件系统被挂载时，这些信息会被加载到内存中，用于构建 ext2_sb_info 结构体，从而确保文件系统能够有效运行。

2. 数据结构的定义

在构建文件系统时，核心数据结构的定义至关重要。这些结构包括 inode、file 和 dentry 等。它们是否定制化，取决于文件系统的具体需求。以下是 Ext2 文件系统在这方面的具体实践。

（1）inode 的定制化

inode 是文件管理系统中不可或缺的核心结构。Ext2 文件系统为 inode 设计了两种形态的结构体，以满足其文件管理功能。

- 内存形态：由 ext2_inode_info 结构体表示。
- 磁盘形态：由 ext2_inode 结构体表示，用于适应磁盘持久化。

值得注意的是，VFS 的通用 inode 结构内嵌在 ext2_inode_info 结构体中，这意味着在分配 ext2_inode_info 结构体时，VFS 的 inode 结构也会被一并分配，并且两者在内存中拥有相邻的地址。这种设计使它们可以通过地址偏移量相互转换。

（2）file 的定制化

由于 Ext2 文件系统没有定制化需求，因此保持了 VFS 提供的标准实现，没有对 file 结构进行额外的定制。

（3）dentry 的定制化

Ext2 专门定制了 dentry 结构在磁盘上的表现形式，即 ext2_dir_entry 结构体。由于在内存中没有特殊的处理需求，因此 Ext2 文件系统并未对 dentry 的内存结构进行额外的定制。

3. 操作表的各种实现

操作表对应了数据结构体的行为，如果说数据结构的定义是静态的扩展，那么操作表就代表了动态行为的扩展（这实际上体现的是 C 语言面向对象编程的一种实践方式）。对于不同的核心结构体如 inode、file、dentry、super_block 等，都存在相应的操作表，允许开发者定制特定的实现。以下是几个关键操作表的定制化情况。

1）inode_operations 是对应 inode 结构的操作表。Ext2 定制了 ext2_file_inode_operations 作为操作表，而目录则使用 ext2_dir_inode_operations 作为普通文件的操作表。

2）file_operations 是对应 file 结构的操作表。Ext2 定制了 ext2_file_operations 作为操作表，以满足对文件 I/O 的控制。

3）address_space_operations 是对应 address_space 结构体的操作表，专门用来处理文件到存储设备的地址映射。Ext2 定制了 ext2_aops 和 ext2_nobh_aops 作为操作表，以实现 Ext2 特有的空间管理方式。

4）super_operations 是对应 super_block 结构体的操作表。Ext2 定制了 ext2_sops 作为其操作表。

5）dentry_operations 是对应 dentry 结构的操作表。Ext2 对此没有定制化，保持 VFS 默认的操作方式。

4. 文件系统类型的定义

每个文件系统都需要定义一个 file_system_type 结构体的变量，这代表了文件系统的类型。Ext2 定义的文件系统类型为 ext2_fs_type，并指定了文件系统的名字为 ext2、挂载时的回调函数 ext2_mount 和卸载时的回调函数 kill_block_super。该类型将在 Ext2 的内核模块加载时注册到操作系统的全局链表 file_systems 中。

5. 内核模块的加载和卸载

Ext2 模块加载时的初始化函数为 init_ext2_fs，并在该函数中创建 inode 缓存，用于优化 inode 的分配效率。随后，通过 register_filesystem 函数来注册 Ext2 模块的 ext2_fs_type 文件系统类型。

相应地，Ext2 模块卸载时，对应的清理函数为 exit_ext2_fs，并通过 unregister_filesystem 函数来卸载 Ext2 的文件系统的类型，然后释放 inode 缓存。

4.4 文件 I/O 函数

前面我们深入了解了 Linux 内核的存储 I/O 架构，以及内核文件系统中的众多关键结构。接下来，我们来了解在应用层面与文件 I/O 操作相关的系统调用。文件 I/O 操作主要包括打开文件、读文件、写文件、文件偏移的移动以及关闭文件等操作。

下面以 Go 语言的标准库 syscall 包为例，该库为系统调用提供了一层轻量级封装，它为 Go 语言的开发者提供简单的函数调用，以替代与操作系统交互时的汇编语言逻辑。

> 提示 更熟悉 C 语言的用户可以在 Linux 系统上尝试用 man 命令来学习系统调用，比如 man 2 open，能看到 C 语言库对系统调用封装的对应函数的使用方式。

图 4-9 展示了应用程序、Go 语言 syscall 包和系统调用的关系。

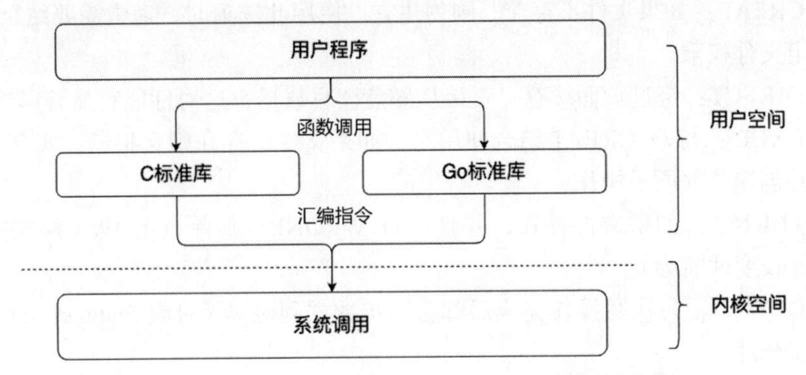

图 4-9　应用程序、Go 语言 syscall 包和系统调用的关系

4.4.1　打开文件

在 Linux 中，打开文件是一个极其基础且重要的操作，它涉及的系统调用主要有两个：Open 和 Openat。这些函数用于打开或创建文件，并返回一个文件描述符，这个描述符随后被用于各种 I/O 操作的句柄。代码清单 4-18 展示了这些函数在 syscall 包中的定义。

代码清单 4-18　Open 和 Openat 的定义

```
// 文件: src/syscall/syscall_linux.go
// 打开一个文件
func Open(path string, mode int, perm uint32) (fd int, err error)
    // 允许在指定目录打开文件
func Openat(dirfd int, path string, flags int, mode uint32) (fd int, err error)
```

Open 函数的第一个参数 path 代表文件的路径，既可以是相对路径也可以是绝对路径。若 path 为相对路径，那么它会从当前目录开始解析路径。

Openat 函数则提供了更多的灵活性，它允许在指定目录下打开文件，Openat 的 path 路径有三种情况。

1）如果 path 为绝对路径，此时 dirfd 参数会被忽略。

2）如果 path 为相对路径，且 dirfd 为正常目录的文件描述符，则会从 dirfd 对应的目录下解析路径。

3）如果 path 为相对路径，且 dirfd 为特殊的值 _AT_FDCWD（-0x64），此时等效于 Open 函数，从当前目录开始解析路径。

通过 flags 参数，可以设置一个或多个选项控制文件的打开方式。关键参数如下。

- O_RDONLY：以只读模式打开文件。
- O_WRONLY：以只写模式打开文件。
- O_RDWR：以读写模式打开文件。

- O_APPEND：以追加模式写入文件，每次写操作都会移动到文件末尾。
- O_CREAT：如果文件不存在，则创建它。使用此选项时，通常需要结合 mode 参数指定文件权限。
- O_DIRECT：绕过页面缓存，直接从磁盘读写数据，这对性能有显著影响。
- O_EXCL：与 O_CREAT 结合使用时，如果文件已存在则会报错，实现“检查不存在并创建”的原子操作。
- O_TRUNC：如果文件存在，并且以 O_WRONLY 或者 O_RDWR 模式打开，则将文件长度截断为 0。
- O_DSYNC：每次写操作完成后都会同步数据到磁盘（对应 fdata_sync）。以确保数据安全性。
- O_SYNC：每次写操作完成后都会同步数据和元数据到磁盘（对应 fsync）。和 O_DSYNC 不同，该方式不仅会同步数据，还会同步 inode 等相关的元数据。

mode 参数可用的值（以 0 开头表示八进制）包括以下几种。

- S_IRWXU（00700)：文件所有者具有读、写和执行权限。
- S_IRUSR（00400）：文件所有者有读权限。
- S_IWUSR（00200）：文件所有者有写权限。
- S_IXUSR（00100）：文件所有者有执行权限。
- S_IRWXG（00070）：用户组有读、写和执行权限。
- S_IRGRP（00040）：用户组有读权限。
- S_IWGRP（00020）：用户组有写权限。
- S_IXGRP（00010）：用户组有执行权限。
- S_IRWXO（00007）：其他用户有读、写和执行权限。
- S_IROTH（00004）：其他用户有读权限。
- S_IWOTH（00002）：其他用户有写权限。
- S_IXOTH（00001）：其他用户有执行权限。

此外，在 Linux 系统中，mode 还可以组合以下参数：

- S_ISUID（0004000）：设置用户 ID 位。
- S_ISGID（0002000）：设置组 ID 位。
- S_ISVTX（0001000）：设置黏滞位。

例如，使用 Open 函数打开一个名为 hello.txt 的文件，如代码清单 4-19 所示。

代码清单 4-19 打开 hello.txt 文件

```
fd, err := syscall.Open("hello.txt", syscall.O_RDWR, 0700)
if err != nil {
    // 处理错误
}
// 使用文件描述符fd进行读写操作
```

返回的 fd 即为文件描述符，如果返回的 fd 小于 0，则说明打开文件出现了错误。默认情况下，打开文件的方式是数据是先写到 PageCache 中就返回结果，后台异步的刷盘。刷盘策略一般取决于脏数据大小。缓存时间等因素，并且这个策略是可以配置的。使用这种异步落盘的方式主要是出于对性能考虑。在机械硬盘时代，I/O 的性能较差，吞吐低，随机性能差。因此，Linux 内核默认按照缓存的方式进行 I/O 操作，写入的数据先在内核中合并、重排，以实现批量和顺序写入的效果。读取时，也尽可能缓存在内存中，以便后续读取。如果有特殊场景需要直接读写磁盘，则可以使用 O_DIRECT 参数来实现。

4.4.2　写文件

文件的写入操作中，至少需要一个文件描述符，同时需要提供内存数据的引用，从而将数据写入文件。这一过程可以通过 Write 和 Pwrite 函数的系统调用完成，如代码清单 4-20 所示。

代码清单 4-20　Write 和 Pwrite 函数的定义

```
// 默认写操作
func Write(fd int, p []byte) (n int, err error)
// 带偏移的写操作
func Pwrite(fd int, p []byte, offset int64) (n int, err error)
```

Write 和 Pwrite 函数针对不同的写入需求而设计。Write 函数从文件的当前偏移位置开始写入数据，并在写成功之后，根据实际写入的字节数更新文件的偏移位置。而 Pwrite 函数则允许从指定的偏移量开始写入数据，且操作过程中不会改变文件当前的偏移位置。两者的应用场景具体如下：

1）Write 函数适用于那些需要顺序写入的场景，例如，追加日志文件内容。每次写入都紧接着上一次的位置，确保数据的连续性。

2）Pwrite 函数更适用于并发写入或随机写入的场景。①并发写入：当多个线程需要同时写入数据到同一文件时，使用 Write 可能会导致数据错乱。Pwrite 可以通过指定不同的线程写入文件的不同位置，从而实现有效的并发写入。②随机写入：Pwrite 可以用于更新文件中某个特定部分的数据，这在处理大文件时尤其有用。

下面的例子展示了如何使用 Write 函数写入一组数据，随后利用 Pwrite 函数修改某个特定字节。如代码清单 4-21 所示。

代码清单 4-21　写入数据示例

```
package main
import (
    "log"
    "syscall"
)
func main() {
```

```
    // 以创建、读写、截断模式打开文件
    fd, err := syscall.Open("hello.txt",
        syscall.O_CREAT|syscall.O_RDWR|syscall.O_TRUNC, 0700)
    if err != nil {
        log.Fatal(err)
    }
    // 写入一串数据
    _, err = syscall.Write(fd, []byte("hello world"))
    if err != nil {
        log.Fatal(err)
    }
    // 在文件开始位置覆盖写入一个字节
    _, err = syscall.Pwrite(fd, []byte("H"), 0)
    if err != nil {
        log.Fatal(err)
    }
}
```

在上述示例中打开文件后，写入一串字符，然后通过 Pwrite 函数修改偏移为 0 的数据。编译并执行上述代码，将生成一个名为 hello.txt 的文件，使用 hexdump 命令可以查看其内容，具体如下：

```
$ hexdump -C hello.txt
```

输出如下，显示文件内容的第一个字节已成功修改为大写的 H：

```
00000000  48 65 6c 6c 6f 20 77 6f  72 6c 64                 |Hello world|
0000000b
```

这个简单的例子清楚地展示了如何通过 Write 和 Pwrite 函数实现文件内容的顺序写入和特定位置的写入修改。

4.4.3　读文件

文件的读取操作依赖于一个文件描述符和一块指定的内存空间，用于存放读取到的数据。读取操作主要有两种函数的系统调用，如代码清单 4-22 所示。

代码清单 4-22　Read 和 Pread 函数的定义

```
// 默认读操作
func Read(fd int, p []byte) (n int, err error)
// 带偏移的读数据
func Pread(fd int, p []byte, offset int64) (n int, err error)
```

Read 和 Pread 函数分别适用于不同的读取场景。Read 函数从文件的当前偏移处开始读取数据，并在读取成功后，根据实际读取的字节数增加文件偏移。而 Pread 函数允许从特定的偏移处开始读取数据，不受当前文件偏移的影响，也不会改变文件当前的偏移。两者的应用场景具体如下：

1）Read 函数适用于顺序读取的场景，如连续读取文件。

2）Pread 函数适用于并发读取和随机读取的场景。①并发读取是多线程并发地从文件中读取数据。②随机读取是当需要访问文件的特定部分，如随时访问任意位置，那么使用 Pread 函数就更方便。

代码清单 4-23 展示了如何使用这两个函数读取数据。

代码清单 4-23 读取数据示例

```
func main() {
    // 以只读的方式打开文件
    fd, err := syscall.Open("hello.txt", syscall.O_RDONLY, 0700)
    if err != nil {
        log.Fatal(err)
    }
    // 获取文件状态信息
    stat := &syscall.Stat_t{}
    if err = syscall.Fstat(fd, stat); err != nil {
        log.Fatal(err)
    }
    buf := make([]byte, 1)
    // 使用 Read 函数顺序读取整个文件
    for i := 0; i < int(stat.Size); i++ {
        _, err = syscall.Read(fd, buf)
        if err != nil {
            log.Fatal(err)
        }
        fmt.Printf("%s", buf)
    }
    // 使用 Pread 函数随机读取文件的每个字节
    for i := 0; i < int(stat.Size); i++ {
        _, err = syscall.Pread(fd, buf, int64(i))
        if err != nil {
            log.Fatal(err)
        }
        fmt.Printf("%s", buf)
    }
}
```

在上述的示例中，我们首先利用 Read 函数从文件的开始读取到结束，然后采用 Pread 函数重新读取文件的每个字节。

4.4.4 文件偏移操作

在进行文件读写时，文件的当前 I/O 偏移量起着非常重要的作用。偏移量对应于内核 file 结构的 f_pos 字段，决定了数据读写操作的起始位置。Seek 函数提供了一种方式来移动当前文件的偏移量，从而改变读写数据的起点。

代码清单 4-24 Seek 函数的定义

```
func Seek(fd int, offset int64, whence int) (off int64, err error)
```

这里的 fd 是文件描述符，是打开文件时得到的。offset 表示字节偏移量，可正可负。offset 和 whence 参数联合使用，可分为 3 种情况。

1）whence 为 SEEK_SET：设定文件偏移量为文件起始位置后 offset 个字节的位置，等价于 0+offset。

2）whence 为 SEEK_CUR：设定文件偏移量为当前位置加上 offset 个字节的位置，等价于 current_offset + offset。

3）whence 为 SEEK_END：设定文件偏移量为文件末尾加上 offset 个字节的位置，等价于 file_size + offset。

成功执行 Seek 函数之后，它将返回新的偏移量。大多数文件描述符都支持 Seek 操作，但网络描述符、管道描述符不支持。Seek 函数的主要应用场景是在需要随机读写文件时，允许用户跳过文件不需要处理的部分。

让我们通过一个随机读写的示例了解其使用方法，如代码清单 4-25 所示。

代码清单 4-25 Seek 函数的相关操作

```
// 以创建、截断方式打开文件
fd, err := syscall.Open("hello.txt",
    syscall.O_CREAT|syscall.O_RDWR|syscall.O_TRUNC, 0700)
// 设置文件偏移量为 4096 字节
off, err := syscall.Seek(fd, 4096, os.SEEK_SET)
// 在新偏移位置写入数据
n, err := syscall.Write(fd, []byte("hello world"))
```

编译并执行上述代码后，我们可以使用 hexdump 命令查看文件 hello.txt 的内容。可以发现，文件的前 4096 字节都是 0 数据，从 4096 字节的偏移后写入"hello world"的字符串。hexdump 命令和输出如下：

```
$ hexdump -C hello.txt
00000000  00 00 00 00 00 00 00 00  00 00 00 00 00 00 00 00  |................|
*
00001000  68 65 6c 6c 6f 20 77 6f  72 6c 64                 |hello world|
0000100b
```

接下来使用 Seek 函数再次跳转到文件的 4096 字节偏移处进行数据读取，如代码清单 4-26 所示。

代码清单 4-26 Seek+Read 函数的相关操作

```
// 设置当前文件偏移位置
off, err := syscall.Seek(fd, 4096, os.SEEK_SET)
// 从读偏移位置读取数据
buf := make([]byte, 4096)
n, err := syscall.Read(fd, buf)
```

除了结合 Seek 与 Read/Write 函数进行随机读写操作，我们还可以使用 Pread/Pwrite 函数。这两种方法都可以实现随机读写的目的，但它们之间存在显著差异：

- Pread/Pwrite 函数在效果上等同于 Seek + Read/Write 函数，但它们的操作是由 Linux 内核保证为原子性的。使用 Pread/Pwrite 函数时，不会受到当前文件偏移的影响，并不会改变当前文件偏移的位置。
- Seek + Read/Write 函数涉及两次系统调用，先使用 Seek 函数设置文件偏移，然后通过 Read/Write 函数读写数据。这两次操作是从用户态发起的独立操作，它们并非原子性的。如果在 Seek + Read/Write 函数操作中有其他并发 I/O 操作对文件进行处理，则文件的偏移位置可能会发生改变，从而导致数据被读写到错误的位置。此外，两次系统调用比一次调用效率更低。

4.4.5 数据刷盘

在标准的数据写入流程中，写入操作首先将数据写到 PageCache 中，之后依靠异步回刷机制将数据持久化到磁盘。为了确保数据的完整性，当需要立即将数据写入磁盘时，可以使用 Sync 系列函数进行操作。Sync 类函数有多个系统调用，如代码清单 4-27 所示。

代码清单 4-27 Sync 类函数的定义

```
// 同步文件的数据和元数据到磁盘
func Fsync(fd int) (err error)
// 只同步文件的数据到磁盘
func Fdatasync(fd int) (err error)
// 同步文件指定范围的数据到磁盘
func SyncFileRange(fd int, off int64, n int64, flags int) (err error)
```

这 3 个函数都是接受一个文件描述符，并强制进行数据刷盘操作。具体区别如下：

- Fsync 负责将文件的元数据和数据都同步到磁盘，确保数据的完整性，是最安全也是最慢的。
- Fdatasync 只确保文件数据的同步，并不确保元数据落盘。所以它相对要快一些。
- SyncFileRange 则提供了更高的灵活性，它允许指定文件的特定数据范围进行同步。

应用这些函数时，需要在数据安全性和性能之间做出权衡。如果对数据的完整性和安全性有高要求，那么 Fsync 将是首选。如果主要考虑性能，那么 SyncFileRange 或 Fdatasync 可能更加合适。

4.4.6 关闭文件

文件的打开操作会在系统中创建多种资源。当关闭文件的时候需要把释放这些资源，避免持续消耗造成泄漏。Close 函数的定义如代码清单 4-28 所示。

代码清单 4-28 Close 函数的定义

```
func Close(fd int) (err error)
```

关闭文件并接收一个文件描述符作为参数，这个描述符能让内核找到对应的资源（如内核的 file 结构），并释放它们。正确地关闭文件是维护系统稳定性的关键步骤。

4.5 本章小结

本章深入探讨了 Linux 系统存储的基础知识和核心概念。我们首先从 Linux 存储的分层架构入手，细致解析了包括 VFS 层、文件系统层、块层和设备驱动层的结构，并通过图示帮助读者理解 Linux I/O 存储栈的结构。

之后进一步探索了 Linux 支持的各种文件类型，包括普通文件、目录文件、符号链接文件、块设备文件、字符设备文件、套接字文件以及管道文件，这些文件类型各具特色，满足不同的系统功能需求。通过深入解读内核文件系统的编程模式，进一步展现了 Linux 是如何在内核层面实现文件存储和管理的。

我们还介绍了不同编程语言如何在系统层面上提供统一接口的使用方法，指出了系统调用在这一过程中的核心作用。结合实际的代码示例，我们展现了编程语言是如何在其标准库中封装系统调用的，例如 Go 语言标准库 syscall 包，这大大简化了系统调用的使用。

最后，我们通过具体的代码，详细展示了文件操作的基本技巧，包括打开文件、读写数据、偏移定位以及关闭文件等常用操作。

总的来说，本章为读者提供了 Linux 存储管理的基础知识，对于希望深入学习 Linux 系统管理以及存储开发的人来说，掌握本章所涉及的知识点是至关重要的。

第 5 章 Chapter 5

存储 I/O 实践

第 4 章已经介绍了操作系统中与 I/O 相关的系统调用的基本概念，本章将带领读者探索存储编程的实战技巧。我们将讨论常用的数据读写方式和数据安全落盘的策略，以及常见的 I/O 优化手段和背后的思考逻辑。

5.1 文件的读写

文件的读写操作依赖于一个关键点：文件偏移。在使用 Read/Write 函数进行系统调用时，用户无须显式指定文件偏移，内核会默认从文件当前的偏移位置开始操作。而在使用 Pread/Pwrite 函数进行系统调用时，用户则需要显式指定起始位置，操作过程中不受文件当前偏移的影响。

根据 I/O 请求的文件偏移位置是否连续，文件 I/O 操作可以分为顺序 I/O 和随机 I/O 两种模式。接下来将深入分析这两种不同的读写模式。

5.1.1 顺序 I/O

顺序 I/O 是指文件读写操作时，前后的 I/O 请求的访问地址是连续的，反之就是随机 I/O。对于机械硬盘而言，顺序 I/O 通常更为高效，这主要归因于硬盘的机械特性。机械硬盘执行一个 I/O 操作所需时间包括寻道时间、旋转延迟和数据传输时间三部分。其中，寻道时间是影响性能的关键因素之一，它通常是毫秒级别的，具体的时间长度取决于磁盘转速和磁头移动距离。在顺序 I/O 模式下，由于磁头是连续移动的，寻道时间大大减少。而在随机 I/O 模式中，磁头需要在不同的盘片和磁道间频繁移动，以访问分散的数据，导致性能大幅度下降。因此，在机械硬盘的场景中，顺序 I/O 模式能够显著提升处理效率。

图 5-1 展示了随机 I/O 和顺序 I/O 的区别。

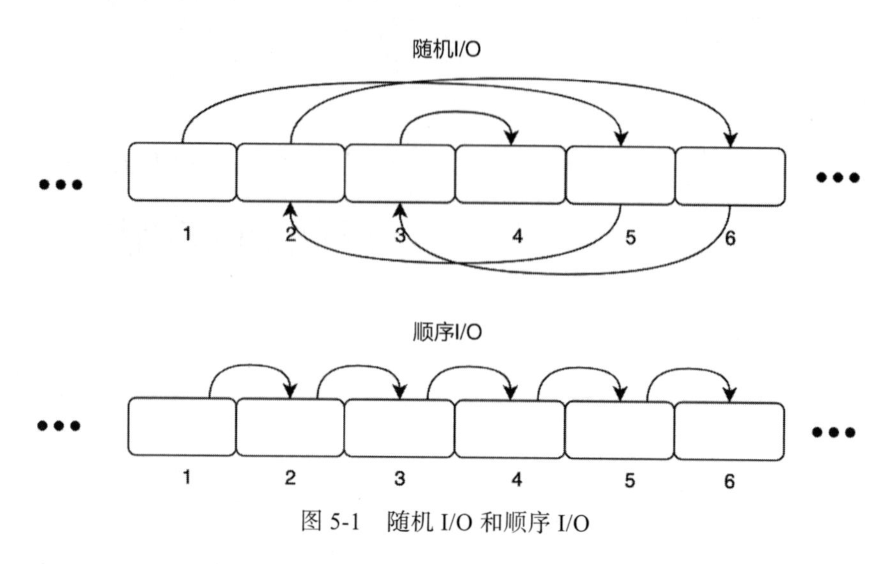

图 5-1 随机 I/O 和顺序 I/O

在讨论 I/O 的顺序性时，关键是清晰界定“顺序性”一词所指的存储栈层面。鉴于 Linux 存储架构采用的分层模式，且每层采用独立的地址管理机制，因此 I/O 顺序性的含义在每一层都可能不同。例如，对于用户而言，顺序性是针对文件地址的；对文件系统而言，顺序性则是针对块设备地址的。

假设用户是按照文件的连续地址顺序写入数据，这并不保证磁盘上的数据也是连续的。由于文件系统可能存在碎片（或其他异常场景），因此连续的写入操作最终可能在物理磁盘上呈现为分散存储。所以，当我们探讨顺序 I/O 时，必须从多个层次考虑其影响和实现。

如果追求的是端到端的顺序性，则要求存储栈的每一层都能实现相应的顺序性。以 Ext4 文件系统为例，其设计旨为在大多数情况下尽可能连续分配磁盘空间，以便将文件的数据顺序地存放在磁盘上。

总之，我们先要保证在能触及的层面上实现顺序性，并采用各种措施促使底层同样实现顺序性。通过层层控制和协同，从整个系统的角度来看，I/O 操作才能大概率是顺序进行的。

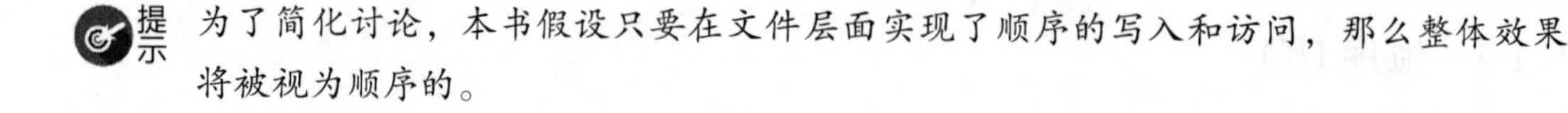
提示 为了简化讨论，本书假设只要在文件层面实现了顺序的写入和访问，那么整体效果将被视为顺序的。

1. 顺序写入

在 Go 语言编程中，有多种文件读写的方式。正如第 4 章展示的，我们可以使用 Go 语言的标准库 syscall 包封装的系统调用来进行文件读写。然而，在实际的 Go 语言编程中，更为常见的做法是通过 os 包来实现文件的读写操作。这是因为 os 包在 syscall 包的基础上进一步封装，引入了语言层面的特性，使用起来更便捷。

一个顺序写入数据的例子如代码清单 5-1 所示。

代码清单 5-1 顺序写入文件

```
func main() {
    // 尝试打开或创建文件
    file, err := os.OpenFile("hello.txt", os.O_CREATE|os.O_RDWR|os.O_TRUNC, 0700)
    if err != nil {
        log.Fatal(err)
    }
    // 使用 defer 延迟关闭文件，确保 main 函数执行完毕后文件被关闭
    defer file.Close()
    // 设置目标文件大小为 1GiB
    fileSize := 1 * 1024 * 1024 * 1024
    // 每次写入的数据块大小为 4KiB
    buf := make([]byte, 4*1024)
    for writen := 0; writen < fileSize; {
        // 使用大端序填充每个数据块起始的 4 字节
        binary.BigEndian.PutUint32(buf, uint32(writen))
        // 顺序写入数据(默认使用当前偏移)
        n, err := file.Write(buf)
        if err != nil {
            log.Fatal(err)
        }
        writen += n
    }
}
```

为了方便演示，此示例以 O_TRUNC 模式打开文件，确保每次文件内容清空，数据从头开始写入。我们使用 defer 关键字来确保文件被安全关闭。在写入过程中，我们模拟了数据处理，把当前的文件偏移量的值以大端序的编码方式写入文件。这样在之后分析文件内容时，就可以轻易识别这些有特征的数据。

在编译并执行代码清单 5-1 之后，会生成一个 hello.txt 文件。为了检查文件内容，我们可以使用 hexdump 命令来进行查看，执行如下：

```
$ hexdump -C hello.txt|more
```

输入结果如下：

```
00000000  00 00 00 00 00 00 00 00  00 00 00 00 00 00 00 00  |................|
*
00001000  00 00 10 00 00 00 00 00  00 00 00 00 00 00 00 00  |................|
00001010  00 00 00 00 00 00 00 00  00 00 00 00 00 00 00 00  |................|
*
00002000  00 00 20 00 00 00 00 00  00 00 00 00 00 00 00 00  |.. .............|
00002010  00 00 00 00 00 00 00 00  00 00 00 00 00 00 00 00  |................|
// 此处省略后续输出
```

通过分析 hello.txt 的输出内容，我们可以观察到每隔 4KiB 就有一个 4 字节的数据块，其内容与文件偏移位置相对应。这与我们的代码设计保持一致，印证了应用程序确实是按照既定的文件偏移顺序进行数据写入的。

2. 顺序读取

数据的写入策略往往也决定了读取的性能。代码清单 5-1 展示了一个顺序写入文件的例子，生成的 hello.txt 文件的内容在磁盘上大概率也是连续存放的。因此，在进行读取操作时，如果我们按照连续的地址顺序访问文件，那么磁盘上的 I/O 也将以顺序的形式进行。

在代码清单 5-1 执行之后，我们创建出一个 1GiB 大小的 hello.txt 文件。下面以这个文件为例，尝试顺序读取它的数据，具体实现如代码清单 5-2 所示。

代码清单 5-2 顺序读取文件

```
func main() {
    // 打开文件
    file, err := os.OpenFile("hello.txt", os.O_RDONLY, 0700)
    if err != nil {
        log.Fatal(err)
    }
    // 确保 main 函数结束时关闭文件
    defer file.Close()
    // 准备一个 4KiB 大小的缓冲区
    buf := make([]byte, 4*1024)
    // 创建一个文件的 Reader
    reader := io.LimitReader(file, 1*1024*1024*1024)
    for {
        // 从文件中顺序读取数据
        _, err := reader.Read(buf)
        if err == io.EOF {
            break
        }
        if err != nil {
            log.Fatal(err)
        }
        // 解析特征数据（取出存储在文件中的偏移量）
        offset := binary.BigEndian.Uint32(buf)
        fmt.Printf("offset: %v\n", offset)
    }
}
```

在上面的代码示例中，我们以只读模式打开文件，然后以 4KiB 为粒度顺序读取文件内容。得益于文件数据在磁盘上的顺序存储，读取的时候又是按照顺序访问的文件地址，这样磁盘上的 I/O 自然也是顺序的。

5.1.2 随机 I/O

还是以执行代码清单 5-1 得到的 hello.txt 文件为例，由于该文件是一个磁盘上连续的文件，因此只需要在文件地址层面以随机 I/O 访问，在磁盘上也必然是随机 I/O。

接下来将采用并发和随机 I/O 的方式去访问 hello.txt 文件的数据。具体实现如代码清单 5-3 所示。

代码清单 5-3 随机读写文件

```
func main() {
    // 打开文件
    file, err := os.OpenFile("hello.txt", os.O_RDONLY, 0700)
    if err != nil {
        log.Fatal(err)
    }
    defer file.Close()
    block := 4096                                     // 设定 I/O 块大小为 4KiB
    totalBlocks := 1 * 1024 * 1024 * 1024 / block   // 计算 1GiB 有多少个 4KiB
    workers := 32                                     // 定义 32 个 Goroutine 并发读取
    subTotalBlocks := totalBlocks / workers           // 计算 Goroutine 处理数据块的个数
    wg := &sync.WaitGroup{}
    for i := 0; i < workers; i++ {
        wg.Add(1)
        go func(index int) {
            defer wg.Done()
            buf := make([]byte, 4*1024)
            for n := 0; n < subTotalBlocks; n++ {
                off := (index + n*workers) * block
                // ReadAt 支持并发读取，对应底层的 Pread 系统调用
                _, err := file.ReadAt(buf, int64(off))
                if err == io.EOF {
                    break
                }
                if err != nil {
                    log.Fatal(err)
                }
                // 解析并处理数据
                offset := binary.BigEndian.Uint32(buf)
                fmt.Printf("offset: %v\n", offset)
            }
        }(i)
    }
    wg.Wait()
}
```

上述代码启动了 32 个 Goroutine 来并发读取文件的不同部分。对文件系统而言，这些 I/O 的偏移位置呈现随机性，而对应到磁盘层面，I/O 的偏移位置同样是随机分布。

对传统的机械硬盘而言，此类随机 I/O 操作会引起磁头的频繁移动，大量时间消耗在寻道上。因此，尽管采用了并发读取的方式，但是由于随机 I/O 的特性，性能可能并不理想，主要的瓶颈在磁盘自身。

然而，对于固态硬盘来说，情形截然不同。由于固态硬盘内部是基于电子活动的，不存在机械寻道动作，因此拥有极高的 IOPS，且顺序和随机 I/O 的性能相差无几。在这种情况下，性能瓶颈更可能位于应用层。因此，在代码清单 5-3 中使用 32 个 Goroutine 并发执行 Pread 读取操作，与串行读取相比，能够大幅度提升性能。

5.2 数据安全落盘的方式

在 Linux 操作系统中，为了解决易失性内存带来的数据丢失问题，特别是在对数据安全性有高要求的场景，系统提供了两种常见的确保数据落盘的方式：Sync 刷盘方式和 Direct I/O 方式。

5.2.1 Sync 刷盘方式

Linux 的 Sync 机制是操作系统用于确保所有未写入磁盘的文件系统的修改被刷新到存储设备的一种机制。使用 Sync 机制有两种方式：

- ❑ 使用 Sync 标识打开文件。
- ❑ 使用 Sync 类系统调用。

接下来将详细讨论这两种 Sync 机制的使用方式。

1. 使用 Sync 标识打开文件

4.4 节介绍了在打开文件时如何使用 flags 参数设置选项，从而影响打开文件的行为。在打开文件时，如果在 flags 中设置了 O_SYNC 或 O_DSYNC，那么每一次写入操作都会确保相关的数据写入磁盘后才向用户报告成功。

（1）O_SYNC

当打开文件时，如果 flags 中使用了 O_SYNC，那么每次 Write 调用都会等待数据和元数据落盘之后才返回给调用者。这通常会减慢文件操作的速度，因为每次写操作都必须等待磁盘的响应。但是，一旦 Write 调用返回，就可以确定数据已经安全地写入了磁盘。

（2）O_DSYNC

与 O_SYNC 类似，但 O_DSYNC 只等待数据部分写入落盘，而不会关心元数据是否还有未落盘的数据。因此，通常情况下 O_DSYNC 的性能比 O_SYNC 要好一些，因为它减少了必须等待完成的 I/O 操作数量。

使用 Sync 标识打开文件的优点是简单，开发者不需要编写额外的代码来管理数据的同步。然而，这种同步写入会限制内核优化 I/O 的能力。特别是在高性能的场景中，可能会成为性能瓶颈。这是因为每个 Write 请求都需要确保同步到磁盘，内核很难再通过合并多个 Write 请求来提高磁盘操作的效率。

2. 使用 Sync 类系统调用

Linux 不仅在打开文件时提供了 O_SYNC 和 O_DSYNC 选项，还提供了独立的系统调用来执行 Sync 操作。因为 Sync 操作通常会对性能产生较大影响，Linux 内核提供了 3 个不同程度的持久化方案，对应 3 个系统调用。

- ❑ Fsync：最安全但也是最慢的方法，能确保数据和元数据都被写入磁盘。
- ❑ Fdatasync：相对快一些，它只确保数据内容被写入磁盘。

❑ SyncFileRange：专注于将指定区域的数据内容写入磁盘，提供更细粒度的控制。

与使用Sync标识打开文件的方式相比，让用户在Write操作后自行调用Sync通常是更好的持久化策略。这种方式可以有效地聚合数据，在形成大块数据后一次性同步到磁盘，从而既保证了数据的安全性，又提高了性能。

在Go语言中，使用os包的OpenFile函数打开文件后，会返回os.File结构的指针。os.File的Sync方法可以将缓存的所有数据同步到磁盘中，其对应了系统调用Fsync。如果需要更细致的控制，比如只同步文件数据而不同步元数据，或者想要同步文件的特定区域，那么可以使用syscall包来直接调用底层的系统调用。常用方式如代码清单5-4所示。

代码清单5-4 数据刷盘的几种方式

```
// 打开文件
f, _ := os.OpenFile("hello.txt", os.O_RDWR, 0)
// defer 关闭文件
defer f.Close()
// 写入文件（此时数据可能还在 PageCache 中）
f.Write(/* 内容 */)
// 方式一：Fsync 刷盘
f.Sync()
// 方式二：Fdatasync 刷盘
// syscall.Fdatasync(int(f.Fd()))
// 方式三：SyncFileRange 刷盘
// syscall.SyncFileRange(int(f.Fd()), 0, 10, /* ... */)
```

确保数据的完整性和持久性是很多应用程序的核心需求。通过在多次Write操作后调用Sync，可以在保障数据安全的同时优化性能。这种方法允许程序积累多次写入操作，然后一次性将所有修改同步到磁盘，从而减少了磁盘I/O的次数，提高了整体性能。

在实际的应用中，选择何时调用Sync是一个重要的决策，涉及数据安全性与系统性能之间的权衡。在处理关键性数据时，开发者可能会倾向于频繁同步，以确保在任何时候数据都不会因为系统故障而丢失。而在对性能要求极高的场景中，开发者可能会选择减少Sync调用的频率，以提高处理速度。

总之，合理的Write和Sync调用策略，应当基于具体应用场景和业务需求来制定，以达到既高效又可靠的系统运行效果。

5.2.2 Direct I/O方式

Direct I/O是一种绕过操作系统的PageCache，直接在应用程序和磁盘之间传输数据的I/O方式。这种方式可以减少操作系统缓存对内存的占用，并允许应用程序更精确地控制数据的落盘时机。接下来将深入探讨Direct I/O方式的实践和使用时的约束。

1. Direct I/O的约束

使用Direct I/O方式很简单，只需要在使用Open函数的flags参数时加上O_DIRECT。

但这种方式有一些约束，否则 I/O 操作会报错。

（1）对齐的约束

Direct I/O 有诸多限制。最关键的是对齐的约束，有 3 个规则。

- I/O 的块大小必须对齐到硬件或文件系统的某个特定块大小，通常是 512 字节或 4KiB。
- I/O 的文件偏移必须考虑对齐。通常按文件系统块的大小对齐。
- I/O 的内存缓冲区地址必须考虑对齐。通常也按文件系统块的大小对齐。

（2）文件系统的支持

- 并非所有的文件系统都支持 Direct I/O。如果文件系统不支持，在使用 O_DIRECT 打开文件时会导致 EINVAL（无效参数）的报错。
- 如果要文件系统支持 Direct I/O 方式，就需要实现 address_space_operations 结构中的 direct_IO 方法。

例如，Ext2 文件系统支持 Direct I/O 方式，但 Minix 文件系统就不支持 Direct I/O 方式。代码清单 5-5 是 Ext2 文件系统实现 Direct I/O 方式的示例。

代码清单 5-5　变量 ext2_aops 的定义

```
// 文件：fs/ext2/inode.c
const struct address_space_operations ext2_aops = {
    // 此处省略部分代码
    .direct_IO      = ext2_direct_IO,
};
```

当使用 Open 系统调用打开文件时，如果指定 O_DIRECT 标识，内核会检查文件所在的文件系统是否支持 O_DIRECT 方式，检查方法很简单，即判断是否实现了 f->f_mapping->a_ops->direct_IO 方法。如果支持，那么后续的读写操作将会调用具体文件系统实现的 direct_IO 方法。

下面简单对比 Direct I/O 和标准 I/O 的优缺点。

- Direct I/O 对应用层提出了严格的对齐要求。为了达到这些要求，应用程序很容易引起 I/O 的放大。并且，Direct I/O 还限制了内核的优化空间，因此其性能优化更多地依赖于应用程序自身的策略。
- 标准 I/O 对用户而言更加友好，它不要求执行严格的对齐规则，在写操作时可以更容易地进行批量数据聚合。然而，它的缺点在于将数据写入 PageCache，如果在数据异步回写到磁盘之前发生掉电，就有可能导致数据丢失。同时，标准 I/O 也需要较高的内存消耗。

标准 I/O 和 Direct I/O 之间并没有绝对的性能优势，它们是相互补充的手段，应按照具体的场景进行选择。下面举两个具体的应用场景。

- 数据库的场景：数据库必须保证每一次用户数据的写入都要落盘。为实现这一目标可以使用 Write+Sync 方式，也可以用 Direct I/O 方式。另处，数据库可能更倾向于在用户态实现自己的存储系统，以达到更轻量、更高效地聚合和缓存数据的目的。虽然内核的逻辑具有通用性，但它不一定能在性能和资源利用上达到最优效果。因此，过度依赖内核逻辑可能会导致吃力不讨好的情况。

- 高性能存储设备：现在有了超高性能的SSD盘，甚至还有持久化的内存介质，在这种场景下，先写PageCache再异步回刷反倒是多此一举。绕过PageCache可能会提高性能，但如果是机械硬盘，那大部分场景还是Write+Sync更优。

在选择I/O方案时，应该综合考虑应用的性能需求、数据的一致性和可靠性、业务场景的特点以及存储介质的性能。理解不同的I/O策略的内在机制和适用条件是做出正确选择的关键。

2. Direct I/O的实践

在Go语言中，实践Direct I/O实际上很简单，只需要解决文件打开的设置和内存对齐的问题。接下来逐个分析这些问题。

（1）打开文件

在Go语言中，标准库os包并没有包含O_DIRECT参数，因为它不是跨平台的参数。Direct I/O在不同的操作系统中的实现是不同的，而O_DIRECT是Linux系统上的参数，在syscall包中的定义如代码清单5-6所示。

代码清单5-6　O_DIRECT的定义

```
// 文件: syscall/zerrors_linux_amd64.go
const (
    O_DIRECT            = 0x4000
)
```

可以使用os包的OpenFile函数或直接调用系统调用来打开文件，如代码清单5-7所示。

代码清单5-7　O_DIRECT方式打开文件

```
// +build linux
// 指定在linux平台系统编译
// 使用os库的封装方法
file := os.OpenFile(name, mode|syscall.O_DIRECT, perm)
// 使用系统调用的方式
fd, err := syscall.Open(name, mode|syscall.O_DIRECT, perm)
```

这两种方法本质上没有区别，最终都是通过系统调用完成的。不过使用os包可能会更方便。os.OpenFile函数返回的是os.File结构体，可以基于此结构进行后续的I/O操作。而syscall.Open函数返回的是文件描述符，后续的I/O操作是基于文件描述符进行的。

（2）对齐约束

虽然打开文件的操作很简单，但是内存对齐就相对复杂了。Direct I/O的3个对齐约束中，I/O块大小和文件偏移的对齐相对容易解决，且处于程序员的控制之下。然而，缓冲区的内存地址按照扇区对齐就比较棘手，因为 Go 语言没有赋予程序员显式管理内存的能力，程序员无法决定内存是分配在堆上还是栈上，也无法指定内存的具体地址。标准库或者内置函数也没有提供分配对齐内存的方法。

在 Go 语言中，通常是通过 make 函数来分配一个字节切片作为缓冲区的内存。使用 make 函数分配 4KiB 内存如代码清单 5-8 所示。

代码清单 5-8 使用 make 函数分配 4KiB 内存

```
buffer := make([]byte, 4096)
```

但这样分配的内存地址并不保证是对齐的。那么，如何才能得到一个按照 512 字节对齐的地址呢？常用的方法是先分配一个比需要的内存块稍大的空间，然后在这个内存块中找到一个对齐的地址。这种方法简单直观，适用于任何语言。唯一的缺点是会造成一些空间的浪费。

例如，如果现在需要一个大小为 4096 字节、地址按照 512 字节对齐的内存块，可以这样操作：

首先，分配一个大小为 4096 + 512 字节的内存块，假设得到的地址是 p1。

其次，在 [p1, p1+512] 这个地址范围内找到一个按照 512 字节对齐的地址，假设这个地址是 p2。

最后，将 p2 这个地址返回给用户使用。用户可以在不越界的情况下，正常使用 [p2, p2 + 4096] 这个内存块。

代码清单 5-9 是内存地址对齐的代码示例。

代码清单 5-9 内存地址对齐的实现

```
const (
// 定义内存对齐的字节大小
    AlignSize = 512
)
// alignment 函数寻找字节数组 block 的首地址，返回第一个符合 AlignSize 对齐要求的地址
func alignment(block []byte, AlignSize int) int {
    return int(uintptr(unsafe.Pointer(&block[0])) & uintptr(AlignSize-1))
}
// AlignedBlock 分配 512 字节对齐的内存块，BlockSize 为所需内存块的大小
func AlignedBlock(BlockSize int) []byte {
    // 分配一个稍大于所需大小的内存块，以确保有足够的空间进行对齐
    block := make([]byte, BlockSize+AlignSize)
    // 计算从 block 的首地址起需要偏移多少字节才能满足 AlignSize 的对齐要求
    a := alignment(block, AlignSize)
    offset := 0
    if a != 0 {
       offset = AlignSize - a
    }
    // 根据计算的偏移量，重新定义 block，使其符合对齐要求
```

```
    block = block[offset : offset+BlockSize]
    if BlockSize != 0 {
        a = alignment(block, AlignSize)
        if a != 0 {
            log.Fatal("Failed to align block")
        }
    }
    // 返回对齐的内存块
    return block
}
```

通过 AlignedBlock 函数分配的内存块确保了以 512 字节地址对齐。但这一设计浪费了一些空间。例如，业务需要 4096 字节的内存，但实际上分配了 4096 + 512 字节。在 Go 语言中，若要使用 Direct I/O，通常采用如代码清单 5-10 的方式。

代码清单 5-10　Direct I/O 的方式

```
// +build linux
// 此代码仅在 linux 平台系统编译
file := os.OpenFile(name, mode|syscall.O_DIRECT, perm)
// 创建一个内存地址对齐的内存块
buffer := AlignedBlock(4096)
//此处省略其他代码
file.Write(buffer)
```

使用 Direct I/O 时，每当 Write 操作完成，数据就会被直接写入磁盘，绕过了操作系统的缓存。这意味着，即使在掉电的情况下，数据丢失的风险也会大大降低。需要注意的是，Direct I/O 只能规避操作系统缓存带来的风险。如果磁盘控制器自身还有缓存，那么还需要禁用磁盘控制器的缓存。只有确保整条写入链路都是可靠的，才能保证数据在掉电的情况下不丢失。

5.3　读写优化思路

在数据的 I/O 优化中，核心目标是尽可能提高系统数据处理的效率，减少系统资源消耗，从而提升应用程序的性能和用户体验。具体而言，优化的方向主要集中在以下几个关键点。

- 提升吞吐：提升系统单位时间内处理数据的能力，即提升 I/O 吞吐量。
- 降低延迟：减少单次 I/O 请求的处理时长，使数据能更快地被读取或写入。
- 提升并发：在多用户或多任务的场景下，通过优化读写操作减少资源消耗，提升系统处理并发请求的能力。
- 减少资源消耗：通过优化手段，减少对 CPU、内存和磁盘等资源的消耗，从而降低运行成本。

为实现这些目标，我们可以采用一系列成熟的优化方法，无论是针对读操作还是写操作，这些方法包括但不限于并发执行、批量处理和缓存优化等。后续章节将深入探讨读写性能优化的具体做法，并分析其适用的应用场景和考量因素。

5.3.1 写操作的优化

相比读操作的优化，写操作的优化手段比较简单。常见的优化手段如下。

- 随机写转顺序写：通过转变写入数据的方式，提升写入效率。
- 并发处理：提升系统同时处理多个写入操作的能力。
- I/O 请求合并：将多个写请求合并，以减少 I/O 操作的次数并提高效率。

接下来将通过具体的案例详细分析这些写操作性能优化的策略。

1. 随机写转顺序写

将随机写转换成顺序写是一种常见的优化手段，尤其是在涉及机械硬盘 I/O 的场景中，此策略效果显著，因为机械硬盘的顺序写速度远快于随机写速度。常见的转换手段如下。

- 预写日志（Write Ahead Log，WAL）：在对数据修改之前，先将变更记录到一个日志文件中。该日志采用顺序写方式。然后，系统可以根据日志中的内容来异步地更新实际的数据。例如，Rocksdb 和 LevelDB 等基于 LSM Tree 的存储引擎广泛采用了这种策略。
- 批处理和延迟写入：通过缓存多个随机写请求，对它们进行合并并重新排序，从而实现在一次较大的写操作中顺序地写入多个数据块，而不是频繁地执行小规模的随机写。最典型的就是内核实现的 PageCache 和数据回写机制。内核使用 PageCache 作为缓存来聚合请求，之后再通过后台进程将这些请求合并且重新排序，最后批量回写到磁盘。

2. 并发处理

如果底层的 IOPS 不是性能瓶颈，那么还可以考虑用 WriteAt 等操作来实现并发写入，以此来提升数据写入的带宽。

3. I/O 请求合并

系统调用的开销是比较大的，每次调用都需要 CPU 从用户态切换到内核态，这个切换过程涉及大量寄存器和内存状态的保存与恢复，消耗了宝贵的 CPU 时间。此外，还可能涉及进程的挂起和 I/O 等操作带来的调度开销。因此，在应用层面，在不损害现有功能的前提下，聚合应用层的 I/O 请求，尽量减少系统调用的频率是一种常见且有效的优化手段。

我们将从 Write 和 Sync 的聚合这两个角度来探讨具体实施细节。

（1）Write 的聚合

在业务应用层面，I/O 请求的聚合是一项提升写入效率的关键技术。以 Go 语言的 bufio 包为例，它允许我们定义较大的内存块，比如 4MiB，当有小的写操作调用时，并非立即将其发送至底层，而是先缓存起来。待数据积累到一定数量后，再集中执行一次底层 I/O 操作。

这种方法有效减少了底层 Write 系统调用的次数，进而显著提升了写入性能。代码清单 5-11 展示了如何使用 bufio 包来优化写操作。

代码清单 5-11　使用 bufio 包优化写操作

```
func main() {
    file, err := os.OpenFile("hello.txt", os.O_APPEND|os.O_RDWR, 0700)
    if err != nil {
        panic(err)
    }
    defer file.Close()
    // 构建一个 4MiB 大小的内存块
    writer := bufio.NewWriterSize(file, 4*1024*1024)
    // 模拟执行大量写操作
    for i := 0; i < 1000000; i++ {
        file.Write([]byte("Hello, world!\n"))
    }
    // 确保所有缓存的数据都写入底层
    writer.Flush()
}
```

如代码清单 5-11 所示，如果每次 Write 调用只写入少量字节的数据就直接提交给操作系统处理，那么将产生大量的 Write 系统调用，这会对性能造成严重影响。我们通过使用 bufio 包将小的 I/O 聚合成 4MiB 大小再一次性发给操作系统，大大减少了系统调用的次数，效率将显著提升。

（2）Sync 的聚合

Sync 系统调用是确保数据持久化到存储介质的关键操作。然而，它带来的性能开销不容小觑。特别是在机械硬盘的环境下，Sync 调用对读写性能的冲击尤为明显，常常导致延迟显著增加。因此，在不牺牲数据安全性的前提下，降低 Sync 调用的频次显得尤为重要。

鉴于机械硬盘的特点，即顺序写性能远优于随机写性能，最佳实践是在单一点集中写入，并执行大块数据的顺序写。这样能够充分发挥机械硬盘顺序写的优势，提供最佳性能。相对而言，在机械硬盘上进行多点并发和随机写入的效率要低得多。因此，一个有效的 Sync 调用的优化策略便是将并发的多个 Sync 调用串行化，并尽量将多次 Sync 调用聚合成一次调用，以此提高整体效率。

例如，假设用户 A、B、C 在写入数据（同一个文件），通常情况下会分别调用 Sync 以确保数据的安全性，这会产生 3 次 Sync 调用。但如果从系统全局的角度考虑，实际上只需要进行一次 Sync 调用，就可以确保用户 A、B、C 的数据都安全落盘。我们通过图 5-2 来阐述这个过程。

在图 5-2 中，我们可以观察到，B 的 Sync 调用与 A、C 的 Write 操作存在时间上的重叠，C 的 Sync 调用与 A 的 Write 操作同样如此。唯有 A 的 Sync 调用（t2 时刻）是在 A、B、C 的 Write 调用完成之后，因此，只需要 A 的这一次 Sync 调用就足以保证所有数据被持久化。通过这种聚合，使原本的 3 次 Sync 调用优化为 1 次，这在实际的应用中能够带来明显的性能提升。

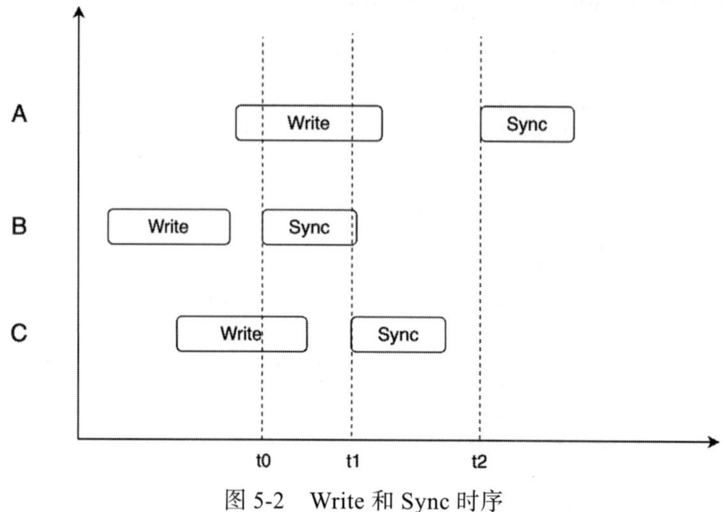

图 5-2　Write 和 Sync 时序

Sync 聚合的关键点在于：只有在 Write 调用完成之后发起的 Sync 调用才是有效的。如果在 Write 调用完成后，发现已有一个 Sync 调用在执行，即 Write 与 Sync 调用并行出现，那么这样的 Sync 是不能被复用的。因为它不能保证包含了所有需要持久化的数据。在这种情况下，必须重新发起一个 Sync 调用。

为了实现 Sync 操作的有效聚合，我们引入一个专门的聚合服务来合并这些 Sync 请求。如代码清单 5-12 所示，我们定义了一个名为 SyncJob 的结构，它展示了 Sync 请求的聚合实现。

代码清单 5-12　SyncJob 结构定义和实现

```
// 定义 SyncJob 结构，用于聚合文件的 Sync 请求
type SyncJob struct {
    *sync.Cond                               // 引入条件变量
    holding   int32                          // 计数器，用于标识挂起的 Sync 请求的个数
    syncPoint *sync.Once                     // 确保 Sync 只执行一次
    lastErr   error                          // 记录最后一次执行 Sync 操作的错误
    syncFunc  func(interface{}) error        // Sync 操作对应的函数
}
// Do 方法执行实际的 Sync 操作
func (s *SyncJob) Do(job interface{}) error {
    s.L.Lock()
    if s.holding > 0 {
        // 如果有正在执行的请求则等待
        s.Wait()
    }
    s.holding += 1
```

```
    syncPoint := s.syncPoint
    s.L.Unlock()

    // 执行聚合 Sync 操作
    syncPoint.Do(func() {
        // 串行化执行 Sync 系统调用
        s.lastErr = s.syncFunc(job)
        s.L.Lock()
        // Sync 调用之后，累计计数清零
        s.holding = 0
        // 重置 sync.Once，准备下一次的聚合
        s.syncPoint = &sync.Once{}
        // 通知所有等待的 Goroutine
        s.Broadcast()
        s.L.Unlock()
    })
    return s.lastErr
}
// NewSyncJob 构造函数，返回一个新的 SyncJob 实例
func NewSyncJob(fn func(interface{}) error) *SyncJob {
    return &SyncJob{
        Cond:      sync.NewCond(&sync.Mutex{}),
        syncFunc:  fn,
        syncPoint: &sync.Once{},
    }
}
```

在 SyncJob.Do 方法中，我们巧妙地利用 sync.Cond 和 sync.Once，实现了多个并发的 Sync 请求的聚合。该方法的核心步骤如下所示。

步骤 1：如果遇到正在执行的 Sync 请求（即 s.holding>0），利用 sync.Cond 条件变量将一组请求暂时挂起，在此停顿等待，以此达到后续聚合请求的目的。

步骤 2：当前一轮的 Sync 请求完成后，通过 sync.Cond 的广播功能释放步骤 1 中挂起的请求，让它们继续执行。

步骤 3：在步骤 2 释放的请求批次中，通过 sync.Once 保证仅有一个 Goroutine 能够触发实际的 Sync 操作，从而实现操作的串行化。

接下来看一下如何利用 SyncJob 的服务来实现 Sync 聚合。代码清单 5-13 展示了 SyncJob 的使用方法。

代码清单 5-13　SyncJob 聚合的使用

```
func main() {
    file, err := os.OpenFile("hello.txt", os.O_RDWR, 0700)
    if err != nil {
        log.Fatal(err)
    }
    defer file.Close()
    // 初始化 Sync 聚合服务
```

```
    syncJob := NewSyncJob(func(interface{}) error {
        fmt.Printf("performing sync...\n")
        time.Sleep (time.Second)
        return file.Sync()
    })
    wg := sync.WaitGroup{}
    for i := 0; i < 10; i++ {
        wg.Add(1)
        go func(idx int) {
            defer wg.Done()
            // 执行写操作
            fmt.Printf("writing to file...\n")
            file.Write At ([]byte (fmt.Sprintf ("Idx:%v\n", idx)), int64(idx*1024))
            // 执行 Sync 操作，通过 SyncJob 聚合请求
            syncJob.Do(file)
        }()
    }
    wg.Wait()
}
```

上述代码演示了如何在每次完成写操作后调用 SyncJob.Do 进行 Sync 请求的集中处理，这可以显著地减少 Sync 调用次数，有效提升性能。

需要特别指出的是，这种针对写操作的 Sync 的聚合策略与处理读缓存时采用的聚合策略截然不同。读缓存通常采用 singleflight 模式，该模式允许在多个并发读请求中，如果已探测到有一个读取请求在执行，则其他请求可以等待并共享这次处理的结果。写请求不适用这样的策略。

为了更直观地理解 Sync 请求聚合的原理及其带来的效益，我们通过图 5-3 来展示这个过程。

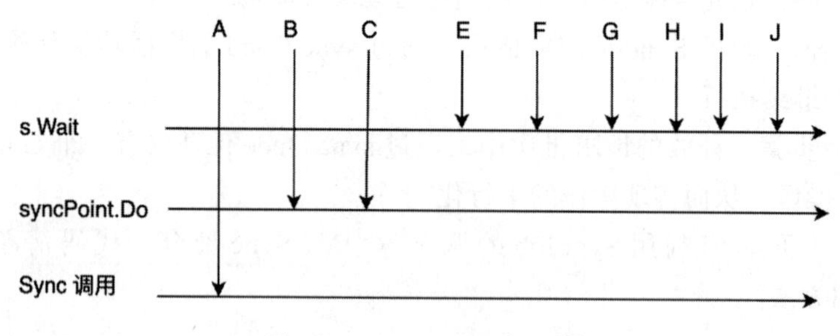

图 5-3　I/O Sync 聚合示意

图 5-3 生动展示了 Sync 请求聚合的过程：假设 A、B、C 构成同一批请求，其中 A 负责执行实际的 Sync 操作。此时 s.holding 为 3，这意味着当前有 3 个请求正在执行 Sync 操作。而随后到来的 E、F、G、H、I、J 请求则必须一起等待 A、B、C 这一轮的 Sync 操作完成。在 A、B、C 完成之后，E、F、G、H、I、J 这一批请求被唤醒并继续前行，其中，将只会有一个请求进入 sync.Once 内执行 Sync 操作。这样，第一批的 A、B、C 成功减少了 2 次

不必要的Sync调用，而第二批的E、F、G、H、I、J则减少了5次多余的Sync调用。

5.3.2 读操作的优化

在数据操作中，相较于写操作的性能提升，读操作的优化手段更为多样且研究相对成熟。我们可以通过缓存优化、预读优化、并发优化、索引优化、数据布局优化等多种策略来提高性能。接下来深入探讨这几项关键的性能优化技术。

1. 缓存优化

缓存优化是提升读操作性能的常用技巧。它通过将数据缓存在高速的存储介质中，来减少对底层慢速存储介质的直接访问，从而提升读取操作的性能。在缓存优化的实施过程中，我们需要关注以下几个关键点。

（1）缓存根本性原理

缓存根本性原理是程序的局部性原理，具体包括时间的局部性和空间的局部性。缓存的价值在数据表现出这些局部性特征时凸显。例如，把系统中频繁被访问的热数据缓存在内存或者SSD，能明显提升性能。若系统中全是冷数据，且没有重复访问的数据，那么缓存的作用可能就不大。

（2）缓存介质

内存作为最常用的缓存介质，其访问速度远超磁盘。将频繁访问的热数据缓存在内存中，可以有效提升数据的访问性能。随着技术的进步，如SSD和Optane等高速存储设备越来越多地用于缓存，它们在构建多级缓存结构中发挥着重要作用。

（3）缓存的数据结构

快速检索缓存中的数据是至关重要的，因此，散列表、红黑树、跳表等数据结构常被用于优化缓存的检索效率。选择数据结构时需要根据业务场景和实际需求来定。

（4）缓存模式

缓存模式的选取必须适应特定业务的场景，并在数据一致性和性能之间找到平衡点。例如，Linux内核的PageCache使用的就是异步回写（Write-Back）模式。缓存模式的细节将在后续章节中详细讨论。

在Go语言环境下，有多种缓存的实现方式。最简单的方式可能是利用Go原生的Map结构来缓存数据。除此之外，还有如groupcache、go-cache等第三方库被广泛用于构建内存缓存的解决方案。这些工具和方法提供了灵活的缓存机制，以满足不同的应用场景和性能要求。

2. 预读优化

预读一种常见的优化读操作性能的技术，其核心理念在于提前识别并加载那些将来可能会被请求的数据。它主要适用于以下场景。

1）顺序读取：当应用程序需要顺序读取大量数据时，预读可以显著提高性能。由于是顺序读取，地址都是连续的，因此我们能够预测接下来的数据，并通过大块的I/O操作将数据从存储设备预先读取到内存。

2）可预测的访问模式：如果应用程序的数据访问模式是可预测的，那么可以根据过去的访问模式（或者固定的访问模式）来预测未来的需求。深入理解业务模式至关重要。例如，如果我们一开始就明确地知道数据读取的范围和顺序，比如先读取偏移范围为 [0, 10MiB] 的数据，处理完这部分数据后，接着读取偏移范围为 [30MiB，40MiB] 的数据。那么在处理范围 [0，10MiB] 内的数据的同时，我们就可以将范围 [30MiB，40MiB] 内的数据预先读取到内存。

接下来看一个顺序读文件的示例，这个示例使用了 Go 标准库的 bufio 包。bufio 包提供了一种简洁高效的读写机制，它通过大块 I/O 预读的方式，把数据提前加载到内存，从而实现高效的预读。代码清单 5-14 展示了 bufio 包如何优化读操作。

代码清单 5-14 bufio 包预读缓存示例

```
func main() {
    file, err := os.OpenFile("hello.txt", os.O_RDONLY, 0700)
    if err != nil {
        panic(err)
    }
    defer file.Close()
    // 配置 4MiB 的缓冲区
    reader := bufio.NewReaderSize(file, 4*1024*1024)
    // 业务层使用 1KiB 的缓冲区
    buf := make([]byte, 1024)
    for i := 0; i < 1000000; i++ {
        _, err := reader.Read(buf)
        if err != nil {
            log.Fatal(err)
        }
        fmt.Fprintf(os.Stdout, "%s", buf)
    }
    fmt.Println()
}
```

如上所述，每当我们调用 Read 读取 1KiB 的数据时，它会先检查内存缓冲区里是否有可用数据。如果有，则直接返回，避免底层 I/O 的调用。若无，它将执行一次底层 I/O，一次性读取 4MiB 的数据，这意味着接下来的 4096 个 1KiB 数据的读取操作将直接从缓冲区获取，无须再访问底层存储，从而实现了预读的效果。

采用这种预读策略，我们预先占用一定的内存空间，以节省时间。在顺序读取场景中，这种方法最佳。相反，如果是随机 1KiB 的访问，那么可能会发生每次预读的数据无效，导致严重的读放大。

3. 并发优化

并发优化是指通过同时执行多个读请求，减少整体的等待时间并提高数据吞吐量。这种优化特别适用于支持高并发访问的存储介质，如固态硬盘。并发优化的收益主要有以下几点。

1）减少延迟：在串行的操作中，每个读请求都需要等待前一个请求完成后才能开始，这导致了队列等待的延迟。在并发模式下，多个读取请求能够同时进行，这显著减少了每个请求等待的时间，从而减少了完成所有请求所需要的总时间。

2）提高吞吐量：现代存储设备，尤其是SSD，通常具有很高的I/O并发能力，这意味着它们能够同时处理多个I/O操作。通过在应用层下发并发的读操作，可以更充分地利用存储设备的I/O能力，提高数据吞吐量。

也就是说，并发是否有效取决于具体的应用场景。对机械硬盘这类传统存储设备，顺序的串行操作可能足以发挥出性能的极限。在这种情况下，并发读取可能不会带来性能的提升，因为机械硬盘的随机读写性能很差，过多的并发只会导致频繁的随机I/O访问，反而降低了效率。但对于那些随机性能强大的存储设备（如SSD盘），其随机性能不再是瓶颈，此时就要求应用层用更大的并发去访问，才能发挥出它的最大性能优势。

在Go语言中，为了实现高效的并发读取，可以使用ReadAt的方法（对应底层Pread系统调用）来执行并发的读操作。这个接口的优势在于，它不依赖于默认的偏移位置，同时也不会改变该偏移位置的状态，因此非常适用于并发读取文件数据的场景。

4. 索引优化

索引是一种帮助存储系统快速定位到特定数据的数据结构。它的原理与书的目录类似——通过目录，我们可以迅速地定位到书中的指定章节，避免逐页翻阅。

索引广泛应用在数据库的场景中。在数据库没有索引的情况下，检索数据通常需要进行全表扫描，这在处理大型数据集时非常耗时。而有了索引后，数据库能够利用高效的检索算法，迅速定位到指定的数据。

B+树是构建索引的经典数据结构之一，其内部元素维持有序状态，叶子节点包含了指向实际数据记录的引用。在查找操作中，B+树的查询复杂度维持在 $O(\log n)$ 的水平，这比 $O(n)$ 的全局扫描的效率要高得多。

在处理大规模数据集时，索引优化通过显著减少需要检查的数据量，极大地提高了读取的效率。然而，引入索引也带来了额外的复杂性，因为索引本身需要维护——包括索引的增加、删除和修改操作，这些都可能对写入性能产生影响。因此，在设计索引结构时，需要在读取效率和写入性能之间找到一个平衡点，以确保系统的整体性能达到最优。

5. 数据布局优化

数据布局优化是指根据数据的访问模式和存储特性来组织与存储数据，从而提高读操作的性能。我们可以采取多种手段，常见的手段如下。

1）数据的局部性：通过优化数据布局，增强数据的时间局部性和空间局部性，使得相关数据在物理存储上更加接近。这样的布局有助于减少寻址时间并增加缓存命中率，进而提升性能。

2）数据打散策略：在某些情况下，提高局部性的策略可能不适用，特别是当我们需要避免热点瓶颈时。此时将数据打散至多个节点上，可以让更多的硬件资源并行工作，提高读取性能。

下面来看几个典型的例子，以列式存储为例，在处理分析型查询时，经常需要对数据表的某一列或少数几列进行聚合计算。列式存储数据库则将表中的数据按列进行存储。这样，在执行列相关的查询时，系统只需要读取相关的列数据，而不是整行数据，从而大大减少了读取的数据量，提高了读取效率。

在对象存储的场景，大文件可能被切分成多个小片段，这些片段的数据会被均匀打散存储到系统中。即便是读取单一文件，也能用到整个集群的能力，从而实现更高的数据吞吐能力。

总的来说，选择哪种数据的布局策略，应当根据业务需求和场景来决定，以确保在效率和性能之间取得最佳平衡。

5.4 本章小结

本章深入分析了存储 I/O 的实践，包括数据读写的常见模式和数据安全落盘的策略。本章的重点在于理解和应用各种优化技术来提高存储 I/O 的效率和数据的安全性。

本章首先讨论了文件 I/O 的关键因素——文件偏移，以及顺序 I/O、随机 I/O 的特点和适用场景。对于机械硬盘，顺序 I/O 由于较短的寻道时间，通常比随机 I/O 更有效率。然而，这需要对文件系统的存储策略有深入理解，因为文件系统层面的顺序性不一定反映在磁盘物理存储上。因此，我们需要在各个层面保证顺序性，以获得最佳的 I/O 性能。

在存储 I/O 实践中，数据落盘策略尤为重要。Linux 系统提供了多种确保数据落盘的方式，包括使用 Sync 系统调用和 Direct I/O。每种方法都有其使用场景和性能影响，选择合适的落盘策略对于数据的完整性和性能优化至关重要。

随着数据量的增加和对性能要求的提升，读写优化成为必不可少的技术手段。从写操作的角度，随机写转顺序写、并发处理、Write 和 Sync 的聚合是提高效率的关键策略。对于读操作，预读、缓存、并发、索引和数据布局优化都是提升性能的有效方法。

Go 语言通过其标准库和系统调用的封装，提供了丰富的工具和接口来支持这些优化策略。使用 bufio 包可以实现高效的预读和缓存；并发可以通过多个 Goroutine 和 ReadAt 方法来实现；而索引和数据布局优化则需要在应用层面进行合理设计。

总而言之，本章展示了存储 I/O 实践的基本技巧，为读者提供了一套比较完整的优化思路，旨在帮助开发者实现高效且安全的存储操作。

第 6 章 Chapter 6

高级 I/O 模式

I/O 模式决定了数据在系统内部和外部之间如何传递，按照模块间的协作机制不同，可以分成多种 I/O 模式。通俗来讲，I/O 模式就是读写操作的不同表现形式。本章将探讨不同的 I/O 模式，从同步和异步 I/O、阻塞和非阻塞 I/O 来深度讨论它们的区别，并分析它们适用的场景。

值得注意的是，I/O 模式并不局限于系统的某个单一层面，而是存在于整个 I/O 栈的多个层级中。任何两个模块之间的数据交换都是 I/O 过程，可以遵循相同的 I/O 模式。无论是应用程序与操作系统之间、内核模块和磁盘或网卡之间，还是模块 A 和模块 B 之间的 I/O 过程，这些都遵循常见的 I/O 模式。

本章还将介绍一些高级 I/O 模式的实际应用场景，包括网络编程和文件处理。我们将学习如何使用高级 I/O 模式来编写高效的服务器程序，以及如何使用异步文件 I/O 来处理大量数据。我们还将讨论如何在应用程序中利用计算机的多核处理能力。

6.1 阻塞和非阻塞 I/O

对于一个 I/O 操作，我们会遇到两类角色：调用者和执行者。调用者是发起 I/O 操作的角色，执行者是执行 I/O 操作的角色。

从调用者的视角出发，I/O 操作可以划分为阻塞和非阻塞 I/O 两种模式。具体的描述如下。

- 阻塞 I/O（blocking I/O）：调用者发起 I/O 请求后，必须等待操作完成或者发生错误才能执行后续代码。在此期间，调用者会被挂起，处于等待状态直到数据传输完毕。

- ❑ 非阻塞 I/O（nonblocking I/O）：与阻塞 I/O 形成对比，非阻塞 I/O 在 I/O 条件未就绪的情况下不会挂起调用者，此时执行者立即返回一个错误（如 EAGAIN），使调用者能够决定后续的处理。

我们用伪代码的形式来展示阻塞 I/O 的示例，如代码清单 6-1 所示。

代码清单 6-1 阻塞 I/O 示例

```
A call I/O
    B 执行 I/O
return I/O

A call I/O
    I/O 条件未就绪
        阻塞等待 ...
    B 执行 I/O
returnI/O
```

非阻塞 I/O 的伪代码示例，如代码清单 6-2 所示。

代码清单 6-2 非阻塞 I/O 的伪代码示例

```
A call I/O
    B 执行 I/O
return I/O

A call I/O
    I/O 条件未就绪
    返回报错 (eg. EAGAIN ...)
return I/O
```

阻塞 I/O 模式的优点在于它简化了编程模型——调用者可以直接得到一个明确的结果。要么成功获取到数据，要么处于等待状态，它处理的异常场景相对较少。但是，这种模式的缺点也很明显，在等待 I/O 完成期间，调用者被挂起无法执行其他任务。

非阻塞 I/O 则提供了更大的灵活性，它允许调用者在 I/O 条件未就绪时，收到一个明确的错误提示，让调用者有机会去执行其他任务。此后，调用者通过轮询的方式，不断地发起 I/O 操作，直到操作完成。尽管这种方式需要更多的代码来处理各种异常，比如 I/O 条件未就绪的时候怎么处理以及在什么时机去重新触发 I/O 请求等，但它为执行多任务和优化资源提供了可能性。

6.2 同步和异步 I/O

从 I/O 执行者的视角出发，I/O 操作可以划分为同步 I/O 和异步 I/O 两种模式。具体描述如下。

- ❑ 同步 I/O（synchronous I/O）：在同步 I/O 模式中，I/O 操作的执行过程就包含在本次

I/O 调用的过程中。这意味着，调用者拿到的是最终的结果，无论是成功的数据还是异常的报错。

- 异步 I/O（asynchronous I/O）：相比同步 I/O，异步 I/O 是指触发的 I/O 调用过程并不包含 I/O 执行过程。调用者发起的 I/O 请求仅仅是一个 I/O 提交的过程，调用函数的返回并不意味着 I/O 操作完成。实际上，执行者在异步执行 I/O，而调用者将在后续通过某种机制，例如函数回调（callback），在未来某个时刻获知本次 I/O 执行的结果。

我们通过展示同步 I/O 的伪代码示例来具体说明，如代码清单 6-3 所示。

代码清单 6-3　同步 I/O 的伪代码示例

```
A call I/O
    B 执行 I/O
return I/O
```

异步 I/O 的伪代码示例，如代码清单 6-4 所示。

代码清单 6-4　异步 I/O 的伪代码示例

```
A call I/O
    B 提交 I/O
                        C 执行 I/O
return I/O
                        ......
                        执行完成，CallBack_A
```

值得注意的是，同步和异步、阻塞和非阻塞是两个不同维度的概念，它们之间还可以相互组合，形成如同步阻塞、同步非阻塞、异步阻塞、异步非阻塞等不同的 I/O 模式。这些模式允许开发者根据具体的应用场景需求，选择合适的 I/O 处理策略。

6.3　I/O 接口的模式

阻塞和非阻塞 I/O，同步和异步 I/O 的基本概念都是基于 I/O 接口，站在调用者和执行者不同的角度区分的模式。这些基本的 I/O 模型还可以相互组合，形成不同的 I/O 模式。下面介绍它们的特点与应用场景。

6.3.1　同步阻塞 I/O

同步阻塞 I/O 是最常见的交互模式。例如，文件读写操作默认采用这种模式。在这种模式下，当一个读写请求发出，调用者会等待执行者完成 I/O 操作，在 I/O 完成之前，调用者会被阻塞。一旦执行者完成了 I/O，它就会把最终的执行结果返回给调用者。

同步阻塞 I/O 的优势在于编程模型的简单性，对开发者比较友好。发起 I/O 调用后，可以明确预期结果，且易于处理潜在异常。例如，异常的重试、回滚等操作可以即刻在当前上下文中完成，极大简化了编程难度。

然而，同步阻塞 I/O 的劣势也同样明显，调用者被阻塞等待的时间完全不受控制，等待时长取决于执行者的表现。这种不确定性不适用于一些时延敏感，需要高并发支持的场景。例如，在需要高并发处理能力的服务端应用中，单个 I/O 请求的阻塞可能导致线程挂起，进而对整个系统的处理能力造成严重影响。

6.3.2 同步非阻塞 I/O

同步非阻塞 I/O，意味着调用者的 I/O 请求无论执行结果如何，都不会被阻塞。在这种模式下，要么迅速执行成功，要么快速返回失败。当数据没有就绪，会立即返回 EAGAIN 的错误码，表明资源暂时不可用。当调用者接收到该错误码时，通常的做法是稍后重试，或者使用多路复用机制等待资源变得可用。

这种模式在网络编程中尤其常见。开发者在通过 socket 系统调用创建出网络句柄之后，通常会将其设置为非阻塞模式，随后采用轮询或者多路复用机制来处理网络请求。用 socket 创建句柄并设置非阻塞的实现如代码清单 6-5 所示。

代码清单 6-5 用 socket 创建句柄并设置非阻塞的实现

```
// 创建一个 socket 句柄（支持 TCP）
fd, err := syscall.Socket(syscall.AF_INET, syscall.SOCK_STREAM, 0)
// 设置为非阻塞
err = syscall.SetNonblock(fd, true)
// 进行网络请求的处理...
```

在 Go 语言中，对于开发者而言，更好的选择是利用标准库 net 包来执行网络 I/O 操作。net 包对网络操作进行了一层巧妙的封装。在 net 包中，默认情况下所有打开的网络句柄都被设置为非阻塞模式。从 Go 语言的程序和 Linux 系统的交互来看，这属于同步非阻塞 I/O 的模式。然而，在 net 包的内部实现中，会进一步将网络句柄注册到 epoll 事件池进行管理。当 I/O 资源尚未就绪时，执行该操作的 Goroutine 会主动挂起，让出执行权，使系统可以去处理其他任务。直到 I/O 资源就绪，相应的 Goroutine 会被重新唤醒，继续执行后续的代码。因此，从 net 包提供读写接口来看，遵循的是同步阻塞的 I/O 交互模式。代码清单 6-6 展示了 net 包发送网络数据。

代码清单 6-6 net 包发送网络数据

```
// 创建一个网络连接（封装了网络套接字）
conn, err := net.Dial("tcp", "localhost:8080")
if err != nil {
    // 异常处理
}
// 延迟关闭资源
defer conn.Close()
```

```
// 向服务器发送数据
n, err := conn.Write([]byte(input))
if err != nil {
    // 错误处理
}
```

总的来说，Go的标准库net包对用户提供的是同步阻塞I/O模式。而在Go的runtime内部，利用同步非阻塞I/O模式、epoll事件池以及Goroutine的调度机制协同工作，实质上达到了异步操作的效果。这种巧妙的设计提高了系统的并发处理能力和整体吞吐效率，同时还大大降低了开发者在高并发网络编程方面的难度。

6.3.3　异步阻塞I/O

异步阻塞I/O模式更多地存在于理论探讨中，在实际应用场景中很少遇到。这是因为阻塞通常发生在等待I/O条件准备就绪或I/O操作执行太慢时。异步的I/O调用通常只是一个提交I/O的过程，并不包含I/O执行的过程，所以这里一般没有任何理由会阻塞。

6.3.4　异步非阻塞I/O

异步非阻塞I/O是常见的一种异步I/O编程模式。其处理流程通常分为3个核心步骤。

1）调用者提交I/O请求到队列中。

2）执行者异步处理I/O操作。

3）执行者向调用者反馈结果（例如通过回调函数）。

在这3个步骤中，处理I/O操作往往耗时最长，而提交I/O的过程是很快的。我们一般就把异步非阻塞I/O简称为异步I/O。

目前在Linux系统中，异步I/O的实现方式有多种。一种方式是通过glibc库提供的aio_read、aio_write等函数实现，其函数定义如代码清单6-7所示。

代码清单6-7　glibc的AIO函数定义

```
#include <aio.h>
    // 提交读写请求
int aio_write(struct aiocb *aiocbp);
int aio_read(struct aiocb *aiocbp);
// 查询I/O操作的状态
int aio_error(const struct aiocb *aiocbp);
```

这些接口提供了异步I/O的接口，但其内部实现是基于用户态的，利用多线程和同步阻塞I/O的方式工作。这种实现在并发量增大时可能会引起线程数量激增，从而带来一系列问题。

另一种方式是Linux内核提供的AIO函数，这是一种操作系统提供的异步I/O接口，可以有效减轻用户态的压力和资源消耗，其接口定义如代码清单6-8所示。

代码清单 6-8 Linux 的 AIO 函数定义

```
#include <linux/aio_abi.h>
// 创建异步 I/O 的上下文
int io_setup(unsigned nr_events, aio_context_t *ctx_idp);
// 提交异步 I/O 请求
int io_submit(aio_context_t ctx_id, long nr, struct iocb **iocbpp);
// 从完成队列中获取已完成的 I/O 事件
int io_getevents(aio_context_t ctx_id, long min_nr, long nr,
    struct io_event *events, struct timespec *timeout);
// 销毁异步 I/O 的上下文
int io_destroy(aio_context_t ctx_id);
// 取消未完成的异步 I/O 请求
int io_cancel(aio_context_t ctx_id, struct iocb *iocb,
    struct io_event *result);
```

Linux 内核的 AIO 函数提供了真正的系统级别的异步 I/O 支持，但是它存在一些限制，如只支持 Direct I/O 模式、只支持文件的 I/O、只针对读写操作。同时，网络句柄的操作和其他的系统调用都无法复用此机制。此外，Linux AIO 在特殊的场景仍可能发生阻塞，且在灵活性和扩展性方面略显不足。

鉴于上述局限，Linux 重新设计了一套全新的异步机制——io_uring 机制。Linux 5.1 内核引入了 io_uring 机制，它基本上能解决上述 Linux AIO 的问题痛点。io_uring 在设计上是真正的异步，在提交 I/O 时，只把请求放到队列而已，保证不会阻塞调用者。它不仅支持多种 I/O 类型，包括文件和网络 I/O，同时兼容缓冲 I/O 和 Direct I/O。io_uring 在灵活性和扩展性方面表现出色，理论上可以基于 io_uring 框架重构每一个系统调用。

尽管 io_uring 机制前景广阔，但由于它的诞生时间较短，内核版本要求较高，它在生产环境的稳定性和适应性有待进一步验证。

6.4 Linux 的 I/O 模式实现

上面是从接口的语义讨论了阻塞和非阻塞，同步和异步的区别。下面从 Linux 的具体的实现角度，来看几种常见的高级 I/O 模式的实现。

6.4.1 信号驱动 I/O

信号驱动 I/O 模式通过让内核在文件描述符的数据就绪时向应用程序发送信号，从而避免了进程对 I/O 的持续等待。这一模式的工作原理是，应用程序首先通过 sigaction 系统调用注册一个信号处理函数，并将其与文件描述符关联起来。当文件描述符的 I/O 事件就绪时，内核向应用程序的进程发送一个信号，应用程序随后在信号处理函数中执行 I/O 操作。

代码清单 6-9 展示了信号驱动 I/O 的实现。

代码清单 6-9　信号驱动 I/O 的实现

```
#include <stdlib.h>
#include <unistd.h>
#include <fcntl.h>
#include <signal.h>
// 信号处理函数，I/O 就绪之后会调用此函数
void signal_handler(int signum) {
    // 此处省略部分代码
    // 读取数据
    n = read(fd, buffer, buffer_size);
    // 此处省略部分代码
}
int main(void) {
    // 获取文件或网络的文件描述符 fd;
    // 设置 fd 为非阻塞模式
    fcntl(fd, F_SETFL, O_NONBLOCK);
    // 设置信号处理函数（SIGIO 为 I/O 的信号）
    struct sigaction sa;
    memset(&sa, 0, sizeof(sa));
    sa.sa_flags = 0;
    sa.sa_handler = signal_handler;
    sigaction(SIGIO, &sa, NULL);
    // 设置文件描述符的所有者为当前进程
    fcntl(fd, F_SETOWN, getpid());
    // 设置异步通知，允许文件描述符接收 SIGIO 信号
    fcntl(fd, F_SETFL, fcntl(fd, F_GETFL) | FASYNC);
    // 此处省略部分代码
}
```

信号驱动 I/O 的核心关键步骤如下：

- 设置文件描述符为非阻塞模式。
- 使用 fcntl 系统调用，将文件描述符的所有者设为当前进程。
- 使用 sigaction 系统调用来设置一个信号处理函数，该函数将在收到 I/O 就绪信号时被调用。
- 使用 fcntl 启用 F_SETFL 标志的 O_ASYNC 选项，允许文件描述符接收 SIGIO 信号。

在实际应用中，信号驱动 I/O 模式并不常见，主要是由于它的复杂性和多线程环境下的限制。信号可能会中断进程中非原子操作，引发竞态条件，特别是在大量 I/O 发生时，信号处理可能造成显著的性能负担。因此，我们通常会采用更高效的技术，如 I/O 多路复用。信号驱动 I/O 模式通常作为一些特定场景下的备选方案。

6.4.2　Linux 的异步 I/O

Linux 的异步 I/O 机制在前文中已进行了初步探讨。Linux 内核提供了原生的异步 I/

O 的实现，让开发者能够利用这一机制进行异步化编程。代码清单 6-10 展示了如何使用 Linux 的异步 I/O 进行数据的读写。

代码清单 6-10 Linux 的异步 I/O 读写示例

```
#include <stdio.h>
#include <stdlib.h>
#include <fcntl.h>
#include <unistd.h>
#include <string.h>
#include <libaio.h>
#define FILE_NAME "example.txt"
#define BUFFER_SIZE 1024
int main(int argc, char *argv[]) {
    io_context_t ctx;
    struct iocb cb;
    struct iocb *cbs[1];
    struct io_event events[1];
    int fd, ret;
    void *buf;
    // 分配地址按照 4KiB 对齐内存
    if (posix_memalign(&buf, 4096, BUFFER_SIZE)!= 0) {
        perror("posix_memalign error");
        return -1;
    }
    // 初始化异步 I/O 上下文
    memset(&ctx, 0, sizeof(ctx));
    if (io_setup(1, &ctx) != 0) {
        return -1;
    }
    // 打开文件
    fd = open(FILE_NAME, O_RDONLY | O_DIRECT);
    if (fd < 0) {
        perror("open error");
        io_destroy(ctx);
        return -1;
    }
    // 准备异步读操作的控制块
    io_prep_pread(&cb, fd, buf, BUFFER_SIZE, 0);
    cbs[0] = &cb;
    // 提交异步读请求
    if (io_submit(ctx, 1, cbs) != 1) {
        io_destroy(ctx);
        close(fd);
        return -1;
    }
    // 等待异步读操作完成
    ret = io_getevents(ctx, 1, 1, events, NULL);
    if (ret != 1) {
        io_destroy(ctx);
        close(fd);
```

```
        return -1;
    }
    // 打印读到的结果
    if (events[0].res2 == 0) {
        printf("Read %lld bytes from file: %s\n", events[0].res, buf);
    } else {
        printf("Read failed\n");
    }
out:
    io_destroy(ctx);
    close(fd);
    return 0;
}
```

通过上述代码，我们可以了解到 Linux 的异步 I/O 编程的核心步骤如下：

- 使用 O_DIRECT 标志打开文件。
- 使用 posix_memalign 函数分配地址对齐的内存块。
- 通过 io_setup 初始化异步 I/O 的上下文结构。
- 使用 io_prep_pread 构造读取请求。
- 使用 io_submit 提交 I/O 请求，提交完成之后，读请求传递到内核。此时控制权返回给应用程序，内核开始异步执行 I/O 操作。
- 后续使用 io_getevents 来获取 I/O 完成的情况并处理结果。
- 最后，使用 io_destroy 来清理掉已分配的资源。

Linux 的异步 I/O 可以做到 I/O 请求聚合，然后批量提交给内核处理。这对 I/O 的性能也是有益的。它让用户态的程序释放出来，这样可以大幅提升并发能力。但是它确实是有一些限制条件和缺点，通常也是可以解决和容忍的。Linux 的异步 I/O 被广泛应用，特别是在数据库领域，或者需要超高并发的场景下。

6.4.3　I/O 多路复用

I/O 多路复用（I/O Multiplexing）是一种允许单个线程同时监控多个文件描述符，以检查它们是否可以执行 I/O 操作的技术。一旦某个文件描述符处于就绪状态，通过多路复用的相关调用就能迅速通知应用程序，使其可以立即执行相应的读写操作。这种模式能显著提高程序在处理多个 I/O 流的效率，尤其是在网络通信的场景中，处理多个网络 I/O 的文件描述符时尤为常见。

在 Linux 环境中，常见的 I/O 多路复用的系统调用包括 select、poll 和 epoll，它们各自有着不同的性能特点和适用场景。通过利用 I/O 多路复用技术，开发者可以在单线程中实现 I/O 操作的并发执行，从而以较小的资源开销实现更高的并发能力。这在管理大量网络连接的情况下尤为有益，形成了与多线程和多进程并发模型的鲜明对比。第 7 章将深入探讨 I/O 多路复用的工作原理和应用方法。

6.5 本章小结

本章深入探讨了多种I/O模式的概念和实现。首先，我们从I/O的接口层面，区分了调用者和执行者两个角色，从不同角色的视角介绍了I/O模式的基本分类，包括阻塞式I/O、非阻塞式I/O、同步I/O以及异步I/O，这些模式在现实应用中各有优缺点，适用于不同的场景和需求。

接着分析了Linux支持的几种特殊的I/O模式，包括信号驱动I/O、Linux AIO和I/O多路复用技术等，这些多样性的技术为开发者提供了更广阔的选择空间。我们对Linux支持的几种异步I/O模型进行了细致的讨论，对比了POSIX AIO和Linux AIO和io_uring机制的实现和优缺点。

在对比不同I/O模式的同时，我们还探讨了它们在现代操作系统中的实现方式，以及开发者如何根据应用场景选择合适的I/O模型。例如，对于处理大量并发连接的网络服务来说，选择I/O多路复用的技术可能更加适宜。

总之，本章内容为读者提供了关于Linux的I/O模式的全面视角，从基本概念到深入分析，再到实际应用，旨在帮助读者更好地理解和运用这些高级技术来优化和提升自己的程序性能。

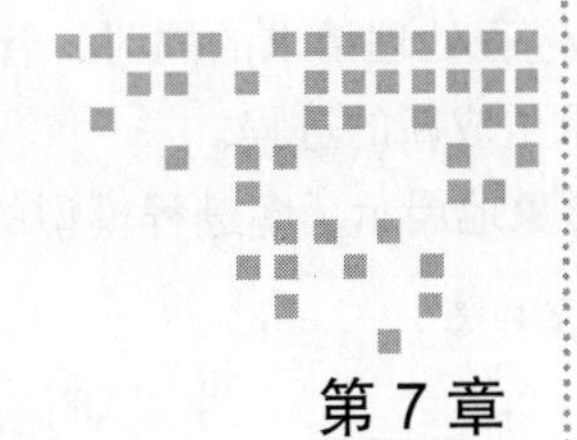

第 7 章 Chapter 7

并发 I/O 模型

在服务端编程领域，程序往往面临着同时处理众多客户端请求的挑战。这一挑战不仅考验了服务端应用的设计，而且也直接体现了系统的吞吐能力。

本章将详细探讨实现 I/O 并发的多种策略，常见的主要有：多进程模型、多线程模型、协程模型和 I/O 多路复用模型。每种模型都有其适用场景和性能特点，选择正确的并发 I/O 模型，对于开发高性能的服务端应用至关重要。

7.1 多进程模型

进程是操作系统中资源分配和调度的基本单位。在并发编程领域，采用多进程模型来实现任务的并发执行是一种最基础且直接的方式。

以网络 I/O 场景为例，如果服务器需要支持多个客户端的并发请求，那么就要使用多进程模型。服务端接收 I/O 请求时，如果使用同步阻塞的 I/O 模式，进程一旦因处理某个 I/O 而导致阻塞，就无法执行其他指令了。这时还有其他进程可以继续处理指令，从而保证 I/O 并发请求的处理能力。

下面看一下多进程模型如何实现并发请求的处理：

1）要有一个管理进程，它的职责是监听一个特定端口，循环检测客户端的连接请求。

2）当客户端发起连接时，管理进程通过 Accept 系统调用获取一个 socket 文件描述符。此时，为了同时处理该请求并确保管理进程不阻塞，管理进程会通过 Fork 系统调用产生一个子进程处理客户端请求。

3）子进程通过同步阻塞 I/O 模式来进行读写操作。客户端和服务端通过 socket 进行双向通信，服务端接收数据，处理后向客户端发送响应数据。

4）在子进程处理请求的同时，管理进程仍继续监听其他客户端的请求，并以相同的方式为新的请求生成新的进程。

图 7-1 形象地展示了多进程模型的流程。

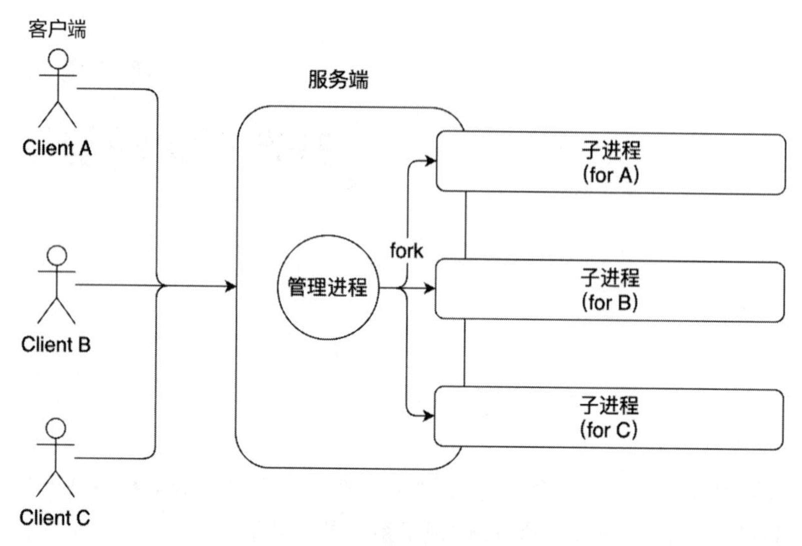

图 7-1 多进程模型的流程

在多进程并发模式下，每个并发请求由独立的进程处理，因此并发能力直接受限于进程的数量。但进程对资源消耗较大，随着进程数量的上升，系统在进行进程调度时的开销也会随之增大，性能会显著下降。在多进程模型下，C10K 问题（单机 1 万并发问题）成为一个难以逾越的障碍。在这种情况下，单机的处理能力显然是非常有限的，要想提升系统的整体处理能力，只能通过增加更多的服务器来分摊负载，这无疑会带来更高的成本。

7.2 多线程模型

在并发编程中，尽管多进程模型能有效地隔离任务，提供并发能力，但其资源消耗及调度开销十分庞大。这是因为用 Fork 系统调用创建子进程的时候，需要创建完整的地址空间、全局变量、文件描述符等一系列资源。线程作为一个轻量级的执行单元被广泛应用，新建的线程与父进程共享内存空间和其他资源，减少创建和管理资源的开销，因此线程调度比进程调度要更高效。

线程的创建可以通过 pthread_create 函数实现（底层对应 Clone 的系统调用），同一个进程内的线程可以共享该进程的地址空间和文件描述符等资源，从而大幅降低资源消耗。

多线程的工作流程和多进程模式类似，具体流程描述如下：

1）服务端维护一个主管理线程，负责监听端口，以便接收客户端的连接请求。

2）当客户端的请求达到后，通过 Accept 系统调用返回一个 socket 的文件描述符，随后使用 pthread_create 函数创建一个子线程。

3）客户端的请求在子线程中处理，子线程通常以同步阻塞 I/O 模式读写数据。客户端与服务端通过 socket 完成通信交互。

4）在子线程处理客户端请求的同时，管理线程仍然监听并接收其他客户端的请求，并以相同的方式为新的请求生成新的线程。

图 7-2 形象地展示了多线程模型的流程。

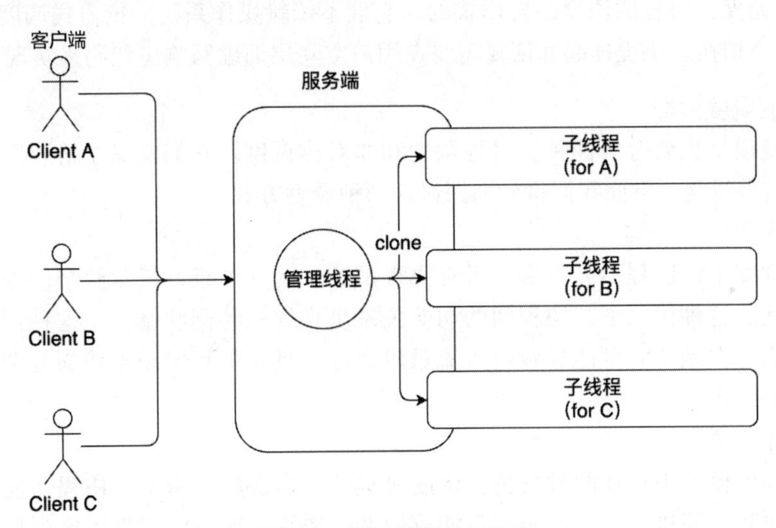

图 7-2　多线程模型的流程

线程虽然比进程更加轻量，但是线程的频繁创建与销毁同样会带来不必要的资源消耗。我们通常采用线程池技术缓解这一问题。线程池通过预先创建并维护一定数量的工作线程，当 I/O 请求到来时，线程池便从中获取一个空闲的线程来处理，执行完 I/O 请求之后这个线程不会被销毁，而是放回线程池中。这种方法有效规避了线程的频繁创建与销毁，节省了系统资源。在多线程模型下，系统能够支撑的并发数取决于线程数，由于线程数量过多也会增加资源消耗，因此 C10K 问题对于多线程模型也是一个难以逾越的障碍。

7.3　协程模型

协程（coroutine）常被称为微线程、轻量级线程，是比线程更细粒度的执行单元。协程本质上是一种控制结构，它支持从多个入口点执行挂起（yield）和恢复（resume），还能在不同协程间转移控制权。

7.3.1　基本原理

协程模型的核心在于通过显式控制程序执行的上下文来调度任务。它体现一种协作式、多任务的处理方式，为任务提供并发性。为了实现协程，需要采取以下关键措施。

- 上下文切换：协程需要保存当前执行的状态（包括程序计数器、寄存器集合、堆栈信息等），并在挂起时将控制权转移给另一个协程。通常涉及将当前协程的状态保存至数据结构，并恢复另一个协程的状态继续执行。
- 堆栈管理：每个协程通常拥有独立的堆栈，该堆栈用于存储局部变量和跟踪函数调用。在协程之间切换时，需要能够管理和切换这些独立的堆栈。
- 协作调度：协程的调度是协作式的，它们不依赖操作系统的抢占式调度器就能进行上下文切换。协程挂起和恢复需要在用户空间层面编写响应代码来实现。

1. 协程的调度模型

协程调度模型主要分为两种：对称调度和非对称调度。它们定义了协程间切换的行为和控制流的转移机制。下面我们将分别探讨这两种调度方式。

（1）对称调度

在对称调度中，协程不分主次，所有协程都处于同一层级，任意两个协程之间都可以直接进行切换。这种模式下，协程间的切换关系呈现为一种网状结构，这种调度方式的优点是灵活性高。但是，它可能导致控制流难以跟踪，且在编程实现上较为复杂。对称调度模型如图 7-3 所示。

（2）非对称调度

非对称调度模型中存在两种角色：调度协程和工作协程。所有的协程切换只能在调度协程和工作协程之间进行。工作协程只能返回调度协程，而不能直接切换到另一个工作协程。这种调度方式形成了一种类似星形的结构，如图 7-4 所示。

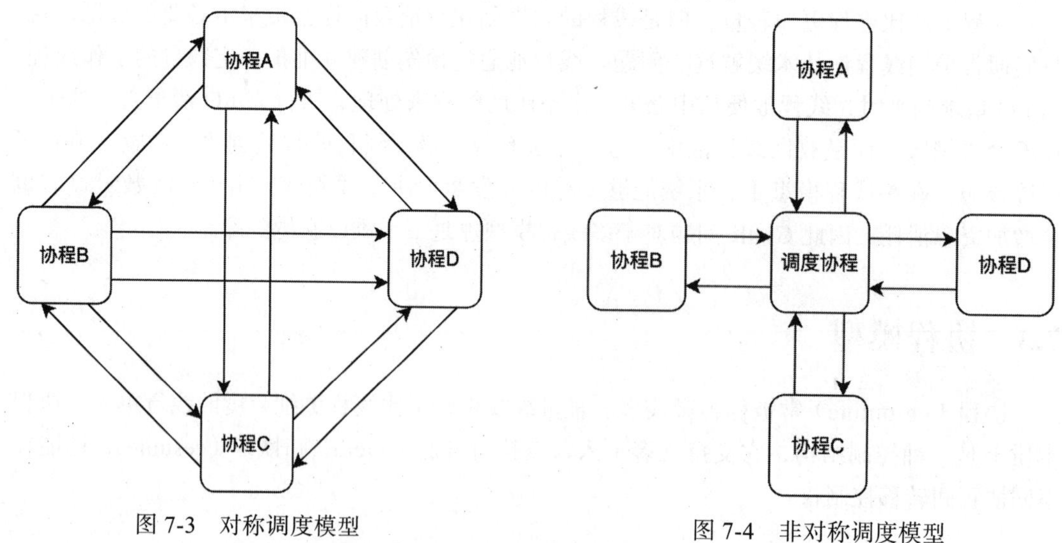

图 7-3 对称调度模型　　图 7-4 非对称调度模型

非对称调度方式简化了控制流的管理，使控制流更容易理解和追踪。由于程序逻辑更为直接，编程模型更易于理解，从而降低了代码的复杂度。另外，在资源管理、时序控制以及协程锁等实现方面，非对称调度方式更方便。

2. 协程的实现细节

接下来通过一个具体的例子来探讨非对称调度的协程实现，从而帮助读者理解实现协程执行和切换的基本步骤。实现协程调度时，有几个关键要素。

- 执行线程：需要线程来运行代码逻辑。
- 协程结构：需要抽象设计出协程结构，用于保存执行上下文。
- 队列：用于存放协程结构。新建的协程会入队，执行时会从队列取出协程并运行。
- 调度协程：调度协程负责从队列中取出协程结构，并切换到协程中执行任务。工作协程可以主动挂起，把执行权交回给调度协程。任何执行权的切换都只在调度协程和工作协程之间进行。

假设现在已经准备好了队列、调度协程、执行线程，来看一个简易的协程调度示例，如图7-5所示。

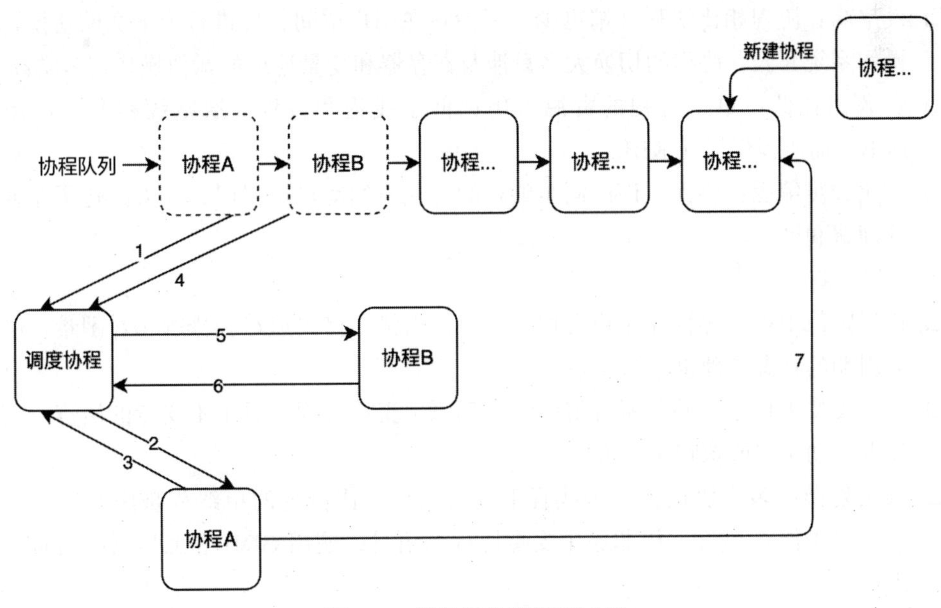

图7-5　简易的协程调度示例

协程调度示例描述如下。

1）调度协程从协程队列中取出协程A的结构。对应路径为1。

2）调度协程切换到协程A执行任务。在执行过程中，若协程A遇到需要等待的事件，它会保存当前上下文，并设置好唤醒条件，随后将控制权交还给调度协程，使控制流重新回到调度协程。对应路径为2、3。

3）当控制权回到调度协程后，调度协程会继续从协程队列中取出下一个协程B来执行任务，任务完成后控制流再次切回到调度协程。对应路径为4、5、6。

此时，协程 A 等待的事件终于准备就绪，相关的回调函数会将其重新加入到协程队列的末尾，对应路径为 7。

此后，等调度协程取到协程 A 的结构，会重新切回协程恢复执行。

3. 协程的特点

协程通常与非阻塞 I/O 结合使用，并经常搭配 epoll 等事件池机制，最大限度地利用 CPU 资源。以网络 I/O 为例，网络文件描述符通常设置成非阻塞模式。当网络文件描述符无数据时，I/O 操作不会导致线程阻塞，仅挂起当前协程，并将文件描述符放入事件池，等待其可读事件。随后调度器会执行另一个协程，确保线程能够持续运行，避免不必要的等待。一旦网络文件描述符出现可读事件，相应的协程就会被回调函数唤醒。

协程作为一种用户态协作式的调度模型，有着显著的优势和一定的局限性。以下是协程的一些主要优势和局限性。

（1）优势

- 效率高：协程相比线程开销更少，因为它在用户空间直接进行上下文的切换，无须操作系统介入。协程的切换大多只涉及寄存器和变量地址的赋值操作，非常高效。
- 资源消耗低：单个协程的资源占用远低于线程和进程。通常线程资源占用为几 MiB，而协程仅需几 KiB。
- 简化异步编程：协程允许以同步编程的方式来编写异步代码，大大简化了业务代码的理解和维护。

（2）局限性

- 错误跟踪困难：协程在用户态切换，一旦出错，错误追踪和排查相对困难，协程生命周期的状态管理也较为复杂。
- 语言支持不普遍：并非所有编程语言都原生支持协程。对于不支持的语言，需要开发者手动实现或依赖第三方库。
- 调试复杂：多个协程在一个线程上交替执行，比传统的单线程顺序调试困难。特别是对于像 C 语言这样非原生支持协程的语言，使用 GDB 等工具调试的时候非常困难。

现代编程语言（如 Python、Go 和 Kotlin）在语言层面提供了协程的支持，内置了协程结构和关键字，并由语言运行时负责处理底层的复杂细节，让开发者能够更加简洁地编写相关代码。而在 C 语言这样的环境中，开发者则需要自行管理协程上下文的保存和切换，相对来说更具挑战性。

7.3.2 Go 语言的 Goroutine

在协程技术的应用领域，Go 语言堪称典范。其协程实现（即 Goroutine）为开发者提供了一种轻量级的并发机制，能够轻松实现超高的网络并发能力。在 Go 语言编程实践中，开发者所有操作都是在Goroutine上进行的。

Go语言采用GMP的调度模型来管理Goroutine。GMP的含义如下。

- Goroutine(G): Goroutine是Go语言的协程，是并发的基本单位。与传统线程相比，Goroutine更加轻量级，创建和销毁的开销远小于线程。在Go语言中可以轻松地创建成千上万个Goroutine。
- Machine (M): Machine代表物理线程，负责执行Goroutine中的代码。每个Machine在执行Goroutine之前，都必须绑定一个Processor。同一时间，一个Machine只能执行一个Goroutine。
- Processor(P): Processor是一个逻辑概念，其数量通常与程序可用的CPU核数相等。在Go语言中，Processor可以视作存放Goroutine的队列。Machine从Processor中获取Goroutine以执行相关任务。

实际上，Go语言的GMP的调度原理和7.3.1节提到的非对称式的协程调度模式是一致的，但它在处理性能、扩展性以及错误检测等方面做了更细致的优化。

下面以Go语言编写的网络请求处理程序为例，具体的流程描述如下：

1）服务端维护一个主Goroutine，使用net包的Listen函数初始化一个net.Listener实例，从而创建监听端口，准备接收来自客户端的连接请求。

2）当客户端发送请求时，服务端通过net.Listener实例的Accept方法，获取一个net.Conn实例，代表一个客户端的连接。然后服务端使用go关键字创建一个新的Goroutine来处理这个客户端连接。

3）客户端的请求在这个新的Goroutine得到处理。这个Goroutine通过net.Conn实例的Read和Write方法进行数据的传输。值得注意的是，尽管net.Conn的Read和Write方法是同步阻塞的语义，但Go语言在底层与操作系统交互时采用的是非阻塞I/O的方式。

4）在这个新的Goroutine处理客户端请求的同时，主Goroutine继续监听并接收其他客户端的请求，并以相似的方式为每一个新的请求创建新的Goroutine。

从用户使用方式的角度来看，Go语言中的并发使用方式与传统的多进程和多线程模型相差无几，甚至更为简单。用户在使用中几乎感受不到协程调度的复杂性。这主要得益于Go语言在语言层面上对协程的精心封装。

7.4 I/O多路复用

面对C10K问题或C10M等高并发挑战，传统的多进程和多线程并发模式常因资源消耗大而难以胜任。为了突破单机并发能力的瓶颈，除了提升硬件能力，软件架构的优化也尤为关键。考虑到传统并发模式的并发能力受限于进程和线程的数量，用单线程来实现I/O操作的并发策略是一种效能倍增的优化策略。这正是I/O多路复用的应用场景。

I/O多路复用与传统并发模型不同，它可以通过单线程实现I/O的并发处理。在单线程中，我们使用I/O多路复用器把众多的I/O文件描述符集中管理。尽管任意时刻只能处理单一请求，但众多文件描述符在处理时间上有错位，当线程遇到某个I/O条件未就绪的情况时（如网络读操作时数据尚未到达，或网络写操作时缓冲区已满），不会因此阻塞等待，而是可以处理其他I/O请求。等到I/O多路复用器发现该请求的数据就绪之后，线程能迅速恢复该请求的上下文并继续处理。如此循环，使单线程在1s内能处理多个I/O请求，从而实现对这一线程的高效复用，大幅提升了资源的利用率。

> 提示 并发处理和并行处理是不同的概念。并发处理是指一段时间内处理多个请求，并行处理则是指同一时刻处理多个请求。深刻理解时间段与时间点之间的差异，对于掌握并发编程至关重要。

图7-6展示了I/O多路复用的简单示意图。

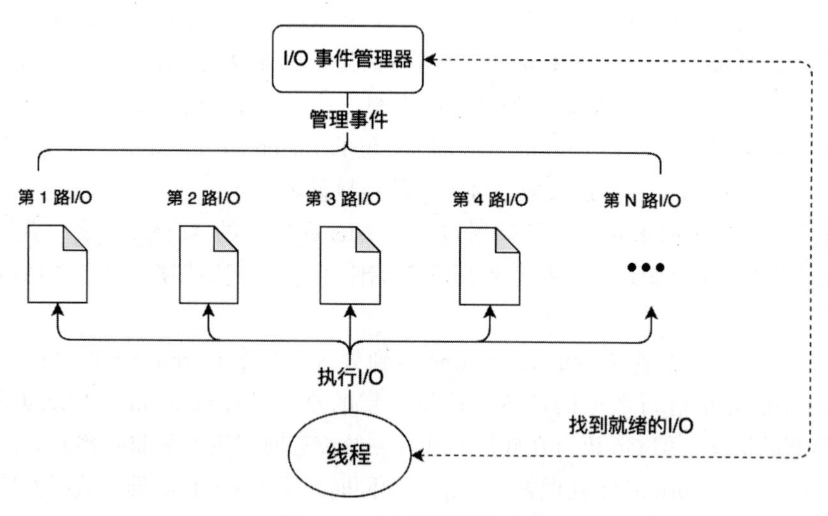

图7-6 I/O多路复用示意

I/O多路复用模式的能力确实强大，但它对并发编程的开发者提出了更高的要求。为了确保高效的并发处理能力，必须做到以下几点：

1）确保所有的I/O操作都是非阻塞的。例如，网络I/O需要设置成非阻塞的模式，以实现同步非阻塞的运行方式。

2）合理处理多种异常，并确保能够准确地保存和恢复当前线程所处理的I/O请求的上下文信息。

3）集中管理多路的I/O的文件描述符。

4）当单线程管理多路I/O的文件描述符时，必须能够迅速且精准地识别哪些I/O数据已经就绪。

使用I/O多路复用器（亦称I/O事件管理器）可以完成上述第3、4点，一般由操作系统提供支持。在Linux平台上，有select、poll和epoll 3种强大的I/O事件管理机制，分别对应 Linux 系统中的多个系统调用。它们都能够监控多个 I/O 文件描述符的事件，但在执行效率和资源消耗方面有些许差异。接下来将我们深入探讨 select、poll 和 epoll 这 3 种机制的内在原理以及它们的应用场景。

7.4.1 select

select 是 Linux 提供的一个事件管理机制，对应 select 系统调用（代码在 fs/select.c）。使用 select 时，开发者需要将一组文件描述符传递至 Linux 内核，内核负责判断这些文件描述符上是否有读写事件。具体来说，内核将遍历这文件描述符集合，筛选出发生事件的文件描述符并且把它们标记出来，最后将这些信息复制回用户空间。因此，用户需要再次遍历的这个集合以找出可进行读写的文件描述符。

从上述描述中可以看出，select 机制涉及 2 次复制和 2 次遍历操作，具体如下：

- 一次复制是从用户态到内核，发生在 select 参数的传递时；另一次复制是从内核态复制到用户态，发生在 select 调用返回响应时。
- 一次遍历发生在内核循环处理文件描述符集合，通过这种方式查找哪些文件描述符有 I/O 事件。另一次遍历发生在用户态，通过遍历找到有 I/O 事件的文件描述符。

select 机制的一个限制在于它使用一个固定大小的数组来管理文件描述符集合，默认上限由 FD_SETSIZE 常量定义，通常为 1024。这意味着它能够处理的文件描述符数量有限。select 函数的定义如代码清单 7-1 所示。

代码清单 7-1　select 函数的定义

```
#include <sys/select.h>
int select(int nfds, fd_set *readfds, fd_set *writefds,
    fd_set *exceptfds, struct timeval *timeout);
```

代码中的 nfds 是待监控的文件描述符集合的最大值加 1，readfds、writefds、exceptfds 为指向 fd_set 结构体的指针，分别代表可读、可写、异常事件发生的文件描述符集合。timeout 参数则设定了 select 函数的超时时间。fd_set 结构体的本质是一个位（bit）数组，每一个位可以代表一个文件描述符，用 0 或 1 表示该描述符上是否有事件发生。系统库头文件还提供了一些宏定义以方便操作，如代码清单 7-2 所示。

代码清单 7-2　select 相关宏操作

```
#include <sys/select.h>
// 初始化 fd_set 数组（将 fd_set 数组位全部设置为 0）
int FD_ZERO(int fd, fd_set *fdset);
// 从 fd_set 中清除特定的文件描述符（将对应位置设置为 0）
int FD_CLR(int fd, fd_set *fdset);
// 向 fd_set 中添加特定的文件描述符（将对应位置设置为 1）
int FD_SET(int fd, fd_set *fd_set);
// 检查 fd_set 中特定的文件描述符是否被设置为 1
int FD_ISSET(int fd, fd_set *fdset);
```

使用 select 函数时，需要先使用 FD_SET 宏将要监听的文件描述符添加到 fd_set 集合中，然后调用 select 函数来等待内核通知我们事件的发生。一旦 select 系统调用返回，就可以使用 FD_ISSET 宏逐个检查文件描述符，以确定哪些文件描述符有读写事件，然后执行相应的读写操作即可。

例如，假设现在有 4 个 Socket 连接，其文件描述符分别为 3、4、5、6。我们用 select 函数监听这几个文件描述符，如代码清单 7-3 所示。

代码清单 7-3 select 使用示例

```
nt max_fd = 6;
fd_set fds_bitmap;
// 设置监听的文件描述符
for (i=3; i<=max_fd; i++) {
    FD_SET(i, &fds_bitmap);
}
// 调用 select 系统调用，等待事件发生
ret = select(max_fd+1, &fds_bitmap, NULL, NULL, NULL);
//此处省略部分代码
// 检查哪些文件描述符发生了事件
for (i=3; i<max_fd; i++) {
    if (FD_ISSET(i), &fds_bitmap) {
        // 读取数据操作
        ret = read(i, /* 参数省略 */);
    }
}
```

在这个例子中，假设文件描述符 3、6 有数据到来，触发了可读事件。select 调用就会返回，在返回时，fd_set 中对应文件描述符 3 和 6 的位置会被设置为 1，表示这两个文件描述符有 I/O 事件发生。我们通过图 7-7 形象化地表现这个过程。

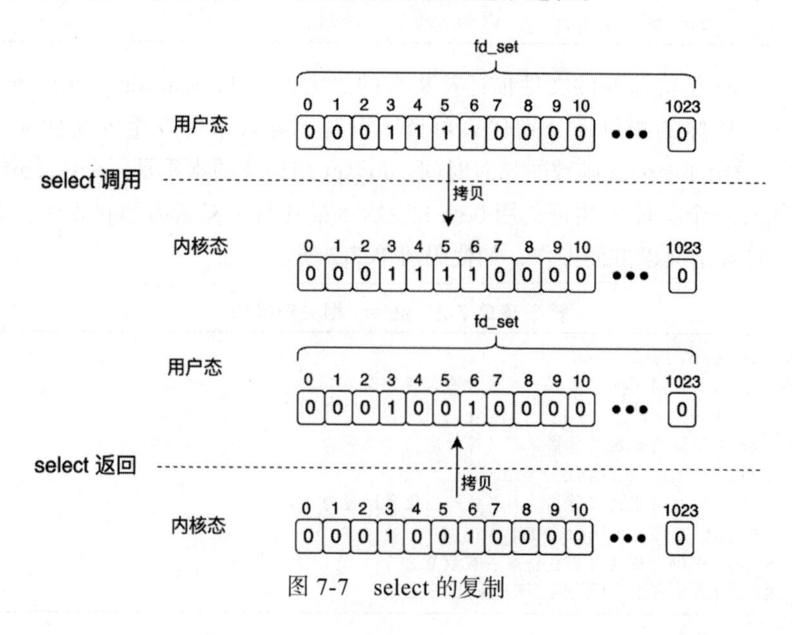

图 7-7 select 的复制

select 的优点在于其广泛的支持度和简单的使用方式，几乎所有的操作系统都提供了对它的支持。然而，select 也有它的缺点，比如因为频繁的内存复制，导致 CPU 和内存资源的双重负担，造成资源浪费和性能的降低。此外，select 需要通过多次轮询的方式来检测文件描述符状态，并且它最多仅能处理 1024 个文件描述符，在处理大量文件描述符时效率较低。

7.4.2　poll

poll 是 Linux 提供的另一个事件管理机制，与 select 在本质上基本相同，都需要在用户态和内核态之间复制数据，并通过遍历的方式来处理和检测文件描述符。poll 函数的定义如代码清单 7-4 所示。

代码清单 7-4　poll 函数的定义

```
#include <poll.h>
// 系统调用
int poll(struct pollfd *fds, nfds_t nfds, int timeout);
// pollfd 结构体
struct pollfd {
    int   fd;              // 文件描述符
    short events;          // 监听的事件
    short revents;         // 返回的事件
};
```

在 poll 函数的使用中，参数 fds 是指向一个 pollfd 结构体数组的指针。nfds 表示该数组长度。timeout 用于指定阻塞的超时时间，当 timeout 为 -1 时意味着函数将无限期阻塞直到有事件发生。

poll 系统调用的内核实现也是通过遍历的方式来处理文件描述符，一旦发现文件描述符有事件就绪，就可以返回结果，通知用户进程。代码清单 7-5 展示了 poll 的使用方式。

代码清单 7-5　poll 使用示例

```
// 分配 pollfd 结构体数组
struct pollfd fds[MAX_FDS];
// 初始化 pollfd 结构体数组
// 调用 poll
ret = poll(fds, MAX_FDS, -1);
// 遍历描述符，检查事件
for (i=0; i < MAX_FDS; i++) {
    // 检查 fds[i].revents 字段，我们就可以知道发生了什么 I/O 事件
}
```

poll 和 select 都可以用来集中监控多个文件描述符，检查它们的 I/O 事件。它们的核心实现和使用方式是非常类似的。但 select 最大只能管理 1024 个文件描述符，poll 则通过动态数组和内核中的链表机制突破了这个限制。随着监控的文件描述符数量的增加，无论是

poll 还是 select，都会因为频繁的数据遍历以及用户态与内核态之间的数据复制而产生性能负担。

7.4.3 epoll

epoll 是 Linux 系统中一种高效的事件管理机制，与 select 和 poll 相比，它不仅在使用方式上有所不同，其系统内部实现也完全不同。epoll 机制以其资源占用低和性能优异而著称。

epoll 机制通过多个系统调用来管理文件描述符集合，包括 epoll 的创建、文件描述符的管理（增加、删除、修改）以及事件的监听，相关系统调用的定义如代码清单 7-6 所示。

代码清单 7-6 epoll 相关函数的定义

```
#include <sys/epoll.h>
// 创建 epoll 池实例
int epoll_create(int size);
// 管理 epoll 池实例中的文件描述符
int epoll_ctl(int epfd, int op, int fd, struct epoll_event *event);
// 等待事件发生
int epoll_wait(int epfd, struct epoll_event *events, int maxevents, int timeout);
```

各系统调用的功能概述如下。

1）epoll_create：创建 epoll 池实例，用于管理众多文件描述符。其参数 size 在早期用于向内核提示预期监听的文件描述符数量，但并非作为一个硬性限制。当前该值的实际意义不大，因为内核会动态地调整数据结构的大小，只需要一个大于等于 0 的值即可。

2）epoll_ctl：用于管理文件描述符，包括在 epoll 池里添加、修改、删除文件描述符。

- 参数 epfd：是 eventpoll 文件描述符。
- 参数 op：指定了操作的类型，可选的有：添加（EPOLL_CTL_ADD）、修改（EPOLL_CTL_MOD）、删除（EPOLL_CTL_DEL）。
- 参数 fd：是待操作的文件描述符，参数 event 定义了要监听的事件类型。

3）epoll_wait：监听 epoll 池中的文件描述符的 I/O 事件。

- 参数 epfd：是 eventpoll 文件描述符。
- 参数 events：是一个事件数组，在函数返回时会被填充为已经就绪的事件。
- 参数 maxevents：指明最多返回多少个事件，这个值必须大于 0。
- 参数 timeout：指定等待 I/O 事件发生的超时时间（毫秒）。如果设置为 -1，标识将无限期等待。如果设置为 0，则立即返回，不管 I/O 是否准备就绪。

在 select 和 poll 的运行机制中，每次调用都是孤立的事件，不会保留上一次操作的任何状态信息。因此，每当它们被调用时，必须重新指定全部参数，并且内核需要对传入的参数重新处理，这种做法导致了大量的重复工作。而 epoll 采用了一种具有状态保持的设计方案，它通过创建一个epoll的管理结构作为起点，继而在这个结构的基础上执行后续操作，避免了重复工作。接下来将进一步了解epoll的具体使用技巧。

1. epoll的使用技巧

下面以一个网络服务端的实现为例，展示网络I/O请求的处理过程。

（1）创建epoll池

使用epoll的第一步是通过epoll_create函数创建一个Linux的特殊文件，并获取该文件的文件描述符。这个文件的类型为eventpoll，属于匿名文件的一种，也就是说它并没有挂载在Linux全局文件系统的目录树中，因此我们无法通过常规的路径访问。但我们可以通过打开该文件的进程找到它，在/proc/[pid]/fd/目录下可以找到对应anon_inode:[eventpoll]的句柄文件。

eventpoll文件的核心功能是管理一个庞大的文件描述符集合以及这些文件描述符上发生的事件，并且允许用户快速地增加、删除、修改该集合内的指定的文件描述符。这个eventpoll类型的文件通常也简称epoll池。

创建epoll池的方法如代码清单7-7所示。

代码清单7-7 epoll_create使用示例

```
epollfd = epoll_create(1024);
if (epollfd == -1) {
    exit(EXIT_FAILURE);
}
```

（2）epoll池管理文件描述符

在编程实践中，可以通过eventpoll的文件描述符与epoll池进行交互，执行诸如添加、删除、修改文件描述符的操作。

代码清单7-8展示了如何将一个socket的文件描述符添加到epoll池。

代码清单7-8 epoll_ctl使用示例

```
// 创建socket
listen_fd = socket(AF_INET, SOCK_STREAM, 0);
if (listen_fd == -1) {
    exit(EXIT_FAILURE);
}
// 初始化网络地址信息
memset(&server_addr, 0, sizeof(server_addr));
server_addr.sin_family = AF_INET;
server_addr.sin_addr.s_addr = INADDR_ANY;
server_addr.sin_port = htons(8080);
// 绑定端口8080
if (bind(listen_fd, (struct sockaddr *)&server_addr, sizeof(server_addr)) == -1) {
    exit(EXIT_FAILURE);
}
// 将socket设置为监听模式
```

```
if (listen(listen_fd, 10) == -1) {
    exit(EXIT_FAILURE);
}
// 设置 socket 为非阻塞模式
setnonblocking(listen_fd);
// 设置监听事件类型为 EPOLLIN (可读事件)
ev.events = EPOLLIN;
ev.data.fd = listen_fd;
// 将 socket 文件描述符添加到 epoll 事件监听池
if (epoll_ctl(epoll_fd, EPOLL_CTL_ADD, listen_fd, &ev) == -1) {
    exit(EXIT_FAILURE);
}
```

在上述代码中，我们首先创建了一个监听 socket，并将其绑定 8080 端口。随后，我们将该 socket 配置为非阻塞模式，并添加到 epoll 池，监听它的可读事件。对监听而言，socket 的可读事件就意味着新的客户端的连接请求。

（3）监听 epoll 池的文件描述符事件

在完成对监听 socket 的注册之后，我们就可以利用 epoll_wait 函数来监听 epoll 池中的文件描述符集合，并等待事件发生。一旦有事件发生，epoll_wait 函数就会被唤醒并返回，其返回值是一个整数，代表发生事件的文件描述符的个数。接下来，通常的做法是通过一个循环结构来连续处理 I/O 请求。代码清单 7-9 展示了 epoll_wait 函数的使用示例。

代码清单 7-9 epoll_wait 函数的使用示例

```
// 服务端的循环主体
for (;;) {
    // 等待事件发生
    // 事件可能是 listen_fd 上有新的连接，或者是其他已连接的 socket 上有数据到来
    n = epoll_wait(epoll_fd, events, MAX_EVENTS, -1);
    for (i = 0; i < n; i++) {
        if (events[i].data.fd == listen_fd) {
            // 场景一：新的连接请求
            while ((conn_sock = accept(listen_fd, NULL, NULL)) > 0) {
                setnonblocking(conn_sock);
                ev.events = EPOLLIN | EPOLLET;
                ev.data.fd = conn_sock;
                // 将新的 fd 添加到 epoll 的监听队列中
                if (epoll_ctl(epoll_fd, EPOLL_CTL_ADD, conn_sock, &ev) == -1) {
                    exit(EXIT_FAILURE);
                }
            }
            continue;
        } else {
            // 场景二：已连接的 socket 有数据到来
            // 读取客户端发送过来的数据
            count = read(events[i].data.fd, buf, sizeof buf);
            if (count == -1) {
                // 此处省略部分代码
```

```
            } else {
                // 把数据写回客户端
                write(events[i].data.fd, buf, count);
            }
        }
    }
}
```

在这个示例中，服务端持续监听I/O事件。当有新的客户端连接请求时，负责监听socket的listen_fd会触发一个可读事件。此时，我们使用accept函数来获取conn_sock socket的文件描述符。新的连接socket conn_sock也需要设置成非阻塞模式，然后把conn_sock socket添加到epoll池。后续当客户端向服务端发送数据时，对应的conn_sock会触发可读事件，这时的处理逻辑是读取数据，然后将处理后的数据回写给客户端，完成一个简单的响应服务。

接下来继续探讨epoll在Linux内核的实现原理及其高效运作的细节。

2. epoll的内部实现

epoll高效之处在于它完美地解决了select/poll机制中的关键痛点。与这些传统模型不同，epoll避免了不必要的数据复制和无效的遍历操作。当从epoll_wait返回时，我们得到的一定是真正触发了事件的文件描述符。epoll运用了高效的数据结构来管理文件描述符集合，这些数据结构提升了增加、删除以及修改文件描述符操作的性能。

接下来将逐一探索epoll_create、epoll_ctl和epoll_wait这些关键的系统调用在Linux内核中的实现原理，以深入理解epoll如何提供出色的性能。

（1）epoll_create

在Linux源码中，epoll的实现位于fs/eventpoll.c文件。epoll_create是一个系统调用，其内部的逻辑相对简单：主要任务是创建一个eventpoll结构体，分配一个匿名文件句柄，并构造一个file结构体。简而言之，epoll_create的本质上相当于一个eventpoll文件创建并打开的过程。代码清单7-10展示了简化后的epoll_create内部实现。

代码清单7-10　简化后的epoll_create内部实现

```
// epoll_create 系统调用的定义
SYSCALL_DEFINE1(epoll_create, int, size)
{
    return do_epoll_create(0);
}
// 创建 eventpoll 结构体
static int do_epoll_create(int flags)
{
    struct eventpoll *ep = NULL;
    struct file *file;
    // 分配并初始化 eventpoll 结构体
    error = ep_alloc(&ep);
```

```
    // 分配一个文件句柄
    fd = get_unused_fd_flags(O_RDWR | (flags & O_CLOEXEC));
    // 构造一个匿名 file 结构体
    file = anon_inode_getfile("[eventpoll]", &eventpoll_fops, ep, O_RDWR | (flags
        & O_CLOEXEC));
    //此处省略部分代码
    // 关联文件句柄与 file 结构体
    fd_install(fd, file);
    // 返回文件句柄 fd
    return fd;
}
```

epoll_create 的核心功能就是创建一个 eventpoll 结构体。该结构体是 epoll 机制的管理结构，是核心所在。eventpoll 结构体的定义如代码清单 7-11 所示。

代码清单 7-11 eventpoll 结构体的定义

```
struct eventpoll {
    // 用于 epoll_wait() 执行时的等待队列
    wait_queue_head_t wq;
    // 用于 file->poll() 执行时的等待队列
    wait_queue_head_t poll_wait;
    // 用于存储就绪文件描述符的链表头
    struct list_head rdllist;
    // 用于管理文件描述符集合的红黑树
    struct rb_root_cached rbr;
    // 溢出链表项
    struct epitem *ovflist;
    // ep_scan_ready_list 函数运行时使用
    struct wakeup_source *ws;
    // 创建当前 eventpoll 文件的用户进程
    struct user_struct *user;
    // 对应的 file 结构体
    struct file *file;
    // 此处省略部分字段
};
```

将文件描述符添加到 epoll 池中时，涉及如何使用数据结构来管理这些文件描述符集合。Linux 选择用高效的红黑树来管理所有的文件描述符，红黑树是一棵平衡二叉树，提供了稳定且高效的增、删、改、查的性能。这就是 eventpoll 结构体的 rbr 字段所扮演的角色。

eventpoll 结构体中还有一个关键的字段 rdllist，这是一个用于存储所有已经就绪的文件描述符节点的链表。这样的设计使得在调用 epoll_wait 并返回结果时，可以直接从这个链表获取到就绪的文件描述符，避免了不必要的查找操作，从而提高了效率。

（2）epoll_ctl

epoll_ctl 是 Linux 中 epoll 处理文件描述符集合增、删、改操作的系统调用。由于 eventpoll 使用红黑树来管理文件描述符集合，因此 epoll_ctl 操作的执行也主要基于这棵红黑树。红黑树作为一种自平衡的二叉查找树，时间复杂度稳定在 $O(\log n)$，确保即便在频繁变更的场景下也能提供稳定的查找性能。

代码清单 7-12 展示了 epoll_ctl 系统调用的实现。

代码清单 7-12 epoll_ctl 系统调用的实现

```
// 文件：fs/eventpoll.c
// epoll_ctl 系统调用的定义
SYSCALL_DEFINE4(epoll_ctl, int, epfd, int, op, int, fd, struct epoll_event __user *,
    event)
{
    return do_epoll_ctl(epfd, op, fd, &epds, false);
}
int do_epoll_ctl(int epfd, int op, int fd, struct epoll_event *epds,
        bool nonblock)
{
    // 获取 eventpoll 的 file 结构体
    f = fdget(epfd);
    tf = fdget(fd);
    // 确认文件是否支持 poll 方法，这是 epoll 管理的前提
    if (!file_can_poll(tf.file))
        goto error_tgt_fput;
    // 提取出 eventpoll 结构体
    ep = f.file->private_data;
    // 在红黑树中搜索目标文件描述符
    epi = ep_find(ep, tf.file, fd);
    switch (op) {
    case EPOLL_CTL_ADD:
        // 添加操作：将新的文件描述符插入红黑树
        error = ep_insert(ep, epds, tf.file, fd, full_check);
        break;
    case EPOLL_CTL_DEL:
        // 删除操作：从红黑树中移除指定的文件描述符
        error = ep_remove(ep, epi);
        break;
    case EPOLL_CTL_MOD:
        // 修改操作：更新特定文件描述符上监听的事件
        error = ep_modify(ep, epi, epds);
        break;
    }
    // 此处省略部分代码，包含处理各种操作的后续逻辑
}
```

epoll_ctl 作为 epoll 的核心函数之一，接收两个关键的文件描述符参数：一是代表事件管理器本身的 eventpoll 的文件描述符 epollfd；二是需要管理的目标文件描述符。操作的第一步是通过 epollfd 找到对应的 file 结构体，进一步获取 eventpoll 结构体。

然后，我们根据不同的操作类型来处理目标文件描述符。在 epoll 红黑树实现中，树节点类型为 epitem 结构体，处理逻辑如下。

- 添加操作：将待管理的文件描述符封装成 epitem 结构体，并将其插入到 eventpoll 的红黑树上。
- 删除操作：将目标文件描述符对应的红黑树节点删除。
- 修改操作：通过文件描述符 fd 查找出 epitem 节点，然后修改它内部的信息。

epoll_ctl 除了要查找和维护红黑树的节点，它需要设置文件描述符的 I/O 事件就绪之后的回调路径和等待队列，为事件处理的下一阶段打下坚实的基础。

以文件描述符的添加场景为例，epoll_ctl 内部使用 ep_insert 函数，把文件描述符插入 eventpoll 内的红黑树并设置回调。ep_insert 函数的实现如代码清单 7-13 所示。

代码清单 7-13 ep_insert 函数的实现

```
// 文件: fs/eventpoll.c
static int ep_insert(struct eventpoll *ep, const struct epoll_event *event,
    struct file *tfile, int fd, int full_check)
{
    // 此处省略部分代码
    // 分配一个 epitem 结构体
    if (!(epi = kmem_cache_zalloc(epi_cache, GFP_KERNEL))) {
        percpu_counter_dec(&ep->user->epoll_watches);
        return -ENOMEM;
    }
    // 初始化 epitem 结构
    // 初始化就绪事件的链表节点
    INIT_LIST_HEAD(&epi->rdllink);
    epi->ep = ep;
    ep_set_ffd(&epi->ffd, tfile, fd);
    epi->event = *event;
    epi->next = EP_UNACTIVE_PTR;
    // 在 eventpoll 的红黑树中插入新的 epitem 节点
    ep_rbtree_insert(ep, epi);
    // 初始化 poll_table 结构，这是 poll 事件机制的关键
    epq.epi = epi;
    init_poll_funcptr(&epq.pt, ep_ptable_queue_proc);
    // 触发 poll 机制，调用目标文件的 fop->poll() 函数
    revents = ep_item_poll(epi, &epq.pt, 1);
    // 此处省略部分代码
}
// 触发文件的 poll 方法
static __poll_t ep_item_poll(const struct epitem *epi, poll_table *pt,
    int depth)
{
    if (!is_file_epoll(file))
        res = vfs_poll(file, pt);
    else
        res = __ep_eventpoll_poll(file, pt, depth);
    return res & epi->event.events;
}
```

ep_insert的功能至关重要，其关键步骤如下。

1）epitem的分配和处理：epoll为每个监控的文件描述符分配一个epitem结构，并将其插入eventpoll的红黑树中。确保了即使在庞大的文件描述符集合中，检索和管理操作也能保持迅捷和高效。

2）poll_table结构的配置：初始化poll_table结构，这是文件事件监控中的重要环节。epoll会将poll_table的_qproc字段设置为ep_ptable_queue_proc函数。该函数在触发文件poll机制时会被调用。

3）触发文件的poll机制：ep_item_poll函数触发文件的poll机制。在这个过程中，文件操作的poll方法被调用。文件的poll方法主要用途是把当前文件和事件管理器关联起来。文件实现的fop->poll()方法通常会调用通用的poll_wait函数，然后执行poll_table的_qproc回调，也就是ep_ptable_queue_proc函数。

在epoll机制中，设置回调函数非常关键。一旦文件描述符的I/O事件就绪，就会通过回调机制将对应的epitem结构添加到eventpoll的就绪队列中。这一机制是epoll高效处理大规模并发文件描述符的关键。这个回调函数的设置过程就在ep_ptable_queue_proc函数中完成，该函数的实现细节如代码清单7-14所示。

代码清单7-14 ep_ptable_queue_proc函数的实现

```
static void ep_ptable_queue_proc(struct file *file, wait_queue_head_t *whead,
    poll_table *pt)
{
    // 通过poll_table获取ep_pqueue结构
    struct ep_pqueue *epq = container_of(pt, struct ep_pqueue, pt);
    // 获取epitem结构
    struct epitem *epi = epq->epi;
    // 分配wait_queue_entry_t结构
    pwq = kmem_cache_alloc(pwq_cache, GFP_KERNEL);
    // 初始化wait_queue_entry_t结构，回调函数为ep_poll_callback
    init_waitqueue_func_entry(&pwq->wait, ep_poll_callback);
    pwq->whead = whead;
    pwq->base = epi;
    // 把对应的节点(wait_queue_entry)插入等待队列(wait_queue_head)中
    if (epi->event.events & EPOLLEXCLUSIVE)
        add_wait_queue_exclusive(whead, &pwq->wait);
    else
        add_wait_queue(whead, &pwq->wait);
    pwq->next = epi->pwqlist;
    epi->pwqlist = pwq;
}
```

ep_ptable_queue_proc函数是epoll作为事件管理器（poll_table）的核心逻辑，它的职责是把文件描述符记录在事件管理器中，并设置关键的回调函数。它的核心职责包括：

1）分配一个等待节点wait_queue_entry_t结构，并和epitem绑定。其回调函数初始化为 ep_poll_callback。

2）把等待节点 wait_queue_entry_t 插入文件描述符的等待队列头（wait_queue_head_t 结构）中。这样后续文件的 I/O 事件就绪后，就可以通过遍历该等待队列，逐个执行回调来进行通知。

我们把 ep_insert 的关键函数调用栈梳理出来，如下所示：

```
// 插入过程
ep_insert
    -> ep_item_poll
        -> fop->poll()
            -> ep_ptable_queue_proc
                -> 创建一个 wait_queue_entry_t 结构，设置回调为 ep_poll_callback
                -> 将 wait_queue_entry_t 加到 wait_queue_head_t（即文件等待队列）中
```

当文件描述符的 I/O 事件就绪之后，ep_poll_callback 回调函数便会被触发执行。这是非常关键的函数，它的主要任务是为 epoll 准备好就绪队列。代码清单 7-15 展示了 ep_poll_callback 的具体实现。

代码清单 7-15 ep_poll_callback 的具体实现

```
static int ep_poll_callback(wait_queue_entry_t *wait, unsigned mode, int sync,
void *key)
{
    // 此处省略部分代码
    // 将当前的 epitem 节点加入 eventpoll 的就绪队列中
    if (list_add_tail_lockless(&epi->rdllink, &ep->rdllist))
        ep_pm_stay_awake_rcu(epi);
    if (waitqueue_active(&ep->wq)) {
        // 如果进程因为执行 epoll_wait 而处于等待状态，则将其唤醒
        wake_up(&ep->wq);
    }
    if (waitqueue_active(&ep->poll_wait))
        // 如果这个 epoll 池的句柄注册到另外一个 epoll 实例中，则需要进行递归唤醒
        pwake++;
out_unlock:
    if (pwake)
        // 如果将这个 epoll 池的句柄注册到另外一个 epoll 实例中，则需要进行递归唤醒
        ep_poll_safewake(ep, epi);
    // 此处省略部分代码
}
```

ep_poll_callback 的内部逻辑主要是将相应的就绪事件插入到 eventpoll 的就绪队列中，以便后续通过 epoll_wait 能够直接获取到这些事件。例如，当某个网络套接字收到数据时，ep_poll_callback 函数就会被调用，随后该文件描述符对应的 epitem 结构会插入就绪队列。我们把整个唤醒回调过程简化如下：

```
// 后续的唤醒过程
wake_up*
```

```
-> wq_entry.func()
    -> ep_poll_callback()
        -> list_add_tail      // 添加到就绪队列
        -> wake_up()          // 检查是否有等待的epoll_wait调用，并将其唤醒
```

至此，epoll_ctl的核心的准备工作就全部完成了。

（3）epoll_wait

epoll_wait主要负责获取就绪的事件。在没有任何文件描述符准备就绪的事件时，它会阻塞并挂起当前线程（timeout参数设置为-1）。当有可用事件时，epoll_wait会把可用事件返回给用户态程序。epoll_wait之所以能够高效地执行，是因为epoll_ctl巧妙地回调函数设置。在epoll_wait的执行过程中，它只需要检查就绪队列即可。代码清单7-16展示了epoll_wait的具体实现。

代码清单7-16 epoll_wait的具体实现

```
// 文件: fs/eventpoll.c
SYSCALL_DEFINE4(epoll_wait, int, epfd, struct epoll_event __user *, events, int,
    maxevents, int, timeout)
{
    return do_epoll_wait(epfd, events, maxevents, ep_timeout_to_timespec(&to,
        timeout));
}
static int do_epoll_wait(int epfd, struct epoll_event __user *events,
             int maxevents, struct timespec64 *to)
{
    // 根据epollfd获取到对应的file结构
    f = fdget(epfd);
    // 获取到eventpoll结构
    ep = f.file->private_data;
    // 等待事件
    error = ep_poll(ep, events, maxevents, to);
    // 此处省略部分代码
}
static int ep_poll(struct eventpoll *ep, struct epoll_event __user *events, int
    maxevents, struct timespec64 *timeout)
{
    int res, eavail, timed_out = 0;
    u64 slack = 0;
    wait_queue_entry_t wait;
    ktime_t expires, *to = NULL;
    // 检查就绪队列中是否有就绪事件
    eavail = ep_events_available(ep);
    while (1) {
        if (eavail) {
            // 如果有，则直接返回
            res = ep_send_events(ep, events, maxevents);
            if (res)
                return res;
        }
```

```
            eavail = ep_busy_loop(ep, timed_out);
            if (eavail)
                continue;
            // 初始化等待队列节点，即 wait_queue_entry_t 结构
            init_wait(&wait);
            // 将进程设置为可中断睡眠状态
            __set_current_state(TASK_INTERRUPTIBLE);
            // 检查就绪队列上有没有事件
            eavail = ep_events_available(ep);
            if (!eavail)
                // 若无就绪事件，则将 wait 节点插入 eventpoll 的等待队列中
                __add_wait_queue_exclusive(&ep->wq, &wait);
            if (!eavail)
                // 让出 CPU，并进入睡眠状态
                timed_out = !schedule_hrtimeout_range(to, slack, HRTIMER_MODE_ABS);
            // 当进程被唤醒，设置状态为 RUNNING
            __set_current_state(TASK_RUNNING);
            eavail = 1;
            if (!list_empty_careful(&wait.entry)) {
                // 若是因超时被唤醒的，需要进一步确认是否有就绪事件
                write_lock_irq(&ep->lock);
                if (timed_out)
                    eavail = list_empty(&wait.entry);
                __remove_wait_queue(&ep->wq, &wait);
            }
        }
    }
```

epoll_wait 的核心职责在于检查就绪队列并进行相应的处理，具体流程如下。

1）epoll_wait 会在循环中检查 eventpoll 的就绪队列，以确认是否有事件准备就绪，如果检查到有就绪事件，则会立即返回结果。

2）如果队列中没有就绪事件，则会现场构建一个 wait_queue_entry_t 结构，将其插入 eventpoll->wq 的等待队列中，然后当前进程会让出 CPU 执行权限，进入睡眠状态，epoll_wait 因此被阻塞，直到超时或者有就绪事件才被唤醒。一旦就绪事件出现，ep_poll_callback 被调用，会把所有 eventpoll->wq 上的进程都唤醒。

在 epoll 的运行机制中，可以发现有至少两处等待队列 wait_queue_head_t 的应用。

1）在 epoll_ctl 的过程，通过文件操作的 poll 方法（fop->poll()）将文件描述符注册到事件管理器（poll_table）中。使用 ep_ptable_queue_proc 函数将 ep_pqueue(epitem) 插入文件（或底层驱动）的等待队列（wait_queue_head_t）中。当 I/O 事件触发时，ep_poll_callback 会把相关 epitem 插入 eventpoll 的就绪链表上。

2）在用户态进程调用 epoll_wait 的过程，若当前没有就绪事件，则 epoll_wait 会构建一个 wait_queue_entry_t 节点，然后插入 eventpoll 的等待队列（wait_queue_head_t）中。当 ep_poll_callback 在往就绪队列中添加节点后，可以调用 wake_up* 把阻塞等待的进程唤醒。

特殊情况下，如果一个 epoll 池的句柄注册到另一个 epoll 池中进行管理时，这种嵌套

使用的场景需要特别处理（eventpoll 的 poll_wait 字段就是用在此特殊场景）。eventpoll 本身作为一种特殊的文件也具有可读事件。当其内部管理的文件描述符集合存在就绪事件时，该 eventpoll 实例变为可读状态。图 7-8 形象地展示了 epoll 池嵌入管理的结构。

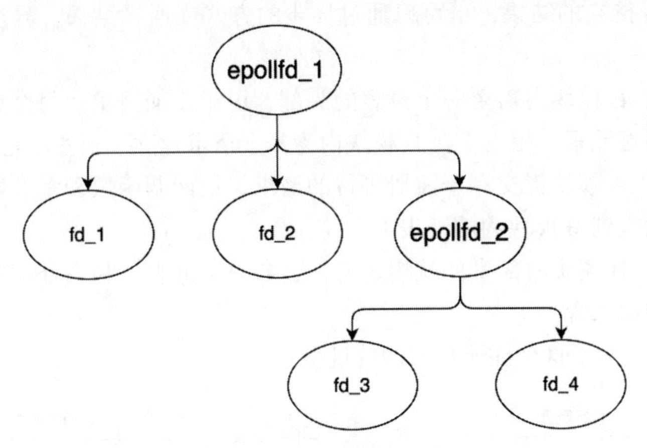

图 7-8　epoll 嵌套管理

如图 7-8 所示，epollfd_1 和 epollfd_2 都是 eventpoll 的类型，代表着两个 epoll 池实例。其中，epollfd_1 池管理 3 个文件描述符——fd_1、fd_2 和 epollfd_2。而 epollfd_2 又管理着 fd_3、fd_4。当 fd_3、fd_4 发生 I/O 事件时，epollfd_2 便变成可读状态。这意味着 epollfd_2 需要在 ep_poll_callback 中把 fd_3、fd_4 放到 epollfd_2 的就绪队列，然后还要继续触发 ep_poll_callback，把 epollfd_2 放到 epollfd_1 的就绪队列中。若存在更复杂的树形嵌套关系，则需要按层次逐级传递这些就绪状态。

epoll 的效率之所以高于传统的 select/poll 方法，在于其设计细节和内部机制。以下是 epoll 高效处理时间的几个关键点。

1）状态保持：不同于 select/poll 的单次、无状态调用，epoll 采用 epoll_create、epoll_ctl 和 epoll_wait 这 3 个阶段的操作，避免了每次调用都需要传入所有的文件描述符集合。epoll 只对发生变化的描述符进行处理，能够复用之前的工作结果。

2）数据结构优化：epoll 使用高效的数据结构——红黑树，相比于数组和普通链表，提供了更快的查找速度。

3）就绪链表：epoll 维护了一个就绪事件链表。当文件描述符上有事件发生时，通过回调机制将事件添加到就绪链表。因此，epoll_wait 调用时可以直接返回所有已就绪的事件，减少不必要的处理。

4）返回的全是有效事件：epoll_wait 返回的事件集合中仅包含有事件的描述符，避免了对无效描述符的遍历。

3. 文件的 poll 机制

在 epoll 内部实现中，重点提到了两个关键的机制——文件的等待队列和 poll 机制的实现。接下来将深入分析这两个机制的实现原理。

（1）等待队列

在模块间通信中，等待队列扮演了重要角色。当一个A模块请求调用另一个B模块，我们既可以同步等待它的结果，也可以通过异步的方式来通知结果。异步通知的通用方法如下。

1）请求队列：B模块内需要一个链表的头部，用于添加请求。每个请求包含回调函数和私有数据两个关键元素。相当于在B模块内为每个请求建立一个登记记录。

2）请求注册：A模块提交一个注册等待的请求，把回调函数和私有数据打包成一个链表节点，并将其插入到B模块内的链表上。

3）回调通知：B模块内部事件就绪之后，它会遍历链表，利用登记的回调函数和私有数据，对应地通知请求者。

图7-9形象地展示了这个注册和回调的过程。

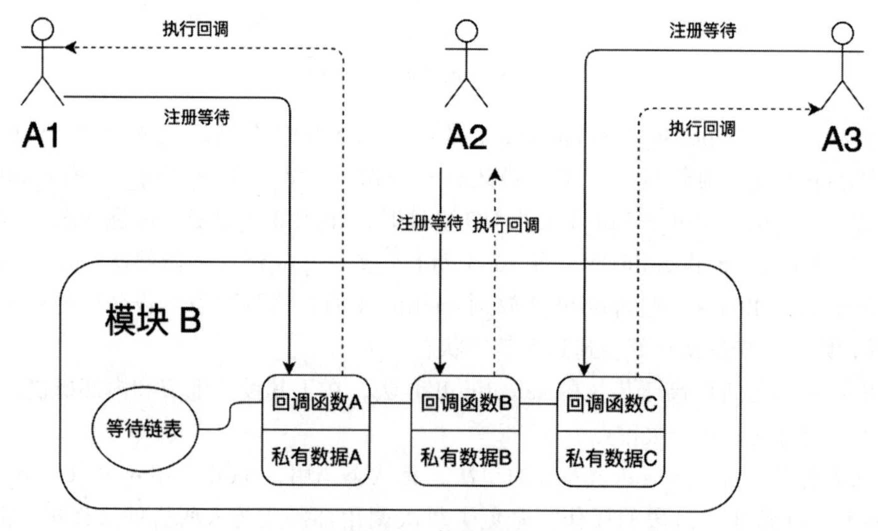

图7-9 等待机制

以一个日常场景为例，小明来到一家餐厅想要用餐，但店内没有空位（事件没就绪），因此他需要排队等待。于是小明通过手机进行排队，并且订阅了通知服务（注册等待事件）。在这之后，他便去别处闲逛了。当餐厅出现空位时（事件就绪），店内的系统会立刻通过手机给小明发送通知（异步的回调通知）。

在Linux底层驱动编程实践中，这种异步通知机制尤为常见。这种异步通知方式也是select、poll和epoll依赖的基础功能。为了实现这套等待队列的机制，Linux内核设计了一套结构体，包括wait_queue_head_t和wait_queue_entry_t。代码清单7-17展示了这两种结构体的定义。

代码清单 7-17 wait_queue_head_t 和 wait_queue_entry_t 结构体的定义

```
// 文件: include/linux/wait.h
// 等待队列的节点
struct wait_queue_entry {
    unsigned int        flags;     // 标志位
    void               *private;   // 私有数据
    wait_queue_func_t   func;      // 回调函数
    struct list_head    entry;     // 链表节点
};
// 等待队列的头部
struct wait_queue_head {
    spinlock_t         lock;       // 用于同步的自旋锁
    struct list_head    head;      // 链表头节点
};
typedef struct wait_queue_head wait_queue_head_t;
```

wait_queue_head_t 表示等待队列的头部。它通常关联到特定资源，用于管理所有等待该资源的请求。例如，对于 event 类型的文件描述符，与之对应的 eventfd_ctx 结构体中就包含了一个名为 wqh 的字段，该字段类型为 wait_queue_head_t，用于链接 poll_table 结构的请求（对应于 fop->poll() 被调用时）。

wait_queue_entry_t 则代表等待队列的节点。它内部字段包含了回调函数、请求的私有数据等核心信息。例如，对 epoll 机制来说，wait_queue_entry_t 就是在 ep_ptable_queue_proc 函数中创建的（该函数对应了 poll_table 的核心逻辑），然后插入到对应文件资源的 wait_queue_head_t 上。一旦资源可用之后，遍历 wait_queue_head_t，逐个执行回调函数进行通知。

在 poll 机制的实现过程中大量使用这种等待机制，以及相关的异步通知功能。等待队列的常用的场景如下。

- 设备驱动程序：当驱动程序需要等待硬件事件时，它会使用等待队列来链接请求，直到相关事件发生。
- 文件系统：在文件操作过程中，如需等待特定事件的发生，同样会使用等待队列。

（2）poll 机制

在 Linux 内核中，在文件的操作表中提供了一个 poll 方法，该方法允许我们设置文件描述符的事件状态监控。这便是文件的 poll 机制，它是 select、poll 和 epoll 等 I/O 多路复用技术的基石。

> 提示 poll 机制和 poll 系统调用并不相同。poll 机制是指文件操作表 file_operations 提供的 poll 方法，通过此方法可以设置文件描述符的事件监控。而 poll 系统调用是基于 poll 机制实现的一种事件管理技术，与 select、epoll 类似。

若文件想支持 I/O 多路复用模式，则必须实现其操作表中的 poll 方法。代码清单 7-18 展示了 poll 方法的定义。

代码清单 7-18 poll 方法的定义

```
struct file_operations {
    // 此处省略其他方法字段
    __poll_t (*poll) (struct file *, struct poll_table_struct *);
};
```

poll 方法的主要任务是将当前文件描述符添加到事件管理器中，其参数有以下两种。

- file：指向当前操作的文件描述符的 file 结构体指针。
- poll_table_struct ：代表事件管理器。这是一个辅助结构，它的核心在于回调函数，而非结构本身。

代表事件管理器的 poll_table_struct 结构体非常关键，其定义如代码清单 7-19 所示。

代码清单 7-19 poll_table_struct 结构体的定义

```
// 文件：include/linux/poll.h
typedef struct poll_table_struct {
    poll_queue_proc _qproc;
    __poll_t _key;
} poll_table;
```

从上述定义中可以看出，poll_table_struct 虽然代表一个事件管理器，但它内部并没有复杂的管理字段。它主要通过关键的回调函数 _qproc 来执行管理任务。poll_queue_proc 函数的定义如代码清单 7-20 所示。

代码清单 7-20 poll_queue_proc 函数的定义

```
// 文件：include/include/poll.h
typedef void (*poll_queue_proc)(struct file *, wait_queue_head_t *, struct poll_
    table_struct *);
```

这个回调函数的作用至关重要，有以下几种参数。

- file：指向被管理的文件描述符对应的 file 结构。
- wait_queue_head_t：与被管理的文件描述符相关联的等待队列头，用于添加事件。
- poll_table_struct：代表事件管理器本身。

举例来说，select 和 poll 设置的 poll_table->_qproc 都是 __poll_wait（定义在 fs/select.c 的 static 函数）。而 epoll 设置的则是 ep_ptable_queue_proc 函数。select、poll 和 epoll 作为事件管理器，就是用这些回调函数建立文件描述符和事件管理器之间的联系。

在调用 fop->poll() 方法之前，通常需要先设置好 poll_table_struct 的内容。以 epoll 为例，在每次 ep_insert 操作中，poll_table->_qproc 都会初始化为 ep_ptable_queue_proc 函数，然后调用对应文件描述符的 fop->poll() 方法进行处理。在 fop->poll() 方法的内部实现中，需要给事件管理器提供一个等待的“地址”（对应 wait_queue_head_t 结构体），用于链接事件管理器留下的回调路径（对应 wait_queue_entry_t 结构体）。意图是当文件描述符的事件就绪后，就可以通过这个“地址”通知等待的事件管理器，从而进行相应的处理。这样，poll机制和等待队列的机制就巧妙地结合在一起。

Linux内核的一些特殊的“文件”会实现poll方法，以满足特定的功能需求，如信号文件（signalfd）、事件文件（eventfd）、定时器文件（timefd）、epoll文件（eventpollfd）等。它们之所以实现poll方法，都是为了提供一种高效的异步事件通知机制。

以eventfd为例，它展示了一个经典的poll方法的具体实现方式。代码清单7-21展示了eventfd_fops的定义。

代码清单7-21 eventfd_fops的定义

```
// 文件: fs/eventfd.c
static const struct file_operations eventfd_fops = {
    // 此处省略其他字段
    .poll       = eventfd_poll,
};
// 将当前eventfd登记到poll_table中
static __poll_t eventfd_poll(struct file *file, poll_table *wait)
{
    // 此处省略其他代码
    // 等待队列的表头指定为ctx->wqh，然后将请求传递给poll_table->_qproc函数处理
    poll_wait(file, &ctx->wqh, wait);
}
// 文件: include/linux/poll.h
// 辅助函数: 让wait机制和poll_table结合起来
static inline void poll_wait(struct file * filp, wait_queue_head_t * wait_
    address, poll_table *p)
{
    if (p && p->_qproc && wait_address)
        p->_qproc(filp, wait_address, p);
}
```

我们看到poll_wait函数是通过poll_table->_qproc函数来处理请求的。这个回调函数根据poll_table的不同而变化。例如，在epoll机制的实现中，poll_table的_qproc则指向ep_ptable_queue_proc函数。在这个函数中，会创建一个wait_queue_entry_t结构体，将其插入到eventfd_ctx->wqh上。通过这一过程，文件描述符和事件管理器就建立了联系。

最后，我们将poll机制、等待队列机制和epoll事件管理器结合起来看，要提供一个高效的异步事件的机制，有以下关键要素。

1）等待队列：文件需要一个队列（wait_queue_head_t），用于添加等待的请求节点。

2）poll方法的实现：文件需要实现file_operations的poll方法（如eventfd_poll、signalfd_poll、timerfd_poll等），以将当前文件和事件管理器（poll_table）建立联系。

3）poll_table的初始化：事件管理器在初始化poll_table，需要设定poll_talbe->_qproc回调函数。

4）唤醒逻辑的实现：文件还需要实现唤醒的逻辑。通常涉及从wait_queue_head_t链

表中取元素，并逐个调用 wait_queue_entry->func 回调函数。这些唤醒操作一般可以使用封装好的 wake_up_* 系列函数来实现。

图 7-10 展示了 fop->poll() 和等待队列机制结合的示意。

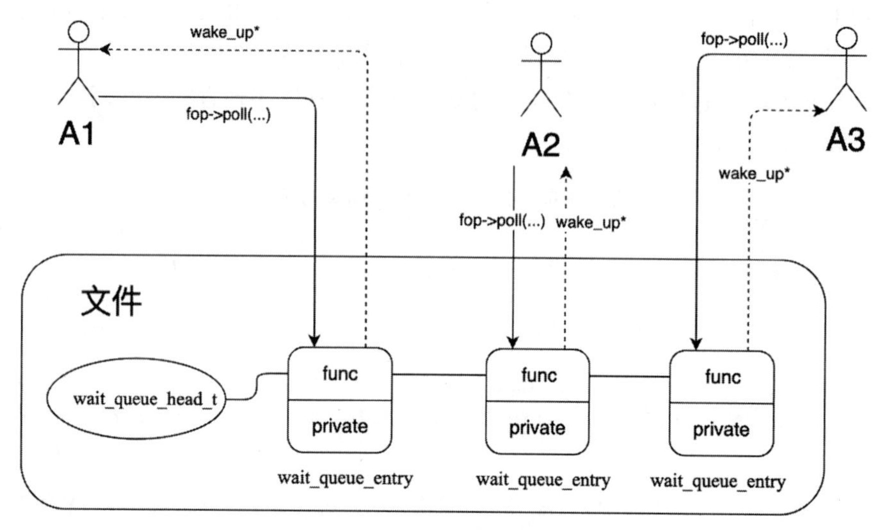

图 7-10 fop->poll() 和等待队列机制结合的示意

7.5 本章小结

本章深入探讨了服务端编程中处理多客户端并发请求的 3 种 I/O 并发模型：多进程模型、多线程模型以及 I/O 多路复用模型。

在多进程模型中，进程作为操作系统资源分配和调度的基本单位。通过 fork 系统调用生成子进程处理并发请求。虽然这种模型能有效提升并发处理能力，但进程数量的增加也会对系统资源和处理效率产生负面影响。

多线程模型突出了线程相对于进程的轻量级特性，它减少了资源分配和管理的开销，并提高了调度的效率。在多线程模型中，通过 pthread_create 函数创建线程来处理并发请求。然而，线程数量的增加也会导致资源消耗的问题。

I/O 多路复用模型常被作为面对高并发场景的优化策略，它通过如 select、poll、epoll 等多路复用器，实现了在单线程中并发处理多个 I/O 请求，大幅提升资源利用效率和并发处理性能。

通过对 select、poll 和 epoll 的实现原理进行深入探讨，本章展示了这些技术在不同应用场景下的适用性和局限性，这为开发者在面对不同并发需求时提供了方向。

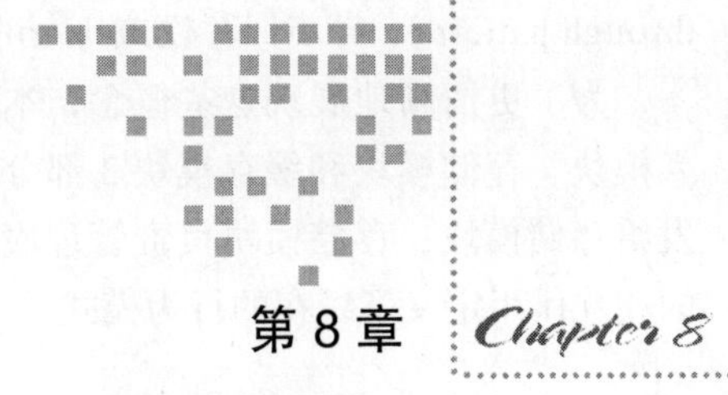

第 8 章 Chapter 8

缓存模式

在现实世界中，存储介质的种类繁多，它们在成本、容量和速度等方面构成了一种金字塔形的分层结构，如图 8-1 所示。

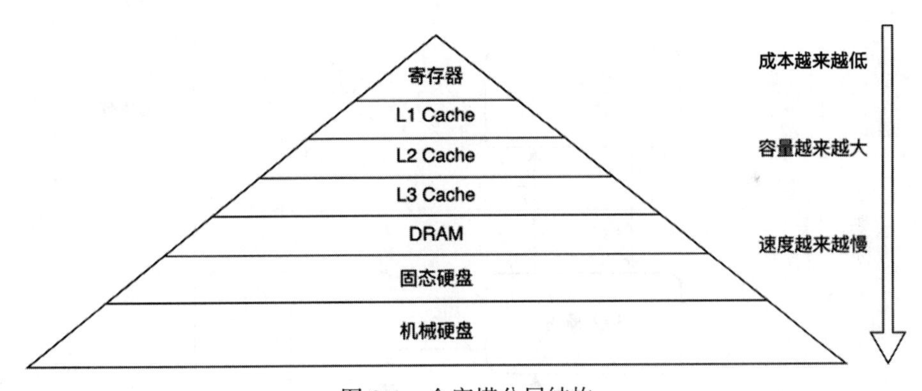

图 8-1 金字塔分层结构

从金字塔顶端到底部，我们观察到物理介质的速度逐步放缓，而单位成本降低，容量相应增加。通常，较快的上层存储会作为下层存储的缓冲，这样依托于局部性原理，通过提升缓存命中率，可以显著增强程序性能。

缓存的主要目的是提高数据存取的效率，降低后端系统的负载，从而提升整体应用性能和用户体验。缓存的实施方式也多种多样，适用于不同的应用场景。选取合适的缓存策略往往依据业务的读写模式，包括读密集型、写密集型，以及对一致性的不同要求，这些都会影响缓存策略的选择。

本章将深入分析缓存策略的基本原理，并讨论如何在应用程序中合理利用缓存来优化性能。我们将介绍旁路缓存模式（cache-aside pattern）、读写穿透模式（read-through/writethrough pattern)、异步回写模式(write-back pattern),并讨论它们在不同场景下的应用。

为了更清晰地展现这些概念,本章将从存储系统的内部视角出发,将存储系统分为接入模块、存储模块和缓存模块 3 部分。接入模块负责处理客户端用户的请求,并把请求转发给存储模块;存储模块负责管理底层的存储介质;缓存模块负责管理缓存介质。这三者的相互作用定义了缓存的行为模式。

8.1 旁路缓存模式

旁路缓存模式是常见的一种缓存模式,其核心是将缓存模块设置为 I/O 路径的一个非强制性组成部分。这意味着缓存模块可以根据需要灵活地加入或移除,而不会影响原有的 I/O 路径的完整性。在这种模式下,缓存是一个附加组件,提供了一个可选的数据访问路径。

8.1.1 读操作流程

在读操作中,接入模块首先会根据 Key 在缓存中查找所需的数据。如果成功找到(命中),则直接返回数据;若未命中,则会从存储模块获取,并在适当的时候把数据写入缓存。

旁路缓存模式的读流程如图 8-2 所示。

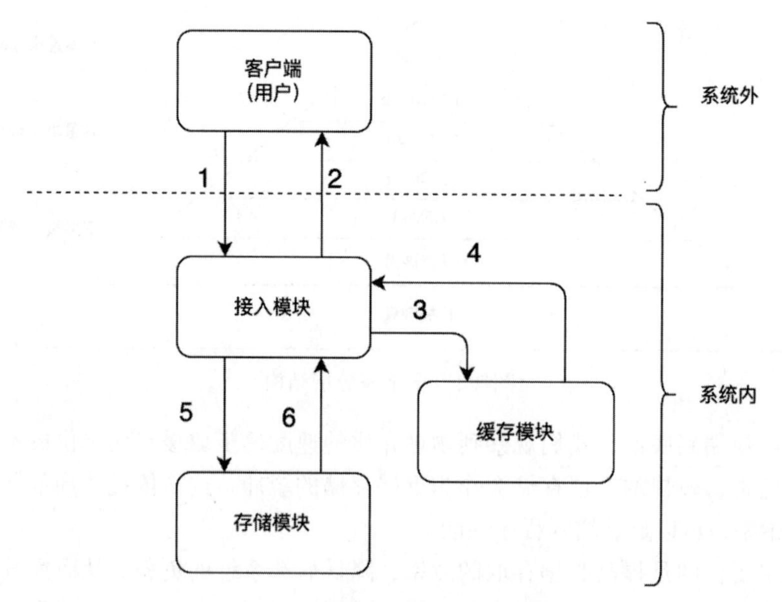

图 8-2 旁路缓存模式的读流程

读取操作的顺序可能是(1 → 3 → 4 → 2)或(1 → 3 → 4 → 5 → 6 → 2),具体过程如下:

1)接入模块收到客户端的读请求。

2）根据 Key 查询缓存，判断数据是否命中，并进行相应处理。

3）如果命中缓存，则返回结果。

4）如果未命中缓存，则从存储模块中读取数据，并写入一份数据到缓存中，并向用户返回请求的数据。

5）在旁路缓存模式中，读操作可能会触发缓存的更新。

8.1.2　写操作流程

旁路缓存模式的写流程通常按照（1→5→6→3→4→2）的顺序执行，如图 8-3 所示。

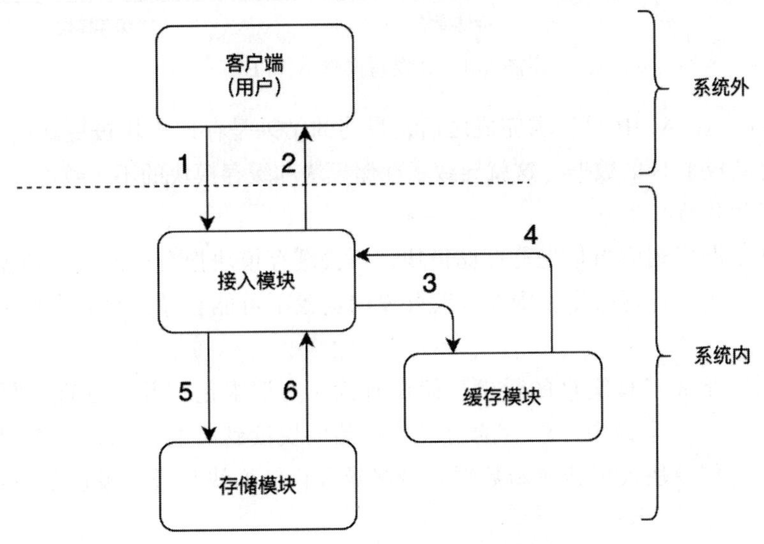

图 8-3　旁路缓存模式的写流程

写操作流程具体过程如下：

1）接入模块收到写请求后，将其转发给存储模块处理。

2）接入模块收到存储模块完成更新的消息后，会发请求给缓存模块，删除相关联的缓存条目。

在采用旁路缓存模式时，写入操作的处理需谨慎对待两个至关重要的细节。

❑ 缓存处理策略：应当删除相应的缓存条目，而非更新缓存。

❑ 缓存操作的顺序：应当先写入存储模块，再清除相应的缓存条目。

为了深入理解这些操作的重要性，我们将逐一解析这两个关键点背后的逻辑。

（1）缓存处理策略

在旁路缓存模式中，应当直接删除对应缓存，而不是更新缓存。这是由于缓存模块和存储模块的操作是非原子操作。当客户端发送多个并发的写请求时，这些请求的时序无法保证。如果选择更新缓存的操作，这可能会导致存储模块和缓存模块之间的数据不一致。选择清理缓存是一个简单且安全的策略。

以两个客户端的并发写请求举例：假设两个并发的写操作 A 和 B 同时更新同一条数据，其完成时序如图 8-4 所示。

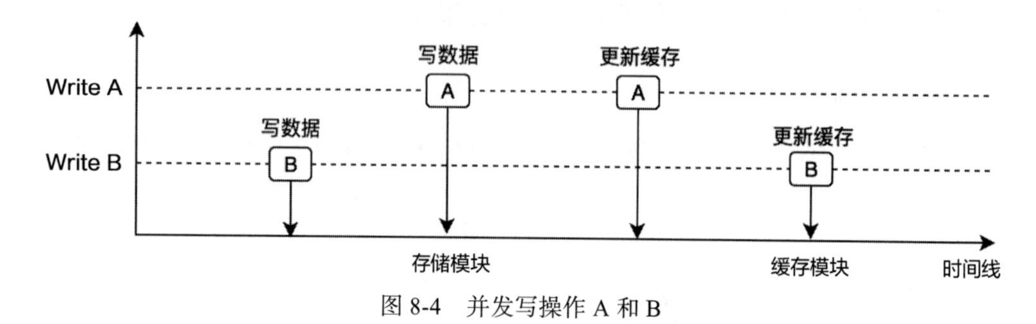

图 8-4 并发写操作 A 和 B

如图 8-4 所示，A、B 写请求完成之后，最终的结果是存储模块被更新成了 A 的数据，缓存模块被更新成了 B 的数据。这就导致了存储模块和缓存模块的不一致。

（2）缓存操作的顺序

缓存操作的顺序则应当是先写存储模块，再去缓存模块把对应的缓存项删掉。如果是先清除了缓存，再进行写操作，则在读写并发的场景下可能会导致存储模块和缓存模块的数据不一致。

我们来看一下先清理缓存的示例，假设有读、写请求正在并发处理，写请求先清除了缓存，导致读请求未命中，然后读请求从存储模块读到旧的数据，并将旧数据更新到缓存中，随后存储模块被更新成新数据。最终导致存储模块和缓存模块不一致，如图 8-5 所示。

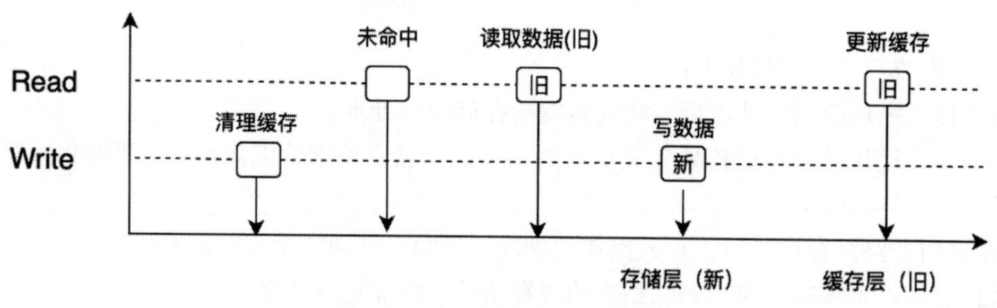

图 8-5 读、写请求并发处理

解决缓存一致性问题是缓存模式中的一个关键挑战。“读时更新，写时清理”策略是简单、有效的。当然，也有其他更复杂的解决方案，如通过锁操作来确保操作的原子性，也可以给缓存项设置过期时间，这样至少可以保证缓存项在过期后失效，避免一致性问题长期存在。

我们简单总结一下旁路缓存模式的优缺点。

旁路缓存模式的优点：

- 简单直观，容易实现。
- 灵活性高，可以根据需要控制缓存启用。

旁路缓存模式的缺点：

- 冷启动问题：新启动的程序在缓存预热之前，可能会遇到许多缓存未命中的情况，导致性能不佳。
- 在写操作频繁的场景，会导致缓存频繁加载和清理，从而会对资源和性能产生不利影响。

旁路缓存模式适合读多写少的场景，在实际应用中，开发者可以根据业务需求和系统特性来权衡是否采用旁路缓存模式。

8.2　读写穿透模式

读写穿透模式是缓存技术中的一种经典模式，其核心在于缓存管理（如缓存数据的更新、删除、读取）被完全集成在一个独立的缓存模块中。缓存模块位于接入模块与存储模块之间，成为 I/O 路径中的一个必经环节，实现了接入模块与存储模块之间的逻辑解耦。

尽管读写穿透模式和旁路缓存模式在表面上相似，但两者在模块的职责划分上存在差异。

- 旁路缓存模式：该模式下，缓存管理逻辑放在接入模块中，由接入模块来决定何时进行数据缓存与清除。缓存模块仅执行接收到的指令，不参与决策过程。
- 读写穿透模式：在此模式中，接入模块不再需要处理缓存逻辑。缓存决策完全封装于缓存模块内，使缓存模块能够独立处理缓存数据的读取、写入和删除。所以读写穿透模式相较于旁路缓存模式而言，对系统架构的侵入性更小。

穿透模式按照场景分类可以分为读写两种：读穿透模式，写穿透模式。这两种模式需协同使用，以确保数据的一致性。下面将分别探讨读 / 写穿透的模式原理及其优缺点。

8.2.1　读穿透模式

在客户端发起读取请求后，请求先到接入模块，随后被转发至缓存模块，然后由缓存模块独立完成缓存逻辑处理，并决定是否向存储模块发起数据请求。图 8-6 展示了读穿透模式的流程。

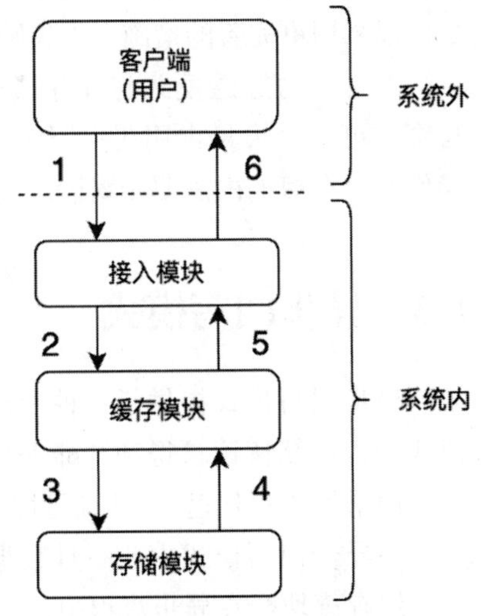

图 8-6　读穿透模式的流程

读请求达到缓存模块后，会先查找缓存中是否有可用数据。如果缓存命中就返回结果给接入模块，如果没有命中，那么由缓存模块去存储模块请求数据，然后把数据缓存起来，以便后来读取。该模式的读流程分为两种情况。

1）缓存命中：请求路径为 1 → 2 → 5 → 6。

2）缓存不命中：请求路径为 1 → 2 → 3 → 4 → 5 → 6。

8.2.2 写穿透模式

客户端发起写请求之后，写请求先到接入模块，接入模块把写请求转发到缓存模块，然后由缓存模块把写请求提交到存储模块。该模式需要确保写操作穿过缓存模块到达存储模块。

图 8-7 展示了写穿透模式的流程。

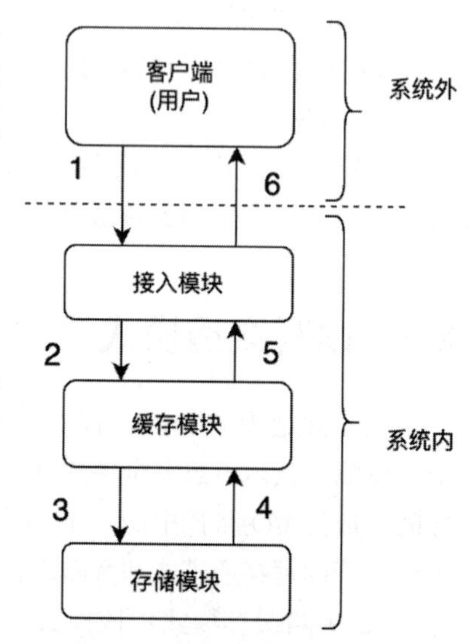

图 8-7 写穿透模式的流程

写穿透的请求路径如下（1 → 2 → 3 → 4 → 5 → 6）。

在写穿透模式中，每次写操作都伴随着缓存更新。与直接写入存储模块相比，此模式多了一步更新缓存的操作，当缓存模块和存储模块都操作成功，才向客户端返回结果。这个策略虽然会增加一些写入延迟，但是能有效预防冷启动，提高读取性能。

缓存模块通常需要将写入存储和更新缓存作为一个原子性事务执行。因为无论是先写入存储还是先更新缓存，在异常场景下均可能引起数据不一致。如果无法保证原子性，那么在写入失败的情况下，系统可能处于不确定的状态，这意味着可能部分写入成功或完全失败。这种情况系统可能需要用户重试操作直到成功，以确保数据的一致性。缓存模块也可以采用更完善的措施，如失败重试队列、循环重试或回滚处理来避免上述情况的发生。

通常，写穿透模式与读穿透模式结合使用，通过写时更新缓存来优化读操作。然而，写穿透可能会大量占用缓存资源，挤占热数据的缓存空间。因此，写穿透模式适用于写入操作后，在短期内需要频繁读取的场景。

8.3 异步回写模式

异步回写模式提供了一种专注于提升写性能的缓存模型。在旁路缓存模式和读写穿透模式中，虽然读请求得到了显著优化，但是写操作却未见改善，甚至可能因为更复杂的写流程而增加了写延迟。下面通过图 8-8 说明异步回写模式的流程。

在异步回写模式中，一旦数据被写入缓存，接入模块便立即返回写入成功的响应。随后，缓存模块会在异步流程中，把请求批量写入后端的存储模块，数据写入存储模块之后，缓存中的数据会在合适的时机被清理。异步回写模式的执行流程如下。

1）写入流程：1 → 2 → 5 → 6。

2）回写流程（异步）：3 → 4。

在异步回写模式下，缓存模块负责缓存的查询、更新、删除等操作。它的核心优势在于异步更新后端存储，这与写穿透模式的同步更新形成鲜明对比。

异步回写模式，通过缩短写请求路径，并且直接把数据写到高性能的缓存介质，从而显著提升写性能。在回写时，缓存模块通过数据的排序、聚合、去重等一系列处理，批量地写入底层存储模块，进一步提升系统整体性能。在缓存中的数据被清理之前，若有读请求到达且命中缓存，缓存模块将同时充当读缓存的角色，为读操作提升性能。

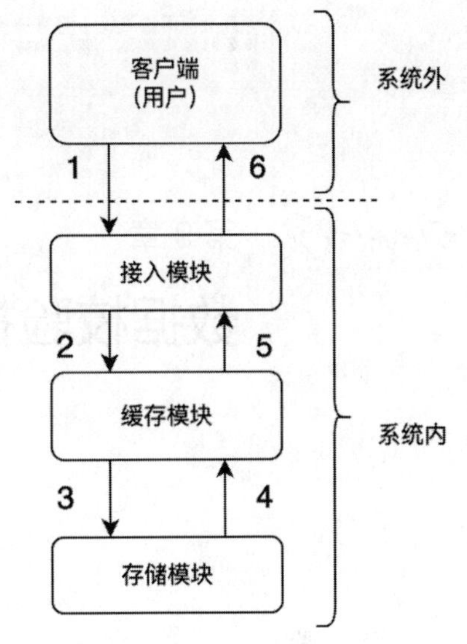

图 8-8　异步回写模式的流程

然而，异步回写策略也带来潜在的数据丢失风险，尤其是当缓存介质为易失性的存储（如内存）时，在数据持久化之前，遇突然掉电，数据可能会丢失。内核的 PageCache 就是一种典型的异步回写方案。在 Linux 上，文件的写操作默认都是写到 PageCache 就返回成功，然后异步回刷。

为解决内存掉电丢数据的问题，常见的做法是使用 SSD 这种高性能非易失性存储器作为缓存介质。数据首先被写入 SSD，然后用异步回写的方式把数据持久化到机械硬盘上。这种做法不仅能提供优越的写性能，还确保了数据的持久化安全。此外，SSD 相比内存具有更大的容量，为系统提供了更大的缓存空间。

8.4　本章小结

本章探讨了缓存模式在数据存储中的应用，并着重分析了如何通过层次化存储结构优化性能。我们详细讨论了多种缓存实现策略，包括旁路缓存模式、读写穿透模式和异步回写模式等。这些策略根据不同的业务模型和一致性的要求，各自适用于不同的场景。

在旁路缓存模式中，缓存作为 I/O 路径的旁路模块，因其实现简单且灵活，适用于读多写少的场景。读写穿透模式则把缓存的管理功能集成到缓存模块，并将缓存模块置于接入模块和存储模块之间，成为 I/O 路径中必要的一环。写穿透模式适用于写少且读有时间局部性的场景。

异步回写模式特别关注写性能的提升，它通过异步处理机制缩短了写操作路径，并在后台进行批量的存储更新，从而实现显著的性能提升。然而，该模式需谨慎处理潜在的数据丢失风险，尤其是在使用易失性缓存介质时。

在众多缓存模式中，每种模式都有其独特的优势和局限性。选择合适的策略需要根据应用场景的具体需求和性能目标进行综合考虑。

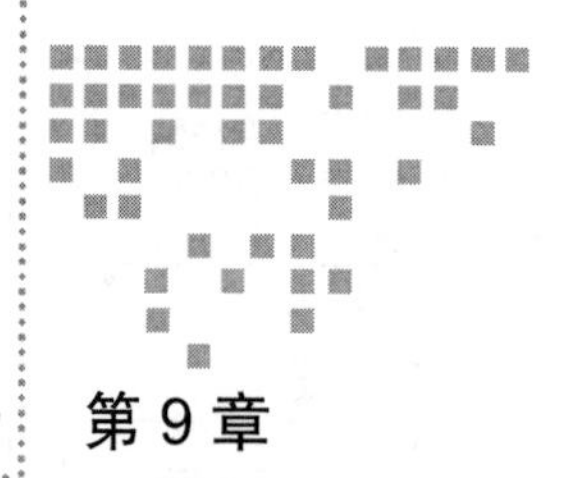

Chapter 9 第9章

数据校验技术

在数字化时代，数据无疑是最宝贵的资产之一。不论是在数据的生成、传输还是存储的过程中，风险无处不在，这些风险可能源自无意的操作或者蓄意的攻击。这些风险均可能导致数据损坏或者丢失。因此，确保数据的完整性和一致性就显得至关重要。为了应对这些挑战，数据校验技术应运而生，它通过引入校验机制来识别和纠正数据在生命周期中可能遭遇的错误。

本章将深入剖析数据校验技术的原理、方法以及它们在存储系统中的实际应用。我们将从基本概念出发，进而分析各种校验技术的特性及其适用场景。

9.1 数据校验的概念与原理

数据校验是指通过某些技术手段对数据的完整性进行检查的过程。这个过程包括生成校验值，该校验值可以被视为数据内容的一种简明摘要，它能够有效标识数据是否被篡改或者发生错误。

生成校验值通常遵循以下步骤。

1）选择原始数据：需要先选择合适的原始数据，并明确其结构与内容。

2）选择校验算法：根据数据特点和应用场景，挑选合适的校验算法。常见的校验算法包括 CRC、MD5 等。

3）计算校验值：使用选定的校验算法，输入原始的数据，计算得到一个校验值。

数据一致性的校验通常包括以下步骤。

1）数据传输或存储：在将数据发送至目标端或保存到存储介质之前，将计算出的校验值附加到数据上。

2）重新计算校验值：在数据到达目标端或被读取时，再次使用相同的算法，输入收到或读取的数据，计算得到一个新的校验值。

3）校验值对比：比较新计算出的校验值与原始附加的校验值。若两者相同，则说明数据是完整的；若不同，则表明数据在传输或存储过程中可能已经损坏。

数据校验技术赋予了我们及时发现和纠正错误的能力，这正是它的价值所在。当数据和校验值不匹配时，我们可以根据情况采取多种应对措施：包括但不限于要求数据重传、启动数据修复任务，或向用户报告错误。具体的处理策略将根据具体场景而定。

9.2　数据校验的应用场景

数据校验技术在网络通信和存储领域得到广泛应用，它确保了数据的完整性和可靠性。接下来将分别探讨数据校验在网络传输和磁盘存储两个场景的应用。

1. 网络传输

在网络传输场景中，数据校验能确保数据从发送端到接收端的过程中保持完整性和正确性。由于网络环境复杂多变，数据在传输过程中容易受到各种干扰和攻击，从而导致数据错误。因此，采用有效的数据校验机制是保障网络通信可靠性的重要措施。

网络传输的校验流程如下：

1）在传输数据前，发送端会根据原始数据计算出一个校验码（如使用 CRC32 算法），然后将原始数据和校验码打包一同发送至目标地址。

2）接收端收到数据后，会使用同样算法重新计算一个校验码，并与收到的校验码进行对比。若两个校验码不一致，表明数据在传输中损坏，接收端拒绝该数据并返回错误码，发送端接收到错误码后，可以采取重新发送数据的方式进行纠错。

网络数据传输的过程如图 9-1 所示。

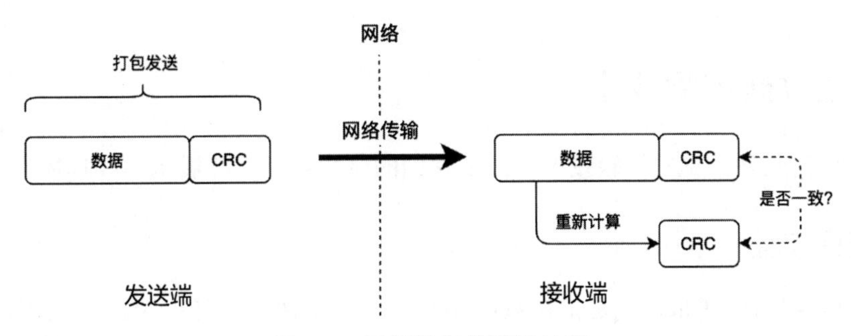

图 9-1　网络数据传输的过程

2. 磁盘存储

存储设备可能因为物理损坏、技术故障或外界因素（如电磁干扰）而导致数据损坏，常见的有静默错误、磁盘扇区损坏等问题。为了避免使用错误的数据，因此采用校验机制将损坏的数据识别出来。

磁盘存储的校验流程如下：

1）在数据写到存储介质之前，磁盘会根据原始数据生成校验码（如使用 CRC 算法），并将数据和校验码一并存储在磁盘上。

2）读取数据时，系统会把磁盘的数据和校验码都读出来。根据数据部分重新计算一个 CRC 校验码，然后，把新的校验码和磁盘上的校验码做对比。若不一致，表明数据已损坏。那么这份数据就不能发给用户了。在分布式场景可以去找其他正确的副本数据，并且通过其他的副本来修复这份损坏的数据。

磁盘存储的过程如图 9-2 所示。

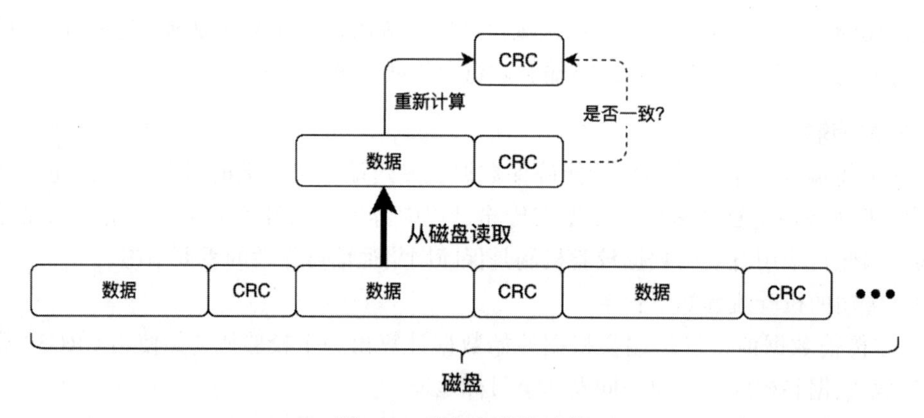

图 9-2 磁盘存储的过程

在分布式系统中，我们常通过数据校验技术来主动发现错误。一旦发现错误，系统会利用冗余机制，从其他节点获取正确的数据副本，避免单点故障导致数据丢失，提高了系统的数据可靠性。

9.3 常见数据校验技术

接下来探讨几种常见的校验技术，以及它们的应用场景，并展示一些具体的示例。

9.3.1 奇偶校验

奇偶校验（Parity Check）是指在数据存储和传输中额外增加一个比特位用来校验是否错误。该校验位称为奇偶校验位。奇偶校验位使二进制数据的“1”的个数总是偶数（偶校验）或者奇数（奇校验）。奇偶校验位通常可以通过数据异或运算获得。

例如，传输一个 8 位的二进制数据 10011011，可以在末尾添加一个校验位，使该二进制数据 1 的个数位为偶数或者奇数，如下。

- 奇校验：10011011 **0**
- 偶校验：10011011 **1**

接收端在收到数据后，通过检查奇偶校验位，如果发现不符合预定的奇偶规则，就表明传输过程出现错误，需要重新传输数据。奇偶校验只能检测单比特错误，并且不具备纠正错误的能力。因此，对于高噪声介质中的数据传输，可能会有大量重传的场景中，奇偶校验是不适合用的。奇偶校验适用于低速率、低可靠、传输量较小的数据传输场景，如串口通信、调制解调器等。

9.3.2　循环冗余校验

循环冗余校验（Cyclic Redundancy Check，CRC）是一种使用预定义的多项式生成固定位数校验码的算法。常用于检测数据在传输和存储过程中的错误。

CRC 将数据看作一系列字节，通过固定的多项式对齐做除法运算，得到的余数就是 CRC 码。根据校验码不同，CRC 可以细分为不同的算法。常见的校验算法有 CRC-8、CRC-16、CRC-32、CRC-64 等，它们的校验码长度分别是 8 位、16 位、32 位、64 位。

相比奇偶校验，CRC 更可靠，能够检测出多种类型的数据错误，比如位反转、单比特错误、多比特错误等。它可以校验整体数据，而非单个字节。因此，CRC 适用于要求高速率和高可靠性的数据传输场景。

CRC 计算速度快，校验效果好，实现简单，所以使用场景非常广泛，包括数据通信、存储等领域。但 CRC 算法本身存在一定局限性，它无法检测所有类型的错误，且只能发现错误而无法纠正错误。因此，在追求更高可靠性的场景中，CRC 往往不会单独使用，而是在更上层与其他纠错码配合使用，从而提高数据传输的整体可靠性。

接下来将通过一个 Go 语言的示例来展示 CRC 的应用。在 Go 语言中，可使用标准库的 hash/crc32 包来执行 CRC32 校验和的计算。代码清单 9-1 演示了如何计算一个字符串的 CRC32 校验值。

代码清单 9-1　计算字符串的 CRC32 校验值示例

```go
package main
import (
    "fmt"
    "hash/crc32"
)
func main() {
    // 原始数据
    data := []byte("Hello World")
    // 计算 CRC32 校验和
    checksum := crc32.ChecksumIEEE(data)
    // 输出结果
    fmt.Printf("CRC32 (IEEE): %x\n", checksum)
}
```

编译并执行上述代码可以看到 CRC32 的校验值，输出如下：

```
CRC32 (IEEE): 4a17b156
```

9.3.3 摘要算法

摘要算法接受任意长度的数据输入，并产出一个固定长度的输出——散列值。摘要算法有以下通用的特点。

- 输出长度固定：输入数据不论大小，输出的散列值长度始终不变。
- 计算不可逆：运算过程单向不可逆，确保数据的安全性。
- 输入的一致性：相同的输入必然产生相同的散列值。
- 对输入高度敏感：即便输入数据仅有微小变化，如一个比特位的差异，也会导致散列值大幅度改变。

摘要算法通常分为以下 3 类。

- 消息摘要（message digest，MD）算法：主要代表是 MD5 算法，其他还有 MD2、MD4 算法等。
- 安全散列算法（secure hash algorithm，SHA）：主要代表是 SHA-1 和 SHA-2（SHA-224、SHA-256、SHA-384、SHA-512 等）系列算法。
- 消息认证码（message authentication code，MAC）算法：结合了密钥的散列算法。常见的 MAC 算法有 Hmac-MD5、Hmac-SHA1、Hmac-SHA256 等。

1. MD5 算法

MD5 算法是一种广泛使用的摘要算法，它将任意长度的数据作为输入，输出一个固定长度的 128 位散列值。MD5 算法的设计是将输入的数据分成若干个 512 位的块，每个块内再分成 16 个 32 位的小块，然后对每个小块进行运算，循环迭代后输出一个 128 位的散列值。

MD5 算法广泛应用于数据完整性校验、数字签名、密码存储等场景中。例如，互联网下载文件，会有一个专门的 MD5 摘要文件。用户可以和文件一起下载下来，然后通过这个摘要文件来校验文件是否损坏或者被篡改。

此外，MD5 算法常用于密码存储。我们通常使用 MD5 算法将密码转化为散列值，避免原始密码以明文形式直接存储在数据库中。这样即便数据库遭到攻击，用户的密码仍然能得到保护。因为 MD5 算法具有不可逆性，无法通过散列值逆推出原始数据。这就提供了密码存储等场景中的安全性。

值得注意的是，MD5 算法也存在一些缺点：

- MD5 算法容易受到碰撞攻击（碰撞攻击是指通过构造两个散列值相同但输入不同的数据，从而欺骗系统这两个数据是相同的）。
- MD5 算法已经被证明不够安全，在安全性要求较高的场景中，推荐使用更安全的散列算法，如SHA-256、SHA-3等。

MD5算法虽然存在一些问题，但在一些简单的数据完整性校验、数字签名、密码验证等场景中，仍然被广泛使用。

在Go语言中，我们可以使用标准库的crypto/md5包来计算MD5的校验值。以下是计算字符串的MD5示例，如代码清单9-2所示。

代码清单9-2 计算字符串的MD5示例

```
package main
import (
    "crypto/md5"
    "fmt"
    "io"
)
func main() {
    // 原始数据
    data := "Hello World"
    // 创建一个新的md5实例
    hasher := md5.New()
    // 写入数据到md5实例中
    io.WriteString(hasher, data)
    // 计算MD5散列值
    sum := hasher.Sum(nil)
    // 输出结果
    fmt.Printf("MD5: %x\n", sum)
}
```

编译执行上述代码可以看到MD5的校验值，输出如下：

```
MD5: b10a8db164e0754105b7a99be72e3fe5
```

2. SHA算法

SHA代表了一系列的密码散列函数。它可以处理任意长度的输入数据，并输出一个固定长度的散列值。与MD5相比，SHA-256提供了更好的安全性，但这种安全性的提升伴随着较慢的计算速度。尽管如此，SHA算法仍然广泛应用于数字签名、密码存储以及数据完整性校验等关键场景。

在存储领域，SHA-256因其极高的安全性和极低的碰撞概率而常被应用于数据去重。将数据块的散列值作为数据的唯一“指纹”，这种方式可以有效地识别并合并重复的数据块，从而实现数据的高效存储。

Go语言通过标准库的crypto/sha256包提供了计算SHA-256的校验值的能力。以下是一个计算字符串的SHA-256的示例，如代码清单9-3所示。

代码清单9-3 计算字符串的SHA-256的示例

```
package main
import (
```

```
    "crypto/sha256"
    "fmt"
)
func main() {
    // 原始数据
    data := "Hello World"
    // 创建一个 sha256 实例
    hasher := sha256.New()
    // 写入数据到 sha256 实例中
    hasher.Write([]byte(data))
    // 计算 SHA-256 的散列值
    sum := hasher.Sum(nil)
    // 输出结果
    fmt.Printf("SHA256: %x\n", sum)
}
```

编译执行上述代码可以看到 SHA-256 的校验值，输出如下：

```
SHA256: a591a6d40bf420404a011733cfb7b190d62c65bf0bcda32b57b277d9ad9f146e
```

3. MAC 算法

MAC 算法是一种以密钥为基础的散列函数方案，它通过结合数据和一个只有通信双方知晓的密钥来生成一个散列值，即所谓的 MAC 值。MAC 值的主要用途是验证消息的完整性和真实性。

不同于仅利用 MD5 和 SHA-256 这些散列算法对数据一致性进行校验的做法，MAC 算法通过引入密钥增加了验证过程的安全层级。因为仅仅通过散列算法的校验，如果数据和校验值一起被“中间人”截获并篡改，系统是难以发觉的。图 9-3 直观地展示了“中间人”攻击的示意。

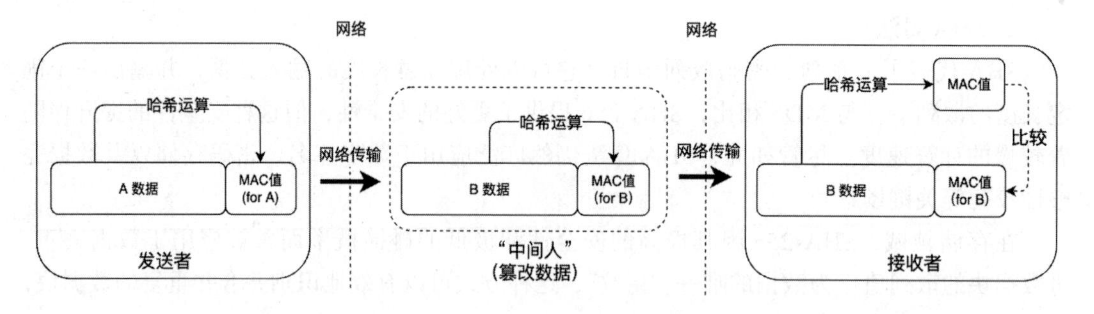

图 9-3 “中间人”攻击的示意

MAC 的算法能有效抵御上述“中间人”攻击的情况，它主要包括两个关键步骤。

1）生成 MAC 值：将消息和密钥作为输入，通过一系列的散列函数的运算操作，生成一个固定长度的 MAC 值。

2）验证 MAC 值：将接收到的消息和密钥作为输入，通过同样的算法进行计算得到一个新MAC值。对比这个新的MAC值与接收到的MAC值是否相同，如果相同，则表明消息是真实合法的。

除非“中间人”获悉密钥信息，否则它无法计算出合法的MAC值。因此，密钥的安全和保密是MAC算法成功的关键，只有密钥的持有者才能对消息的真实性进行验证。如果密钥一旦被泄露或破解，MAC算法的安全性和可靠性便会受到威胁。所以密钥的管理就变得至关重要，通过密钥的交换、密钥的分配策略、密钥的更新机制等一系列安全措施，来保障密钥的安全。

在Go语言中，我们可以使用标准库的crypto/hmac和crypto/sha256包来计算HMAC-SHA256的示例，如代码清单9-4所示。

代码清单9-4 计算HMAC-SHA256示例

```
package main
import (
    "crypto/hmac"
    "crypto/sha256"
    "fmt"
)
func main() {
    // 原始数据
    data := "Hello World"
    // HMAC 密钥
    key := "secret"
    // 创建一个新的基于 SHA-256 的 HMAC 散列实例
    hasher := hmac.New(sha256.New, []byte(key))
    // 写入数据到散列实例中
    hasher.Write([]byte(data))
    // 计算 HMAC 值
    sum := hasher.Sum(nil)
    // 输出结果
    fmt.Printf("HMAC-SHA256: %x\n", sum)
}
```

编译执行上述代码可以看到HMAC-SHA256的校验值，输出如下：

```
HMAC-SHA256: 82ce0d2f821fa0ce5447b21306f214c99240fecc6387779d7515148bbdd0c415
```

9.4 本章小结

本章深入探讨了数据校验技术的重要性和细节，强调了它是确保数据在传输和存储过程中完整性和一致性的关键手段。

我们从数据校验的基本概念和原理出发，讨论了校验值的生成、使用和验证过程。特别指出了在数据传输或者存储之前附加校验值的重要性，以及在数据被读取时重新计算校验值的必要性。通过对比这两个校验值，我们可以有效判断数据的完整性。

本章还详细介绍了包括奇偶校验、循环冗余校验、MD5、SHA、MAC 等各类常见的校验方法。每种方法都有其特定的应用场景和优缺点。我们还通过 Go 语言的实际编程示例，展现了如何计算 CRC32、MD5、SHA256 和 HMAC-SHA256 的校验值，这些例子体现了 Go 语言在数据校验方面的能力。

综上所述，数据校验技术是确保数据安全的重要基石。它赋予了我们检测并纠正数据错误的能力，成为数字化世界中不可或缺的一部分。通过理解并合理应用这些关键技术，我们能够有效提升存储系统的可靠性和安全性。

第三部分 Part 3

分布式系统基础

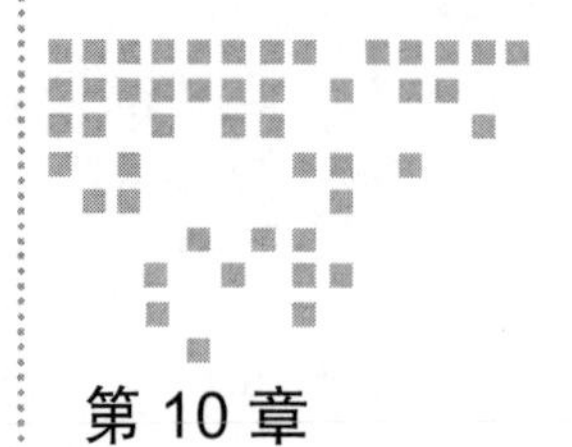

Chapter 10 第10章

分布式存储理论

分布式存储系统是一种数据存储方案，它将数据分散存储在多个独立设备上。这些设备可以是物理服务器，也可以是虚拟化环境中的存储资源，它们通过网络互相连接。与传统的集中式存储相比，分布式存储系统能避免单点故障，提高数据的可靠性和安全性。

本章将深入探讨分布式存储的基本概念、架构设计以及一些常见的协议。通过深入理解这些概念，我们可以更加清晰地认识分布式存储系统的优势，同时也能洞察其面临的挑战，以及它们带来的复杂性问题和相应的解决方案。

10.1 分布式系统的特征

分布式系统是由若干独立节点通过网络协同工作，构成的统一整体。相较于传统单机系统，分布式系统突破了单机处理能力的限制，同时也带来了一系列独特的挑战。分布式系统普遍具有几个显著的特点和潜在问题。在本节中，我们将对这些特性进行深入分析和讨论。

1. 分布性

分布式系统里的节点可跨不同地理位置部署，且节点位置可以动态变化。这些节点既可以是物理设备，也可以是虚拟机、容器等虚拟实体。节点之间通过网络进行通信和协作。

这种节点的分散布局显著提升了系统的物理容灾能力，降低了因集中部署带来的全域故障风险。然而，节点的分散策略必须经过精心设计，因为过度的分散可能会带来额外的成本并增加运维复杂度。因此，故障域的划分常常是决定节点分布的关键因素。例如，系统设计要求能够容忍单个机架故障而不影响整体服务，则节点应至少分布于多个机架，并且数据副本也应跨机架分散。

最终节点的分布方案和故障域的设计需要在成本、性能和可靠性三者之间找到一个平衡点，确保在满足业务需求的同时，系统也能够高效且稳定地运行。

2. 对等性、异构性

在分布式系统中，节点通常呈现对等性质，即在物理节点的硬件层面不存在主从关系。每个节点均拥有同等的地位和职责，并共同参与系统的维持和运作。从而避免了对单个物理节点的控制和依赖，使系统更加可靠。

分布式系统的设计理念依赖软件层面的策略，使物理上分散的节点能够高效地协同工作。因此，分布式系统对硬件的要求相对较低，以便提供更大的灵活性。这些节点通过网络相互连接，使用统一的通信协议进行交互，即使硬件配置和操作系统等属性是异构的，也能协作完成任务。

然而，节点的对等性也带来了挑战——由于缺少中心化的权威节点，分布式系统可能会在数据一致性方面遇到决策上的困难。因此，尽管各节点在物理上是对等的，但在软件层面上它们通常会被赋予不同的职责和角色，以适应不同的操作需求。这些角色可以在节点间动态分配和选举。通过这些软件层面的巧妙设计，可以确保分布式系统整体的一致性与稳定性。

3. 独立性、并发性

分布式系统中的各个节点都是一个独立的单机系统，配置独立的 CPU、内存及操作系统，具备独立的数据处理能力。整体而言，系统中的节点是并行运行的，能够同时处理多个请求或任务。因此分布式系统具有高并发处理能力，并且可以通过扩容节点来横向提升系统的并发能力。

要充分利用分布式系统的并发能力，关键在于将任务合理地分配给多个并行的节点，以实现任务的并发执行。分布式系统的挑战之一便是如何有效地进行任务拆分和分发。由于节点间的处理速度和资源配置的差异，任务调度和负载均衡就成了很大的挑战。分布式系统中的任务分配涉及以下几个关键问题。

- 任务调度：如何有效地向各节点分配任务是分布式系统性能优化的关键。不均衡的任务分配可能导致某些节点过载，影响整体性能。
- 压力水位：节点处理能力的差异意味着单纯追求任务数量均衡并非最优策略，需要根据节点的实际能力调整任务分配，避免性能瓶颈。
- 通信开销：任务分配给多节点将引发节点间的频繁通信，协调任务的执行和数据传输可能会增加通信成本。因此，需优化通信效率以减少对任务性能的负面影响。
- 容错性：由于节点的数量较多，因此节点故障不可避免。系统需要具备在部分节点失效时继续保持任务执行的容错机制。

4. 可扩展性

分布式系统的节点都是独立的，它们之间通过网络通信协同完成任务，形成一个整体的服务。系统可以通过增加节点来提升系统的吞吐能力，横向扩容的能力也正是分布式系统的核心优势之一。

在分布式系统中，无需依赖高性能的服务器，而是把成本效益较高的标准服务器集群化，从而实现超越单一大型机的整体性能。

分布式系统架构的灵活性在于其线性的扩展性：新增服务器可等比例增加性能，无需对单一服务器进行复杂的垂直升级。当业务需求较低时，系统能通过减少节点数配置成小规模集群以节约资源；当业务需求上升时，则通过增加节点来提升系统能力。这种可伸缩性为企业提供了极大的经济弹性，能够根据实际需求灵活地调整资源投入，实现资源的按需分配和优化。

10.2 分布式系统的问题

分布式系统由多个相互独立的节点组成，通常这些节点在物理上是分散的，每个节点都拥有自己的时钟，它们之间通过网络相互通信。与传统的单机系统相比，分布式的架构增加了多方面的挑战。由于网络的不确定性和节点的独立性，使分布式系统无法保证时间的一致性。接下来将探讨几个分布式系统中的经典问题。

10.2.1 无全局时钟

在分布式系统中，由于各个节点独立自治以及分散的地理位置，导致了通信延迟和不确定性。由于每个节点都运行着自己的时钟，使确定系统内两个事件的时间顺序变得复杂。缺少一个全局时钟作为参照，可能导致事件顺序混乱。举例来说，如果节点 A 在 9:00 更新了某数据，节点 B 在 9:10 读取同一数据，但我们很难断言 B 读取的是更新后的数据，因为节点 B 的 9:10 可能早于节点 A 的 9:00。

NTP（网络时间协议）的出现解决了分布式节点间的时间同步问题，NTP 协议会通过一些复杂的算法来校准各节点的时间。在局域网环境中，NTP 通常能将误差控制在毫秒级别。然而，由于网络延迟和时钟漂移等因素，NTP 无法彻底消除时间误差，这在某些关键应用场景中是不可接受的。

因此，在某些情况下，我们需要一种方法来确定事件的时序，这正是全局时钟的核心作用。当物理时钟无法满足需求时，我们可以采用分布式的协议来构建一个逻辑上的全局时钟。逻辑时钟的关键在于它不直接测量实际时间，而是通过构造一个递增的序列来为事件排序，从而明确事件发生的先后顺序。

10.2.2 网络异常

在分布式系统中，网络异常非常常见而且不可避免，如通信过程中的数据丢包、乱序、重传等现象。网络协议栈的一项重要任务就是处理这些异常情况，通过层层封装和处理，确保数据传输的可靠性。

在单机系统中，内部模块的交互往往不需要考虑传输问题，但分布式系统的一切交互都依赖于网络。因此，网络对分布式系统有至关重要的影响，在系统设计需要重点关注。网络异常有以下几种常见形式。

- 网络延迟：指的是数据传输所需的时间。如果延迟过大，可能影响系统性能和判断逻辑。一般地理位置距离越长，延迟越显著。例如，同机房的网络延迟通常低于城际或跨城的延迟。
- 网络拥塞：当网络中的数据流量超过带宽容量时，会导致数据传输质量下降。通常表现为数据丢包、延迟增加、吞吐量下降等。
- 网络分区：网络分区是指网络被划分为无法相互通信的多个部分，这会导致分布式系统内的节点无法正常交换数据，也无法进行协调。
- 节点故障：在拥有众多节点的分布式系统中，节点故障是不可避免的。节点故障可能会引起数据丢失或处理任务失败。

分布式系统的设计必须能够容忍这些问题。无论网络如何异常，系统的逻辑必须保持正常执行，不能出现混乱。这正是分布式协议系统要解决的一大难题。

10.2.3　结果的三态

在分布式系统中，跨网络请求的结果通常可归纳为：成功、失败、超时（未知）3 种状态，也称为“分布式请求三态”。

成功和失败的状态是确定的，它们代表了请求的明确结果。然而超时状态则带来了不确定性。超时状态是指当一个请求从源端发出后，在既定的时间内未收到任何响应。此时，我们面临一个不确定的情况：请求可能已成功执行，也可能失败，或者请求根本就未到达目标节点，又或者目标节点已经作出了响应，但响应尚未抵达源端。这种不确定性是分布式系统复杂性的原因之一。

图 10-1 展示了请求交互的过程，任何在第（2）至（5）步骤中出现的问题都可能导致超时状态。

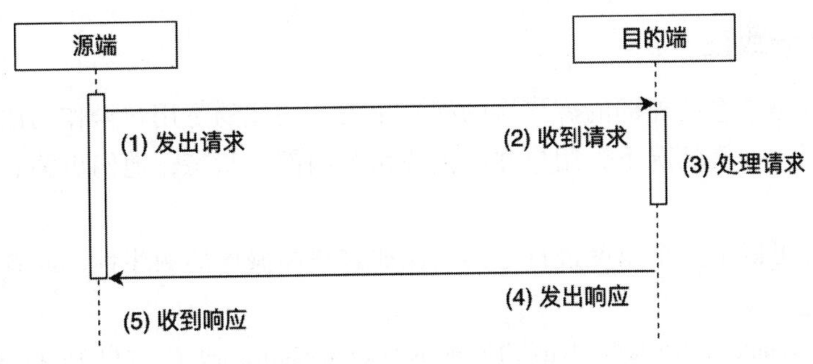

图 10-1　请求交互的过程

为了处理超时状态，我们可以设计多种应对策略。例如，通过发起查询来确认先前请求的执行情况，这是一种常见的解决方案。另一种策略是设计幂等性的请求。幂等性意味着多次操作的执行效果相同，因此只要保证操作至少成功执行一次即可，无需担心它是否已经被执行过。在这种情况下，对于失败或者超时的场景，我们都可以简单地重试。这样的设计简化了处理逻辑并提高了系统的健壮性。

10.3 数据一致性

在探讨数据一致性时，我们发现在不同领域中一致性的含义可能存在差异。例如，在分布式系统、数据库系统以及计算机体系结构等领域，对一致性的理解各有其特点。接下来将基于分布式系统的视角进行深入讨论。

在分布式系统中，我们将从系统内部和外部两个角度，大致将一致性分为两类：状态一致性（State Consistency）和操作一致性（Operation Consistency）[1]。这两类划分并不指代新的一致性类型，而是分析一致性时所采用的两种视角。

接下来将深入探讨这两种一致性的内涵及其在系统设计中的应用。

10.3.1 状态一致性

状态一致性是从系统内部的视角观察多个副本数据时所描述的数据客观状态。当数据所有副本完全一致时，则说明数据具有强一致性；反之，则为弱一致性。

为了确保副本间数据的一致性，根据不同的应用场景和需求，分布式系统会采取不同的同步策略。例如，我们可以采用全同步的写入方式，即所有副本都写入成功才向用户反馈结果。这种方法确保了用户在数据操作后，数据立刻达到强一致状态。然而，这种方式牺牲了系统的可用性。因此，有些系统采用了所谓的Quorum策略，该策略允许部分副本写入成功即可视为成功。这可能导致副本数据之间暂时不一致，但系统通过后台同步机制，最终可调整所有副本数据至完全一致的状态，这样既保证了系统的高可用性，同时也在可接受的时间内实现了数据最终的一致性。

10.3.2 操作一致性

操作一致性是从系统外部的客户端的视角出发，关注的是用户操作的语义，描述的是操作的行为结果。通常情况下，用户并不关心系统内部的状态，他们更关心的是对系统操作的结果。

操作一致性可以从多个角度进行考察，比如客户端操作的顺序性，或者从读写操作的

[1] Marcos K. Aguilera, Douglas B. Terry . The many faces of consistency [C]. IEEE Data Eng Bull. 39(1): 3-13 (2016).

角度进行分类。

1. 以操作的顺序性分类

接下来将从客户端操作执行顺序的角度出发，通过一些具体的一致性模型示例，来探讨操作一致性的不同形态。

（1）线性一致性

在线性一致性（Linearizability Consistency）模型中，每个操作的结果都可以对应一个特定的时刻，这个时刻位于操作发起之后，到操作结束之前的时间区间。这些时间点构成了一个全局有序的执行序列。在线性一致性中，任意两个操作之间都是有序的，并且操作在某时刻生效后，后续时间对所有客户端都是可见的。

例如，如果客户端 A 发起 write(x, 2) 的操作，客户端 B 发起了 read x 的操作，在全局时钟的顺序是 A<B，那么 B 读到的值必然是 x=2，线性一致性示例如图 10-2 所示。

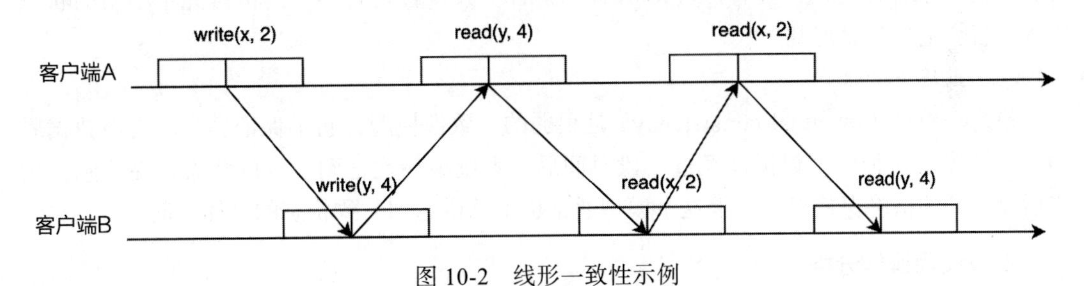

图 10-2　线形一致性示例

线性一致性试图使分布式系统表现得如同一个单副本实例。一旦数据成功写入，该结果便立即对所有用户可见，读取到的数据始终为最新写入的数据。因此，线性一致性是一个对用户非常友好的一致性模型。

（2）顺序一致性

与线性一致性有所不同，顺序一致性（sequential consistency）不要求操作在全局上保持有序，它只要求保证来自同一个客户端的操作是有序的。

例如，客户端 A 与 B 并发地更新 x 的值，客户端 A 依次将 x 值更新为 2 和 4，客户端 B 将 x 依次更新为 1 和 3。客户端 C 连续读取 x 的值。顺序一致性示例如图 10-3 所示。

如图所示，客户端 A 和 B 的更新顺序都得到保障。客户端 C 依次读到的值为 1、2、3、4，符合客户端 A 的 2、4 和客户端 B 的 1、3 的更新序列。因此，这满足顺序一致性的要求。然而，从全局角度来看，读到的结果并不是严格有序的，全局顺序应该是 2、1、4、3，因此它不符合线性一致性的标准。

（3）因果一致性

因果一致性（causal consistency）是一个相对于顺序一致性更为宽松的一致性模型，它仅要求具有因果关系的操作按照相同的顺序被所有客户端观察到，而不强制要求同一客户端内的所有操作有序。

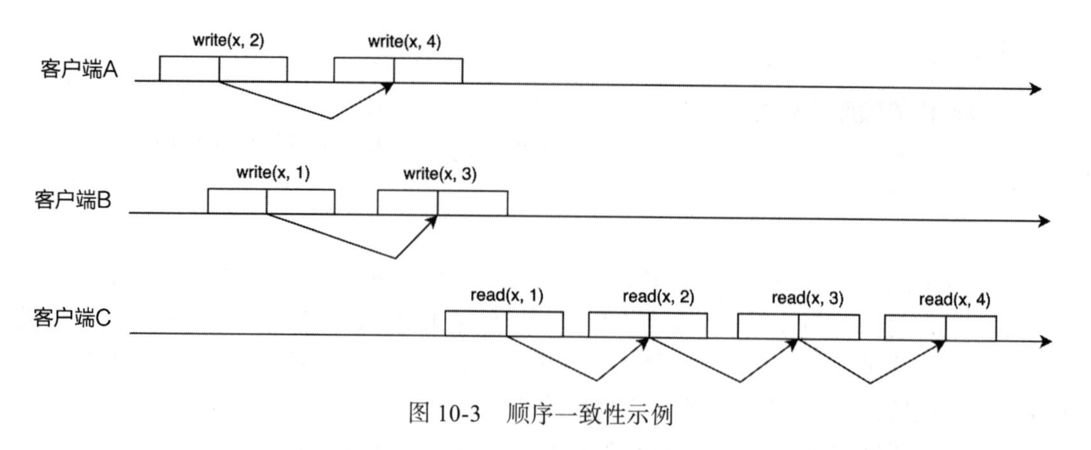

图 10-3 顺序一致性示例

以一个现实场景来说明，小明发布了一个朋友圈状态，紧接着小红在该状态下回复留言。我们必须保证这两个操作顺序对所有观察者一致，否则若小红的留言先于小明的状态出现，就会造成信息混乱。

（4）最终一致性

最终一致性（eventual consistency）是很弱的一致性模型，它不保证客户端更新数据后的可见顺序。这种模型仅保证经过一段时间后，系统最终能达到一致的状态，在达到一致之后读取到的值将保持稳定。但这个模型通常也不承诺达到一致状态的具体时间。

2. 以读写操作分类

读写操作是存储系统的核心。我们主要关注的是读写操作的结果，其中读操作直接受到写操作影响。以读写为核心，我们可以区分出一些不同的一致性模型。接下来将通过几个具体的例子进行说明。

（1）单调读一致性

单调读一致性（monotonic read consistency）是指，当客户端读取到数据的某个特定版本后，后续就不会再读到更旧版本的数据。这避免了出现数据时光倒流的情况，减少了混淆和可能产生的错误。

例如，如果客户端 A 对 x 依次执行了 3 次赋值，分别是 1、2 和 3。一旦客户端 B 读取到了 x=2，那么在后续的读取中，它应该只能读到 2 或 3，单调读一致性示例如图 10-4 所示。

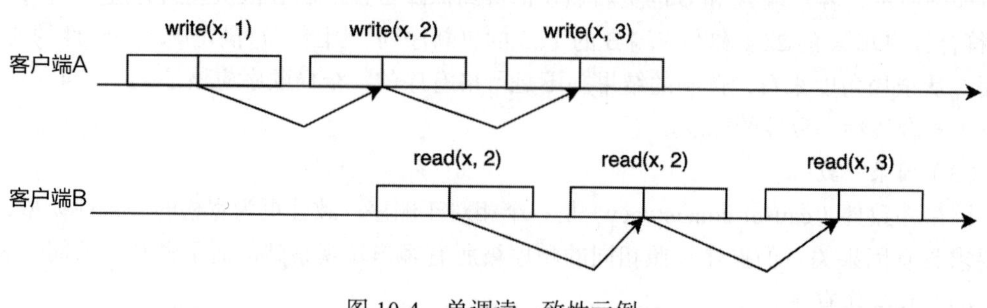

图 10-4 单调读一致性示例

（2）写后读一致性

写后读一致性（read my writes consistency）是指，在一个客户端内，当一个写操作被确认完成后，该客户端随后的读操作必须能够读取到该写操作的结果。也就是说，客户端可以立即看到自己所做的修改。注意，这并不保证其他客户端也能立刻读取到这个最新值，写后读一致性示例如图 10-5 所示。

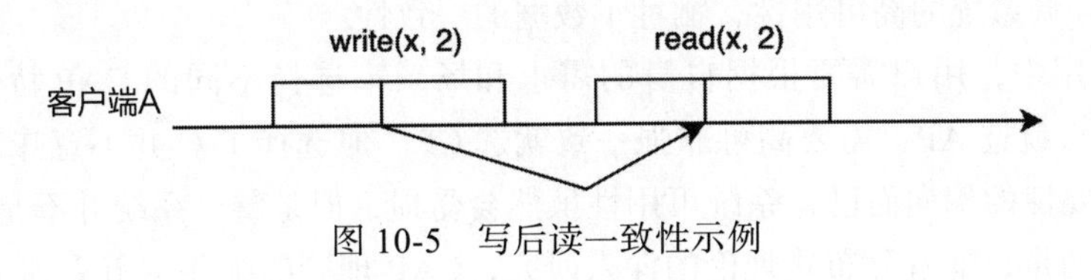

图 10-5　写后读一致性示例

（3）最终一致性

最终一致性（eventual consistency）是指，如果客户端停止写操作后，那么经过一段时间后，所有的读操作最终将返回最后一次写入的值。

10.4　分布式理论

分布式理论是研究分布式系统的基础，为设计与实现高效、可靠和可扩展的分布式系统提供了理论基础。它涉及分布式系统的各种问题，包括一致性、可用性、分区容错性，以及扩展性等。这些基础的理论可以给设计者提供方向，做到有的放矢，分布式理论研究的目的是设计和实现高效、可靠、可扩展的分布式系统。

10.4.1　CAP 理论

CAP 理论，即一致性（consistency）、可用性（availability）、分区容错性（partition tolerance）的缩写。CAP 理论指出在一个分布式系统中最多能同时满足这三项中的两项。

- 一致性：在分布式系统中，多个数据副本在同一时刻完全一致。
- 可用性：在分布式系统中，如果某些节点出现故障，那么其他节点仍然能够继续提供服务。
- 分区容错性：如果网络出现故障，导致节点之间无法通信，那么系统仍然能够继续工作。

图 10-6 展示了 CAP 理论的模型。

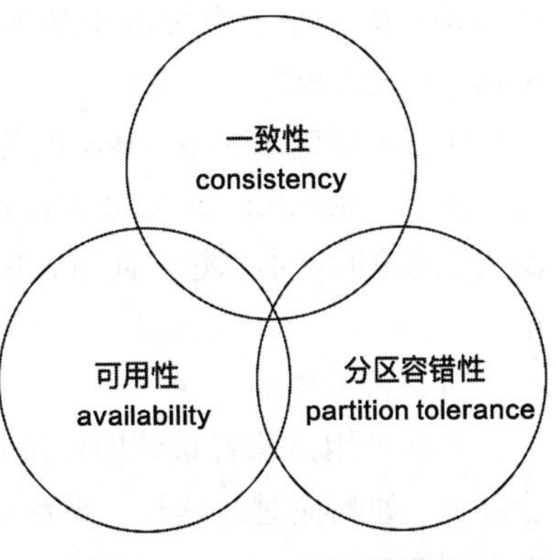

图 10-6　CAP 理论的模型

CAP 理论最初由 Eric Brewer 提出，并由 Seth Gilbert 和 Nancy Lynch 等人证明，将其从一个假设升级为定理。注意，定理证明的是 CAP 三者不能同时满足，并不是说任意两者可以满足。

CAP 理论从理论层面就已经证明了分布式系统中无

法实现一个兼顾一致性、可用性、分区容错性的完美系统。这为系统架构的设计提供了有价值的指导。

由于网络不可靠性，分布式系统几乎必然会遇到网络分区的情况。因此，分区容错性成为多数系统必须满足的基本要求。在这个前提下，设计者通常在 CP、AP 之间进行选择。

- CP：强调各节点的一致性，数据可靠性较高，但牺牲了部分可用性。
- AP：强调系统的高可用性，牺牲了数据的一致性。

在实际应用中，用户需要根据自身的需求和场景来选择不同的 CAP 特性。如果需要高可用性，那么就选 AP，需要高可靠强一致就选 CP。但选择了 C 并不意味着 A 会完全丧失，这只是重要性的偏向而已，系统可用性虽然会受损，但是整个系统并不是完全不可用。

值得注意的是，随着分布式理论的深入研究，CAP 理论的某些细节受到了质疑和挑战。例如，CAP 理论没有提到网络延迟问题，但一致性通常是无法立刻完成的，所以就算选择了 C 也需要一些时间才能达到。此外，CAP 理论没有考虑不同的架构，场景和需求，因此不同的应用场景对 CAP 的解读可能会有所不同，这种概念上的模糊引发了一些质疑。

我们应正确地看待 CAP 理论。它并不适用于所有系统，随着分布式系统研究的不断深入，人们关注的特性也不再局限于 C、A、P 这三种。CAP 理论更像是一种指导性思想，具体实施需要根据实际情况做出权衡和选择，而不能生搬硬套。CAP 的重要意义在于打破人们对分布式系统的完美幻想，引导我们更加务实地进行权衡，并选择适合自身的方案。

10.4.2 BASE 理论

BASE 是分布式系统理论的重要组成部分，代表基本可用（basically available）、软状态（soft-state）、最终一致性（eventually consistent）。BASE 理论是对 CAP 中一致性（C）和可用性（A）的一种平衡，它的核心思想是：牺牲些许一致性来满足高可用性，根据业务的实际情况让系统达到最终一致性。哪怕有部分数据不可用或者不一致，整个系统也要基本可用。图 10-7 展示了 BASE 理论的模型。

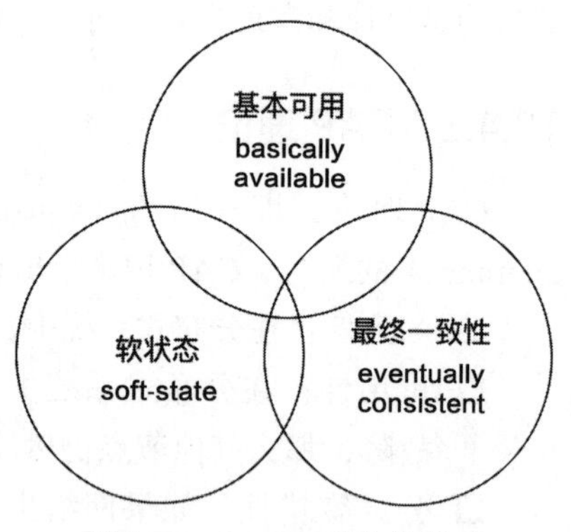

图 10-7 BASE 理论的模型

BASE 理论最初由 eBay 的架构师 Dan Pritchett 提出，他在“BASE: An Acid Alternative”一文中阐述了 BASE 理论的基本思想。此后，BASE 逐渐被广泛接受和应用，成为分布式系统中的核心理论之一。

（1）基本可用

基本可用意味着系统即使遭遇严重故障，也会保持核心功能的可用性。可能表现为性能降低（如响应时间延长）或者部分功能降级（如减少同时处理的请求量），但关键操作仍然得到支持。

(2)软状态

软状态是指允许系统存在短暂的不一致状态，但这并不会影响系统的整体运行。例如，数据的异步的复制可能会造成短期内数据不一致，但这只是一个过渡状态，数据最终会保持一致。

(3)最终一致性

最终一致性强调的是一段时间的同步过程后，所有数据副本都将达到一致的状态。系统可能采用异步复制或定期同步等机制来实现数据的一致性。BASE 理论是 CAP 的延伸，它承认数据一致性的实现是一个需要时间的过程，软状态是一个过渡过程，数据最终将达成一致。

BASE 理论强调在分布式系统中很难保证强一致性，需要选择适合的一致性级别，在一致性和可用性之间进行权衡。这在实际的分布式系统设计和实现中具有重要的指导意义，可以让系统设计者更好地了解分布式系统的特点和限制，从而设计出更加高效的系统架构。

10.5 分布式协议

分布式协议定义了分布式系统中不同节点之间的通信和协作规范。这些规则确保了所有节点执行统一的协议算法，通过信息交换实现状态的一致性。

分布式系统依靠这些协议处理诸如数据同步、一致性保证、系统容错等复杂问题。旨在提升系统的可靠性、鲁棒性和效率。

典型的分布式协议包括 2PC、3PC、Paxos、Raft 等，在设计和实现这些协议时，需要综合考量系统的性能、可靠性和可扩展性，具有很大的复杂性和挑战性。在分布式的系统中，分布式协议对保障系统的高可用性、高性能和伸缩性至关重要，它们帮助系统有效应对不断增长的数据量和丰富多样的需求场景。

10.5.1 2PC 协议

2PC(Two-Phase Commit)协议即两阶段提交协议，是一种分布式事务协议，它旨在确保分布式事务的原子性和一致性。接下来将深入探讨 2PC 协议的关键要素。

(1)角色划分

在 2PC 协议中，事务参与者被明确划分为两个角色。

- 协调者(coordinator):作为决策中心，负责协调所有参与者共同推进事务。
- 参与者(participant):负责实际执行事务的节点，通常有多个。

协调者的设立源于分布式环境下节点间缺乏互知事务状态的能力。为了确保事务的 ACID 特性，需要协调者统一管理所有的参与节点，并决定事务是否递交。

(2)事务递交的两个阶段

2PC 把事务的提交过程分为准备和递交两个阶段。

- 第一阶段：准备阶段，协调者向所有参与者发送准备请求，询问是否可以执行事务。如果所有参与者都回复“可以执行”，那么协调者就进入下一阶段；否则，协调者发送回滚请求，所有参与者都放弃执行事务。准备阶段也被称作投票阶段，即各参与者投票是否要继续接下来的提交操作。
- 第二阶段：提交阶段，协调者向所有参与者发送提交请求。如果所有参与者都成功地提交了事务，就提交成功。否则，协调者向所有参与者发送回滚请求，所有参与者都放弃执行事务。

图 10-8 展示了 2PC 的交互流程。

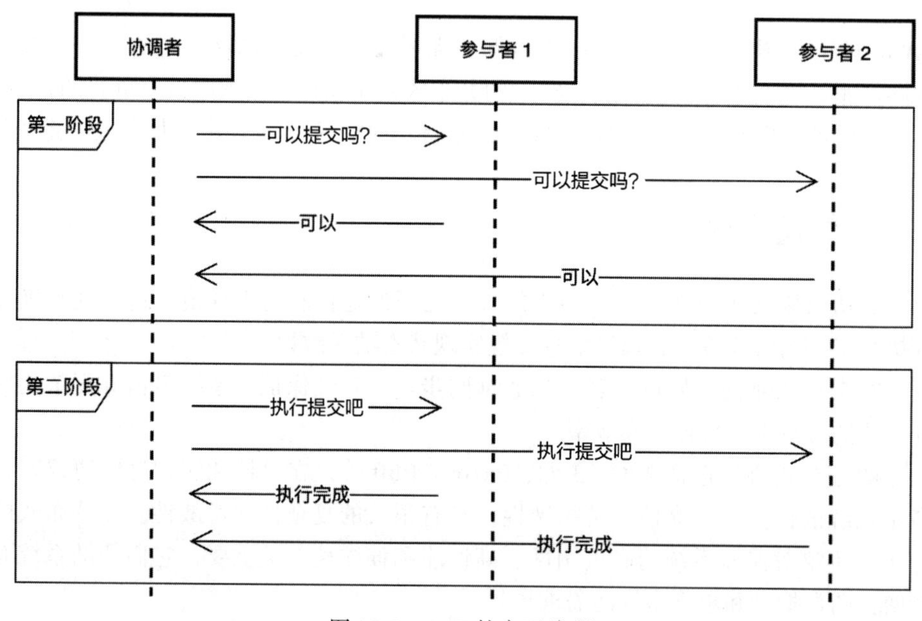

图 10-8　2PC 的交互流程

（3）2PC 协议的优缺点

虽然 2PC 协议的优点是实现简单，但它的缺点也非常明显。每个事务都需要多轮网络通信和等待，这导致性能上的不足。此外，协调者若出现故障，可能会造成整个系统的停摆。同时，协调者还需要获悉所有参与者的状态信息，网络分区或通信异常可能会导致事务进度受阻。如果在提交阶段协调者在只发送了部分提交请求后发生崩溃，还可能引起数据状态不一致。

由于这些限制，2PC 在分布式系统中通常被认为是一种受限的解决方案，并且工程师们还提出了多种改进协议，比如 3PC 协议。

10.5.2　3PC 协议

3PC（Three-Phase Commit）是在 2PC 协议的基础上进一步发展而来的，目的是减少

2PC 中的阻塞问题，并在某些故障情况下提升系统的可用性。接下来将详细介绍 3PC 的交互流程。

- 第一阶段：询问阶段，协调者向所有参与者发送询问请求（CanCommit），询问它们是否可以提交事务。参与者收到请求后会对事务的提交做出投票，同意或者拒绝。所有参与者同意后才能进入下一阶段。
- 第二阶段：预提交阶段，在这一阶段，协调者会向所有参与者发送预提交请求（PreCommit），表示它将要提交事务。参与者接收到请求后，将做好最终的准备工作，随后告知协调者它们已准备就绪。协调者在收到所有参与者的确认后，将进入下一阶段。
- 第三阶段：提交阶段，协调者向所有的参与者下达提交事务的请求（DoCommit）的指令，参与者在完成事务提交后就可以释放资源，并将完成情况反馈给协调者，当协调者收到所有参与者的提交确认后，则此项事务正式完成。

图 10-9 详细展示了 3PC 的交互流程。

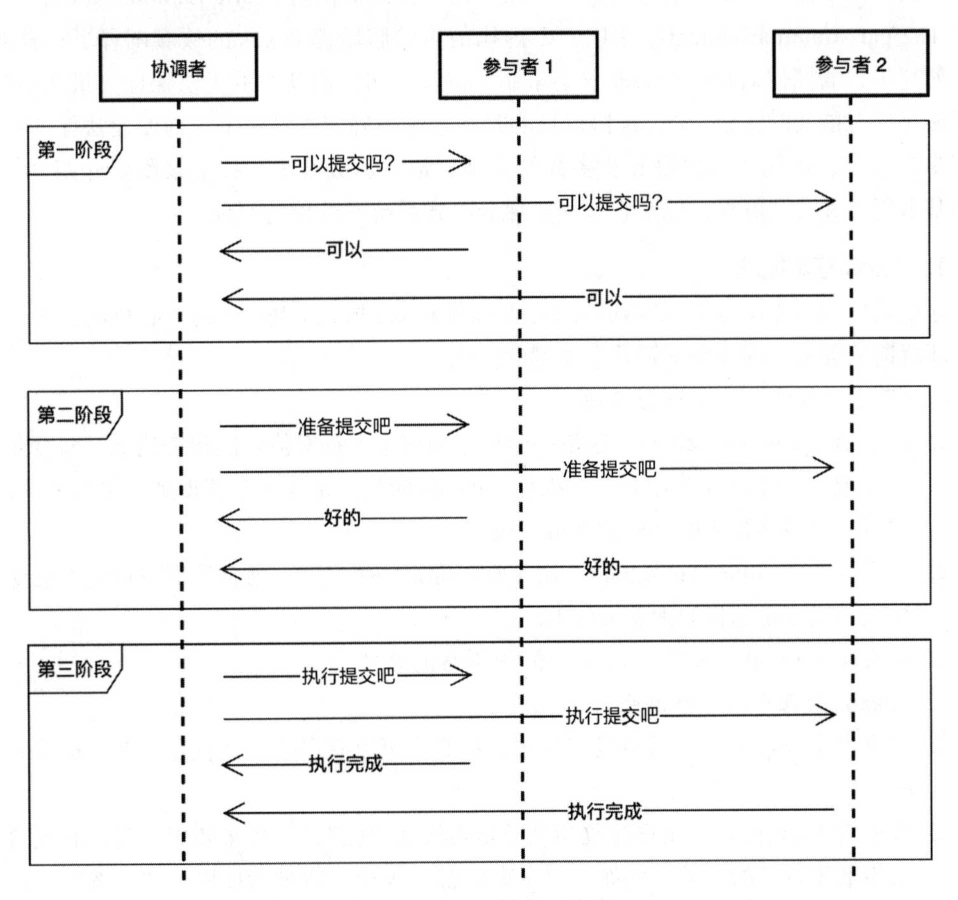

图 10-9　3PC 的交互流程

3PC 把 2PC 的准备阶段拆解成一个询问阶段和预提交阶段，其中询问阶段是比较轻量级的。用于快速确定各个参与者能否执行该事务。进一步减少事务执行异常的概率。在 3PC 协议中还引入了更多的超时机制，不仅协调者有超时机制，参与者也有超时机制。例如，第二阶段之后，如果协调者故障，导致迟迟没有发送提交消息（DoCommit），参与者等待超时之后，则可以根据自身的状态进行提交处理。

然而，3PC 虽然在理论上改善了一些 2PC 的问题，但也带来了更多的网络通信和更复杂的处理流程，面临更大的挑战。性能上，由于增加了一轮网络交互，3PC 的表现可能不如 2PC。并且，由于 3PC 引入了更多的超时机制，在网络分区的时候，数据不一致的风险也随之增加。

10.5.3 Paxos 协议

Paxos 协议是解决分布式系统一致性问题的经典协议。它能够在网络不稳定的分布式系统中，就某件事情在多个节点之间达成一致。这个协议最初由 Leslie Lamport 提出，他在论文“The part-time parliament”中以一个虚构的古希腊城邦 Paxos 的故事阐释了这种协议。在该城邦中，居民们通过一个兼职议会来制定法律。居民们获知的无法保证是最新的议案，也无法保证总能及时投票。Paxos 协议核心是在这种不确定性环境下，即便无法保证每个居民都参与投票，也能依据少数服从多数的原则，最终达成共识。接下来简要介绍 Paxos 协议的基本概念和实现流程，展示它如何确保分布式系统一致性的原理。

1. Paxos 基本概念

这里我们将用更接近工程实践的语言来解释 Paxos 协议。Paxos 的核心目的是确定一个值，即所谓的提案。现在来理解几个关键的概念。

（1）关于“提案”几个概念名词

- 提案值（proposal value）：这是一个抽象的概念。提案值可能代表诸如“将变量 x 加 1”，或者“任命 A 为市长”等操作。Paxos 的目标是让这个值得到大多数人的确认，并且一旦被多数人确认后就不可更改。
- 提案编号（proposal number）：用于唯一标识一个提案，通常采用单调递增的整数来生成，而不是随机的无意义的 ID。
- 提案（proposal）：提案 = 提案的值 + 提案的编号。

（2）Paxos 交互中的三个角色

- 提案者（proposer）：负责发起提案，提案者可以有多个，并且允许多个提案者并发操作。
- 批准者（acceptor）：负责接收和判断是否接受“提案”。提案要想通过，必须得到超过半数审批者的认可。例如，假设审批者有 N 个，审批者提出的“提案”必须获得（$N/2+1$）的审批者认可才能通过。

- 学习者（learner）：负责接收和记录被批准的提案，学习者不参与提案的决策过程。

（3）在协议交互过程中的几个名词定义

- maxProposalNumber：指在接收到的 Prepare 消息中，提案的最大的编号。这个值需要由 Acceptor 持久化保存。
- acceptedProposalNumber：批准过的提案的编号。由 Acceptor 持久化保存起来，并且在合适的时机返回给 Proposer。
- acceptdProposalValue：批准过的提案的值。由 Acceptor 持久化保存起来，并且在合适的时机返回给 Proposer。

每个 Proposer 都可以发起提案，但是最终只有一个提案会被确认，且确认之后不能更改。这个过程在 Lamport 的“Paxos made simple”论文中被称为“Chosen value”，这是 Basic Paxos 协议的核心内容。然而，在实际应用中，仅确定一个值是不够的，我们通常需要持续地确定一系列的值，这就是 Multi Paxos 算法。Multi Paxos 算法对 Basic Paxos 进行了扩展，以满足实际的应用需求。

2. Basic Paxos

Basic Paxos 协议是最初的 Paxos 协议实现版本，它的过程分为两个主要阶段：准备阶段（Prepare）和接受阶段（Accept）。在准备阶段，Proposer 向所有的 Acceptor 发送提案请求，并尝试获得大多数的接受者对提议的同意。在接受阶段，Proposer 向所有 Acceptor 发送批准请求，要求它们批准提案。

（1）准备阶段

在准备阶段，Proposer 发起提案的预备工作，以提前确认其提案是否会被批准，或者发现一个可能被批准的“提案”。具体细节描述如下。

1）Proposer 会确定一个提案编号（通常是一个递增整数，假设是 n），并向所有 Acceptor 发送 Prepare 请求。我们用 Prepare(n) 来表示。n 为提案编号。

2）Acceptor 接收到 Prepare 请求，如果提案编号比之前接受的提案编号大，那么 Acceptor 就会接受本次请求，并把上次接受的提案编号和提案值返回给 Proposer，具体逻辑如下：

①如果 n > maxProposalNumber，Acceptor 更新 maxProposalNumber 并持久化，之后返回响应 { maxProposalNumber，acceptedProposalNumber，acceptdProposalValue }，并且承诺不接受编号小于 n 的提案。

②如果 $n \leqslant$ maxProposalNumber，Acceptor 拒绝这个请求。Proposer 后续可以用比 n 更大的编号发起 Prepare 请求。

3）如果 Proposer 收到超过半数的 Acceptor 的承诺，就可以发起第二阶段。

4）如果 Proposer 收到 Acceptor 回复的响应中，其中 acceptedProposalNumber，acceptdProposalValue 的值是非空的，那么就说明 Acceptor 之前批准过提案。这种情况就要求 Proposer 放弃自己原有的提案，应该从这个响应里取返回的提案的值。Paxos 的目的只是为了确定一个值，而不要求一定是某一个值。

5）如果 Proposer 没有收到超过半数的 Acceptor 接受 Proposal，那么就返回到准备阶段重新发送 Proposal。

注意事项：

- 提案编号通常遵守单调递增的规则。
- 如果多个 Proposer 同时发送提案，可能会导致冲突，进而引发重试。所以我们需要在重试的时候加一些随机因子，避免出现活锁现象。
- Acceptor 需要持久化三个状态 { maxProposalNumber，acceptedProposalNumber，acceptdProposalValue }。

（2）批准阶段

在 Basic Paxos 协议中，批准阶段是提案得到确认的关键步骤，具体细节描述如下。

1）Proposer 发送批准请求给所有 Acceptor，请求它们批准该提案。该请求我们用 Accept(n, v) 来表示。其中，n 是提案编号，v 是提案值。

2）Acceptor 需要根据 n 的值来判断是否接受该提案。

①如果 $n \geqslant$ maxProposalNumber，那么 Acceptor 接受。并赋值 acceptedProposalNumber = n，acceptedProposalValue = v，并且持久化 acceptedProposalNumber、acceptedProposalValue 的值。

②如果 $n <$ maxProposalNumber，那么 Acceptor 拒绝，并且回复 maxProposalNumber 的值。Proposer 收到响应之后，要以更大的提案编号来重新执行 Prepare 的流程。

3）如果 Proposer 接收到了超过半数的 Acceptor 接受了该提案，说明本次的提案值被确认。

4）如果 Proposer 没有收到超过半数的 Acceptor 接受 Proposal，那么就返回到准备阶段。

（3）系统一致性和约束

接下来将进一步讨论 Basic Paxos 协议的关键约束。首先，系统只能确定一个值。但是 Acceptor 可以接受多个提案。但如果 Acceptor 接受了一个提案，那么就不能再接受任何编号小于该提案的新提案。单个 Acceptor 批准的提案并不代表它被整个集群确认，被多数的 Acceptor 批准才是。单个 Acceptor 批准只是一个 Paxos 的中间过程。如果有多个提案在竞争，最终也只有一个提案值能够被确认。

为了实现这些约束，Acceptor 是需要持久化一些状态的。例如，Acceptor 必须记住自己接受过的提案。在 Basic Paxos 协议里，这个原则很重要，每个 Acceptor 维护自身知道的最大提案编号，并且每个 Acceptor 不会同意提案编号小于 maxProposalNumber 的 Prepare 请求。

最后，考虑到 Learner，可能还有一个提交执行的阶段。到这个阶段提案的值已经在系统中被确定，并且不能再修改了。有没有这个过程其实并不影响最终结果。只是为了更高效地运行，往往会把这个结果广播给系统的大多数节点。让它们尽快知道，值已经确认了。

具体流程如下：

- Proposer 发送 Commit 请求给所有 Learner，要求它们执行该提案。
- Learner 接收到 Commit 请求后，就可以执行该提案了。后续获取“确定的值”那么只需要找 Learner 获取即可。

在实际应用中，一般 Proposer，Acceptor，Learner 集成在同一个实体中。Basic Paxos 协议的所有的角色都是为了确定一个值，一旦确定则不会改变。这称为一个 Paxos 实例。虽然一个 Paxos 实例只能确定一个值，但是多个 Paxos 实例则能确定多个值，持续的 Paxos 实例则能持续地形成一个值序列。这就是 Multi Paxos 协议的基础。

3. Multi Paxos

在分布式系统的工程实践中，仅仅通过 Basic Paxos 协议确定一个值是不够的。我们追求的是能够连续确定多个值，从而形成一个值序列。这一系列的值可以作为分布式节点状态机的输入，相同的输入得到相同的输出。最终整个系统都会处于一致性的状态。这就是 Multi Paxos 协议。接下来将探讨 Multi Paxos 协议在工程领域的具体优化方法。

（1）多值的确定

在介绍 Basic Paxos 协议时提到，一个 Paxos 实例能确定一个值。Multi Paxos 协议扩展了这一概念，通过引入多个 Paxos 实例来确定一系列的值。为此，我们需要引入一个唯一标识符号来区分每个 Paxos 实例。具体来说，每一个提案就由三个关键元素组成：Paxos 实例 ID、提案编号和提案值，Acceptor 则不仅需要持久化 maxProposalNumber、acceptedProposalValue、acceptedProposalNumber 等信息，还需要将这些记录信息与 Paxos 实例 ID 对应起来。

（2）性能优化

从性能的角度来看，Basic Paxos 协议依赖两轮 RPC 的请求才能完成决策，这在效率上存有不足。而且，由于允许多个 Proposer 同时发起提案，便可能导致冲突和竞争，进而产生大量无效的提案请求。为此，Multi Paxos 协议引入 Leader 的概念，改善了这一流程。

在 Multi Paxos 协议中，只有 Leader 节点独自负责提出提案，并向所有 Acceptor 发送 Accept 请求，尝试获得大多数 Acceptor 的同意。引入了 Leader 这个概念之后，通常情况下只需要一轮的 RPC 交互就能确定提案，从而提升了性能，还有效避免了多个提案间的冲突。

Multi Paxos 协议是实际分布式系统中广泛使用的协议，因为它相比 Basic Paxos 协议在处理多个连续决策的时有更好的性能。然而，它也带来了额外的复杂性，比如需要处理 Leader 的选举以及可能出现的 Leader 更换等场景。

10.5.4 Raft 协议

Raft 协议是解决分布式系统一致性问题的经典协议，由 Diego Ongaro 和 John Ousterhout 在斯坦福大学首次提出。Raft 和 Paxos 在本质上相同的，但 Raft 在 Paxos 的基础上做了一些更严格的限制，这使它在实际工程应用中更易实现。Raft 协议将问题分为三部分处理：Leader 选举、日志复制、安全性。下面将逐个探讨这些核心部分的细节。

1. Leader 选举

在 Raft 协议中，节点根据其承担的不同职责分为 3 种类型。

- Leader：接收客户端请求，所有的写入必须到 Leader，然后由 Leader 以日志的形式同步给 Follower。
- Follower：系统中的其他节点，接收并保存 Leader 的日志消息。
- Candidate：Follower 到 Leader 转换的中间状态，触发选举的时候产生。

图 10-10 展示了这三者之间的转化关系。

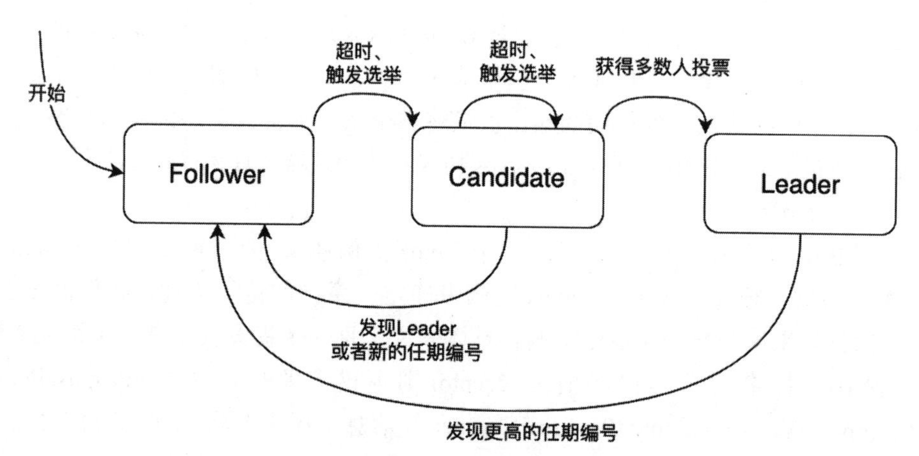

图 10-10 Raft 协议中节点的 3 种类型之间的转化关系

Raft 通过选举一个 Leader 出来协调整个集群的操作。任何写请求都必须由 Leader 处理。Leader 在其任期内负责处理客户端请求，其他节点作为 Follower，被动地接收 Leader 的指令。在某些情况下，读请求可由 Follower 处理。

当 Leader 出现故障时，Raft 会自动触发一次选举，其他节点有机会成为新的 Leader，以确保集群的正常运行。每个节点都有可能称为 Leader，但是为了保证系统的正确性和效率，同一个时刻只会有一个有效的 Leader 节点。Raft 协议的 Leader 选举机制分为选举阶段和心跳阶段两个阶段。在选举阶段，节点通过投票来选举出一个 Leader。在心跳阶段，Leader 向其他节点发送心跳消息，来维持自己的地位。

（1）选举阶段

- 如果 Follower 节点一段时间没有收到 Leader 的心跳消息，它就会成为一个 Candidate 节点，发起选举流程，向其他节点发送投票请求，要求其他节点投票支持自己成为 Leader。
- 接收到投票请求的节点，如果它已经投过票，那么就忽略该请求。如果它未投票，并且 Candidate 节点的 Term（Term 表示任期编号，用来标识一段 Leader 有效时间）

大于自己的，那么就投票支持候选节点成为 Leader。

- 获得多数票的 Candidate 节点将成为新的 Leader，并向其他节点发送心跳消息以维护其地位。

（2）心跳阶段

- 选举成功之后，Leader 为了维持地位，需要持续向其他节点发送心跳消息，不断声明自己的地位。
- 一旦 Follower 节点在规定时间内没有收到 Leader 的心跳消息，那么它就会自动成为一个 Candidate 节点，并开始新一轮的选举。

2. 日志复制

在 Raft 协议中，每个节点都是一个状态机，依靠相同的日志序列来确保系统状态的一致性。日志序列包含多个日志条目，每个条目分配有一个独一无二的序号，即索引（index）值。

日志复制的核心在于确保集群中每个节点的日志保持同步。当一个 Leader 接收到一个客户端的写请求时，它会将该请求作为新的日志条目加入自己的日志中，然后发送 AppendEntries 请求，要求其他节点将该条目加入它们的日志，如果一个 Follower 成功将该条目加入自己的日志，那么它就会向 Leader 发送成功的响应。当 Leader 收到了超过半数的 Follower 的成功响应，那么该请求就被认为是提交成功。否则，Leader 会继续向其他节点发送 AppendEntries 请求。

Raft 协议中日志复制的流程和 MultiPaxos 协议相似，区别在于 Raft 要求日志是连续的，不允许出现日志空洞。这意味着如果 index 位置处于已提交状态，那么所有小于 index 位置的日志对象一定都处于 Commited 状态。也就是被执行过。

日志复制的正确性依赖以下关键原则：

- 如果两个日志条目在不同日志中有着相同的索引和任期号，那么它们所存储的内容也必须是相同的。
- 如果两个日志条目在不同日志中有着相同的索引和任期号，那么它们之前的所有条目也必须是完全相同的。

当 Leader 给 Follower 发送 AppendEntries 请求时，Leader 会把新日志条目和之前的日志条目的 index 和 Term 都会携带在里面。如果 Follower 没有在它的日志中找到 index 和 term 都相同的日志，它就会拒绝新的日志条目。

3. 安全性

Raft 协议需要做一些安全性设计，来确保数据的正确性，具体措施包括以下几点。

- 选举安全性：确保每个任期中只有一个有效 Leader。
- 日志追加规则：Leader 仅把新增日志条目追加到序列的尾端，绝对不会更改现有的日志条目。

- 日志的安全性：如果两个日志条目的索引和任期号都相同，那么必须保证较早的条目也必须完全一致。
- 日志提交规则：一旦某个操作在某任期中被提交成功，它必然也被记录在该 Leader 之后的日志中。

Leader 的稳定性对系统至关重要。Leader 发生故障时，需要尽快选举新的 Leader，否则系统无法对外提供服务，丧失可用性。由于 Raft 通过超时机制触发选举，因此合理设定超时时间对系统稳定性至关重要。通常遵循广播时间 < 超时期限 < 平均故障间隔的时间规则才能保证整个系统的稳定运转。这三个时间参数定义如下。

- 广播时间：服务器向集群中所有服务器广播消息，并获得响应的平均时长。
- 超时期限：启动选举前等待的时间阈值。
- 平均故障间隔：服务器发生相邻两次故障之间的平均时间。

为了避免节点同时发起选举请求，Raft 协议通过设置随机的等待时间，保障选举的效率。拥有最新的已提交日志条目的 Follower 才有资格成为 Leader。

Raft 还有一个安全性设计，Leader 只能提交自己任期的日志，旧 Term 日志的提交要通过提交新的 Term 的日志来间接提交（日志索引小于 commit index 的日志被间接提交）。这样就能避免出现已提交的日志再次被覆盖的情况。

10.6 本章小结

本章系统性地剖析了分布式存储的理论基础，从概念、特性、问题到协议，为理解和应用分布式存储提供了全面的认识。

在探讨分布式系统的特征时，本章强调了分布性、对等性、异构性、独立性和并发性这几个关键点的重要性，并讨论了这些特性给系统设计带来的挑战。

本章对分布式系统面临的问题也进行了深入分析。无全局时钟、网络异常和结果的三态都是分布式存储中常见的问题。本章提出了对这些问题的理解，并提供了应对策略，如采用 NTP 协议来缓解时间差异、设计幂等操作来处理超时状态等。

在数据一致性方面，本章对状态一致性和操作一致性进行了详细的区分，介绍了多种一致性模型，并讨论了它们在实际应用中的特点。

此外，本章还详细讨论了分布式理论，包括 CAP 理论和 BASE 理论，掌握这些理论对于理解和设计分布式存储系统至关重要。

最后，本章介绍了若干关键的分布式协议，包括 2PC、3PC、Paxos 协议和 Raft 协议。深度解析了每种协议的工作原理、优势和局限，为读者理解如何在分布式系统中实现一致性、可靠性和高可用性提供了实践指南。

通过本章内容的学习，读者可以获得对分布式系统的深刻理解，为构建、优化和维护这类系统奠定坚实的理论基础。

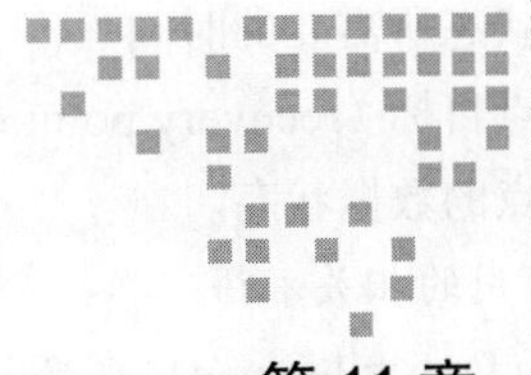

第 11 章 Chapter 11

高可用系统

在数字化时代，企业和组织对信息技术系统的依赖程度达到前所未有的高度，这些系统的连续运行能力成为业务运营的生命线。从金融服务的实时交易到电商平台的在线购物，这些关键的业务系统的高可用性变得至关重要。

高可用性（high availability，HA）是指系统能够在预定的时间内持续可用或快速恢复服务的能力。它是衡量系统可靠性和效率的关键指标，对于保障业务连续性和用户体验至关重要。随着企业对服务水平协议（service level agreement，SLA）要求的提高，实现高可用性已经成为系统设计和运维的核心目标。

构建一个高可用系统是一项挑战性任务，涉及多方面的工程问题，如硬件故障、软件错误、数据丢失或损坏以及网络问题的解决。本章将深入探讨高可用模式的基本概念、关键要素以及实现策略，以便读者能够理解并应用这些关键原理，来构建和评估高可用系统。

11.1 高可用的概念与原理

高可用性是分布式系统设计的核心原则之一，目的是确保系统在部分组件出现故障时，仍能持续提供服务。为了量化高可用性，业界常采用系统正常运行时间的百分比作为指标。例如，标榜"五个九"（99.999%）可用性的系统，意味着其年度累计的停服时间不能超过 5.26 分钟。接下来来深入了解高可用性的关键指标、相关术语和设计原则。

（1）高可用性的关键指标

- 正常服务时间（uptime）：是指系统处于正常提供服务的时间。
- 停服时间（downtime）：是指系统不可用，无法提供服务的时间。
- 恢复时间目标（recovery time objective，RTO）：是指系统发生故障后，恢复到正常运行状态所需要的时间。

- 恢复点目标（recovery point objective，RPO）：是指在系统恢复后，能够回溯到多早时间点的数据状态。

（2）高可用的相关术语

- 容错（fault tolerance）：在部分系统组件发生故障时，系统仍能继续正常运行的能力。
- 冗余（redundancy）：通过增加额外的备份组件来减少系统因单点故障而完全失效的风险。
- 故障转移（failover）：当一个组件失败时，自动切换到备份组件以保持服务不中断。
- SLA：服务提供者和客户之间商定的服务质量的保证文档。
- 平均修复时间（mean time to repair，MTTR）：从故障发生到修复完成的平均时间，反映操作层面的实际恢复效率。
- 平均无故障时间（mean time between failures，MTBF）：故障间隔期内的平均运行时间，衡量系统可靠性的指标。

（3）高可用性的设计原则

- 冗余：在关键组件上设计多级冗余，包括硬件、软件、网络、数据等。
- 故障监测和恢复：实时监测系统的健康状态，确保快速识别问题，并实施恢复。
- 自动化处理：要具备自动化的监测和恢复手段，提升恢复的效率，降低人工操作，减少因操作失误而引发的二次故障。
- 持续测试：定期进行故障演练和测试，以确保高可用策略的有效性。

接下来将具体探索实现上述原则的技术手段和策略。通过理解与应用这些高可用模式，确保系统能够抵御意外故障，维持业务的连续性和竞争力。

11.2 高可用的关键技术

分布式系统所面临的故障类型众多，涵盖硬件故障、软件故障、网络故障以及自然灾害等多个方面。为了实现系统的高可用性，必须对硬件与软件等多个层面进行全面的设计考虑。这包括部署多个服务器、存储设备，备用电源和网卡等，并辅以软件层面的容错策略。

接下来将介绍高可用性的几个关键技术要素，这些要素可以帮助我们在设计的过程中避免常见的问题，增加系统的健壮性和稳定性。它们为构建高可用系统提供了指导和框架。这些原则并不是孤立的，而是相互关联，要综合考虑，才能构建出真正高可用的系统。

（1）冗余设计

冗余设计是高可用设计的基础。冗余设计意味着创建系统的多个副本或备份，以便在主系统发生故障时，备份系统可以接管服务，保证服务的连续性。冗余可以应用于系统的各个层面，具体如下。

- 硬件冗余：配置多个物理设备来保证服务的连续性。如双电源、多网卡、RAID磁盘阵列等。
- 软件冗余：在多台机器上部署多个相同的软件服务或者应用，以便某一个软件实例故障时，其他机器上的软件可以自动接管服务。
- 数据冗余：在多个地点存储数据的副本，以保护数据免受硬件故障、数据损坏，或是自然灾害的影响。

冗余的设计体现在各个层面，其目标就是消除系统单点，确保系统的任何部分都不能成为全局性的单点故障。

（2）故障转移机制

故障转移机制是指在系统某个组件失效时，能够自动、迅速地将操作转移至备用组件上，旨在尽可能缩短或消除停服时间。此机制的关键要素如下。

- 故障点快速检测：确保系统能即时发现故障并定位问题。
- 资源快速重配置：在检测出故障后，迅速切换资源至备用组件，保持服务不间断。
- 数据和状态的一致性同步：在故障迁移期间保障数据的完整性和系统状态的连续性。

为了维护服务的连续可用性，系统需配置全面的容错策略，包括但不限于自动重试、故障节点隔离和服务降级。这些措施共同作用，减少系统全局性服务中断的风险。

（3）负载均衡

负载均衡技术是通过将工作分配到多个处理单元上，有效防止单点资源的过载，同时提升服务的响应速度及整体处理能力。它是优化资源配置、加速响应和提高系统总体可用性的关键环节。负载均衡能够增强系统对高流量的处理能力，并在服务器出现故障时，自动将请求转移到其他正常运行的服务器，确保服务的连续性。负载均衡的实现方式如下。

- 硬件负载均衡器：作为专用设备，常设置在网络入口处，负责分配入站流量。如F5 Networks、Citrix NetScaler等。
- 软件负载均衡器：如Nginx、HAProxy等，它们在应用层面提供灵活的流量控制和高级配置功能。

（4）数据复制

数据复制是指创建多个数据副本的过程，旨在提高数据的可用性和灾难恢复能力。属于数据层面的冗余策略。数据副本的形成通常有两种方式。

- 同步复制：它确保多个节点间的数据实时同步，从而维护数据的一致性。这种方式提高了数据的可靠性，有利于读操作的可用性，但可能对写操作的性能和可用性造成负面影响。
- 异步复制：数据的复制是通过后台进程进行的，存在一定的延迟，因此这种方式仅适用于对实时性要求不高的场景。在异步复制完成之前，数据的可靠性和读取的可用性可能会受到影响。

通常，为了平衡性能和数据一致性的要求，同步复制和异步复制会被结合使用，以适应不同的业务场景和恢复需求。

（5）心跳检测与健康监测

心跳检测和健康监测是维护系统稳定运行的关键监控机制。心跳检测通过在系统组件间定期发送信号来验证它们的运行状态，健康监测则是实时跟踪系统资源和服务状态，以确保系统的整体健康。监控机制主要如下。

- 服务响应的定期检查：确保服务按照预期响应用户请求。
- 系统资源利用率和性能指标监控：跟踪系统负载，确保资源分配适当，性能指标正常。
- 预警机制：实时识别并响应潜在的系统问题，以便及时采取措施，防止系统故障。

心跳检测和健康监测通常需要与自动恢复系统紧密集成，以便在检测到故障时自动采取措施，如重启服务、切换流量或者通知管理员进行干预等。

11.3 高可用的架构模式

在构建高可用系统时，通常会采用一些固定的架构模型，接下来将对主备、主从、集群等常用模式进行深入探讨。

11.3.1 双机架构的模式

此类架构类型常见于传统的单实例组件中，通常有主备、主从等类型的架构模式。

1. 主备模式

主备模式（Active-Standby）通常也称热备模式，是实现高可用性的一种经典模式。该模式包括一个主节点（Master）以及一个或多个备节点。它的特点如下。

- 主节点：负责处理所有的读写请求，在正常运行时，所有的交互都是通过主节点进行。主节点通常负责处理业务逻辑和数据的读写操作。
- 备节点：在主节点正常运行时，同步主节点数据状态，它不直接处理业务请求，也不对外提供服务，而是处于随时待命的状态。只在主节点故障时，尝试接管服务，来保证服务的连续性。

主备模式的架构设计简洁明了，如图 11-1 所示。

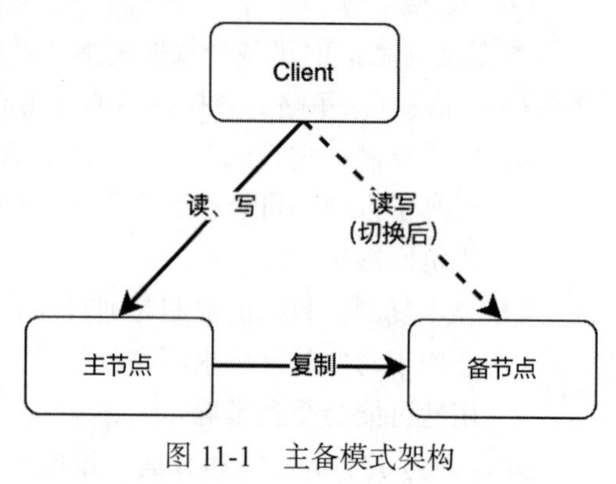

图 11-1 主备模式架构

主节点和备节点之间通常会有一个心跳检测机制，用以监控主节点的健康状态。当探测到主节点出现故障时，备节点将按照策略让备服务器接管服务，并在一定时间内恢复服务。

主备模式在高可用架构中被广泛使用，以下是主备模式的主要优缺点。

（1）优点

- 高可用性：如果主节点出现故障，备节点可以立即接管服务，减少服务中断时间，提高系统的可用性。
- 简单易实现：主备模式实现简单，易于理解和实施。它不需要复杂的调度策略和均衡算法。
- 易于管理：由于备节点上没有在线请求，因此容易在备节点上进行测试和维护，不用担心影响在线业务。

（2）缺点

- 资源利用率低：在传统主备模式中，备用节点在主节点正常运行时，通常处于待命状态，不处理业务请求，不对外提供服务，导致资源利用率低。
- 数据同步延迟：如果使用异步复制，备节点的数据可能会稍微滞后于主节点。因此故障迁移时可能存在数据丢失。
- 脑裂风险：当网络分区导致主节点和备份节点无法互相通信时，可能会出现“脑裂”问题，即两个节点都认为自己是主节点，导致无法做出正确的决策。

需要指出的是，这些优缺点并非一成不变，它们可以根据系统的具体设计和需求有所调整。例如，有些系统设计可能会考虑让备集群处理部分请求，以此提高资源的利用率。

2. 主从模式

主从模式（Master-Slave）是一种常见的设计模式，在这个模式中，由一个主节点和一个从节点（Slave）或者多个从节点组成。主从模式的特点如下。

- 主节点：负责处理所有的写操作（例如，数据的增、删、改）。所有改变数据状态的请求都由主节点处理。
- 从节点：负责同步主节点的数据，还负责在有限的条件下处理读操作。当主节点故障，从节点可以接管主节点的职责。

图 11-2 展示了主从模式架构。

在主从模式下，数据的写入一定是写到主节点。读取请求则可以由从节点处理，实现读写分离，从而提升资源利用率，使整个系统的吞吐能力得到提高。

由于数据同步有延迟，当读请求发送到从节点，如果发现不是最新数据，则可以去主节点重新读取。这种方式能够有效应对大多数的数据同步延迟问题。

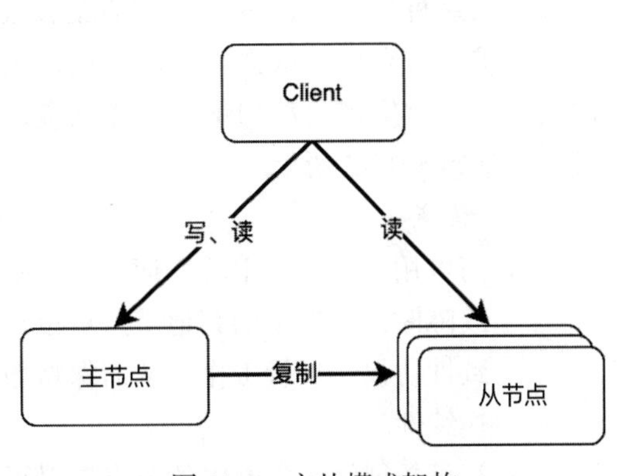

图 11-2 主从模式架构

主从模式的主要优势在于其读写分离能力，它可以显著提升系统处理高并发读请求的能力。

从节点的增多也确保了读操作的高可用性。然而，由于所有写操作都集中在主节点，它成为系统的单点故障源头，因此需要额外的机制来确保主节点的高可用性。通常包括两种方法。

- 自动选主：这涉及异常检测，如通过心跳机制来探测异常，再结合分布式协议（例如，Paxos 或者 Raft）进行自动选主。但这个方案实现比较复杂。
- 人工选主：在许多实际情况中，人工介入来进行主节点切换是常见的做法。这种方法的缺点是人工流程太多，运维麻烦，可能导致较长的停服时间。

主从模式的优缺点总结如下。

（1）优点

- 主节点故障时，从节点可以接替主节点工作，系统可用性得到保障。
- 主节点负责处理写操作，从节点负责处理读请求，有效地分担了系统负载，提高了系统性能。
- 从节点可以定期从主节点同步数据，方便备份和恢复数据。

（2）缺点

- 在主节点发生故障时，需要手动切换到从节点，因为存在一定的延迟，所以可能会影响系统性能。
- 从节点和主节点不一定是实时同步，存在数据不一致的情况。
- 如果从节点太多，主节点的压力会增加，影响系统性能。

11.3.2 集群模式

在现代的分布式存储系统中，集群模式已经成为主流。该模式涉及将众多节点联合成一个集群，节点之间通过分布式协议来协同工作，实现任务分配、复制数据，并自动进行如主节点选举等角色分配。所谓的分布式一致性协议，如 Paxos 和 Raft，正是为了确保多节点的数据一致性而设计。

集群模式可以通过负载均衡技术优化工作负载和容量分布，提升整个集群的性能和可用性。在这种模式下，多个节点都能够接收和处理请求，节点可以根据需求动态地加入或退出集群，以此实现负载均衡和故障恢复。集群模式示意如图 11-3 所示。

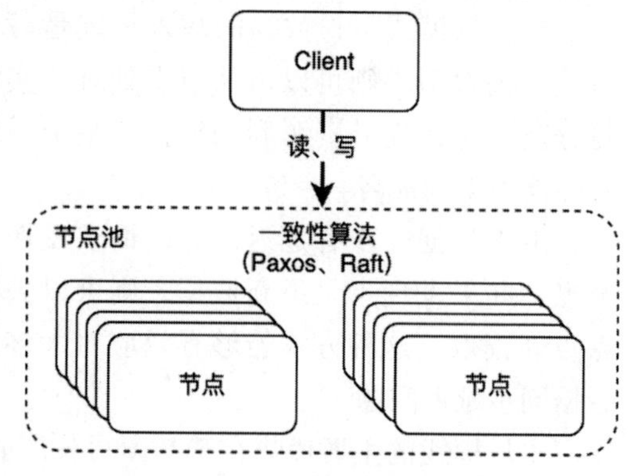

图 11-3 集群模式示意

（1）优点

- 高可用性：集群中的任何一个节点出现故障时，集群中的其他节点可以按照一致性协议，接管工作，从而保持服务的连续性。
- 高可扩展性：集群中的节点数量可以根

据需要进行增加或者减少，以满足业务发展的需要。

- 负载均衡：请求可以均匀分配到不同节点上进行处理，避免某个节点负载过重。
- 数据备份：在多个节点之间复制数据，可以提高数据的可靠性和安全性，避免单点故障。

（2）缺点

- 部署复杂：集群模式需要在多台服务器上部署和配置，需要更多的工作量和维护成本。
- 数据一致性：在分布式环境下，保证数据的一致性是比较困难的，必须使用 Paxos、Raft 等一致性算法，而这些协议本身相对还是有点复杂，是有实现成本的。
- 系统复杂度：集群节点数量越多，系统复杂度越高，需要更多的管理和维护工作。

集群模式中的节点也有不同功能的角色，有的节点负责处理协议，有的负责管理存储，有的管理元数据。接下来将展示典型的存储系统示意，如图 11-4 所示。

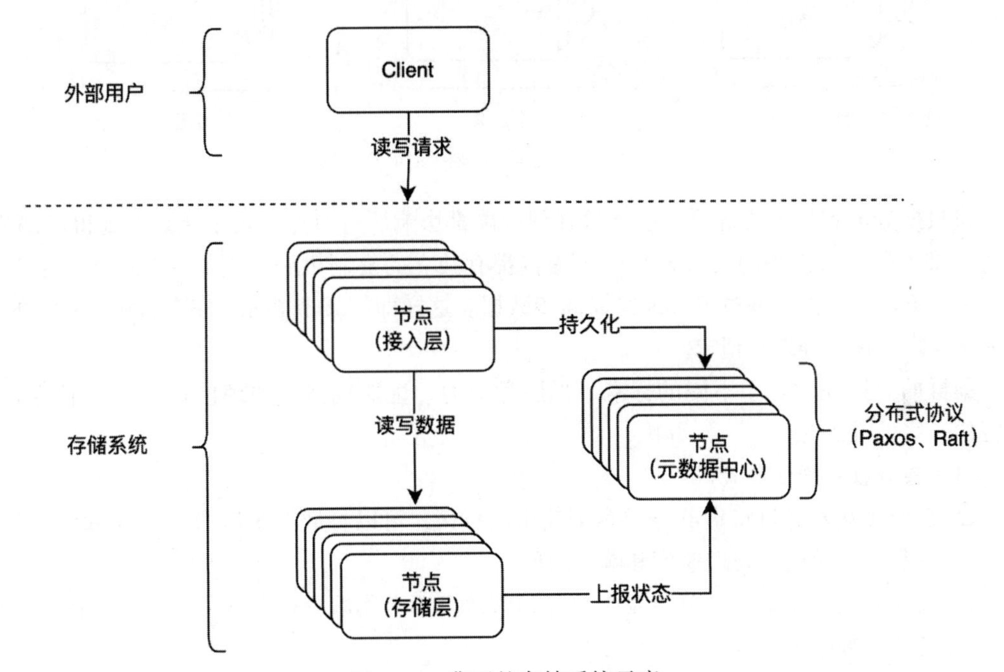

图 11-4　典型的存储系统示意

在该存储系统中，我们设定了 3 种角色，具体描述如下。

- 接入层节点：负责处理客户端的请求，主要是负责协议解析等。通常设计成无状态的组件。可根据客户端需求自由扩缩容。
- 存储层节点：负责管理存储机器，也就是磁盘所在的机器。负责数据的存储和读取。各节点的健康状态将上报到元数据中心。
- 元数据节点：维护集群元数据，包括用户数据的元数据与集群自身的元数据。这部分通常使用 Paxos、Raft 等一致性协议来确保元数据节点的可靠性和可用性。

在这种分层的设计下，每一种角色的节点都可以独立扩展。在实际的应用中，我们通常会根据不同的需求选用不同的硬件配置，以达到成本和性能的最佳平衡点。

❑ 集群分区模式：我们通常会把一个大集群划分成多个分区。每个分区本质上是一个子集群，它们共同工作，以提供更高的系统可用性和容错能力。每个集群分区都设计有冗余节点，并且能独立进行扩展或维护，确保在某一个分区出现大规模故障时，其他分区仍能提供服务。集群分区模式示意如图 11-5 所示。

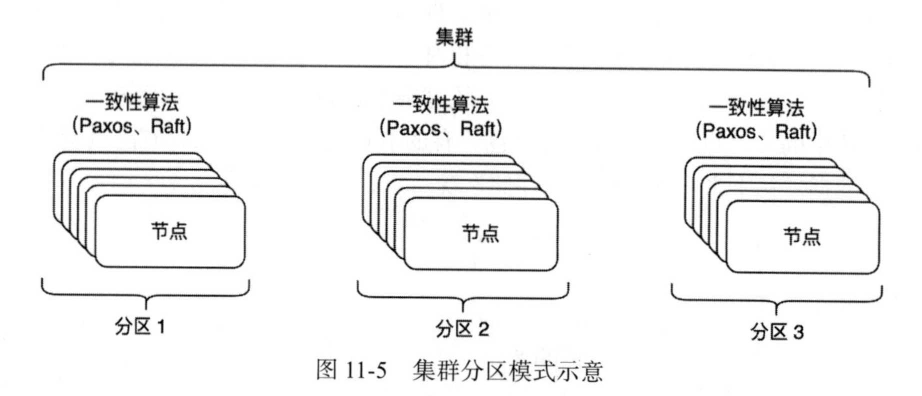

图 11-5 集群分区模式示意

将数据分散到整个集群可能会导致任何故障都影响所有节点。为了让影响变得局部化，可将大型集群分为更小的集群，每个小集群都有独立的复制机制。例如，假设每 7 个节点形成一个 Paxos 集群，通过 Paxos 协议同步数据。这样即使某个 Paxos 完全宕机，系统的其他 Paxos 集群仍能处理写请求。

集群的分区通常基于不同的标准，如服务能力、性能规格或地理位置等。以下是集群分区的一些关键概念。

（1）集群模式分区的目的

❑ 性能优化：通过将集群分成多个较小的分区，可以打散系统压力，减少单个节点的负载，从而提高处理速度和响应时间。

❑ 故障隔离：如果一个分区发生故障，该故障不会影响其他分区，从而局部限制了问题的影响范围。

❑ 服务优化：不同分区可以针对不同类型的服务进行优化，例如，在一个大集群下面拆分出冷数据、热数据、温数据集群，针对不同的集群进行差异化运营。

❑ 弹性伸缩：各个分区可以根据需求独立扩展或缩减，提供更灵活的资源管理。

（2）集群分区的实现方式

❑ 基于服务类型的分区：集群根据服务类型进行分区，每个分区处理特定类型的请求。例如，一个分区处理数据库请求，另一个处理静态内容。

❑ 基于服务规格的分区：每个集群设定一个容量或者性能的规格阈值，比如一个分区最大不允许超过 10PiB 的容量，如果大于这个值，那么就需要再建立一个分区，确保单个分区可控的范围。

- 基于地理位置的分区：集群按地理位置进行划分，每个地理区域有自己的分区。这有助于将数据和服务靠近用户，减少延迟并遵守数据主权法规。
- 基于请求类型的分区：集群根据请求类型（如读操作或写操作）进行分区，以优化不同操作对资源的需求。

11.4　本章小结

本章深入探讨了高可用性的基本概念、关键要素和实施策略。高可用性不仅是衡量系统稳定性和效率的关键指标，更是保障业务连续性和优化用户体验的根本。

在构建高可用系统上，我们面临硬件故障、软件错误和网络问题等诸多挑战。通过本章内容，读者应能理解并运用冗余设计、故障监测与恢复、自动化处理及持续测试等关键原理，进而设计和评估系统的高可用性。

我们还探讨了常见的高可用架构模式，如主备、主从和集群模式，分析了它们各自的优势与局限。其中，集群模式受到现代分布式存储系统的青睐，它能够优化负载均衡，提高性能和可扩展性，并很好地实现数据备份和故障隔离。

通过本章的学习，读者应能够更好地理解高可用系统的设计与实施原则，并将其应用于实际的系统构建，以确保业务的稳定运行。

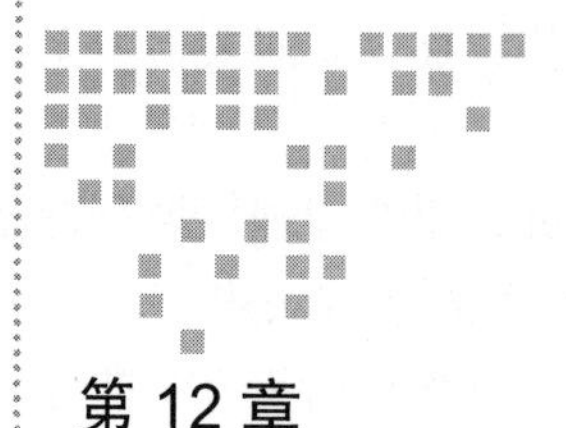

Chapter 12 第12章

数据策略

在分布式存储系统中，数据管理是一个核心任务。它涉及数据如何存储，是否需要拆分，是否要聚合或者打散，这些都是我们必须考虑的策略。在分布式存储系统中，数据的写入和读取方式是我们关注的焦点。通常，写入策略会直接影响到后续的读取策略。本章将深入探讨与数据处理至关重要的两大策略：数据分布打散的策略和冗余策略。

12.1 数据分布设计原则

在设计数据分布策略时，我们需要考虑众多因素，并遵守以下基本原则。

- 均衡分布：首先，数据存储应在所有可用节点之间均衡分布，避免某些节点空间满了，某些节点闲置。其次，请求访问压力应在节点之间均衡分布，避免某些节点过载，其他节点闲置。数据和压力的均衡分布有助于最大限度地提高系统的性能和资源利用率。
- 高可用性：保证每个数据都有冗余备份，单点故障时，数据仍然可用，服务不中断。
- 高可靠性：为了防止数据丢失，并保证数据可用性，应在多个节点上存储数据副本。副本的数量和打散方式需考虑系统的故障模型和恢复时间。
- 可扩展性：随着数据量的增长，存储系统应能轻松扩展以容纳更多的数据，并且扩展时也需要保证数据的稳定性，不应带来大量的数据迁移和性能下降。
- 故障域隔离：需要能进行不同维度故障域隔离的能力，比如机器、机架、机房等。

这些原则在保证数据安全性的同时，旨在提升分布式系统的性能、扩展性和可用性。具体的实现主要依赖于数据分布打散及冗余备份等策略。我们将在下文详细讨论。

12.2　数据分布策略

本节将深入探讨数据分布策略的基本概念、其关键作用以及实现这些策略的各种方法。在处理大规模数据存储时，如何有效地分布数据是一个关键问题。

分布式存储系统由众多独立的存储节点组成，每个节点都具备数据存储和处理的能力。然而，单机的能力总是有限的。分布式系统的核心优势就在于它能够解决单机的局限性，通过合理的策略将数据分片和复制到不同的节点上，有效地突破存储容量和处理性能的限制。

以一个100GiB的文件为例，若我们把文件分成100个部分，并发地传输到100个节点，这样不仅充分利用了100个节点的处理能力来提高上传效率，还实现了数据的均衡分布——每个节点只需要处理1GiB，避免单节点承载全部100GiB。此外，写入策略也会直接影响读取性能——从100个节点（每个节点各1GiB）与从单一节点读取100GiB，性能差异非常显著。

然而，数据过度分散也会产生风险，如可能加剧长尾时延问题，并增加遇到故障的概率（若单机故障概率是1%，当数据分布到100台机器时，理论上将100%遭遇至少一次故障）。

数据分布方式不仅影响性能，还关系到系统的可靠性。如果所有数据存储在单一机器，一旦发生故障，所有数据可能丢失。相对地，若数据分布在多个节点，即便某些节点出现问题，也只是失去部分数据，并且这部分数据还可能通过技术手段从其他节点恢复。

因此，在制定数据分布策略时，需要全面考虑系统的各个方面，主要因素如下。

- 性能：数据读写速度要尽可能快，分布式存储系统的吞吐能力需要能够线性扩展。
- 容量：数据在集群内需要尽可能均衡分布，分布式存储系统的容量需要能够线性扩展。
- 可靠性：系统需要具备高可靠性，能解决单点故障的问题，利用分布式能力尽可能缩小故障域，实现快速故障恢复。
- 可用性：即使部分节点故障，分布式存储系统也需要能够正常提供读写能力。

因此，在分布式系统中，数据分布策略的重要性不言而喻。合理的数据切分和分布策略能够极大地提升系统的性能、可扩展性和可靠性。如何切分数据、切分后如何分发数据、数据如何做冗余、故障如何恢复，这些都是分布式存储系统核心设计的一部分。接下来将探讨几种常用的数据分布策略。

12.2.1　随机打散

随机打散策略通过将数据随机分配到各个节点上，以达到简单的负载均衡效果。这种策略的优点在于实现简单且无状态，没有其他状态的依赖。节点的选择过程完全是一个纯粹的随机计算任务，如图12-1所示。

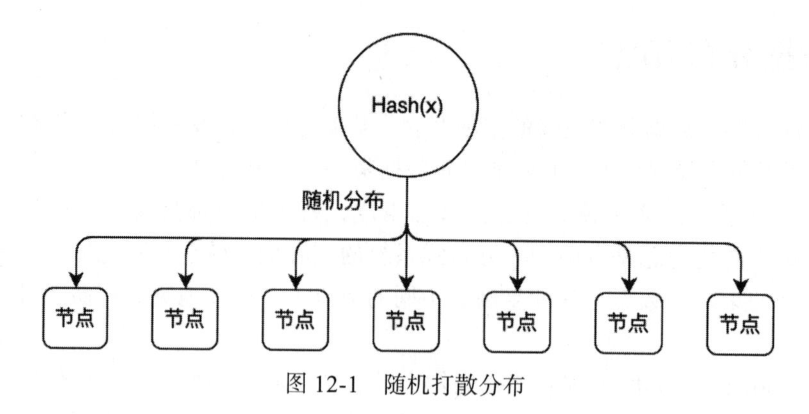

图 12-1 随机打散分布

随机分布策略通常作为一项基础策略与其他分布策略结合使用，其采用的随机算法可以是基于时间或者其他随机因素。这种随机性甚至和数据本身没有关系，同一个请求在不同的时间点可能会被分配到不同的节点上。

然而，随机分布策略也存在明显的缺点：它不考虑系统中各节点的实际负载情况，可能会导致负载分配的不均衡，进而影响系统的处理能力和效能。并且随机分布策略无法进行及时有效的负载调整。因此，这种策略通常只适用于简单的场景。

12.2.2 散列分片

在数据分布策略中，散列分片是一种常见的打散数据的方式，它以一种确定性的方式将数据分布到系统的各个节点上。具体做法是，通过计算数据的某个 Key 的散列值，并根据这个散列值来选择存储此数据的节点。

比较常见一种方式就是通过散列值对节点数量取模来实现。例如，通过数据的 Key 散列计算得到一个整数 x，系统内有 n 个节点，那么我们可以通过 $x\%n$ 来得到一个在 $[0, n)$ 范围内的整数，这个整数对应了系统的某个节点的 ID。散列计算过程如图 12-2 所示。

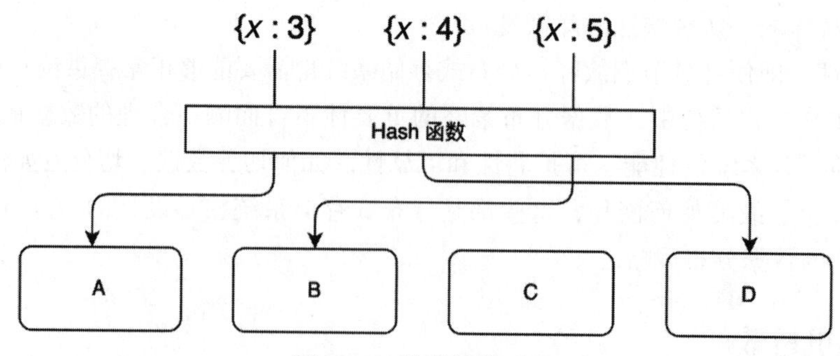

图 12-2 散列计算过程

然而，这种简单的散列分片方式在节点增减时，可能会导致大量数据重新分布，从而引发剧烈的数据重新均衡动作，这可能会对系统的整体性能产生负面影响。为了解决这个问题，人们发展出一致性散列算法。一致性散列算法旨在减少因节点数量变化而导致的数据迁移量。

在一致性散列算法中，散列值的范围（也被称作值域）可以视为一个首尾衔接的环，系统的节点同样通过散列分布在这个环上。各节点将环分成若干个区间，这些区间被称为值域分片。每个节点负责管理其在环上对应的区域，所有落入该区域的数据请求便被发送到相应的节点进行处理。一致性散列算法的处理过程如图 12-3 所示。

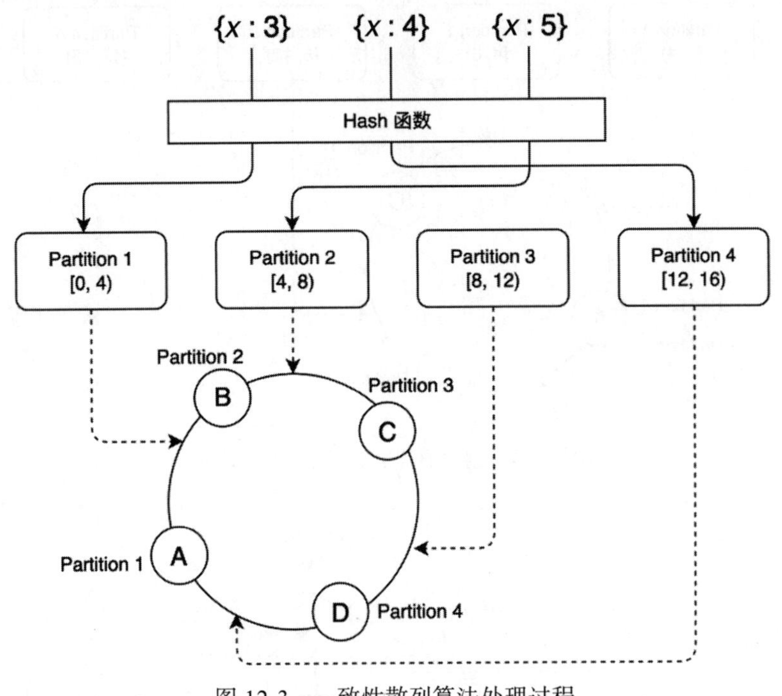

图 12-3 一致性散列算法处理过程

这种机制意味着，当增加或删除节点时，仅影响相邻节点的分片范围。例如，如果删除一个节点 B，那么原本由 B 管理的 Partition 2（范围为 [4, 8)）将交由节点 A 管理。原本发送给节点 B 的请求现在会发送给 A，而其他分片的位置则不会变动，删除 B 节点之后的分片变化如图 12-4 所示。

简单的一致性散列算法未考虑节点的实际负载和异构的场景。因此，基于简单一致性散列，人们进一步发展出带负载的一致性散列、带虚拟节点的一致性散列等分布方式。这些分布方式的核心思路都是相似的，主要是在均衡性、稳定性和节点异构性等多个层面进行优化和权衡。

我们把这些分布方式统称为散列分片。在散列分片中，数据的某个 Key 的散列值被计算出来，并映射到某个节点。所有的散列值构成一个值域，这个值域拆分成多个分片，每个节点管理一部分分片。分片和节点的映射关系可以由散列计算得到，也可以通过查询已持久化的元数据得到。散列分片策略如图 12-5 所示。

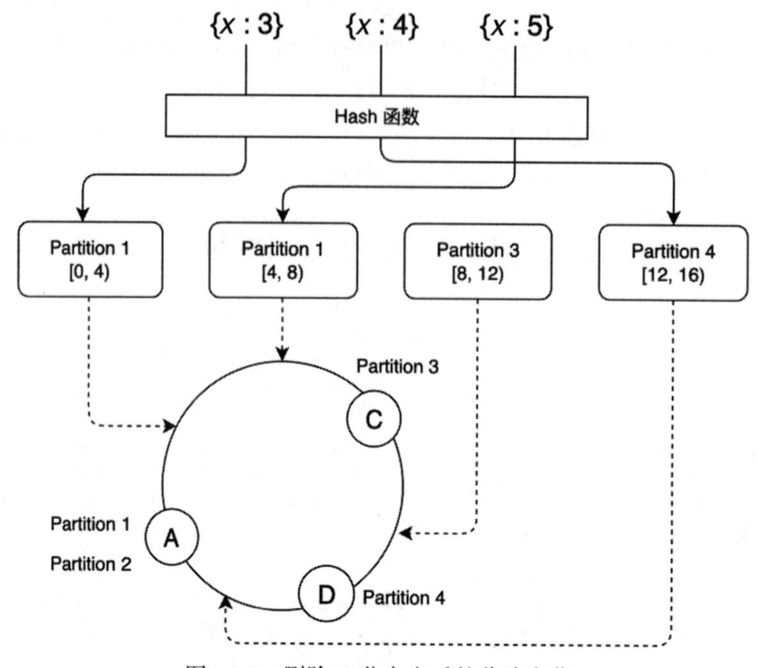

图 12-4 删除 B 节点之后的分片变化

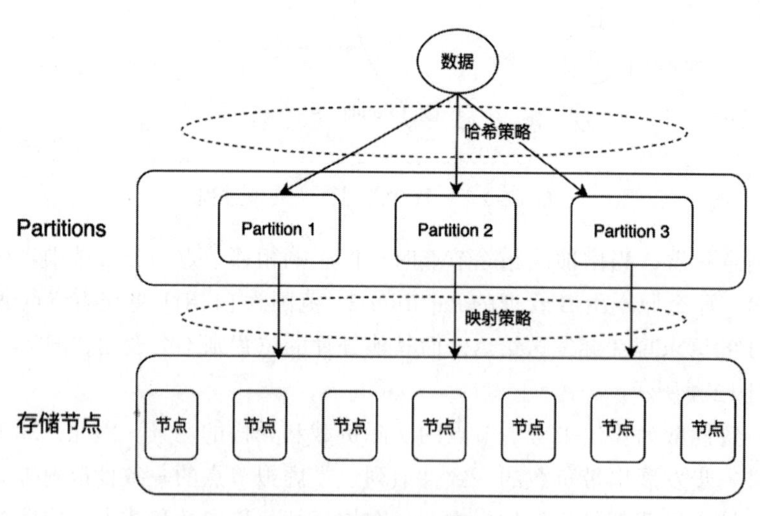

图 12-5 散列分片策略

散列函数的计算会忽略数据原有的业务属性，其随机性可以保证数据在各个分片上均衡分布，避免数据热点。它的实现也非常简单，这是散列分片的最大的优点。散列分片通常适用于读写比例均衡，访问模式较为随机的场景。

然而，散列分片也有局限性。当数据以散列分片的方式分布在系统内时，用单 Key 查询的方式很快，但是在需要进行范围查询或者顺序遍历操作时，性能可能会非常差。这是因为数据是无序地分布在系统的各个节点上，不支持高效地排序操作。因此，当需要根据数据 Key 顺序列举一批数据对象时，查询可能需要在多个分片之间不断跳转地发送请求。

12.2.3 范围分片

范围分片是一种常用的数据分布方式。我们已经了解到，散列分片是无序存储的，而范围分片则可以解决这个问题。散列分片使用散列值的值域范围来分片，而范围分片则是直接使用数据的 Key 的值域来分片。范围分片的方式，相当于以数据的 Key 有序地划分到不同的节点。例如，用时间戳来做范围分片的 Key，那么同一天的数据可能都集中在一个分片内。因此，范围分片适用于按照某些属性 Key 进行顺序列举或者范围查询的场景。

举个例子，假如有 3 份数据，它们的某个属性 x 的值分别是 3、4、5，我们按照范围分片的方式分布。范围分片示意如图 12-6 所示。

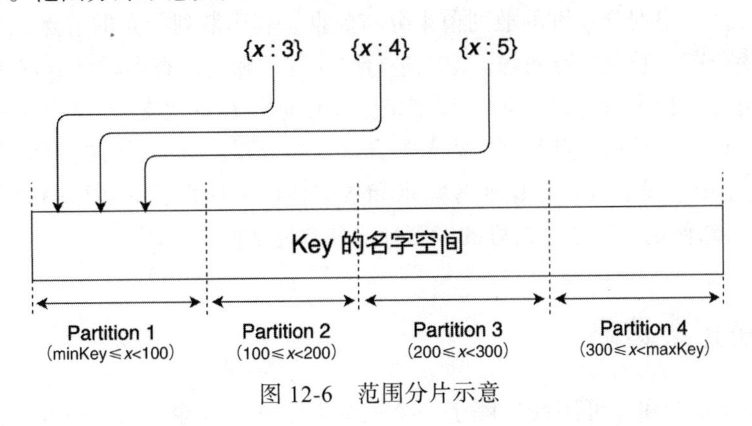

图 12-6　范围分片示意

在这个例子中，由于 $x:3$、$x:4$、$x:5$ 都在 minKey≤x<100 范围内，所以它们都落在了第一个分片。这样，当列举 minKey≤x<100 的数据的时候，我们基本只需要再访问 Partition 1 对应的节点即可。相邻、相似数据特征的数据很容易都集中在一起，这种局部性可以提升访问的性能，这也是范围分片的优势。

然而，这种方式也有明显的缺点，最主要的是容易引发数据热点问题。若写入的数据具有相同特征，它们可能会集中存储在同一个分片中，从而导致写热点。同样，读取相同特征数据时，也可能面临热点问题。例如，若我们根据时间戳字段进行范围分片，则相同日期的数据都将存储在同一分片上，具有明显的空间局部性。当集中查询一天的数据时，使得局部分片的压力剧增，无法发挥多分片并行处理的能力。

由于范围分片是根据某个特征来分布数据，这容易引起数据写入的集中化，进而会导致单个分片的数据量越来越大。因此，我们需要采用分片分裂的方法，并通过后台搬迁数据来均衡每个节点的数据，使得每个分片的数据量尽量保持平衡。因此，相较于散列分片，范围分片一般需要持久化分片与节点的映射关系，以便标识某个范围的分片和底层节点资源的对应关系。

通过动态的分片分裂，我们可以在后台调整分片到机器结点的映射关系，实现更精细的负载平衡。例如，如果在 Partition 2（$100 \leqslant x<200$）里落了 100GiB 数据，Partition 3（$200 \leqslant x<300$）里面只落了 50GiB 数据，那么就可以考虑把 Partition 2 分裂成 Partition 2_1（$100 \leqslant x<150$）、Partition 2_2（$150 \leqslant x<200$），以平衡这两个分片与 Partition 3 的数据量。注意，分片范围的大小本质是一个抽象的概念，系统主要关注的是分片内的数据。

范围分片更贴近业务本身的属性，更能满足顺序列举和范围查询的需要，但也需要我们更加细致地设计和管理，来均衡数据分布，避免热点问题。先理解业务的属性，在使用范围分片的时候，要慎重决策基于什么规则和字段来作为计算分片的 Key。由于范围分片的特性，我们也可以利用它进行一些特定的优化，如预读和缓存的策略，从而进一步提升系统的性能。

综上所述，范围分片和散列分片各有其优势和适用场景。

- 散列分片：根据分片键的散列值来分布数据。利用散列分布的特点，容易保证数据的均衡分布，避免热点问题。但在进行顺序列举和范围查询时性能较差。
- 范围分片：根据分片键的值的范围来分布数据，有效地支持顺序列举和范围查询。容易出现不均衡和热点问题，需要配合分片的分裂策略和后台的均衡策略。

在实际应用中，我们可以根据业务需求和数据特性选择合适的数据的分布策略，甚至可以结合多种策略使用，以达到良好的读写性能和数据平衡。

12.3 数据冗余策略

数据的高可靠性和高可用性依赖于一个关键策略——冗余。为了确保服务的高可用，我们需要将单个服务实例复制为多个相同的服务实例。同样，为了防止单点的数据损坏或丢失，我们需要将原始数据复制为多份冗余数据。这样，即使一份数据丢失或者损坏，我们仍可以使用其他冗余数据继续提供服务。

其实，冗余策略并不仅限于分布式系统。在单机环境中，例如，RAID 技术就是通过使用同一个机器的多个磁盘来实现冗余，以防止单个磁盘故障导致的数据丢失。在硬件的各个层次，我们也可以看到冗余策略的应用。例如，许多服务器都装两张网卡和两个电源、机房一般也有备用电源等。总体来说，冗余策略是实现高可靠、高可用的核心方法。

从数据的角度看，存储领域常见的冗余策略主要有多副本和纠删码两种。多副本策略相对简单，架构设计稳定，在某些场景性能也较优。其缺点是冗余度高（冗余度 = 实际物理存储空间 / 有效用户数据），空间利用率低，因此成本较高。纠删码策略的空间利用率高，还可以做到更高的可靠性，但实现相对复杂，并需要消耗额外的计算资源。因此，选择数据冗余策略时，需要根据自身的场景进行权衡。

12.3.1 多副本

顾名思义，多副本策略就是创建多个数据副本。这种策略实现简单，将一份数据复制为多份完全相同的副本，并将这些副本存放在不同的故障域中。如果我们想要的故障域是节点级，那么通常只需要保证数据副本放在不同的节点即可。如果故障域定义的是机架级别，那么就需要把数据副本放在不同机架的节点上。以确保数据的可靠性和可用性。

当某个节点的副本丢失或者损坏时，我们可以通过其他节点的副本提供服务，并进行数据恢复，从而保证系统的可靠性和可用性。n 个副本可以允许 $n-1$ 个副本同时故障，仍能保证数据不丢。但这也意味着存储空间膨胀了 n 倍。因此，随着 n 越大，数据的可靠性和读的可用性会提高，但相应的成本也会增加。副本模式示意如图 12-7 所示。

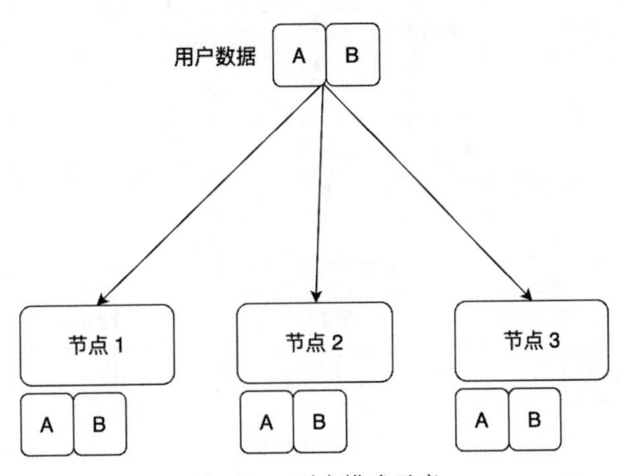

图 12-7　副本模式示意

多副本策略通常具有较好的读写性能，其长尾时延通常低于纠删码策略，因为它单次请求产生的内部交互的次数少。在数据修复和重构方面也相对简单，一般只需直接复制即可。因此，分布式的块存储服务通常采用副本冗余策略。此外，相比于纠删码策略，多副本策略对于用户的请求没有严格的对齐要求，导致的内部放大很小，因此小文件的存储一般适合用副本冗余策略。

多副本的具体实现也有多种不同的策略。例如，我们可以采用同步副本、异步副本。在处理读写副本数时，我们还可以区分出 Write All Read Once 的策略，或者 Quorum 的策略。

1. 同步复制和异步复制

将数据复制成多个副本，我们通常有两种实现方式：同步复制和异步复制，它们对应的副本称为同步副本和异步副本。主要区别如下。

- 同步复制：用户写入数据时，必须等待所有副本都同步写入完成，才会收到成功的响应。同步复制的副本数据的写入过程是用户可以感知的，包括写入时延和写入结果。这种方式实现逻辑简单，且处理异常结果相对容易。但是，由于写入过程发生在用户的感知路径上，可能会影响用户写入的可用性和性能。

- 异步复制：不同于同步复制，异步复制的过程不会影响用户的写入流程。用户在写入数据时，无须等待异步副本的写入完成，而是由系统后台进行异步的数据复制。这种方式一定程度提升了用户写操作的性能和可用性，但缺点是短时间数据可能存在不一致（影响读），且实现逻辑相对复杂。

值得注意的是，同步复制和异步复制并不是相互排斥的策略。实际上，它们通常可以结合在一起使用，使系统具有更高的灵活性，在性能、可靠性和稳定性之间找到一个恰当的平衡点。同步副本与异步副本结合示意如图 12-8 所示。

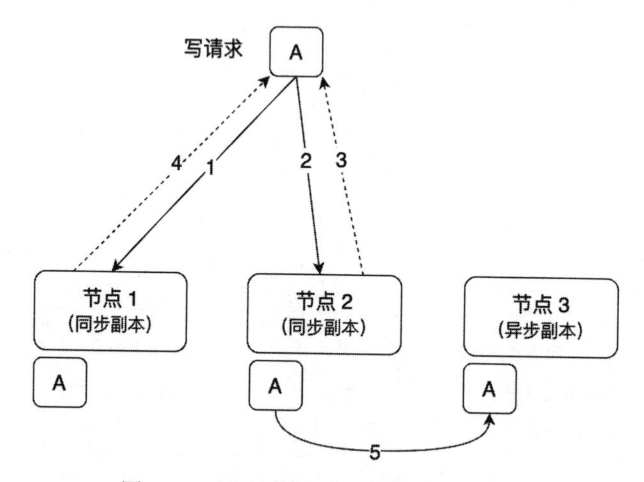

图 12-8 同步副本与异步副本结合示意

如图 12-8 所示，节点 1 和节点 2 为同步副本，节点 3 为异步副本。用户的写流程同时发送请求 1 和 2，收到响应 3 和 4，则写操作结束。此刻，已经有两份数据分别存储在节点 1 和节点 2 上。节点 3 则需要在后台把副本数据复制过来，最终形成 3 个副本的状态。需要注意的是，在数据还没有复制到节点 3 的时候，如果用户发起读请求，那么节点 3 将无法提供读服务，只能从节点 1 或节点 2 获取数据。只有当等到异步复制完成，节点 3 才可以承接读请求。

采用这种同步和异步副本相结合的策略，能够在性能和可靠性之间取得较好的权衡。在数据写入阶段，写入两份数据的时间显然比写入 3 份数据的时间短，但是 3 份副本数据的可靠性肯定高于两份数据。

2. 星形复制和链式复制

星形复制和链式复制是两种常见的复制策略。它们的区别在于发送数据到副本节点的方式。星形复制是从一个中心点往外发送数据，链式复制则是由多个副本节点形成一条复制链路，首尾传递。

（1）星形复制

在星形复制中，有一个分发数据的中心节点，它负责把接收到的数据并行发送给所有的副本节点。这些副本节点可以并行地从中心节点接收数据。星形复制如图 12-9 所示。

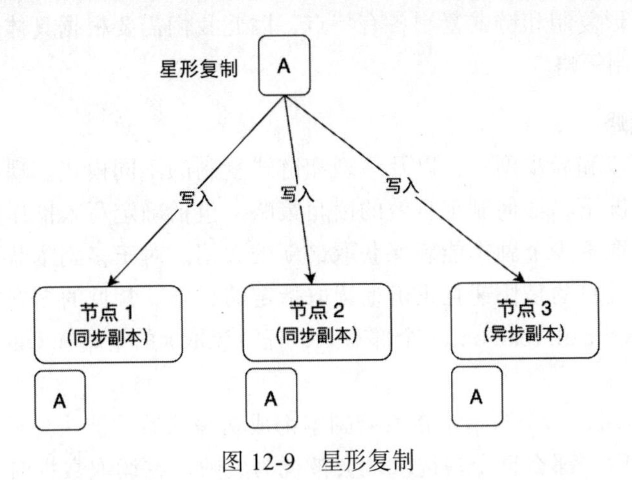

图 12-9 星形复制

星形复制的优点是简单且容易实现。因为所有的数据分发的逻辑都在中心节点进行协调，因此便于对异常进行统一处理，也易保证数据的一致性。然而，中心节点可能会成为性能瓶颈，尤其是在处理大量的并发写入请求时。因为中心节点的扇出流量大，上层向它写入 1 份数据，中心节点就要发送 n（副本数）份数据。

（2）链式复制

在链式复制策略中，副本节点按照特定的顺序排列，形成一个“链”的结构。写入请求首先发送到链的首节点，随后按照链的顺序，一个节点接一个节点地进行数据复制。除了链的尾节点之外，每个节点在接收数据之后，会将数据写入本地，同时还会将数据并发地传送给下一个节点。最后，操作结果可以由链的首节点或尾节点返回给用户。链式复制如图 12-10 所示。

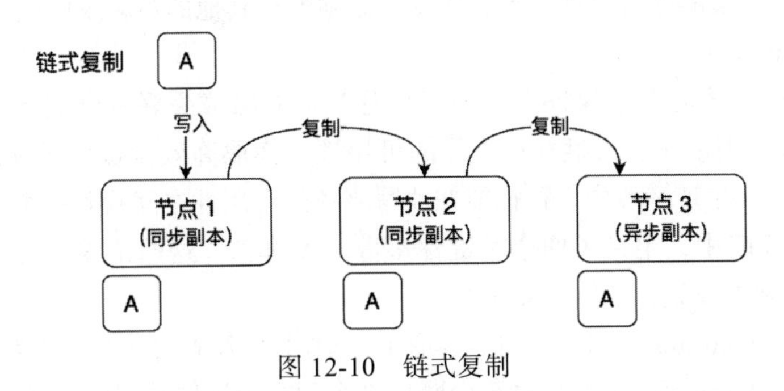

图 12-10 链式复制

链式复制的主要优点是解决了中心节点的性能瓶颈问题，使整个系统的网络流量更均衡。然而，由于链中的每个节点都需要处理数据的接收和发送，并且需要感知相邻节点的状态，因此链式复制的代码逻辑相对复杂。同时，链式复制在处理并发操作时需要更细致地控制，否则可能导致单次写入操作的延迟增加。此外，链中一旦有节点发生故障，恢复处理过程比星形复制要更为复杂。

总的来说，星形复制和链式复制各有特点，因此我们需要根据具体的系统需求和场景来选择最合适的复制策略。

3. 副本读写策略

前面讨论了同步和异步副本，以及星型和链式复制的不同模式。现在，我们将讨论在多个数据副本的情况下，如何制定有效的读写策略。包括确定写入操作在多少个副本完成算作成功，以及读取多少个副本能确保获取最新的数据。对于多副本数据，读写操作的策略是相互配合的，其目的是快速且正确地读取指定的数据。常见的多副本读写策略主要分为两类：WARO（write all read one，全部写入，任一读取）的策略和 Quorum 策略。

（1）WARO 策略

根据 WARO 策略，一个写请求在所有副本都成功写入后才被认为是成功的。如果有任何一个副本写入失败，那么整个写请求就会被视为失败。在读取数据时，可以从任何一个副本中获取正确的数据。

WARO 策略可以简化读写过程中的异常处理，让决策变得简单，读取效率较高。WARO 策略对读操作非常友好，假设有 N 个副本，只要有一个副本能正常工作，系统就可以提供读服务，可以容忍 N–1 个副本的异常，从而保证了读操作的高可用性。

然而，这种策略对写操作的可用性有影响，它要求所有的副本都写入成功，方才认定成功，这是相当严格的。例如，在写 3 个副本的场景，如果 2 个副本成功写入，1 个副本失败，也只能算失败。从系统的角度来看，提供了这么多的冗余，写流程却无法忍受任何一个副本的异常。为了保持整个系统的可用性，常常会将系统划分出多个可写的复制组。在每一个复制组内使用 WARO 策略，当遇到某个复制组故障时，通过切换复制组来解决写的可用性。然而，这种方法通常适用于非覆盖写的场景。如果系统设计必须在原地进行更新操作，那么 WARO 策略的可用性将无法接受，必须配合其他的策略来解决。

（2）Quorum 策略

Quorum 策略的核心在于保证系统即便部分节点故障或失联的情况下，依然能够正常运行并达成一致的决策。它与牺牲写操作的可用性以换取高效读操作的 WARO 策略不同，Quorum 策略在实际生产环境中，往往能在读写服务的可用性之间找到一个平衡点。

在 Quorum 策略中，定义了两个关键性参数：W 和 R。这两个参数分别代表完成读写操作所需的最小副本数量，具体含义如下。

- W（Write Quorum）：写操作时至少有 W 个副本写入成功，才能认为写操作成功。
- R（Read Quorum）：读操作时至少要从 R 个副本中读取数据。

为了确保数据一致性并保证读操作总能读到最新写入的数据，必须满足 $W+R>N$ 的条件，其中 N 是系统中的总副本数。这个规则确保了任意 R 个副本的集合必然与写入成功的

W个副本的集合存在交集。也就是说，读取的 R 个副本中，一定包含最新的数据。Quorum 机制如图 12-11 所示。

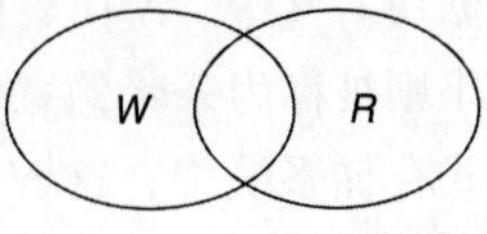

例如，设系统参数 $W=3$、$R=3$、$N=5$。假设初始时所有的 5 个副本都成功写入了 v_1 的数据，即副本数据呈现为（v_1, v_1, v_1, v_1, v_1）。当尝试写入新的数据 v_2 时，如果只有 3 个副本写入成功，副本数据更新为（v_2, v_2, v_2, v_1, v_1）。在这种情况下，读取任意 3 个副本的数据都必然包含 v_2，因为 $3+3=6>5$。这就确保了写入成功的最新数据被读取到，从而维护了数据的一致性。

图 12-11 Quorum 机制

实际上，如果设置 $W=N$、$R=1$，那么此时的 Quorum 策略就等同于 WARO 策略。因此，可以将 WARO 策略视为 Quorum 策略的一种特殊情况。

在 Quorum 策略中，只要遵循 $W+R>N$ 的规则，理论上就能确保读到正确的数据。然而，更大的挑战在于如何从多个数据副本中识别出正确的数据。还是以 $R=3$、$W=3$、$N=5$ 的系统为例，在尝试写入新数据 v_2 时仅有 3 个副本成功更新，此时副本数据呈现为 $[v_2, v_2, v_2, v_1, v_1]$。此时若随机读取任意 3 个副本，可能出现以下三种情况：

1）$[v_2, v_2, v_2]$

2）$[v_2, v_2, v_1]$

3）$[v_2, v_1, v_1]$

除了第一种情况，第二种和第三种情况是无法直接确定 v_1 和 v_2 中哪个是最新的有效数据。为了识别出正确的数据，我们可能需要引入更严格的约束或辅助条件。例如，每次写入操作都赋予一个唯一的版本号，并记录下来。然后根据版本信息来识别。或者，可以对读取条件做进一步的加强，在无法确定时，尝试读取更多的副本数据。直到某个数据的副本数量大于等于 W。对于上述三种情况的进一步说明如下：

1）$[v_2, v_2, v_2]$：所有 3 个副本都是 v_2，满足大于等于 W 的条件。因此 v_2 是最新的有效数据。

2）$[v_2, v_2, v_1]$：该情况需要继续读取，直到某个数据的副本个数大于等于 W。

- $[v_2, v_2, v_1, v_1]$：该情况仍需要继续读取。
- $[v_2, v_2, v_2, v_1, v_1]$：此时可以确定，$v_2$ 是正确的数据。
- $[v_2, v_2, v_2, v_1]$：此时可以确定 v_2 是正确的数据。

3）$[v_2, v_1, v_1]$：与情况 2 类似。

实际上，Paxos 和 Raft 都可以纳入 Quorum 策略的算法体系中。虽然在实现细节上有所不同，但它们都是通过确保系统中的多数节点同意来实现一致性决策。

12.3.2 纠删码

纠删码（Erasure Code，EC）是一种高效的容错编码技术。它将数据切分成多个块，然后通过这些数据生成一定数量的冗余校验块，当部分数据损坏时，可以通过这些原始数据块和冗余块来恢复数据。通常，纠删码模式被表示为 $N+M$，一个完整条带就是 $N+M$ 个数据块。其中，N 代表原始数据块数量，M 代表生成的冗余校验块的数量。每个数据块的大小则被称为条带的宽度（或条带深度）。把一个条带中数据块的个数称作条带长度。在分布式存储系统中，这 $N+M$ 个数据块会分发到不同的节点上进行存储。只要损坏的个数小于 M 个，就能通过计算恢复出完整的原始数据。

例如，以一个 4+2 的 EC 编码模式举例，假设用户数据 8KiB，那么它可以切成 4 个 2KiB 的原始数据块，通过这 4 个 2KiB 的原始数据块计算得到 2 个 2KiB 的校验块。这样就有了 4 个 2KiB 的原始数据块，2 个 2KiB 的校验块。这 6 个有编码关系的数据库组成一个条带，每个 2KiB 叫作一个条带单元。条带的长度是 6，条带单元宽度是 2KiB。EC 模式如图 12-12 所示。

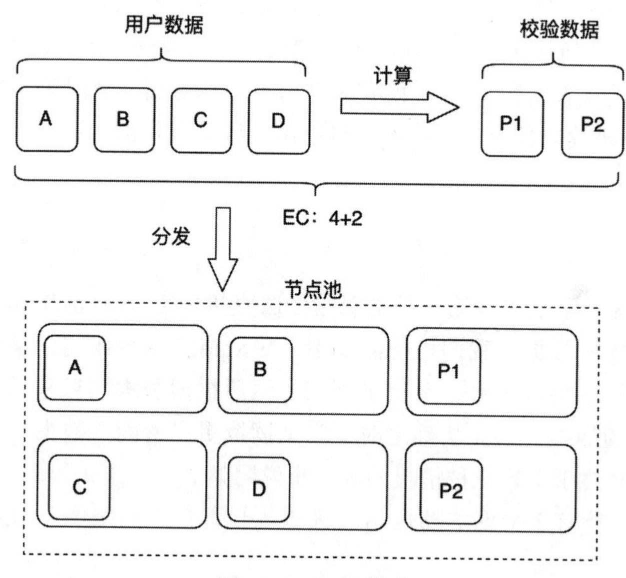

图 12-12 EC 模式

与多副本类型不同，副本是通过复制数据的方式来生成，利用复制数据的方式来恢复。基本上只有 I/O 操作。而纠删码则是通过计算的方式生成冗余块，并通过计算的方式恢复数据。因此，纠删码对 CPU 资源的消耗更大。

EC 编码模式的选择非常重要，需要综合考虑成本、性能和可靠性等多个因素。例如，EC 4+2 和 EC 8+4 的冗余度都是 1.5，从成本角度看，似乎它们是相同的。然而，它们的可靠性不同，EC 8+4 可以容忍 4 个数据块的损坏，因此具有更高的可靠性。但是，EC 8+4 的起配规格更大，必须有至少 12 个节点才能确保每个数据块分配到不同节点，而 EC 4+2 只需要 6 个节点。此外，由于 EC 8+4 模式的条带需要写 12 个数据块，因此更容易出现长尾延迟。而大量小文件的场景也会存在更严重的空间和性能的放大。因此，从这个角度看，EC 8+4 也不一定是最优的选择。

1. 纠删码类型

纠删码技术被广泛应用于数据存储领域和通信领域。接下来将从不同的角度对纠删码进行分类，从而理解各种纠删码的独特性。

按照是否属于 MDS（Maximum Distance Separable）编码，纠删码可以分为 MDS 编码和非 MDS 编码，它们的主要区别如下：

- MDS 编码：当纠删码模式为 $N+M$ 时，这类纠删码能在丢失任意 M 块数据的情况下恢复所有数据。这意味着，在保证相同的可靠性的前提下，MDS 编码具有最高的存储效率。例如，里德 – 所罗门码（Reed-Solomon，RS）码是典型的 MDS 码。
- 非 MDS 编码：此类纠删码无法保证在任意 M 块数据丢失的情况下总能恢复所有数据，但它们通常具有其他优势，如更低的运算复杂度或更高的编码效率，如低密度奇偶校验码（Low Density Parity Check Code，LDPC）码。

按照应用场景，纠删码可以细分为针对存储和网络场景的纠删码，它们的特点如下。

- 存储场景：在此场景中，关键是在最小的冗余度的条件下实现最大的数据可靠性。因此，MDS 编码（如 RS 码）在存储系统中备受青睐。此外，还有基于异或操作的纠删码（XOR-based Erasure Codes），如 RAID5、LRC 等，也广泛应用于存储系统中。
- 网络场景：在网络场景中，传输效率尤为重要。LDPC 码以其高效的编解码而被广泛应用于网络通信。LDPC 码常用于无线通信、数据传输领域，如卫星通信、数字电视广播等。

接下来将分别介绍 RAID 5、RS 类纠删码和 LDPC 纠删码的基本原理。

（1）RAID 5

单个磁盘的容量和性能都有其极限，并且容易出现故障。为了解决这一问题，我们可以把多块磁盘在单机上组合使用，形成一个磁盘阵列，然后对外提供服务。这种技术就是磁盘阵列（Redundant Array of Independent Disks，RAID）。在单机环境下，RAID 5 将性能、成本、可靠性都解决得比较好，是目前使用较多的一种方式。假设有 N 块磁盘，可以用 $N-1$ 块磁盘写数据，第 N 块磁盘写校验数据。为了均衡性和打散，RAID 会按照多条带的方式打散分布到不同的磁盘。RAID 5 最少需要 3 块盘来组建磁盘阵列，最多允许坏 1 块盘。RAID 5 示意如图 12-13 所示。

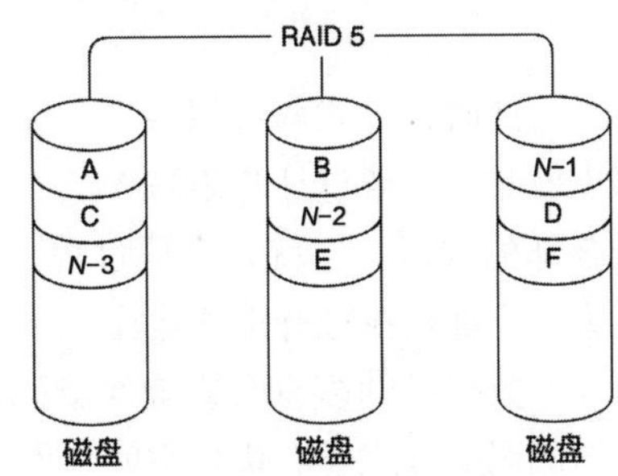

图 12-13　RAID 5 示意

因此，RAID 技术是人们早期对单盘瓶颈问题的解决方案，它被局限在单机环境。并且校验手段相对比较原始。但在本质上，许多策略和现代分布式存储系统的策略是异曲同工的。

（2）RS 类纠删码

Reed-Solomon 码是一种在分布式存储领域广泛应用的纠删码编码技术。RS 码是基于有限域的一种编码算法，它将原始数据划分成多个块，并通过矩阵运算生成多个冗余块。RS 码通常用 EC 编码模式的 N 和 M 来标识，表示为 RS(N, M)。N 表示原始块的数量，M 表示校验块的数量。RS 编码的计算过程实质上是矩阵的运算过程。以 RS(4, 2) 模式为例，RS 的矩阵运算如图 12-14 所示。

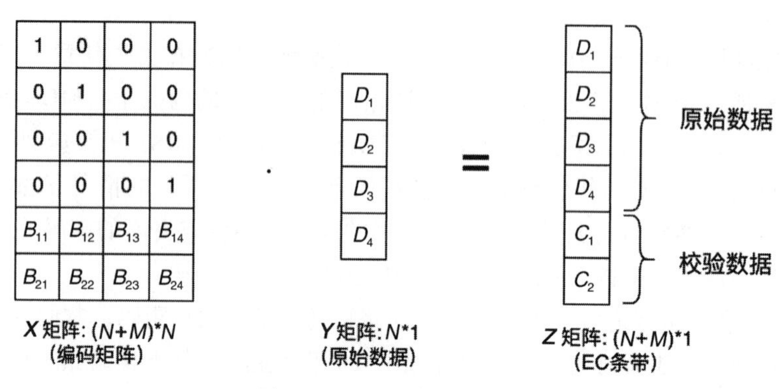

图 12-14 RS 的矩阵运算

编码矩阵（**X** 矩阵）可以仅根据 RS 编码模式 $N+M$ 就能生成，与用户输入无关。原始数据矩阵（**Y** 矩阵）是用户的 4 个原始数据块 D_1、D_2、D_3 和 D_4。通过对 **X** 和 **Y** 的矩阵运算，我们得到生成了条带数据矩阵（**Z** 矩阵）。满足公式：$\boldsymbol{XY}=\boldsymbol{Z}$。

现在看一下如何修复数据。RS(4, 2) 编码模式允许最多有 2 个数据块的损坏。当出现数据损坏时，例如 D_2 和 C_1 块都损坏时，我们可以删除 **X** 矩阵和 **Z** 矩阵的对应位置，依然满足公式：$\boldsymbol{X}_{\text{New}}*\boldsymbol{Y}=\boldsymbol{Z}_{\text{New}}$。纠删码矩阵运算如图 12-15 所示。

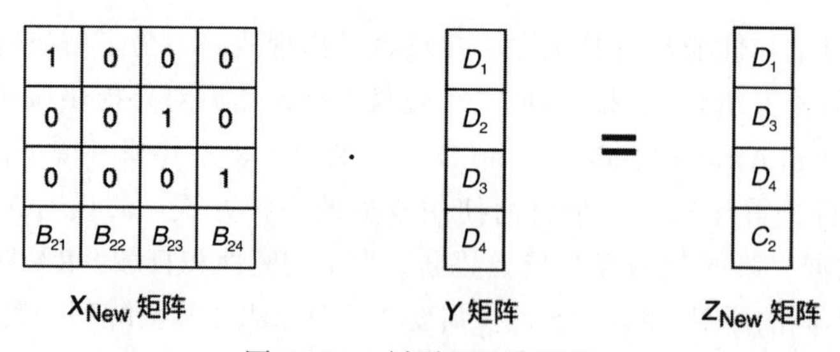

图 12-15 纠删码矩阵运算

此时，等式两边都乘一个 $\boldsymbol{X}_{\text{New}}$ 的逆矩阵 $\boldsymbol{X}_{\text{New}}^{-1}$，我们可以得到等式：$\boldsymbol{Y}=\boldsymbol{X}_{\text{New}}^{-1}\cdot\boldsymbol{Z}_{\text{New}}$。也就是说，通过计算矩阵 $\boldsymbol{X}_{\text{New}}^{-1}\cdot\boldsymbol{Z}_{\text{New}}$，我们可以得到完整的原始数据（**Y** 矩阵），从而恢复全部的数据。这就是解码过程。然而，RS 纠删码的编码和解码都是消耗 CPU 资源的，因为它们都是在进行矩阵运算。

数据量的多少会影响纠删码的计算效率，如果考虑要进一步降低数据的计算量，那么纠删码的方式还有优化空间。例如，只要有一个数据块损坏，就需要计算一个完整的条带，当条带长度很大（EC 模式 30 + 6，一个条带有 36 个条带单元），就可能会带来很大的读放大。或者在 EC 条带跨机房时，如果一个数据块损坏就要重构整个条带，可能会导致大量的跨机房流量，从而导致性能进一步下降。

局部校验编码（Locally Repairable Codes，LRC）主要解决此类需求，它的策略是局部分组计算校验，核心思想是将校验块分为局部校验块和全局校验块。在原有的基础上，LRC 将一个条带划分成几个小组，从而把影响范围限制在各个组内部。这样在恢复过程中，就可以读取更少的数据、产生更少的网络流量，从而减小对全局的影响。

以 RS(12, 9) 的编码模式为例，它将 12 个数据块生成 9 个全局校验块。我们可以将 12 个数据块再分成三组，然后每个小组根据内部的 4 个数据块再生成一个校验块。LRC 示意如图 12-16 所示。

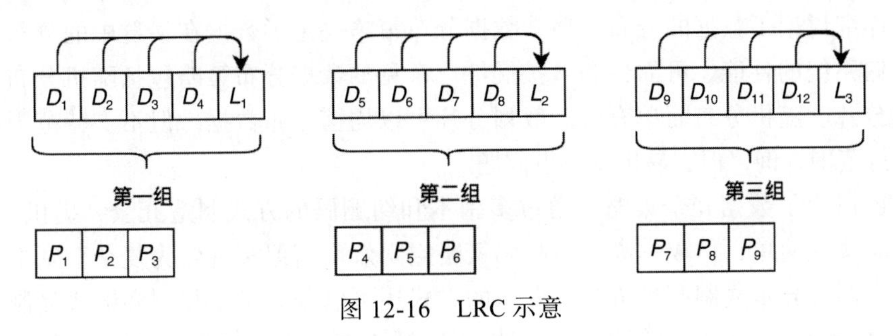

图 12-16　LRC 示意

在图 12-16 中，D_1～D_{12} 是原始数据块，P_1～P_9 是全局校验块，L_1、L_2、L_3 是局部校验块。当一个小组内的数据块损坏时，只需要本小组的数据块参与数据的重建。虽然 LRC 在数据修复表现上更好，使得数据更可靠，但是它也带来了额外的数据冗余，并增加了系统架构的复杂度。因此，需要根据自身场景来选择是否使用 LRC。

（3）LDPC 纠删码

LDPC 是一种具有稀疏校验矩阵的分组纠错码，常用于纠正数据传输中的错误。

LDPC 纠删码的性能逼近香农极限，同时其描述和实现过程相对简单，易于进行理论分析和研究，译码简单且可实行并行操作，适合硬件实现。在实际应用中，LDPC 纠删码主要用于通信、视频和音频编码等领域。值得一提的是，LDPC 纠删码在闪存技术中也得到应用，用于纠正存储过程中的数据误差。

2. 纠删码技术在存储的应用

纠删码技术在存储和网络传输等多个领域中扮演着至关重要的角色，主要用于确保数据的可靠性和完整性。以下是几种典型应用场景的介绍。

在云存储服务领域，比如 Amazon S3 和 Azure Storage 等纠删码技术，被用于提供低成本且高度可靠的存储解决方案，它有效地保障了用户数据免受各类硬件故障和系统异常的影响。

在固态驱动器中，数据存储在 NAND 闪存芯片中。由于频繁写入 / 读取操作或芯片老化等原因，NAND 闪存可能出现错误，因此纠删码（尤其是 LDPC 码）技术被广泛用于检测和修复这些错误。

在网络传输领域，纠删码亦发挥着重要作用。以实时视频流传输为例，在数据丢包的情况下，传统的重传机制可能会因响应延迟而效率低下，而纠删码可以通过少量冗余数据，自动地恢复丢失的数据包，从而大大提高传输效率。

此外，许多开源存储项目，比如 Ceph、GlusterFS、Minio、HDFS 等，也支持使用纠删码作为数据冗余策略，这不仅提升了存储效率，同时也加强了数据的安全性与完整性。

12.4 本章小结

本章详细讨论了数据的分布策略，数据分布策略决定了数据在集群中的分布方式，直接影响存储系统的性能、可靠性和可扩展性。常见的数据分布策略包括随机分布、散列分片和范围分片。随机分布简单有效，散列分片可以均衡分布数据，但不支持范围查询，范围分片支持范围查询，但容易出现热点问题。

我们还讨论了数据冗余策略，通过多副本和纠删码的方式制造冗余，提供容错能力。多副本策略实现简单，但成本高，纠删码策略空间效率高但实现较为复杂。副本的复制方式有同步复制和异步复制两种方式，发送的方式还可以分为星型复制和链式复制。读写策略有 WRAO 和 Quorum 机制等策略。纠删码算法有 RAID、RS 和 LDPC 等多种不同的形式，它们已经在存储系统中得到广泛应用。

数据的分布策略和冗余策略是分布式存储系统的核心组成部分。在实际场景中，需要根据具体需求，选择合适的分布策略和冗余策略，以实现数据高可靠存储以及高性能、高可用的访问。

第四部分 Part 4

存储系统实战

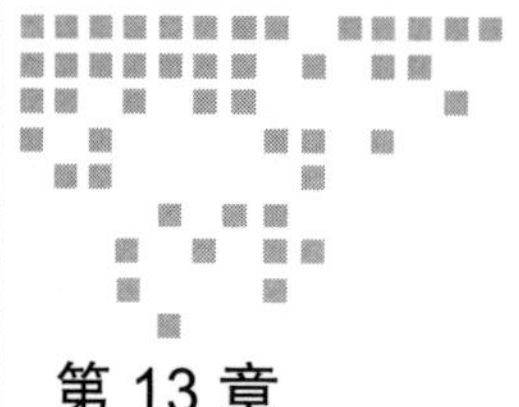

Chapter 13 第13章

内核 Minix 文件系统

Minix 最初是由 Andrew S. Tanenbaum 教授为教学目的设计的一种类 Unix 操作系统。早期，由于 AT&T 的政策变动，在推出 Version 7 Unix 之后，AT&T 发布了新的使用许可协议，将 Unix 代码私有化，这使得大学无法继续在教学中使用 Unix 代码。为了在课堂上向学生详细讲解操作系统的工作原理，Tanenbaum 教授在避开使用 AT&T 原始代码前提下，独立开发一个与 Unix 兼容的操作系统，避免版权争议。他以小型 Unix（mini-Unix）之意，将这个新的操作系统命名为 Minix。

Linux 的诞生过程亦受到 Minix 的影响。事实上，在 Linux 初期还未拥有自己的原生文件系统时，它采用了 Minix 的文件系统进行数据的存储和访问，这正是本章要讨论的 Linux 内核中的 Minix 文件系统。随着 Linux 的发展壮大，以及自身的 Ext2、Ext3、Ext4 系列的文件系统的出现，Minix 文件系统逐渐被 Ext 系列文件系统取代。尽管如此，Minix 文件系统至今仍保留在 Linux 源码中，并能够正常运行。然而，它已经不再被用于生产环境，而是更多地作为学习和纪念之用。

本章将深入研究 Linux 内核中的 Minix 文件系统的实现，以便加深读者对 Linux 最初磁盘文件系统的理解。

提示 本章涉及大量 Linux 源码，其中 Linux 源码版本为 5.18.0-rc4。Minix 代码的讲解默认为 v1 版本。

13.1 Minix 文件系统的架构

Minix 文件系统采用了与 Unix 文件系统类似的树形结构，其中所有文件和目录均可通过路径名访问。Minix 把磁盘视为一个线性的设备，并默认以 1KiB 作为存储单元进行分割，这样的存储单元我们称为块（block），每个块都对应唯一的编号。磁盘根据功能的不同被划分为若干区域，用于持久化存储各类数据。Minix 磁盘分布情况如图 13-1 所示。

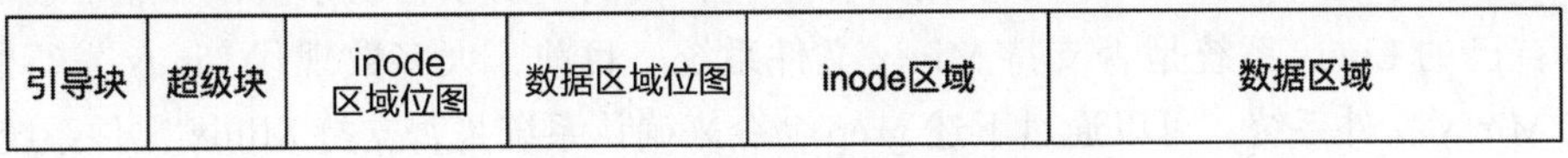

引导块	超级块	inode 区域位图	数据区域位图	inode区域	数据区域

图 13-1　Minix 磁盘分布情况

磁盘划分的功能区域描述如下。

- 引导块（boot block）：用于存储引导程序，通常用于操作系统启动时使用。占用一个块。
- 超级块（super block）：记录文件系统的核心信息，如各功能区域的位置划分信息，是文件系统的核心起始点。占用一个块。
- inode 区域位图（inode bitmap）：用于标记 inode 区域中已使用的 inode，其中每个比特位表示一个 inode 的分配状态，1 表示已分配，0 表示未分配。占用若干个块。
- 数据区域位图（data block bitmap）：用于标记数据区域的块的使用情况。每个比特位对应一个块的分配状态，1 表示已分配，0 表示未分配。占用若干个块。
- inode 区域（inode table）：包含文件系统中所有 inode 对象的列表。每个 inode 对象都存储着关于一个文件或目录的重要信息，如文件大小、文件类型、数据块位置等。占用若干个块。
- 数据区域（data blocks）：用于存储文件或目录数据的区域，通常是最大的区域。文件或目录的数据可能存储在一个或多个块中。

在 Minix 文件系统中，每个文件和目录均有一个唯一的 inode 结构，该结构包含文件或目录的元数据，如权限、所有者、修改时间以及文件大小等信息。文件的数据内容则存储于数据区域，inode 通过一个索引数组记录这些数据所在的块位置。Minix 的文件结构如图 13-2 所示。

Minix 文件系统是一个简洁的文件系统，它体现了早期的文件系统设计的经典理念，其设计精髓被 Ext2 和 Ext3 继承和发扬。通过深入剖析 Minix 文件系统的设计原理，读者可以更好地理解操作系统中文件系统的设计和实现原理。在后续内容中，我们将深入探究 Minix 文件系统的实现细节。

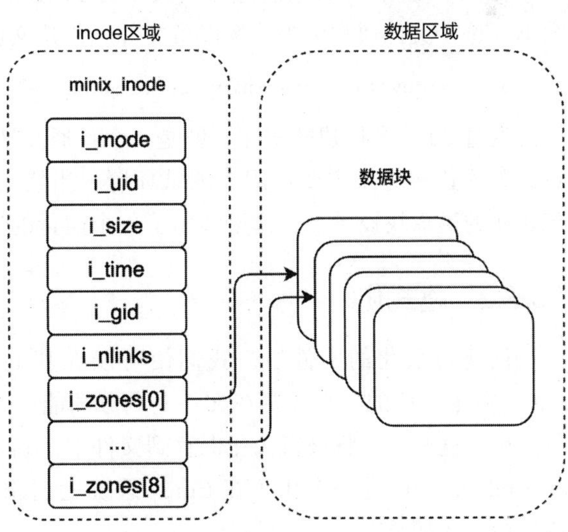

图 13-2　Minix 的文件结构示意

13.2 Minix文件系统的实践

为了更便于理解Minix文件系统的工作原理，我们不妨亲自动手尝试一番。首先，需要确认自己的Linux系统是否支持Minix文件系统。目前，大多数现代Linux发行版都默认支持Minix文件系统。可以通过下述grep命令来确认系统是否支持Minix文件系统：

```
grep CONFIG_MINIX_FS /boot/config-$(uname -r)
```

如果输出结果显示CONFIG_MINIX_FS=y，则意味着操作系统支持Minix文件系统，若显示CONFIG_MINIX_FS=m，也意味着支持，但需要动态加载。此时需要执行一次modprobe minix命令来加载Minix文件系统模块。执行modprobe命令如下：

```
$ modprobe minix
# 查询是否加载成功
$ lsmod |grep -i minix
minix                  49152  1
```

一旦确认内核加载了Minix模块，我们就可以开始尝试使用Minix文件系统了。为了降低实践难度，我们并不需要使用真实的磁盘设备，可以创建一个文件，并将其格式化成Minix文件系统，再通过loop设备的方式挂载使用。

> 提示　Linux的loop设备是一种特殊的伪设备，它使一个文件可以被当作块设备进行挂载。这种设备通常用于系统恢复、文件系统的开发测试等多种用途。

13.2.1 设备文件

首先，使用dd命令创建一个大小为1GiB的文件，模拟磁盘设备，以此来保存持久化数据。这个文件通常称为镜像设备文件。创建文件的命令如下：

```
dd if=/dev/zero of=minix_test.img bs=1M count=1024
```

通过dd命令创建的实际上就是一个普通文件，之后将通过loop设备进行挂载。需要注意的是，这种方式主要适用于测试环境。当然，如果需要，也可以将Minix文件系统挂载到真实的磁盘块设备上，这里演示了一个简化的流程。

13.2.2 格式化

创建持久化的文件后，我们便可以在其上执行格式化操作。这一步骤是通过mkfs.minix命令完成的，它负责在文件上划分功能区、初始化超级块、清零inode位图、数据区位图等。这些操作将被持久化保存到文件中，确保在断电后数据不丢失。

mkfs.minix是一个用于在Linux系统上创建Minix文件系统的基础命令，该命令的基本使用方式如下：

```
mkfs.minix [options] device [size-in-blocks]
```

其中，device 参数指的是文件系统所在的设备，可以是一个磁盘分区，如 /dev/sdb2，也可以是一个 loop 设备（对应一个文件）。size-in-blocks 参数表示文件系统的块大小，默认为 1KiB。

options 参数包含以下一些选项。

- -n：设置文件名的最大字符长度，对于 Minix v1，可以是 14 或 30 字节（默认为 30 字节，即 Minix v1 版本，MINIX_SUPER_MAGIC2）。Minix v3 则支持最多 60 字节。
- -i：指定文件系统中 inodes 的数量，如果不填写，将会根据文件系统大小自动计算。
- -c：在创建文件系统之前，对设备文件进行检查，如发现坏块会发出告警。
- -1：选择 Minix version 1 版本（默认选项）。
- -2：选择 Minix version 2 版本。
- -3：选择 Minix version 3 版本。

Minix v1 版本是最初始也是最简单的 Minix 文件系统，而 Minix v2 和 Minix v3 则是在此基础上演进并增强了功能。通过 mkfs.minix 命令可以轻松格式化出一个 Minix 文件系统，大多数 Linux 发行版中，默认创建的是 Minix v1 版本（MAGIC2）。本文将基于 Minix v1 版本进行分析，有关其他版本的细节差异，感兴趣的读者可以自行查阅 Linux 源码。

格式化 Minix 文件系统的命令如下所示：

```
$ mkfs.minix ./minix_test.img
```

输出如下：

```
21856 inodes
65535 blocks
Firstdatazone=696 (696)
Zonesize=1024
Maxsize=268966912
```

格式化完成后，将展示一些关键信息。包括支持文件系统管理的存储单元的大小、inode 数量、块的总数、支持的文件最大大小以及数据区起始位置等。按照上述数据，整个文件系统能够支持的最大数据容量是 64MiB（由于 blocks=65535 个，每个块为 1KiB，因此文件系统的最大容量就是 64MiB）。

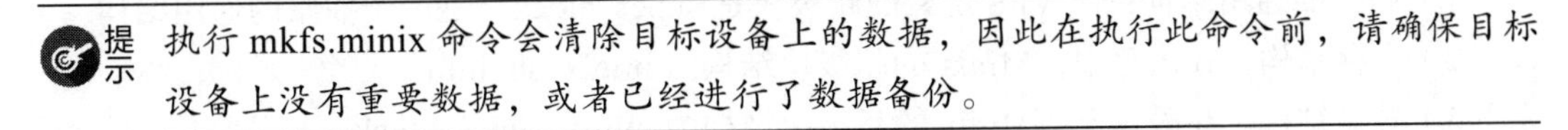

提示 执行 mkfs.minix 命令会清除目标设备上的数据，因此在执行此命令前，请确保目标设备上没有重要数据，或者已经进行了数据备份。

13.2.3 目录挂载

在格式化完成之后，我们需要将这个文件系统挂载到系统中使用。Linux 支持 loop 设备，它允许把文件当作块设备来使用。下面是挂载 Minix 文件系统的命令：

```
$ mount -t minix -o loop minix_test.img /mnt/minix/
```

如果mount命令执行后没有报错，就表示挂载成功了。为了检查挂载的状态，我们可以使用df命令进行验证，操作如下：

```
$ df | grep minix
/dev/loop0          64839          1      64838   1% /mnt/minix
```

此时可以看出，挂载点已经成功挂载，并显示为/dev/loop0设备，挂载点为/mnt/minix。

接下来通过stat命令来查看根目录的inode编号：

```
$ stat /mnt/minix/
    File: /mnt/minix/
    Size: 96            Blocks: 2           IO Block: 1024   directory
Device: 700h/1792d      Inode: 1            Links: 3
```

可以看到/mnt/minix作为该Minix文件系统实例的根目录，其Inode编号为1。

一旦确认挂载成功，我们就可以进入到对应的目录下进行文件系统的常规操作。比如尝试对文件进行增加、删除和修改等操作。

13.3 Minix文件系统的实现原理

Minix遵循Linux所定义的文件系统实现框架（详情参见第4章）。首先，必须定义Minix超级块结构，该结构体一旦确定，便可以据此划分磁盘。然后，定义inode结构，以确定文件所支持的属性。最重要的是定义各种数据结构（如inode、file、dentry、address_space等）的操作方法表，以实现文件系统内对象的行为模式。最后，还需明确文件系统的挂载和卸载规则。完成这些步骤后，一个内核文件系统基本就成型了。下面将对这些组成部分逐一分析。

13.3.1 超级块的定义

超级块是每个文件系统的核心的组成部分。它提供了一个全局视图，展现了文件系统的各个功能区，空间管理方式以及限制条件。在Minix文件系统，超级块有3种存在形式。

1）VFS的通用结构：由VFS定义的超级块是super_block，是一个抽象的通用结构。

2）内存结构：在内存中，Minix的超级块结构为minix_sb_info。

3）磁盘结构：在磁盘上，Minix的超级块结构为minix_super_block。

图13-3展示了Minix的super_block相关结构。

其中，VFS的super_block作为所有文件系统的抽象，它是一个通用的内存结构。该结构中的s_fs_info字段用于指向具体文件系统的超级块的内存结构，即minix_sb_info。

Minix的minix_super_block结构考虑了持久化的需求，其所有内容必须在磁盘上以连续的空间形式存在，内部不能包含指针。相应地，minix_sb_info是minix_super_block的内存中对应结构，它是 minix_super_block 函数在加载磁盘构建的，且其结构内可以含有指针，允许引用其他非连续的内存区域。minix_super_block 结构定义如代码清单 13-1 所示。

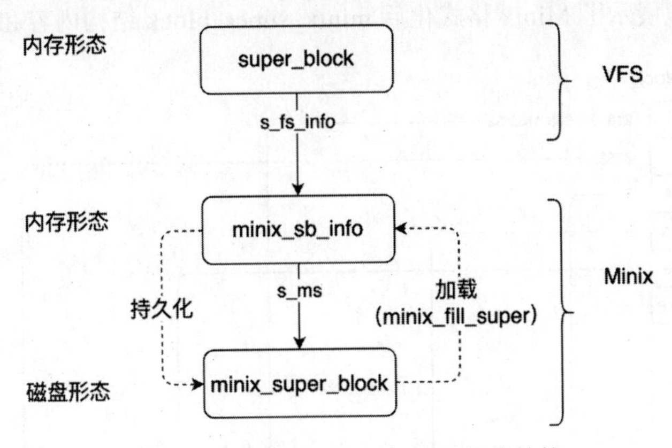

图 13-3　Minix 的 super_block 相关结构

代码清单 13-1　minix_super_block 结构定义

```
// 文件：include/uapi/linux/minix_fs.h
struct minix_super_block {
    __u16 s_ninodes;            // inode 的数量，这是可以分配的 inode 总数
    __u16 s_nzones;             // 数据区域的块的数量
    __u16 s_imap_blocks;        // inode 位图所占用的块数量
    __u16 s_zmap_blocks;        // 数据区域位图占用块数量
    __u16 s_firstdatazone;      // 数据区域第一个块的编号
    __u16 s_log_zone_size;      // 块大小的对数值
    __u32 s_max_size;           // 文件系统支持的最大文件
    __u16 s_magic;              // Minix 文件系统魔数，用于识别文件系统类型
    __u16 s_state;              // 文件系统当前状态，比如挂载还是未挂载
    __u32 s_zones;              // 数据区域的块的数量
};
```

接下来通过一个 Minix 文件系统的实例进行对比分析。在使用 mkfs.minix 命令格式化磁盘时，该命令会计算并填充 minix_super_block 结构的内容，随后将其写入磁盘的超级块区域以实现数据的持久化。执行 mkfs.minix 命令如下所示：

```
mkfs.minix ./minix_test.img
```

输出如下：

```
# 以下是输出
21856 inodes
65535 blocks
Firstdatazone=696 (696)
Zonesize=1024
Maxsize=268966912
```

在本示例文件系统中，共有 21856 个 inode（代表最大可创建的文件数），每个块大小为1024字节，总共有65535个块，这意味着这个文件系统实例最大容量为64MiB。Firstdatazone的值表明数据区域从第696个1KiB的块开始。

图13-4直观地展示了Minix格式化后minix_super_block结构内容和磁盘划分情况。

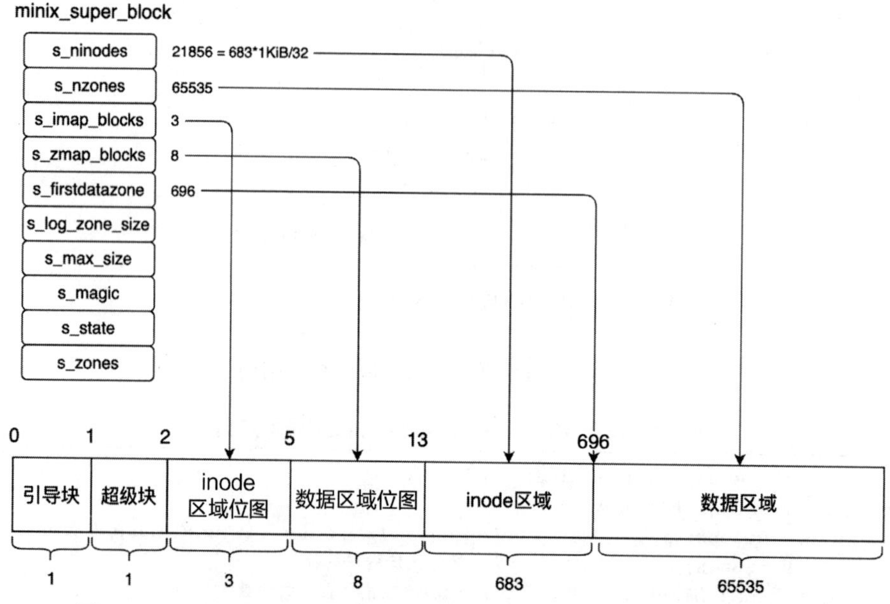

图13-4 Minix格式化后minix_super_block的结构内容和磁盘划分情况

在挂载文件系统时，系统会调用minix_fill_super函数，从磁盘中加载出minix_super_block的结构数据。下面将探讨文件系统在加载超级块时的具体过程。代码清单13-2展示了minix_fill_super的函数实现。

代码清单13-2 minix_fill_super的函数实现

```
static int minix_fill_super(struct super_block *s, void *data, int silent)
{
    struct minix_sb_info *sbi;
    // 初始化文件系统块大小为1KiB
    if (!sb_set_blocksize(s, BLOCK_SIZE))
        goto out_bad_hblock;
    // 加载磁盘的超级块数据到内存
    ms = (struct minix_super_block *) bh->b_data;
    sbi->s_ms = ms;
    sbi->s_sbh = bh;
    sbi->s_mount_state = ms->s_state;
    sbi->s_ninodes = ms->s_ninodes;
    sbi->s_nzones = ms->s_nzones;
    // 赋值inode区域位图和数据区域位图的大小
    sbi->s_imap_blocks = ms->s_imap_blocks;
    sbi->s_zmap_blocks = ms->s_zmap_blocks;
```

```
    // 定位数据区域的起始位置
    sbi->s_firstdatazone = ms->s_firstdatazone;
    sbi->s_log_zone_size = ms->s_log_zone_size;
    s->s_maxbytes = ms->s_max_size;
    s->s_magic = ms->s_magic;
    if (s->s_magic == MINIX_SUPER_MAGIC) {
    // 省略部分代码
    } else if (s->s_magic == MINIX_SUPER_MAGIC2) {
        // Linux 一般的默认分支(V1 版本, MINIX_SUPER_MAGIC2)
        sbi->s_version = MINIX_V1;
        // 设定目录项最大为 32 字节,其中 2 字节用于 inode 编号,剩余 30 字节存储文件名
        sbi->s_dirsize = 32;
        sbi->s_namelen = 30;
        s->s_max_links = MINIX_LINK_MAX;
    } else if (/* v2, v3 版本的分支 */) {
    // 省略部分代码
    }
    // 构建 inode 区域位图和数据区域位图
    sbi->s_imap = &map[0];
    sbi->s_zmap = &map[sbi->s_imap_blocks];
    // 读取磁盘,填充位图
    // 设置超级块的操作函数集
    s->s_op = &minix_sops;
    s->s_time_min = 0;
    s->s_time_max = U32_MAX;
    // 获取到 root 的 inode 和目录项
    root_inode = minix_iget(s, MINIX_ROOT_INO);
    s->s_root = d_make_root(root_inode);
}
```

在挂载过程中，minix_fill_super 函数负责从磁盘加载超级块（minix_super_block 结构）到内存，并构建 minix_sb_info 结构。在这个过程中，它还会读取很多其他关键信息，如 inode 区域位图、数据区位图、inode 区域的起始位置、数据区域的起始位置等。值得注意的是，某些参数并非持久化到磁盘，而是硬编码到代码中。例如，在加载的过程会设置每个目录项的大小（32 字节）、最长的文件名称（30 字节），以及文件的最大大小等。这些限制是固定的，不会因为磁盘的大小而改变。

在具体操作中，当 Minix 文件系统成功挂载后，我们可以在 minix_test.img 中看到持久化的二进制数据。以下是使用 hexdump 命令对 minix_test.img 文件进行分析的结果展示：

```
$ hexdump -C ./minix_test.img
```

输出如下：

```
00000000  00 00 00 00 00 00 00 00  00 00 00 00 00 00 00 00  |................|
*
// 超级块开始位置：0x00000400
00000400  60 55 ff ff 03 00 08 00  b8 02 00 00 00 1c 08 10  |`U..............|
```

```
// 魔数：MAGIC2 (0x138f)
00000410  8f 13 00 00 00 00 00 00  00 00 00 00 00 00 00 00  |................|
00000420  00 00 00 00 00 00 00 00  00 00 00 00 00 00 00 00  |................|
*
// inode 位图开始的位置 : 0x00000800
00000800  03 00 00 00 00 00 00 00  00 00 00 00 00 00 00 00  |................|
00000810  00 00 00 00 00 00 00 00  00 00 00 00 00 00 00 00  |................|
*
000012a0  00 00 00 00 00 00 00 00  00 00 00 00 fe ff ff ff  |................|
000012b0  ff ff ff ff ff ff ff ff  ff ff ff ff ff ff ff ff  |................|
*
// 数据区位图开始位置 : 0x00001400
00001400  03 00 00 00 00 00 00 00  00 00 00 00 00 00 00 00  |................|
00001410  00 00 00 00 00 00 00 00  00 00 00 00 00 00 00 00  |................|
*
000033a0  00 00 00 00 00 00 00 00  00 ff ff ff ff ff ff ff  |................|
000033b0  ff ff ff ff ff ff ff ff  ff ff ff ff ff ff ff ff  |................|
*
// inode 区域的开始位置：0x00003400
00003400  ed 41 e9 03 40 00 00 00  cc 27 b9 64 e9 02 b8 02  |.A..@....'.d....|
00003410  00 00 00 00 00 00 00 00  00 00 00 00 00 00 00 00  |................|
*
// 数据区域的开始位置：000ae000。inode 为 1（根目录），名字为“.”
000ae000  01 00 2e 00 00 00 00 00  00 00 00 00 00 00 00 00  |................|
000ae010  00 00 00 00 00 00 00 00  00 00 00 00 00 00 00 00  |................|
// inode 为 1，名字为“..”
000ae020  01 00 2e 2e 00 00 00 00  00 00 00 00 00 00 00 00  |................|
000ae030  00 00 00 00 00 00 00 00  00 00 00 00 00 00 00 00  |................|
*
40000000
```

通过以上对二进制数据的分析，结合磁盘的 minix_super_block 结构的细节，我们能够更加深刻地理解 minix_test.img 文件上的空间布局，可以清晰地辨认出超级块、inode 位图、数据区位图、inode 区域、数据区的具体位置信息。

13.3.2 inode 结构体的定义

在文件系统中，inode 结构体发挥着至关重要的作用，它是访问文件的关键入口。inode 结构体在 Minix 文件系统中存在 3 种不同的形态。

1）VFS 的通用结构：VFS 层定义的 inode，通用型结构体。

2）内存上的结构：Minix 的内存形态的 minix_inode_info 结构体。

3）磁盘上的结构：Minix 的磁盘形态的 minix_inode 结构体。

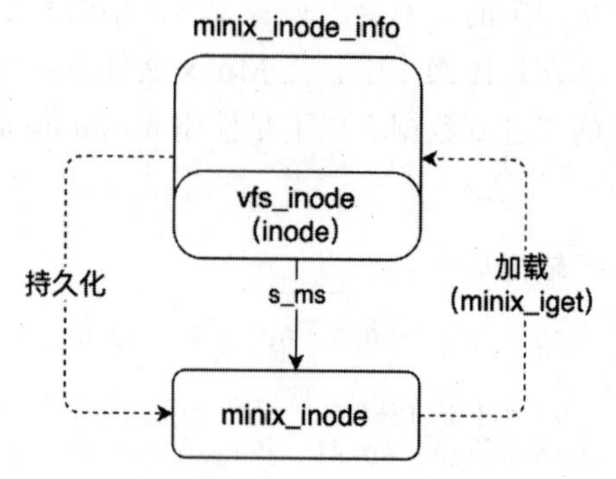

图 13-5 Minix 的 inode 相关结构体之间的关联

图 13-5 直观地展示了 Minix 的 inode 相关

结构体之间的关联。

minix_inode_info 是 Minix 内存形态的 inode 结构体，这个结构中内嵌了一个 VFS inode 结构，并且包含了一个数据块的索引数组。通过这个索引数组，我们可以访问文件的数据。代码清单 13-3 展示了 minix_inode_info 结构体的定义。

代码清单 13-3　minix_inode_info 结构体的定义

```
struct minix_inode_info {
    union {
        __u16 i1_data[16];        // 数据块的索引数组
        __u32 i2_data[16];
    } u;
    struct inode vfs_inode;       // 内嵌的 VFS inode 结构体
};
```

在 Minix 的内存 inode 结构体中，有一个技术细节值得注意：由于 minix_inode_info 结构将 VFS inode 结构体内嵌其中，因此在分配 minix_inode_info 结构体时，VFS inode 的内存也一并被分配，由于它们内存地址是连续的，我们可以通过地址运算得到彼此的地址，并通过强制类型转化实现两种结构之间的转换。

下面总结 minix_inode_info 和 VFS inode 之间的转换方法。

- 获取 VFS 的 inode：可以通过直接引用 minix_inode_info 的成员字段得到。例如 minix_inode_info → inode。
- 获取 Minix 的 inode（minix_inode_info）：通过地址计算之后强制类型转换得到，minix_i 函数封装了这部分逻辑，Minix_i 函数的实现如代码清单 13-4 所示。

代码清单 13-4　Minix_i 函数的实现

```
static inline struct minix_inode_info *minix_i(struct inode *inode)
{
    return container_of(inode, struct minix_inode_info, vfs_inode);
}
```

minix_inode_info 结构体是通过读取磁盘上的 minix_inode 结构体内容来初始化的。现在，让我们来审视一下磁盘形态的 minix_inode 结构体，这一结构详细描述了文件在磁盘上的存储布局，并记录了文件的关键属性。

1. minix_inode 结构体定义

minix_inode 结构体能够唯一标识一个文件（或者目录），通过它能找到存储文件内容的所有数据块，minix_inode 结构体的定义如代码清单 13-5 所示。

代码清单 13-5　minix_inode 结构体的定义

```
// 文件：include/uapi/linux/minix_fs.h
struct minix_inode {
    __u16 i_mode;            // 文件类型，标识文件是目录、普通文件或软链接文件
```

```
    __u16 i_uid;           // 文件所有者的用户 ID
    __u32 i_size;          // 文件大小，以字节为单位
    __u32 i_time;          // 文件的最新修改时间
    __u8  i_gid;           // 文件所有者组的 ID
    __u8  i_nlinks;        // 文件的硬链接计数
    __u16 i_zone[9];       // 磁盘块索引数组，包含 7 个直接索引、1 个一级索引、1 个二级索引
};
```

minix_inode 结构体记录了对象的核心元数据，并用于索引文件的数据内容，其核心字段含义如下。

- i_mode：标识文件模式，如目录、普通文件或软链接文件。
- i_uid：文件所有者的用户 ID。
- i_size：实际的文件大小，即用户看到的文件大小。
- i_time：文件的最新修改时间。
- i_gid：文件所有者组的 ID。
- i_nlinks：文件的硬链接计数。
- i_zone[9]：存储文件内容的数据块编号的数组。

在初始化 inode 结构的时候，根据不同的 i_mode 的值（也就是文件类型），把 file 结构和 inode 结构初始化为不同的操作表方法。例如，普通文件会初始化为 minix_file_operations 和 minix_file_inode_operations，而目录文件则会初始化为 minix_dir_operations 和 minix_dir_inode_operations。

下面是 inode 结构初始化时的代码实现，代码清单 13-6 展示了 minix_set_inode 函数的实现。

代码清单 13-6 minix_set_inode 函数的实现

```
// 文件：fs/minix/inode.c
void minix_set_inode(struct inode *inode, dev_t rdev)
{
    if (S_ISREG(inode->i_mode)) {
        // 初始化普通文件
        inode->i_op = &minix_file_inode_operations;
        inode->i_fop = &minix_file_operations;
        inode->i_mapping->a_ops = &minix_aops;
    } else if (S_ISDIR(inode->i_mode)) {
        // 初始化目录文件
        inode->i_op = &minix_dir_inode_operations;
        inode->i_fop = &minix_dir_operations;
        inode->i_mapping->a_ops = &minix_aops;
    } else if (S_ISLNK(inode->i_mode)) {
        // 初始化软链接文件
        inode->i_op = &minix_symlink_inode_operations;
        inode_nohighmem(inode);
        inode->i_mapping->a_ops = &minix_aops;
```

```
    } else
        // 初始化其他文件
        init_special_inode(inode, inode->i_mode, rdev);
}
```

注意，通过 minix_inode 的 i_zone[9] 数组存储的数据块编号可以定位到文件内容。然而，这里只有 9 个位置，理论上最多存储 9 个块的编号。那么文件的最大大小是否仅为 9 × 1KiB。显然，答案是否定的。前文提到，根据 mkfs.minix 的输出，文件的最大大小可以达到 268 966 912 字节。实际上，Minix 是采用了多级索引技术来管理大文件的空间。这就引出了 Minix 如何管理文件空间的问题，我们将在后续内容对此进行深入解析。

（1）文件结构

Minix 通过一种多级索引机制来管理文件的空间。其中，i_zone[9] 数组的每个元素都是 16 位无符号整数，取值范围为 0～65535。具体来说，i_zone[9] 可以分为 3 个主要部分。

1）前 7 个位置用作直接索引。存储的块编号直接指向文件内容的块。

2）第 8 个位置是一级索引。存储的块编号指向的并非文件内容的块，而是存放块编号的块（称为索引块）。一个块是 1KiB 大小，一个编号占用 2 字节，即一个块内可以存储 512 个编号值（1 × 1024/2），这 512 个编号将指向文件内容的块。

3）第 9 个位置是二级索引。存储的块的编号指向一个索引块，即一级索引块。一级索引块存储了 512 个块编号，每个编号又指向了一个索引块，即二级索引块。每个二级索引块同样存储了 512 个块编号，这些编号才最终指向文件内容所在的块。因此，二级索引可以有 512 × 512＝262 144 个块编号指向文件内容。这大大扩展了文件的最大尺寸。

Minix 的二级索引结构如图 13-6 所示。

按照这个定义，i_zone[9] 有 9 个槽位，直接索引块占 7 个槽位，一级索引占 1 个，二级索引占 1 个。每个槽位是 2 字节，最大能管理的文件大小就是 (7+(1 × 1024/2)+((1 × 1024/2) × (1 × 1024/2))) 个 1KiB 的数据块，也就是 268 966 912 字节（大概 256MiB），这个结果与前面 mkfs.minix 输出的结果是一致的。

虽然文件最大大小是 256 MiB，但这并不意味着文件可以存储 256 MiB 的数据。实际的存储量还受到文件系统当前可用的块数据块数量的限制。比如，mkfs.minix 的输出“65 535 blocks”说明整个文件系统的大小只有 64MiB，那么文件大小自然也不能超过这个限制。换句话说，整个文件系统最多只能存储 64MiB 的数据，尽管单个文件的大小理论上可以达到 256MiB。这里涉及的是物理存储空间和逻辑空间的区别。

（2）目录结构

在 Minix 文件系统中，目录本质上亦是文件。它由一个唯一的 inode 标识，并使用块来存储内容。只不过普通文件的块保存的是文件内容。而目录文件的块里存储的是若干个 minix_dir_entry 结构的数据（即目录项），minix_dir_entry 的结构定义如代码清单 13-7 所示。

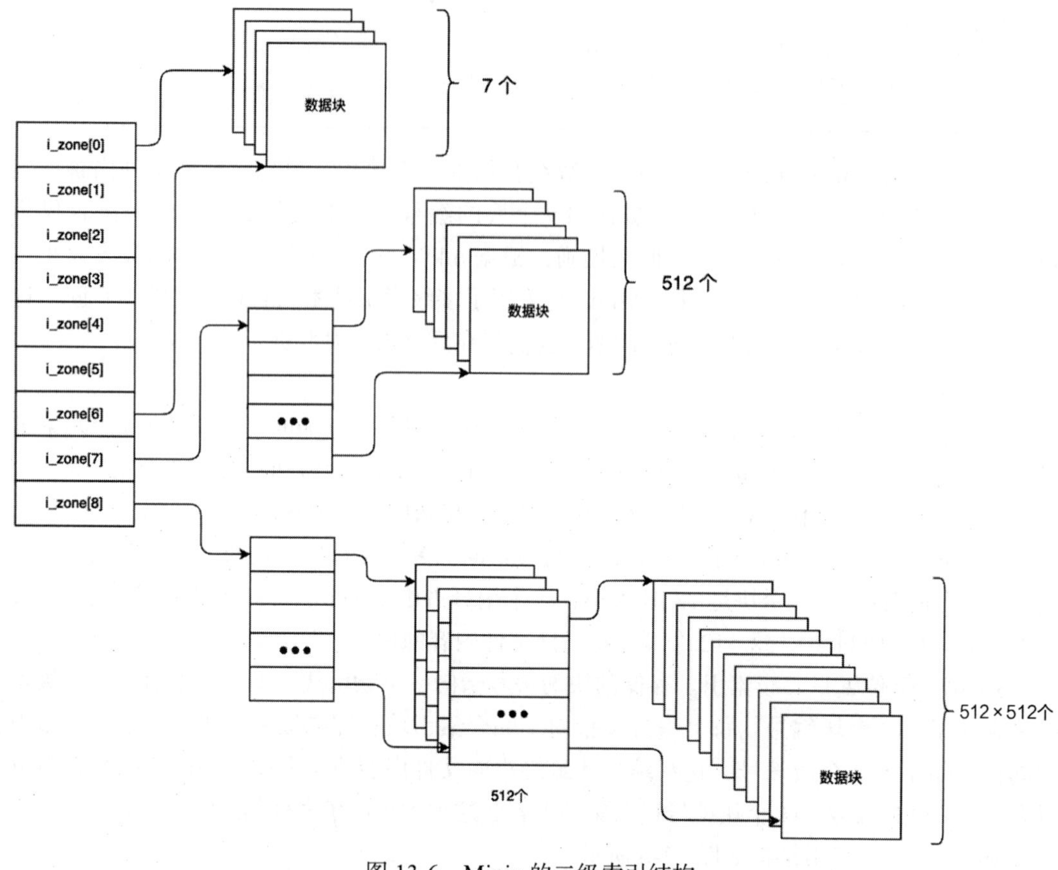

图 13-6 Minix 的二级索引结构

代码清单 13-7 minix_dir_entry 的结构定义

```
struct minix_dir_entry {
    __u16 inode;  // 文件的 inode 编号
    char name[0]; // 文件名
};
```

在磁盘上，每个 minix_dir_entry 结构占用 32 字节，前 2 个字节存储 inode 编号（即指向 minix_inode 的索引），其余 30 个字节则用于存储文件名。如果文件名超出这一长度限制，系统在创建文件时便会返回 “File name too long” 的错误信息。

以 Minix 的根目录为例，它的 inode 编号固定分配为 1，代表 inode 区域的第一个 minix_inode 结构。在文件系统刚挂载时，根目录的块内就包含两个 minix_dir_entry 结构。分别对应 “.”（当前目录）和 “..”（父目录），它们的 inode 编号填充的都是 1。

接下来将通过在目录下创建实际文件来观察目录内容的变化。

首先，在挂载的 /mnt/minix 目录下创建一个新目录和一个新文件，然后，分析镜像文件的数据变化情况。具体的创建命令如下：

```
$ mkdir /mnt/minix/dir_in_root
$ touch /mnt/minix/file_in_root
```

分析设备文件的命令及其输出如下：

```
$ hexdump -C ./minix_test.img
// 此处省略部分输出
// 根 inode 的内容
00003400  ed 41 e9 03 80 00 00 00  37 2d b9 64 e9 03 b8 02  |.A..`...7-.d....|
00003410  00 00 00 00 00 00 00 00  00 00 00 00 00 00 00 00  |................|
...
// inode 编号为 1，名字为“.”
000ae000  01 00 2e 00 00 00 00 00  00 00 00 00 00 00 00 00  |................|
000ae010  00 00 00 00 00 00 00 00  00 00 00 00 00 00 00 00  |................|
// inode 编号为 1，名字为“..”
000ae020  01 00 2e 2e 00 00 00 00  00 00 00 00 00 00 00 00  |................|
000ae030  00 00 00 00 00 00 00 00  00 00 00 00 00 00 00 00  |................|
// inode 编号为 2，名字为“dir_in_root”
000ae040  02 00 64 69 72 5f 69 6e  5f 72 6f 6f 74 00 00 00  |..dir_in_root...|
000ae050  00 00 00 00 00 00 00 00  00 00 00 00 00 00 00 00  |................|
// inode 编号为 3，名字为“file_in_root”
000ae060  03 00 66 69 6c 65 5f 69  6e 5f 72 6f 6f 74 00 00  |..file_in_root..|
000ae070  00 00 00 00 00 00 00 00  00 00 00 00 00 00 00 00  |................|
*
```

上述输出内容清晰地显示了目录文件的内容，是由多个 minix_dir_entry 结构组成。每个新创建的目录至少包含两个 minix_dir_entry，分别对应“.”“..”这两个目录项。图 13-7 直观展示了该目录文件的结构内容。

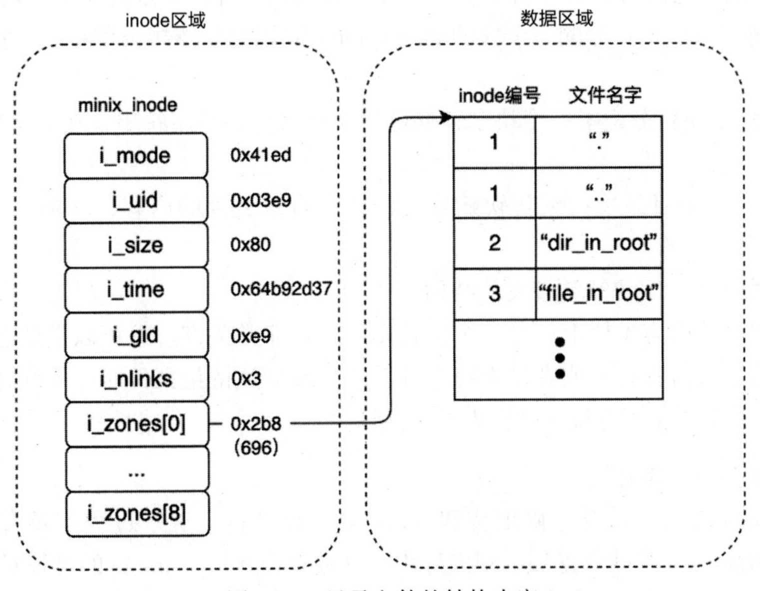

图 13-7　目录文件的结构内容

通过这个例子，我们可以明白普通文件和目录文件在结构上的相似之处：都是一个minix_inode来存储元数据，并通过数据块来存储其内容。普通文件的内容就是用户的数据，目录文件的内容是minix_dir_entry结构的集合。

（3）软链接文件

Minix系统支持软链接文件，亦称为符号链接文件。它们的基本结构与普通文件和目录文件是一样的。每个链接文件由minix_inode结构和其数据块组成，它的数据块内容是被链接文件的路径名（即字符串）。

创建一个软链接文件，命令如下：

```
$ ln -s ./file_in_root file_in_root_softlink
```

同样，我们使用hexdump分析镜像设备文件的内容，得到以下结果：

```
$ hexdump -C ./minix_test.img
...
// 分配一个 inode，编号 4
00003460  ff a1 e9 03 0e 00 00 00  10 5a b9 64 e9 01 ba 02  |.........Z.d....|
00003470  00 00 00 00 00 00 00 00  00 00 00 00 00 00 00 00  |................|
...
// 目录增加了一个 minix_dir_entry 的内容
000ae080  04 00 66 69 6c 65 5f 69  6e 5f 72 6f 6f 74 5f 73  |..file_in_root_s|
000ae090  6f 66 74 6c 69 6e 6b 00  00 00 00 00 00 00 00 00  |oftlink.........|
...
// 软链接文件的数据块的内容
000ae800  2e 2f 66 69 6c 65 5f 69  6e 5f 72 6f 6f 74 00 00  |./file_in_root..|
000ae810  00 00 00 00 00 00 00 00  00 00 00 00 00 00 00 00  |................|
```

上述操作演示了使用ln命令在根目录下创建软链接文件时带来的3个变化。

1）新分配了inode：分配一个新的minix_inode，因为软链接实质是一个新的、独立的文件。

2）新分配了块：分配了一个块来存储链接文件目标路径字符串，在本例中是“./file_in_root”。

3）新加了一个目录项：更新软链接文件所在目录文件的内容，增加一个minix_dir_entry结构体。

图13-8直观展示了该软链接文件结构。

软链接文件的内容本质上就是一个字符串，这点非常关键。它可以是任意的路径字符串，无论该路径是否存在，或者是否跨文件系统。在创建链接文件时，系统并不会校验路径的有效性，这赋予了软链接文件极大的灵活性。

2. minix_inode的加载

在操作文件之前，需要正确地构建inode的内存结构。这一过程涉及在磁盘上查找minix_inode结构，并将其数据加载到内存中。这种查询并构建inode的过程对应LOOKUP操作，它在VFS路径解析过程中起到至关重要的作用。

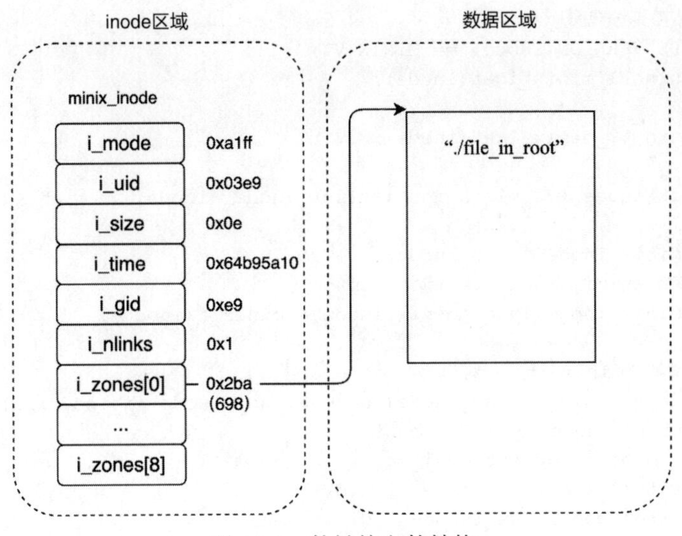

图 13-8　软链接文件结构

为此，Minix 文件系统实现了 minix_lookup 函数，该函数根据名字查询并返回对应的 inode 结构。minix_lookup 的函数实现如代码清单 13-8 所示。

代码清单 13-8　minix_lookup 的函数实现

```
static struct dentry *minix_lookup(struct inode * dir, struct dentry *dentry,
unsigned int flags)
{
    // 根据名字查询 minix 的 inode 编号
    ino = minix_inode_by_name(dentry);
    if (ino)
        // 一旦找到 minix inode 编号，则加载 minix inode 的内容
        // 并构建相应的 minix_inode_info 结构
        inode = minix_iget(dir->i_sb, ino);
    // 最后，将找到的 inode 与传入的 dentry 关联，并返回更新后的 dentry
    return d_splice_alias(inode, dentry);
}
```

minix_lookup 会在目录的数据块中逐个遍历 minix_dir_entry 结构，寻找是否有匹配的名字。如果找到，则能得到对应 minix_inode 的索引编号。根据这个 minix_inode 编号，就可以找到 minix_inode 的位置，并从磁盘上加载 minix_inode 结构的数据，在内存中构建出 minix_inode_info 的结构。这一部分的实现由 minix_iget 函数完成。minix_iget 的函数实现如代码清单 13-9 所示。

代码清单 13-9　minix_iget 的函数实现

```
// 文件：fs/minix/inode.c
struct inode *minix_iget(struct super_block *sb, unsigned long ino)
{
```

```
    // 此处省略部分代码
    if (INODE_VERSION(inode) == MINIX_V1)
        return V1_minix_iget(inode);
    else
        return V2_minix_iget(inode);
}
static struct inode *V1_minix_iget(struct inode *inode)
{
    struct minix_inode * raw_inode;
    // 通过VFS inode得到minix_inode_info
    struct minix_inode_info *minix_inode = minix_i(inode);
    int i;
    // 读取磁盘的minix_inode结构
    raw_inode = minix_V1_raw_inode(inode->i_sb, inode->i_ino, &bh);
    // 通过minix_inode初始化VFS inode
    inode->i_mode = raw_inode->i_mode;
    i_uid_write(inode, raw_inode->i_uid);
    i_gid_write(inode, raw_inode->i_gid);
    set_nlink(inode, raw_inode->i_nlinks);
    inode->i_size = raw_inode->i_size;
    inode->i_mtime.tv_sec = inode->i_atime.tv_sec = inode->i_ctime.tv_sec = raw_
        inode->i_time;
    inode->i_mtime.tv_nsec = 0;
    inode->i_atime.tv_nsec = 0;
    inode->i_ctime.tv_nsec = 0;
    inode->i_blocks = 0;
    // 初始化数据块索引的数组
    for (i = 0; i < 9; i++)
        minix_inode->u.i1_data[i] = raw_inode->i_zone[i];
    return inode;
}
```

在minix_iget函数中，系统会根据不同的版本调用相应的实现。对于Minix v1版本，对应的是V1_minix_iget函数。在V1_minix_iget函数中，首先会使用minix_V1_raw_get函数来读取磁盘上的minix_inode结构，一旦从磁盘读取到inode的数据，就会开始初始化minix_inode_info结构。元数据如文件大小、时间戳等，通常是直接进行一一对应的赋值，而数据块的索引则会存储在minix_inode_info → i1_data数组中。在Minix V1版本中，i1_data是一个长度为9的数组，这9个数组槽将依次被填入相应的值。

13.3.3 操作表的实现

在定义了静态的磁盘管理、文件结构等数据结构后，接下来还需要为这些结构定义操作方法。这一点与面向对象的编程理念相吻合，即不同的对象拥有其特定的行为方法。

下面将探讨针对inode、file、super_block以及dentry这些对象的操作方法集合，它们分别对应inode_operations、file_operations、super_operations和dentry_operations。此外，我们还将讨论address_space对象的操作集合——address_space_operations结构，它包含了

管理地址映射的一系列方法，在数据 I/O 层面发挥着至关重要的作用。

1. inode_operations

VFS 定义了一个包含了众多方法的 inode_operations 结构，这是一个大而全的方法集合。然而，大部分文件系统并不需要实现这个集合中的所有方法，它只需要根据自身场景来选择需要实现的方法。VFS 定义了一些通用的方法，这些方法可以在具体文件系统的实现中直接使用。对于没有实现的方法，VFS 会按照默认的通用行为进行操作。

inode_operations 的方法主要定义了与文件元数据相关的操作。minix 文件系统支持普通文件、目录文件、软链接文件，minix 针对这 3 种文件分别实现了 inode_operations 的方法集合。

（1）普通文件

对于普通文件，Minix 定义了 minix_file_inode_operations 作为其操作表，该操作表专门自定义了 setattr 和 getattr 两个方法，而对于其他的方法则遵循 VFS 的默认行为。minix_file_inode_operations 的定义如代码清单 13-10 所示。

代码清单 13-10　minix_file_inode_operations 的定义

```
const struct inode_operations minix_file_inode_operations = {
    .setattr     = minix_setattr,
    .getattr     = minix_getattr,
};
```

自定义的 setattr 和 getattr 方法分别负责设置和获取文件属性。minix_setattr 是 Minix 特有的属性设置方法，minix_setattr 函数的实现如代码清单 13-11 所示。

代码清单 13-11　minix_setattr 函数的实现

```
static int minix_setattr(struct user_namespace *mnt_userns,
            struct dentry *dentry, struct iattr *attr)
{
    // 通过 dentry 获取 inode 结构
    struct inode *inode = d_inode(dentry);
    // 更新 inode 的大小
    if ((attr->ia_valid & ATTR_SIZE) && attr->ia_size != i_size_read(inode)) {
        truncate_setsize(inode, attr->ia_size);
        minix_truncate(inode);
    }
    setattr_copy(&init_user_ns, inode, attr);
    mark_inode_dirty(inode);
    return 0;
}
```

minix_setattr 函数的定制化逻辑主要体现在更改处理文件大小（ATTR_SIZE）上，尤其是在文件截断（truncate）的场景。由于涉及释放空间，VFS 并不了解 Minix 内部是如何管理这些空间的，因此交由 Minix 自行处理。

minix_getattr 用于获取文件属性，其定制化逻辑相对简单，仅需处理一种特殊情况：由于 Minix 存储单元大小为 1KiB，而 VFS 定义的 stat 的信息中的 blocks 字段代表的是 512 字节块的数量。因此，这里需要进行一个特殊转换。minix_getattr 函数的实现如代码清单 13-12 所示。

代码清单 13-12 minix_getattr 函数的实现

```
int minix_getattr(struct user_namespace *mnt_userns, const struct path *path,
     struct kstat *stat, u32 request_mask, unsigned int flags)
{
    // 使用 generic_fillattr 来填充 stat 结构
    generic_fillattr(&init_user_ns, inode, stat);
    if (INODE_VERSION(inode) == MINIX_V1)
        // 计算文件占用的磁盘块数(以 512 字节为单位)
        stat->blocks = (BLOCK_SIZE / 512) * V1_minix_blocks(stat->size, sb);
    // 设置文件的块为文件系统的块大小，Minix 的默认大小是 1KiB，这与 VFS 通用默认块大小 4KiB 不同
    stat->blksize = sb->s_blocksize;
    return 0;
}
```

在这段代码中，首先使用 generic_fillattr 函数填充了 stat 结构的通用属性。在 Minix V1 版本的场景，则会计算文件大小（stat->size）对应的 512 字节块的数量，并将结果设置在 stat->blocks 中。接着，将 stat->blksize 设置为 Minix 文件系统的块大小，即 1KiB。

举个例子，当我们使用 stat 命令查看一个 Minix 文件系统中的文件时，会触发 minix_getattr 函数的调用。执行如下命令：

```
# 调整文件的大小为 1024 字节
$ truncate -s 1024 /mnt/minix/file_in_root
# stat 查看文件属性: -> getattr
$ stat /mnt/minix/file_in_root
  File: /mnt/minix/file_in_root
  Size: 1024          Blocks: 2          IO Block: 1024   regular file
Device: 700h/1792d    Inode: 3           Links: 1
// 省略剩余输出
```

在此处，“Blocks：2”意味着该文件占用了 2 个 512 字节，即共 1024 字节。而“IO Block：1024”则表明 Minix 的存储单元是 1024 字节。这些信息正是通过 minix_getattr 定制化处理得到的结果。

（2）目录文件

目录文件在 Minix 系统中承担着文件的组织管理的重要角色。因其与文件元数据紧密相关，因此目录文件实现的 inode_operations 的定制化方法有很多。下面的 minix_dir_inode_operations 是为目录文件定制的 inode_operations 实现，其定义如代码清单 13-13 所示。

代码清单 13-13 minix_dir_inode_operations 的定义

```
const struct inode_operations minix_dir_inode_operations = {
```

```
    .create     = minix_create,
    .lookup     = minix_lookup,
    .link       = minix_link,
    .unlink     = minix_unlink,
    .symlink    = minix_symlink,
    .mkdir      = minix_mkdir,
    .rmdir      = minix_rmdir,
    .mknod      = minix_mknod,
    .rename     = minix_rename,
    .getattr    = minix_getattr,
    .tmpfile    = minix_tmpfile,
};
```

在 Minix 文件系统中，目录操作核心方法有以下几种。

1）minix_create：创建一个新的文件。

2）minix_lookup：在 VFS 解析路径时调用，通过路径名获取 minix_inode 等结构。

3）minix_link：增加一个已存在文件的引用计数，创建硬链接时会调用此函数。

4）minix_unlink ：与 minix_link 相对应，减少文件的引用函数，删除硬链接时调用此函数。

5）minix_symlink：创建一个软链接文件（符号链接）。

6）minix_mkdir：创建一个新的目录文件。

7）minix_rmdir：删除一个目录文件。

8）minix_rename：重命名文件。

9）minix_tmpfile：创建一个临时文件。

这些函数通过名称也能清晰地表明它们的功能。inode_operations 操作表对于目录文件类型尤为重要，包含了文件和目录的创建、删除、重命名等重要操作。

这里要重点提及 minix_lookup 函数，它是 inode_operations 中的 lookup 方法的具体实现。在 Linux 系统中，文件可以用路径（Path）唯一标识。当应用层打开文件时，传入的参数就是路径字符串。Open 操作最重要的就是对路径的解析过程，VFS 在解析路径时需要各个具体文件系统的 lookup 方法支持，以通过路径去找到具体的 inode 信息。

假设根目录“/”挂载的是 Ext4 文件系统，/mnt/minix 为“/”下的一个子目录，并且 /mnt/minix 挂载了 Minix 文件系统。现在要解析路径“/mnt/minix/file_in_root”，主要步骤如下：

1）从根目录“/”的文件系统开始，在“/”目录中通过 ext4_lookup 函数（Ext4 文件系统的 lookup 方法实现）寻找名字为 mnt 的目录文件的 inode 信息。

2）在 mnt 目录中继续使用 ext4_lookup 函数查找名为 minix 的目录文件的 inode 信息。

3）由于“/mnt/minix/”挂载了 Minix 文件系统，这时就需要使用 minix_lookup（Minix 文件系统的 lookup 方法实现）函数来查询名字为 file_in_root 的 inode 信息。

为了提升性能，路径解析的结果会被缓存，这主要依赖于 dentry 结构。dentry 结构用来表示内存目录树的一个节点，通过指针和链表组织成一个树形结构，多个 dentry 形成一条解析路径。当然，目录树并不会全部加载到内存，通常只有被解析过的部分会被缓存。

13.3.2 小节已经从加载 minix_inode 的角度已经分析过 minix_lookup 函数的实现。接下来从查找名字的角度来分析 minix_loop 的实现。minix_lookup 函数的实现如代码清单 13-14 所示。

代码清单 13-14 minix_lookup 函数的实现

```
static struct dentry *minix_lookup(struct inode * dir, struct dentry *dentry,
    unsigned int flags)
{
    // 通过名字找到 minix inode 编号
    ino = minix_inode_by_name(dentry);
    if (ino)
        inode = minix_iget(dir->i_sb, ino);
    return d_splice_alias(inode, dentry);
}
ino_t minix_inode_by_name(struct dentry *dentry)
{
    // 读取 minix_dir_entry 结构
    struct minix_dir_entry *de = minix_find_entry(dentry, &page);
    // 省略函数其他细节
}
```

minix_lookup 函数首先在目录文件中根据名称查找，找到对应的 minix_dir_entry 结构，从而得到 inode 编号。然后，调用 minix_iget 从磁盘加载 minix_inode 的内容。其中，通过名字查找 minix_dir_entry 的过程由 minix_find_entry 函数实现，其实现如代码清单 13-15 所示。

代码清单 13-15 minix_find_entry 函数的实现

```
minix_dirent *minix_find_entry(struct dentry *dentry, struct page **res_page)
{
    const char * name = dentry->d_name.name;
    int namelen = dentry->d_name.len;
    // 获取目录的 inode
    struct inode * dir = d_inode(dentry->d_parent);
    // 计算出目录文件所占页数
    unsigned long npages = dir_pages(dir);
    // 按照每 4KiB 为一个页读取目录的内容
    for (n = 0; n < npages; n++) {
        char *kaddr, *limit;
        // 读取 offset=n*4KiB, length=4KiB 的磁盘内容
        page = dir_get_page(dir, n);
        kaddr = (char*)page_address(page);
        limit = kaddr + minix_last_byte(dir, n) - sbi->s_dirsize;
        // 逐个遍历目录项 (minix_dir_entry)
        for (p = kaddr; p <= limit; p = minix_next_entry(p, sbi)) {
```

```
            if (sbi->s_version == MINIX_V3) {
            } else {
                minix_dirent *de = (minix_dirent *)p;
                namx = de->name;
                inumber = de->inode;
            }
            if (!inumber)
                continue;
            // 比较目录项的名称
            if (namecompare(namelen, sbi->s_namelen, name, namx))
                goto found;
        }
    }
    return NULL;
found:
    return (minix_dirent *)p;
}
```

在 minix_find_entry 函数中，先获取到目录文件的 inode，然后把目录的内容批量读取到内存（每次按照 4KiB 读取），然后在内存中遍历目录项，逐一比较 minix_dir_entry 结构的名字与目标名称是否匹配，一旦找到匹配项，就返回相应的 minix_dir_entry 结构，里面包含了这个文件的 inode 编号信息。

（3）软链接文件

在 Minix 文件系统中，软链接文件定制了两个方法：get_link 和 getattr。其中，get_link 用来获取链接目标，这是链接文件特有的方法。而 getattr 的定制化和普通文件的原因类似，所以它直接使用了 minix_getattr 的函数，都是为了处理 stat 调用中 blocks 的单位转化。minix_symlink_inode_operations 的定义如代码清单 13-16 所示。

代码清单 13-16　minix_symlink_inode_operations 的定义

```
static const struct inode_operations minix_symlink_inode_operations = {
    .get_link    = page_get_link,
    .getattr     = minix_getattr,
};
```

Minix 的软链接文件存储了目标文件的路径信息，因此几乎所有的文件操作都会落到目标文件上。这就意味着，软链接文件无须定制太多方法。需要注意的是，minix_getattr 返回的属性信息是软链接文件自身的属性，而不是它指向的目标文件的属性。

2. file_operations

file_operations 结构体主要定义了与 I/O 数据相关的操作，如读取和写入操作。Minix 文件系统定义了两种 file_operations 操作表，分别用于普通文件和目录文件。

（1）普通文件

为了实现最基本的读写功能，Minix 直接采用了 VFS 提供的通用函数来实现。minix_

file_operations 的定义如代码清单 13-17 所示。

代码清单 13-17 minix_file_operations 的定义

```
const struct file_operations minix_file_operations = {
    .llseek     = generic_file_llseek,
    .read_iter  = generic_file_read_iter,
    .write_iter = generic_file_write_iter,
    .mmap       = generic_file_mmap,
    .fsync      = generic_file_fsync,
    .splice_read    = generic_file_splice_read,
};
```

上述代码实现了 I/O 操作所需的基础方法。llseek 用于调整读写的偏移位置，read_iter 和 write_iter 分别对应数据的读写操作。它们与 read 和 write 系统调用相对应。mmap 用于 mmap 系统调用。fsync 用于数据持久化，与 fsync 系统调用相对应。splice_read 用于 Splice 系统调用。

Minix 文件系统的 read_iter 和 write_iter 等接口，采用的是 Linux 提供的公共的 generic_* 系列函数。然而，读写操作必然涉及磁盘空间的管理，而 Minix 在这方面有其特定的实现。这种定制化主要是通过 file 结构的 f_mapping 字段来实现，该字段是 address_space 结构的一个实例，address_space 结构的操作表为 address_space_operations。generic_* 系列函数在执行时，会调用 address_space_operations 定义的方法，使 Minix 能够对磁盘空间进行管理。在后续的内容中，我们将详细讨论 Minix 中的 address_space_operations 的具体实现。

（2）目录文件

与普通文件一样，目录文件也包含内容，并能够支持数据层面的 I/O 操作。因此，Minix 也为目录文件特别定制了 minix_dir_operations，以代表其数据面的操作方法。minix_dir_operations 的定义如代码清单 13-18 所示。

代码清单 13-18 minix_dir_operations 的定义

```
const struct file_operations minix_dir_operations = {
    .llseek     = generic_file_llseek,
    .read       = generic_read_dir,
    .iterate_shared = minix_readdir,
    .fsync      = generic_file_fsync,
};
```

在 minix_dir_operations 中，Minix 仅定制了几个方法，以满足基本目录的 I/O 需求。除了 iterate_shared 方法采用了 Minix 定制化实现，其余都使用了通用函数。实现了目录文件实现了 file_operations 的 read 方法之后，就可以读取目录内的文件列表了。

3. super_operations

super_operations 结构体定义了一系列针对 super_block 的操作方法。这些操作包括读取、写入、销毁 inode，以及获取文件系统的统计信息等。Minix 定制了 minix_sops，其定义如代码清单 13-19 所示。

代码清单 13-19　minix_sops 的定义

```
// 文件: fs/minix/inode.c
static const struct super_operations minix_sops = {
    .alloc_inode     = minix_alloc_inode,
    .free_inode      = minix_free_in_core_inode,
    .write_inode     = minix_write_inode,
    .evict_inode     = minix_evict_inode,
    .put_super   = minix_put_super,
    .statfs      = minix_statfs,
    .remount_fs = minix_remount,
};
```

在 Minix 文件系统中，当创建文件时会调用 minix_alloc_inode 函数。值得注意的是，此函数仅分配内存中的 inode，即 minix_inode_info 结构（内嵌 VFS inode）。而真正物理的 inode 分配是在 minix_new_inode 函数中完成的。minix_new_inode 函数负责分配一个磁盘上的 minix_inode 结构。minix_new_inode 函数的实现如代码清单 13-20 所示。

代码清单 13-20　minix_new_inode 函数的实现

```
struct inode *minix_new_inode(const struct inode *dir, umode_t mode, int *error)
{
    struct inode *inode = new_inode(sb);
    // 遍历 inode 位图，寻找可用的位置
    for (i = 0; i < sbi->s_imap_blocks; i++) {
        bh = sbi->s_imap[i];
        // 查找第一个未使用的位置
        j = minix_find_first_zero_bit(bh->b_data, bits_per_zone);
        if (j < bits_per_zone)
            break;
    }
    // 对 inode 结构初始化
    inode_init_owner(&init_user_ns, inode, dir, mode);
    inode->i_ino = j;
    inode->i_mtime = inode->i_atime = inode->i_ctime = current_time(inode);
    inode->i_blocks = 0;
    memset(&minix_i(inode)->u, 0, sizeof(minix_i(inode)->u));
    insert_inode_hash(inode);
    mark_inode_dirty(inode);
}
```

minix_new_inode 函数逻辑非常直观：它按顺序查看 inode 位图，寻找空闲的位置进行分配。inode 分配完成，位图相应的位置会被设置为 1，以标识该位置已占用。minix_new_inode 通常在 minix_mknod、minix_symlink、minix_mkdir 等函数的实现中被调用。

minix_write_inode 则负责更新磁盘的 inode，它会将 minix_inode_info 结构序列化成

Minix 磁盘上的结构，并将相关的内存页标记为脏页。最终，这些更改会在合适的时机同步到磁盘中。

4. dentry_operations

dentry_operations 定义了一系列针对 VFS 的 dentry 结构的操作方法。然而，由于 Minix 文件系统对此没有特殊的处理需求，因此它并未实现这个操作表。这意味着 Minix 文件系统的 dentry 结构的操作行为完全依赖 VFS 的通用实现。

5. address_space_operations

在 Linux 内核中，address_space 是一个关键的数据结构，它主要用于抽象和管理文件在内存的映射。address_space 定义了一组操作，即 address_space_operations。file_operations 中诸多方法的实现都依赖于 address_space_operations 定义的具体方法。

文件 I/O 操作的核心需求在于定位到底层设备的具体位置，从而从磁盘读取数据到内存或者将内存的数据写到磁盘。因此 I/O 操作最终会转化为对地址空间的操作。此外，文件系统对用户提供的是文件语义，用户看到的是抽象的地址空间，而非是磁盘设备的地址。address_space_operations 的一个核心的功能便是负责将文件的地址偏移转换为对磁盘设备的偏移。

以一个具体例子来说明，假设现在有两个文件 A 和 B，我们要在两者的偏移为 0 的位置都写入 1KiB 的数据。尽管 A 和 B 文件地址偏移都是 0，但这些数据肯定会被写到不同的磁盘位置。图 13-9 直观展示了文件映射到磁盘的示意。

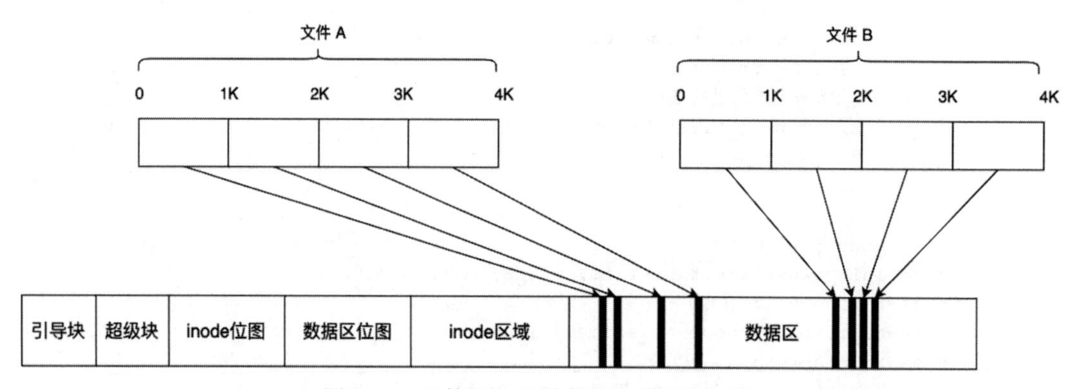

图 13-9 文件地址和磁盘地址的映射示意

Minix 的地址空间操作表 minix_aops 的定义如代码清单 13-21 所示。

代码清单 13-21 minix_aops 的定义

```
static const struct address_space_operations minix_aops = {
    .dirty_folio    = block_dirty_folio,
    .invalidate_folio = block_invalidate_folio,
    .write_begin = minix_write_begin,
    .write_end = generic_write_end,
```

```
    .readpage = minix_readpage,
    .writepage = minix_writepage,
    .bmap = minix_bmap,
    .direct_IO = noop_direct_IO
};
```

接下来将详细解释几个关键方法的含义。

1）write_begin：写入操作的预处理步骤。如分配磁盘的物理空间、内存页，并把内存页和物理位置建立映射。

2）write_end：写入操作的后置操作。如解锁内存页，标记inode为脏，修改文件大小等操作。

3）readpage：执行读操作，将指定磁盘位置的数据读取到内存页。

4）writepage：执行写操作，将内存数据写到磁盘上。

5）direct_IO：当使用Direct I/O的方式进行I/O时，会调用此方法。但Minix使用了noop_direct_IO，说明它不支持Direct I/O的方式。

接下来将通过写入时的空间分配和读取时的地址映射这两个场景，来进一步理解address_space_operations的作用和重要性。

（1）写入时空间分配

minix_write_begin函数是分配物理空间并将其与文件的抽象地址空间关联的关键环节。接下来详细分析写入的流程及其空间分配的具体过程。

在Minix文件系统中，file_operations结构体的write_iter方法并没有特别的实现，而是直接复用了通用的generic_file_write_iter函数。generic_file_write_iter函数的实现如代码清单13-22所示。

代码清单13-22　generic_file_write_iter函数的实现

```
ssize_t generic_file_write_iter(struct kiocb *iocb, struct iov_iter *from)
{
    ret = __generic_file_write_iter(iocb, from);
}
ssize_t __generic_file_write_iter(struct kiocb *iocb, struct iov_iter *from)
{
    if (iocb->ki_flags & IOCB_DIRECT) {
        // Direct I/O 的场景
        written = generic_file_direct_write(iocb, from);
    } else {
        // 标准 I/O 的场景
        written = generic_perform_write(iocb, from);
    }
}
ssize_t generic_perform_write(struct kiocb *iocb, struct iov_iter *i)
{
    struct address_space *mapping = file->f_mapping;
    const struct address_space_operations *a_ops = mapping->a_ops;
```

```
    do {
        // 省略部分代码
again:
        // 调用地址空间操作表的write_begin函数
        // write_begin会把内存页映射到磁盘的物理位置
        status = a_ops->write_begin(file, mapping, pos, bytes, flags, &page, &fsdata);
        // 将数据从用户空间复制到内存页中
        copied = copy_page_from_iter_atomic(page, offset, bytes, i);
        flush_dcache_page(page);
        // 调用地址空间操作表的write_end函数
        status = a_ops->write_end(file, mapping, pos, bytes, copied,
                        page, fsdata);
        if (unlikely(status != copied)) {
            iov_iter_revert(i, copied - max(status, 0L));
            if (unlikely(status < 0))
                break;
        }
    } while (iov_iter_count(i));
    return written ? written : status;
}
```

在generic_perform_write的实现中，如果是标准I/O的模式，那么先调用write_begin方法以确保Minix文件系统的物理空间的分配，并分配出相应的内存页，然后把数据从用户空间复制到内存页中，最后调用write_end操作释放资源。这样，数据就被写入完成。Minix文件系统的write_begin对应的实现是minix_write_begin函数，如代码清单13-23所示。

代码清单13-23 minix_write_begin函数的实现

```
static int minix_write_begin(struct file *file, struct address_space *mapping,
        loff_t pos, unsigned len, unsigned flags,
        struct page **pagep, void **fsdata)
{
    ret = block_write_begin(mapping, pos, len, flags, pagep, minix_get_block);
}
```

在minix_write_begin中，最关键的是设定get_block_t回调函数为minix_get_block。接着，它会调用通用函数block_write_begin来执行内存页的分配和初始化（映射到物理位置）。block_write_begin函数的实现如代码清单13-24所示。

代码清单13-24 block_write_begin函数的实现

```
// 文件: fs/buffer.c
int block_write_begin(struct address_space *mapping, loff_t pos, unsigned len,
    unsigned flags, struct page **pagep, get_block_t *get_block)
{
    // 获取一个新的缓存页
    page = grab_cache_page_write_begin(mapping, index, flags);
    status = __block_write_begin(page, pos, len, get_block);
```

```
}
int __block_write_begin(struct page *page, loff_t pos, unsigned len, get_block_t
    *get_block)
{
    return __block_write_begin_int(page_folio(page), pos, len, get_block, NULL);
}
int __block_write_begin_int(struct folio *folio, loff_t pos, unsigned len,
        get_block_t *get_block, const struct iomap *iomap)
{
    // 按照文件所在文件系统的 I/O 单元创建 buffer
    head = create_page_buffers(&folio->page, inode, 0);
    // 文件系统 I/O 的单元(Minix 是 1KiB)
    blocksize = head->b_size;
    bbits = block_size_bits(blocksize);
    // 计算文件的逻辑偏移
    block = (sector_t)folio->index << (PAGE_SHIFT - bbits);
    for(bh = head, block_start = 0; bh != head || !block_start;
        block++, block_start=block_end, bh = bh->b_this_page) {
        if (buffer_new(bh))
            clear_buffer_new(bh);
        if (!buffer_mapped(bh)) {
            if (get_block) {
                // 把文件的逻辑偏移转化成物理偏移，并和 buffer_head 关联
                err = get_block(inode, block, bh, 1);
            } else {
                iomap_to_bh(inode, block, bh, iomap);
            }
        }
    }
}
```

在 block_write_begin 函数中，它会获取一个新的内存页，然后按照文件系统的 I/O 单元大小，将一个内存页分割成多个 buffer_head 结构。对于 Minix 而言，其 I/O 单元就是 1KiB，因此一个内存页会拆分成 4 个 buffer_head 结构。随后，会逐一调用 get_block 回调函数为这些 buffer_head 分配并关联物理位置。

提示 buffer_head 结构和底层 I/O 的单元对应。Minix 的存储单元、I/O 单元默认是 1KiB。内存页默认为 4KiB，所以 1 个内存页可以拆分成 4 个 buffer_head 结构。

上面提到的 minix_write_begin 中指定的 get_block_t 回调函数 minix_get_block，在分配物理空间时至关重要，而且它在查找文件到物理地址的映射时也同样需要。

（2）文件到物理地址的映射

在文件系统中，get_block_t 回调函数几乎是所有磁盘文件系统都必须实现的关键函数，负责处理文件到物理空间的映射转换。在 Minix 文件系统中，minix_readpage、minix_bmap、minix_write_begin 等函数都调用该函数来完成地址映射。该回调函数的原型定义如

代码清单 13-25 所示。

代码清单 13-25 get_block_t 函数的原型定义

```
// 文件：include/linux/fs.h
typedef int (get_block_t)(struct inode *inode, sector_t iblock,
            struct buffer_head *bh_result, int create);
```

参数的含义如下。

1）inode：代表文件的 inode 结构体。

2）iblock：表示文件内的偏移位置，也就是文件的逻辑地址。这里的文件地址按照文件的 I/O 单元（1KiB）对齐。对 Minix 文件系统来说，iblock 是 1KiB 的个数。

3）bh_result：这是分配的 buffer_head 结构，代表一段内存空间，其大小也是按照文件系统的 I/O 单元进行对齐。get_block_t 回调函数的主要任务是将这个内存空间和磁盘的物理位置关联起来。

4）create：指示如果文件的逻辑地址尚未分配与之关联的物理空间，是否需要分配新的物理空间。

在 Minix 文件系统中，get_block_t 的具体实现是 minix_get_block 函数。它的核心逻辑就是处理文件逻辑地址到磁盘物理地址的映射。minix_get_block 函数的实现如代码清单 13-26 所示。

代码清单 13-26 minix_get_block 函数的实现

```
// 文件：fs/minix/inode.c
static int minix_get_block(struct inode *inode, sector_t block,
            struct buffer_head *bh_result, int create)
{
    if (INODE_VERSION(inode) == MINIX_V1)
        return V1_minix_get_block(inode, block, bh_result, create);
}
// fs/minix/itree_v1.c
int V1_minix_get_block(struct inode * inode, long block,
            struct buffer_head *bh_result, int create)
{
    return get_block(inode, block, bh_result, create);
}
```

根据 Minix 系统的版本，minix_get_block 函数会选用对应的处理函数。Minix v1 版本使用的是 V1_minix_get_block 函数，函数会调用 Minix 特有的静态局部函数 get_block。该函数定义在 minix/itree_common.c 中，其具体实现如代码清单 13-27 所示。

代码清单 13-27 Minix 的 get_block 函数的实现

```
// 文件：fd/minix/itree_common.c
// 根据 inode 和 block 信息，构建或查询文件偏移与物理数据块的关系
static int get_block(struct inode * inode, sector_t block,
```

```
        struct buffer_head *bh, int create)
{
    // 首先，计算出到达指定块所需的索引层级
    int depth = block_to_path(inode, block, offsets);
    // 根据需要读取或创建索引链
reread:
    partial = get_branch(inode, depth, offsets, chain, &err);
    if (!partial) {
got_it:
        // 将物理位置和buffer_head关联映射起来
        map_bh(bh, inode->i_sb, block_to_cpu(chain[depth-1].key));
        partial = chain+depth-1; /* the whole chain */
        goto cleanup;
    }
    if (!create || err == -EIO) {
cleanup:
        while (partial > chain) {
            brelse(partial->bh);
            partial--;
        }
out:
        return err;
    }
    // 如果是写操作，可能需要分配新的数据块或索引块
    left = (chain + depth) - partial;
    err = alloc_branch(inode, left, offsets+(partial-chain), partial);
    if (err)
        goto cleanup;
    if (splice_branch(inode, chain, partial, left) < 0)
        goto changed;
    set_buffer_new(bh);
    goto got_it;
changed:
    while (partial > chain) {
        brelse(partial->bh);
        partial--;
    }
    goto reread;
}
```

在 Minix 中，静态局部函数 get_block 是处理文件偏移到磁盘映射的核心函数。它涉及以下几个关键函数。

1）block_to_path：该函数根据文件偏移量来计算需要几级索引。

2）get_branch：该函数负责读取这条索引链路的物理位置信息。

3）alloc_branch：该函数用于为这条索引链路分配物理位置。

接下来将对这 3 个关键函数进行逐一分析。block_to_path 函数的实现如代码清单 13-28 所示。

代码清单 13-28 block_to_path 函数的实现

```
// 文件: fs/minix/itree_v1.c
static int block_to_path(struct inode * inode, long block, int offsets[DEPTH])
{
    int n = 0;
    // 检查文件偏移是否超过文件系统允许的最大长度
    if ((u64)block * BLOCK_SIZE >= inode->i_sb->s_maxbytes)
        return 0;
    if (block < 7) {
        // 第 0-6 个为直接索引块
        offsets[n++] = block;
    } else if ((block -= 7) < 512) {
        // 第 [7] 个为一级间接索引
        offsets[n++] = 7;
        offsets[n++] = block;
    } else {
        // 第 [8] 个为二级间接索引
        block -= 512;
        offsets[n++] = 8;
        offsets[n++] = block>>9;
        offsets[n++] = block & 511;
    }
    // n 为 1 表示直接索引，为 2 表示到了一级索引，为 3 表示到了二级索引
    return n;
}
```

block_to_path 函数的第二个参数 block 是指偏移的长度，这个长度是以 Minix 的 I/O 单元的数量来衡量的。

举个例子，假设现在进行一个写操作，目标位置是文件的 2MiB 偏移处。2MiB 对应于第 2048 个块的位置，因此参数 block 的值等于 2048。这个位置只能通过二级索引来访问。最终，block_to_path 会把计算结果存储在 offsets 数组中（内容为 offsets[3] = {8, 2, 505}），并返回 3，表示索引链的深度是 3，意味着使用了二级索引。这表明，这次 I/O 操作至少涉及两个索引块和一个数据块。

接下来，get_branch 函数将接受上述 block_to_path 的结果作为输入，并尝试读取对应位置的物理块号。如果发现对应的位置尚未分配物理块，则函数将返回非 NULL 指针。如果整条链路的物理位置全部都被分配了（包括索引块和数据块），那么 get_branch 函数将返回 NULL 值。get_branch 函数的实现如代码清单 13-29 所示。

代码清单 13-29 get_branch 函数的实现

```
static inline Indirect *get_branch(struct inode *inode, int depth, int *offsets,
    Indirect chain[DEPTH], int *err)
{
    struct super_block *sb = inode->i_sb;
    Indirect *p = chain;
    struct buffer_head *bh;
```

```
    // 使用 offsets 数组的第一个元素，初始化索引链结构 (Indirect)
    add_chain (chain, NULL, i_data(inode) + *offsets);
    if (!p->key)
        // 直接索引：如果第一个块未分配物理块
        goto no_block;
    // 循环处理索引链
    // 如果 depth 为 1，则不执行此循环
    while (--depth) {
        // 从磁盘读取索引块内容
        bh = sb_bread(sb, block_to_cpu(p->key));
        if (!verify_chain(chain, p))
            goto changed;
        // 移动到下一级索引
        add_chain(++p, bh, (block_t *)bh->b_data + *++offsets);
        if (!p->key)
            // 如果未分配对应的物理块
            goto no_block;
    }
    return NULL;
changed:
    *err = -EAGAIN;
    goto no_block;
failure:
    *err = -EIO;
no_block:
    return p;
}
```

如果这是首次写入 2MiB 的位置，则两个索引块和一个数据块肯定都未被分配。在这种情况下，get_branch 函数将返回一个非 NULL 指针。此后，在 Minix 的 get_block 函数中，程序逻辑就会进入 alloc_branch 函数，开始分配这三个物理位置。

alloc_branch 函数的实现如代码清单 13-30 所示。

代码清单 13-30　alloc_branch 函数的实现

```
static int alloc_branch(struct inode *inode, int num, int *offsets, Indirect
    *branch)
{
    int parent = minix_new_block(inode);
    branch[0].key = cpu_to_block(parent);
    if (parent) for (n = 1; n < num; n++) {
        struct buffer_head *bh;
        // 分配物理位置（一个物理块）
        int nr = minix_new_block(inode);
        // 记录分配的物理位置（块编号）
        branch[n].key = cpu_to_block(nr);
        // 修改它上一级索引块的内容
        bh = sb_getblk(inode->i_sb, parent);
        memset(bh->b_data, 0, bh->b_size);
        branch[n].bh = bh;
```

```
            branch[n].p = (block_t*) bh->b_data + offsets[n];
            *branch[n].p = branch[n].key;
            parent = nr;
        }
        if (n == num)
            // 全部分配成功
            return 0;
    }
```

在 Minix 的 get_block 函数中，会计算出还有哪些位置没有分配物理空间的，并将这些位置传递给 alloc_branch 函数，以便逐一进行分配。

在 alloc_branch 内部，它会调用 minix_new_block 来分配物理块。minix_new_block 的处理逻辑非常直观：它会依次遍历数据区的位图，寻找并分配可用的空闲块。分配完成后，位图相应的位置将被设置为 1，标识该位置已被占用。图 13-10 展示了文件 2MiB 位置的索引信息结构的示意。

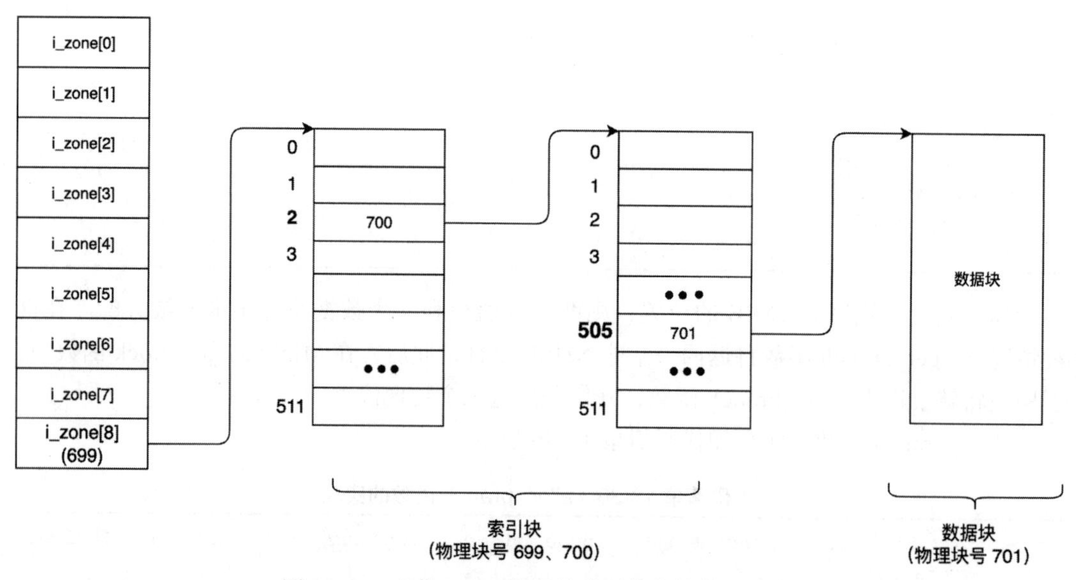

图 13-10 文件 2MiB 位置的索引信息结构的示意

至此，经过 alloc_branch 函数的操作，两个索引块和一个数据块已经完成分配。在 Minix 的 get_block 函数中，通过调用 map_bh 把 buffer_head 和物理数据块进行绑定。至此，Minix 的 get_block 函数就完成了物理空间的分配和 buffer_head 的映射工作。接下来，数据就可以写入 buffer_head，然后下刷到磁盘相应的位置了。

当第一次写 2MiB 的位置时，会触发 alloc_branch 函数对物理块的分配。但在第二次写入 2MiB 位置时，就无须再次执行 alloc_branch 进行位置分配了。此时，只需通过 get_branch 函数进行两次循环，就能找到数据块的位置（编号 701）。图 13-11 展示了数据块索引信息的结构示意。

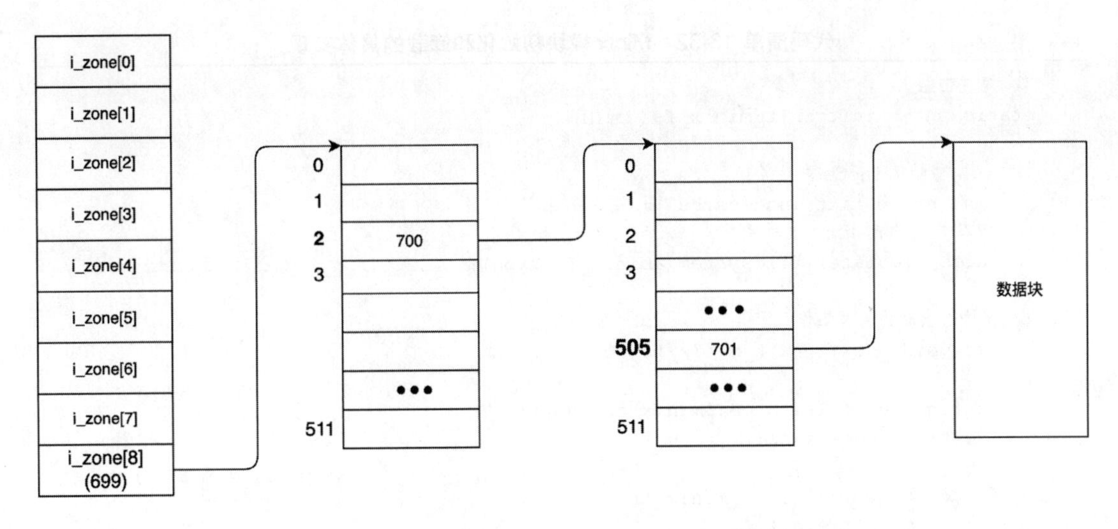

图 13-11　数据块索引信息的结构示意

总体而言，minix_get_block 函数是非常关键的，在文件读写流程中扮演着重要角色，其主要功能是将文件的逻辑地址找到对应的磁盘物理位置。掌握这种函数对于理解 Minix 文件系统的空间管理是至关重要的。

13.3.4　文件系统类型的定义

此时，我们已经介绍了 Minix 文件系统的内部实现，接下来需要定义一个 file_system_type 类型的变量——minix_fs_type。该变量描述了整个文件系统，它在文件系统挂载时发挥着重要作用。minix_fs_type 的定义如代码清单 13-31 所示。

代码清单 13-31　minix_fs_type 的定义

```
static struct file_system_type minix_fs_type = {
    .owner       = THIS_MODULE,
    .name        = "minix",
    .mount       = minix_mount,
    .kill_sb     = kill_block_super,
    .fs_flags    = FS_REQUIRES_DEV,
};
```

通过 minix_fs_type，指定了文件系统的名字为 minix，其挂载函数为 minix_mount，在文件系统卸载时调用 kill_block_super。

当内核加载 Minix 模块时，这个文件系统类型就会被注册到内核的全局文件系统类型列表中。下面来看 Minix 内核模块的初始化和卸载的过程，其具体实现如代码清单 13-32 所示。

代码清单 13-32 Minix 模块初始化和卸载的具体实现

```
// 模块初始化
static int __init init_minix_fs(void)
{
    // 初始化 inode 内存缓存
    int err = init_inodecache();
    // 注册“minix”文件系统
    err = register_filesystem(&minix_fs_type);
}
// 模块退出时的清理工作
static void __exit exit_minix_fs(void)
{
    unregister_filesystem(&minix_fs_type);
    destroy_inodecache();
}
// 模块加载时，自动调用 init_minix_fs
module_init(init_minix_fs)
// 模块卸载时，自动调用 exit_minix_fs
module_exit(exit_minix_fs)
MODULE_LICENSE("GPL");
```

一旦 Minix 内核模块成功加载，内核就会有一个名叫 minix 的文件系统类型。相应的 file_system_type 结构会被添加到内核的全局文件系统类型的列表中。然后，当用户请求挂载类型为 minix 文件系统时，内核就能在这个列表中找到相应的 file_system_type 结构体，并利用 mount 方法（对应 minix_mount）来执行文件系统的挂载过程。成功挂载的 Minix 文件系统会链接到 file_system_type 的列表字段上。

13.3.5 文件系统加载和卸载

在 minix_fs_type 结构体中，定义了挂载的操作由 minix_mount 函数实现，卸载操作用的是通用函数 kill_block_suepr。minix_mount 函数的实现如代码清单 13-33 所示。

代码清单 13-33 minix_mount 函数的实现

```
static struct dentry *minix_mount(struct file_system_type *fs_type,
    int flags, const char *dev_name, void *data)
{
    return mount_bdev(fs_type, flags, dev_name, data, minix_fill_super);
}
```

在 minix_mount 函数中，使用了通用函数 mount_bdev，负责文件系统实际的挂载操作。然而，在具体的挂载过程中，必须从磁盘上读取超级块，然后将其解析为内存中的 super_block 结构。这一操作必须由 Minix 文件系统自己实现。Minix 文件系统通过 minix_fill_super 函数来完成这一任务。我们在前文已经分析过 minix_fill_super 函数，它的职责是从 Minix 管理的磁盘上读取 minix_super_block 结构（Minix 的超级块的磁盘形态）的数据，并利用这些数据初始化 minix_sb_info（Minix 的超级块的内存形态）和 super_block（VFS 的超级块的形态）等结构。

13.4　文件的读写

本节将从用户空间到内核 Minix 文件系统，梳理完整的 I/O 的路径，并分析 Minix 打开文件、读和写的过程。

13.4.1　Minix 打开文件

首先，用户通过 Open 系统调用传递一个文件路径，以尝试打开文件。若操作成功，将返回一个非负的文件描述符。代码示例如下：

```
fd, err := syscall.Open("/mnt/minix/file_in_root", syscall.O_RDWR, 0700)
```

Open 系统调用的主要作用是完成路径解析，并在内核中构建 file、inode、dentry 等结构。其中最关键的步骤是调用 minix_lookup 函数来查询 file_in_root 文件，并从磁盘读取该文件的 minix_inode 结构至内存，进而构建出便于后续的 I/O 操作使用的内存数据结构。

13.4.2　Minix 写流程

用户要写入数据时，需要一个文件描述符即可定位到相应的文件结构。同时，需要传入写入的内容和偏移位置。代码示例如下：

```
_, err = syscall.Pwrite(fd, []byte("hello world"), 2*1024*1024)
```

此操作首先执行 pwrite64 系统调用，然后调用 VFS 的 write 函数。接着，VFS 会调用 Minix 的 file_operations 结构中的 write_iter 方法。Pwrite 系统调用的实现如代码清单 13-34 所示。

代码清单 13-34　Pwrite 系统调用的实现

```
SYSCALL_DEFINE4(pwrite64, unsigned int, fd, const char __user *, buf, size_t,
    count, loff_t, pos)
{
    return ksys_pwrite64(fd, buf, count, pos);
}
ssize_t ksys_pwrite64(unsigned int fd, const char __user *buf, size_t count,
    loff_t pos)
{
    struct fd f;
    ssize_t ret = -EBADF;
    if (pos < 0)
        return -EINVAL;
    // 通过文件描述符获取 file 结构
```

```
    f = fdget(fd);
    if (f.file) {
        ret = -ESPIPE;
        if (f.file->f_mode & FMODE_PWRITE)
            // 调用 VFS 的 write 函数进行写入
            ret = vfs_write(f.file, buf, count, &pos);
        fdput(f);
    }
    return ret;
}
ssize_t vfs_write(struct file *file, const char __user *buf, size_t count, loff_
    t *pos)
{
    if (file->f_op->write)
        ret = file->f_op->write(file, buf, count, pos);
    else if (file->f_op->write_iter)
        ret = new_sync_write(file, buf, count, pos);
    else
        ret = -EINVAL;
}
static ssize_t new_sync_write(struct file *filp, const char __user *buf, size_t
    len, loff_t *ppos)
{
    ret = call_write_iter(filp, &kiocb, &iter);
}
static inline ssize_t call_write_iter(struct file *file, struct kiocb *kio,
                     struct iov_iter *iter)
{
    // 执行文件系统的写操作
    return file->f_op->write_iter(kio, iter);
}
```

在 Minix 文件系统中，write_iter 方法使用了通用的 generic_file_write_iter 函数，在该函数内部实现中，它最终会调用到 Minix 定义的 address_space_operations 操作表方法，通过 minix_write_begin（参见 13.3.3 节）函数完成文件地址到物理地址的映射。

在 minix_write_begin 函数中，会利用 minix_get_block 函数来分配物理空间，并关联 buffer_head 结构。接着，generic_perform_write 函数会将数据写入 buffer_head（即写入到页缓存中）。至此，Pwrite 调用就完成了。

写流程的调用栈如图 13-12 所示。

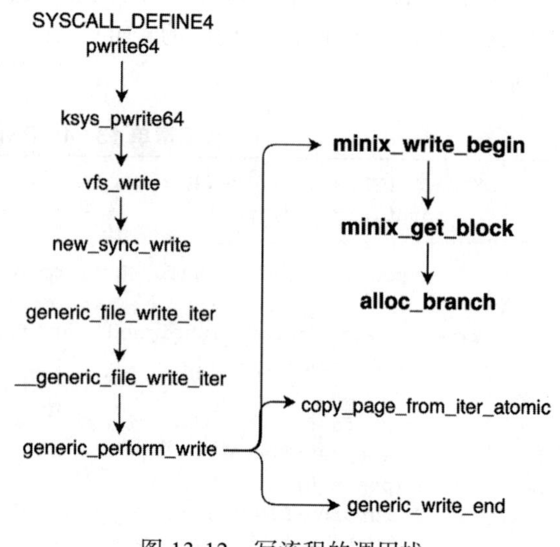

图 13-12 写流程的调用栈

后续 Linux 内核将会根据缓存策略，异步地把 PageCache 中的数据回写到磁盘。这个过程会调用 address_space_operations 结构体中的 writepage 方法，该方法对应 Minix 文件系统的实现为 minix_writepage 函数。

13.4.3　Minix 读流程

用户仅需一个文件描述符，就可以定位到相应的文件结构，并通过指定的内存缓冲区和偏移位置来读取数据。示例代码如下：

```
// 创建一个大小为 1024 的内存缓冲区
buffer := make([]byte, 1024)
// 执行 Pread 系统调用
n, err := syscall.Pread(fd, buffer, 2*1024*1024)
```

我们通过标准库中的 syscall 包提供的 Pread 函数发起系统调用。相关的 Pread 系统调用的实现如代码清单 13-35 所示。

代码清单 13-35　Pread 系统调用的实现

```
SYSCALL_DEFINE4(pread64, unsigned int, fd, char __user *, buf, size_t, count,
    loff_t, pos)
{
    return ksys_pread64(fd, buf, count, pos);
}
ssize_t ksys_pread64(unsigned int fd, char __user *buf, size_t count, loff_t
    pos)
{
    // 通过文件描述符获取 file 结构
    f = fdget(fd);
    if (f.file) {
        ret = -ESPIPE;
        if (f.file->f_mode & FMODE_PREAD)
            // 调用 VFS 的 read 函数进行读取
            ret = vfs_read(f.file, buf, count, &pos);
        fdput(f);
    }
    return ret;
}
ssize_t vfs_read(struct file *file, char __user *buf, size_t count, loff_t *pos)
{
    if (file->f_op->read)
        ret = file->f_op->read(file, buf, count, pos);
    else if (file->f_op->read_iter)
        ret = new_sync_read(file, buf, count, pos);
    else
        ret = -EINVAL;
}
```

```
static ssize_t new_sync_read(struct file *filp, char __user *buf, size_t len,
    loff_t *ppos)
{
    ret = call_read_iter(filp, &kiocb, &iter);
}
static inline ssize_t call_read_iter(struct file *file, struct kiocb *kio, struct
    iov_iter *iter)
{
    // 执行文件系统的读操作
    return file->f_op->read_iter(kio, iter);
}
```

从上述代码可以看出，Pread 系统调用首先会调用 VFS 的 read 函数。然后，VFS 将调用 Minix 的 file_operations 结构中的 read_iter 方法来执行实际的读取操作。在 Minix 文件系统中，read_iter 方法使用了通用的 generic_file_read_iter 函数。generic_file_read_iter 函数的实现如代码清单 13-36 所示。

代码清单 13-36 generic_file_read_iter 函数的实现

```
ssize_t
generic_file_read_iter(struct kiocb *iocb, struct iov_iter *iter)
{
    if (iocb->ki_flags & IOCB_DIRECT) {
        // 执行 Direct I/O
    }
    // 标准 I/O 读流程
    return filemap_read(iocb, iter, retval);
}
```

generic_file_read_iter 函数内部通过调用 filemap_read 函数进行数据读取。filemap_read 函数的主要任务是将数据读取到内存页中。之后，这些数据会被复制到用户指定的内存区域，实现从内核空间到用户空间的数据传输。filemap_read 函数的实现如代码清单 13-37 所示。

代码清单 13-37 filemap_read 函数的实现

```
ssize_t filemap_read(struct kiocb *iocb, struct iov_iter *iter,
        ssize_t already_read)
{
    do {
        // 把数据从磁盘读取到内存页上
        error = filemap_get_pages(iocb, iter, &fbatch);
        if (error < 0)
            break;
        for (i = 0; i < folio_batch_count(&fbatch); i++) {
            // 复制数据到指定的内存上
            copied = copy_folio_to_iter(folio, offset, bytes, iter);
            // 此处省略部分代码
        }
```

```
    } while (iov_iter_count(iter) && iocb->ki_pos < isize && !error);
}
```

在整个读取请求的最后阶段，通过调用 address_space_operations 结构中的 readpage 方法，将数据读取到内存页上。在 Minix 文件系统中，readpage 对应 minix_readpage 函数的实现。minix_readpage 函数的实现如代码清单 13-38 所示。

代码清单 13-38　minix_readpage 函数的实现

```
static int minix_readpage(struct file *file, struct page *page)
{
    return block_read_full_page(page, minix_get_block);
}
```

在 minix_readpage 函数中，读取数据到内存页时，它会调用 block_read_full_page 函数——一个封装后用于读取块设备数据的通用函数。该函数需要传入 get_block_t 的回调函数，get_block_t 回调函数负责处理文件偏移量与物理设备地址的映射关系的转换。在 Minix 文件系统中，get_block_t 的实现是 minix_get_block（参考 13.3.3 节）。

block_read_full_page 函数的实现如代码清单 13-39 所示。

代码清单 13-39　block_read_full_page 函数的实现

```
int block_read_full_page(struct page *page, get_block_t *get_block)
{
    // 省略部分代码
    do {
        if (!buffer_mapped(bh)) {
            if (iblock < lblock) {
                // 将物理设备位置映射到 buffer_head
                err = get_block(inode, iblock, bh, 0);
            }
        }
        arr[nr++] = bh;
    } while (i++, iblock++, (bh = bh->b_this_page) != head);
    for (i = 0; i < nr; i++) {
        // 提交 I/O 请求，将数据从磁盘读到内存上
        submit_bh(REQ_OP_READ, 0, bh);
    }
    // 省略部分代码
    return 0;
}
```

在 block_read_full_page 函数中，minix_get_block 函数负责把物理位置映射到对应的 buffer_head 结构上。完成地址映射后，通过 submit_bh 函数下发 I/O 请求，将物理磁盘相应位置的数据读取到 buffer_head 所在的内存中。由于 buffer_head 和内存页（Page）是一体的，因此这个过程也就相当于把数据读取到内存页中。

读流程的调用栈如图 13-13 所示。

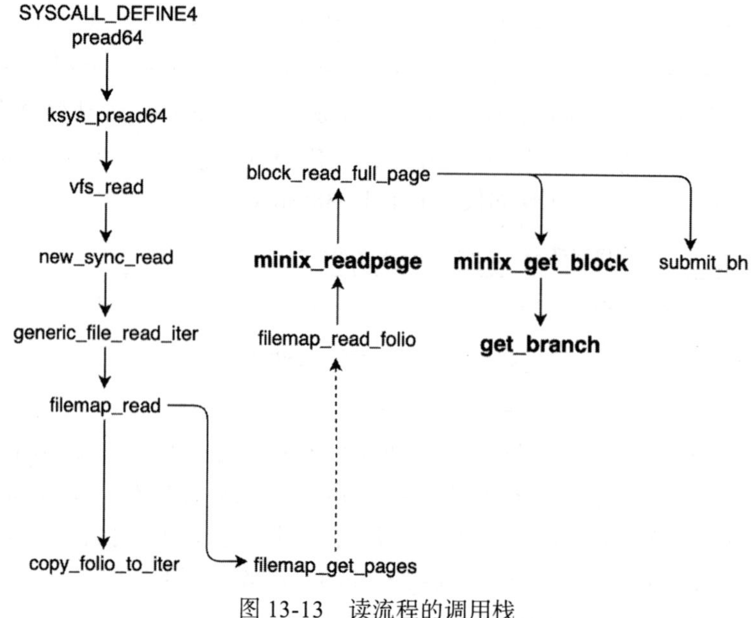

图 13-13 读流程的调用栈

submit_bh 是 Linux 内核中用于提交 I/O 操作到块层的函数，该函数是文件系统层和块层之间的一个交互接口。无论是读取还是写入请求，都会用到这个函数。

13.5 本章小结

本章全面深入地讨论了 Minix 文件系统的诸多方面，涵盖了设计理念、具体实现以及在实际中的使用方法。

我们先详细介绍了 Minix 的背景和历史，接着详细分析了 Minix 的数据结构、文件系统的架构，并讨论了如何在 Linux 环境中使用 Minix 文件系统。

我们详细讨论了 Minix 如何管理磁盘空间，包括磁盘的划分方式、数据块的管理机制，以及通过 inode 来进行文件管理的具体流程。此外，我们还详细讨论了 Minix 在读写过程中的操作细节，包括文件的打开方式、数据读取与写入方法。

通过对 Minix 源代码的深入分析，我们对其数据结构的定义、各种操作函数的实现有了清晰地认识，并且了解了如何利用操作系统提供的接口来挂载和卸载文件系统。

总的来说，通过本章内容的学习，我们不仅对 Minix 文件系统有了全面理解，而且它还极大地促进了我们对文件系统工作机制的理解，并且为我们在实际应用中使用文件系统提供了宝贵的知识。

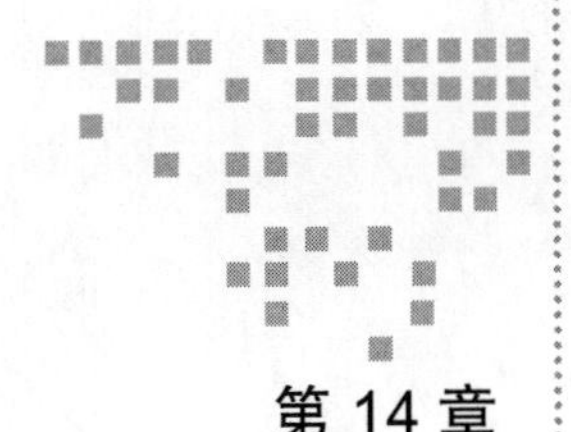

第 14 章 Chapter 14

存储引擎 LevelDB

LSM Tree（Log-Structured Merge Tree，日志结构合并树）是一种用于高效存储和检索 Key/Value 数据的结构。其核心理念在于：机械磁盘顺序写远快于随机写，顺序性是提升写性能的关键措施，也是为数不多的措施。而提升读性能则可以通过多种方式实现，如缓存、高效索引、预读等。

因此，LSM Tree 的设计策略是将所有的数据顺序写入磁盘的日志文件，然后在后台整理成有序的数据文件。这种策略很好地发挥了磁盘顺序写的性能优势，实现了对写操作的极致优化。LSM Tree 的设计已被广泛应用于众多数据存储系统中，如 LevelDB、RocksDB 和 Cassandra 等。

LevelDB 是基于 LSM Tree 的一种应用实现，是一款面向单机环境的 Key/Value 存储引擎。

本章将介绍 LevelDB 的数据结构、写流程、读流程以及合并策略等，同时介绍一些优化策略和实现细节，如并发写入、预分配空间、数据压缩等。

我们将以 Go 语言实现的 LevelDB 项目——goleveldb 为例，该项目已在 GitHub 上发布。在数据结构和整体设计上，它与 Google 开源的 C++ 版本的 LevelDB 项目是一致的，通过这个 Go 语言实现的开源存储项目，我们可以更深入地理解 LSM Tree 的实现机制。

14.1 整体架构

LevelDB 的数据可以根据存储介质分为内存中的数据（Memory Table，又称内存表）和磁盘上的数据。磁盘上的数据有两种形态：WAL（Write Ahead Log，写前日志）和 SSTable（Sorted String Table）。LSM 的数据分类如图 14-1 所示。

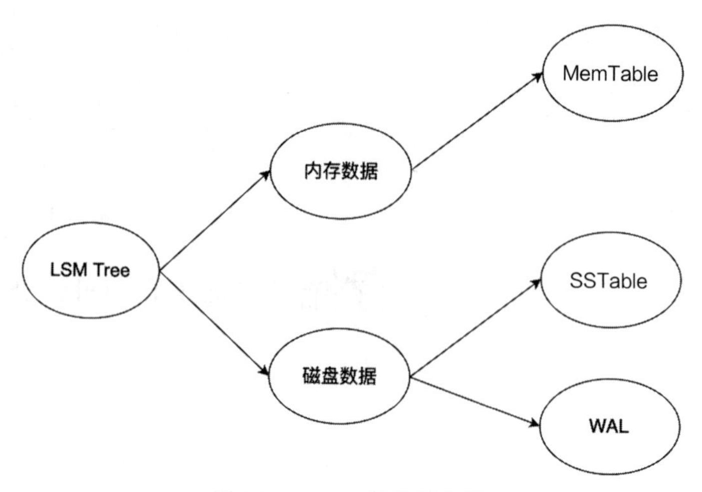

图 14-1 LSM 的数据分类

MemTable 的数据和 WAL 是有对应关系的，它们通常是相互冗余或者索引（内存索引到 WAL）的关系。LevelDB 的整体架构如图 14-2 所示。

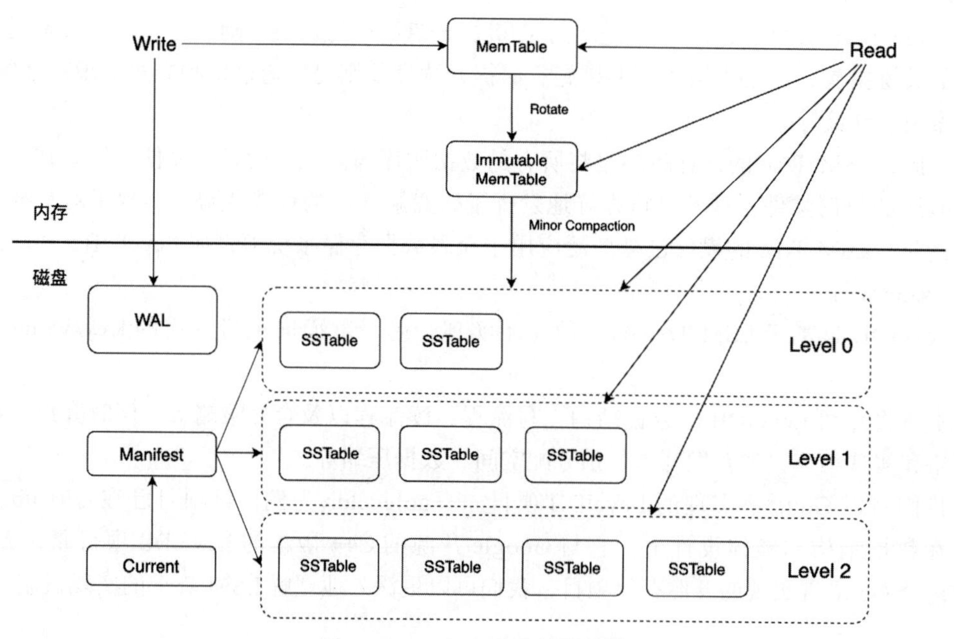

图 14-2 LevelDB 的整体架构

以下是 LevelDB 的几个核心组件及其含义。

1）MemTable：内存表数据。

2）Immutable MemTable：不可变的 MemTable 数据，结构和 MemTable 相同，但内容不能修改。

3）WAL：写前日志文件。

4）SSTable：根据 Key 排序的磁盘文件。

5）Manifest：全局描述文件，记录了 LevelDB 的层级信息，如哪些是 Level 0 的 SSTable 文件，哪些是 Level 1 的 SSTable 文件。

6）Current：Manifest 文件可以有多个版本，Current 文件指向当前可用的最新 Manifest 文件。

LevelDB 在设计上避免了覆盖修改操作。WAL 文件只有顺序的追加写，而 SSTable 文件都是只读的，不会被覆盖写，只能通过合并生成新文件后删掉旧文件。

在 LSM Tree 的设计中，所有数据先以 WAL 的方式写入磁盘，然后更新 MemTable 的数据，完成之后就可以向用户返回写入成功的消息。后面根据预定策略进行操作，例如，当 MemTable 的数据量超过特定阈值时，就需要把 MemTable 的数据转换成 SSTable 文件存储在磁盘。转换完成后，相应的 MemTable 和 WAL 部分都可以释放，减少数据冗余。在读取操作中，数据可能来自 MemTable，也可能来自 SSTable 文件，具体取决于数据的实际存放位置。

14.1.1　LevelDB 的各种 Key

LevelDB 在其内部处理中，采用了多种形式的 Key。这些 Key 用于不同的场景，如内存数据的查找和磁盘数据的存储等。接下来将对这些不同形式的 Key 进行简要介绍。各种 Key 的序列化结构如图 14-3 所示。

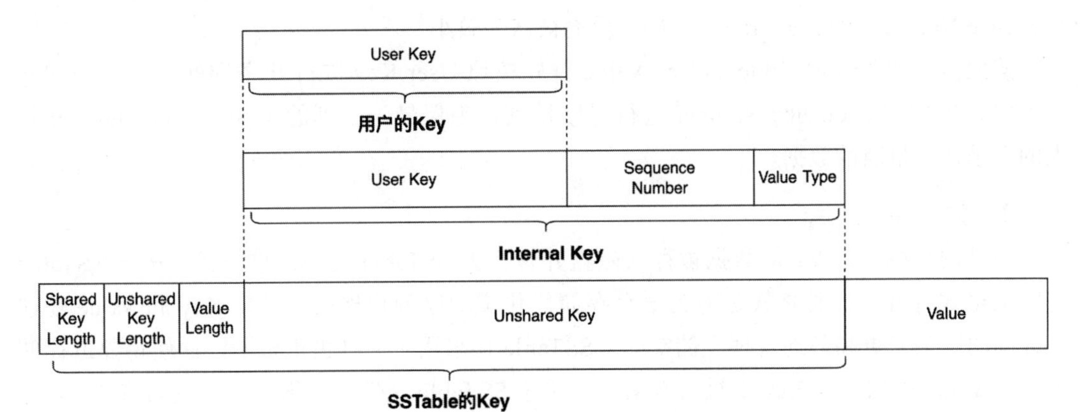

图 14-3　各种 Key 的序列化结构

1. User Key

这是指用户实际传入的 Key。例如，用户使用 Put 来存入（“Hello”，“World”），Hello 就是 Key/Value 的 Key，也就是 User Key，World 就是 Key/Value 的 Value。

2. Internal Key

在 LevelDB 中，收到用户数据之后，会在 User Key 后面多加 8 个字节，序列化成 Internal Key 之后再存储到磁盘上。SSTable 文件是有序的文件，它就是按照 Internal Key 进行排序的。Internal Key 由 User Key、Sequence Number（全局版本号，占 7 个字节）、Value Type（操作类型，占 1 个字节）三部分组成。

Sequence Number 的主要作用是标识逻辑时间，其数值越大，表示时间点越晚。每一次写操作都有一个 Sequence Number，代表写入操作的先后顺序。在 LevelDB 中，可能存在多个相同 User Key 的 Key/Value（例如，同一个 User Key 写过多次，那么将会出现多个版本的数据），这时就需要 Sequence Number 来标识这些 Key/Value 数据的新旧情况。Sequence Number 的最大数据项为最新值。LevelDB 的快照读功能就是基于 Sequence Number 实现的。

Value Type 用来区分更新操作是添加（Put）还是删除（Delete）行为。由于 LevelDB 不存在覆盖写，所有更新操作对磁盘来说均为写入操作。用户在删除一个 Key/Value 时，LevelDB 在内部实际上也是先写入一条记录，用 Value Type 来标识这种删除操作。随后在整理空间时，如果识别到 Value Type 为 Delete，就会把对应 Key/Value 的数据丢弃。

在 LevelDB 中，SSTable 是以有序方式存储的文件，这就必然涉及 Internal Key 之间的比较。默认情况下，Internal Key 的比较规则如下。

1）首先比较 User Key 部分。User Key 按照字典序进行比较，如果 User Key 较大，则相应的 Internal Key 被认为较大。

2）如果 User Key 相同，则需要比较 Sequence Number。这里的规则有所不同：Sequence Number 较大的，Internal Key 反而被认为较小。

按照这些规则，SSTable 的 Key/Value 首先按照 User Key 进行升序排列；当 User Key 一致时，再按照 Sequence Number 进行降序排列，确保最先读到的是 Sequence Number 较大的记录，即最新的数据。

3. SSTable 的 Key

一旦用户的 Key/Value 数据被存入磁盘并转换为 SSTable 文件，它们就会按照 SSTable 特定的格式存在。这种格式是专为磁盘存储优化了的序列化格式，其中 Key 和 Value 是连续存储的。为了更高效地管理存储空间，SSTable 还采用了一种去重机制，这使得邻近存储的 Key/Value 中的重复 Key 能被有效消除。关于 SSTable 文件的详细格式，我们将在 14.1.4 节进行深入讨论。

14.1.2 WAL

在用户数据写入时，WAL 首先会以无序日志的形式保存在磁盘上，然后在合适的时机整理成有序的 SSTable 文件。WAL 与 SSTable 文件共同构成了完整的用户数据空间。

从性能角度考虑，在机械硬盘时代，日志式追加写入是最佳的实践。因为这种方式能使磁盘的 I/O 顺序化，并有更多的机会聚合成大块的 I/O，使得对机械硬盘是最友好的。

在数据格式方面，日志的数据是按时间的先后顺序，即先收到的数据先写入。然而，从业务的角度来看，日志中的数据是无序的。这种特点决定了 WAL 的数据还必须配合其他形式的索引，来实现数据查找，这就是 MemTable 的作用。MemTable 的存在旨在解决 WAL 这部分数据的检索需求。

如果用户的数据存在于 WAL 中，那么至少也要在内存中有对应的索引（或冗余数据），以便快速读取。否则，遍历 WAL 才能拿到用户数据这种方式是不可接受的。

用户写请求的流程是：先写 WAL，然后更新 MemTable，最后返回用户结果。WAL 是持久化了的数据，因此这种机制可以保证数据的可靠性，即使发生系统崩溃等异常情况，也能够恢复数据。

在内存的 MemTable 大小达到一定阈值或定期间隔后，MemTable 会转变为只读状态，然后新建一个可写的 MemTable 用于直接写入业务。这样做有两个原因。

首先，内存资源是宝贵的。MemTable 不能无限大，需要把它控制在一个合理范围。

其次，考虑异常掉电的场景，如果 MemTable 过大，相应的 WAL 恢复时间也会更长。

因此，从 MemTable 和 WAL 的定位来讲，WAL 通常是为了持久化，需要能支撑恢复（Redo）的操作。例如，异常掉电或内存数据丢失的情况下，可以通过分析 WAL 在内存中重建数据，因此 WAL 必须具有一些特殊的设计来保证数据的安全。下面来看一下 LevelDB 关于 WAL 的设计。

1. 数据结构

WAL 文件中以 Block 为单元进行划分，每个 Block 的大小为 32KiB。每次读取按照 32KiB 对齐来读。每个 Block 中至少包含一个完整的 Chunk（也可能包含多个完整的 Chunk）。用户写入的一条完整的数据由一个 Journal 表示，而一个 Journal 由一个或多个 Chunk 组成。Block 是 WAL 内部的管理单元，长度固定为 32KiB。而 Chunk 和 Journal 是逻辑上的抽象，它们的长度取决于用户的数据大小。

WAL 内部结构示意如图 14-4 所示。

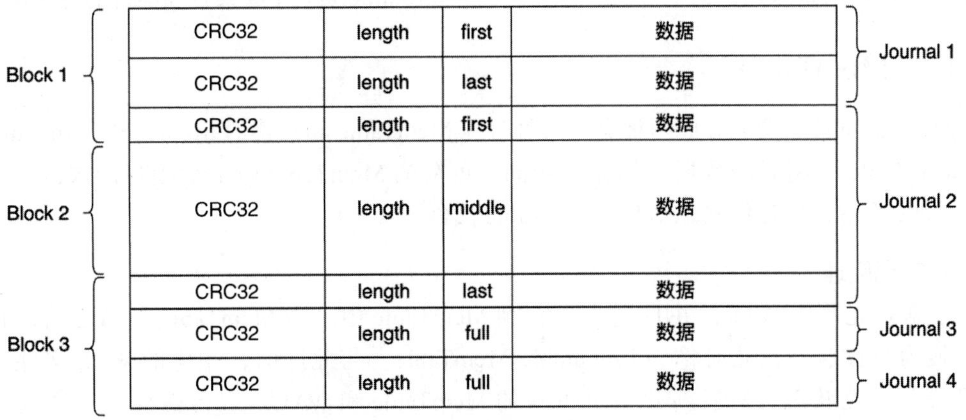

Block					Journal
Block 1	CRC32	length	first	数据	Journal 1
Block 1	CRC32	length	last	数据	Journal 1
Block 1	CRC32	length	first	数据	Journal 2
Block 2	CRC32	length	middle	数据	Journal 2
Block 3	CRC32	length	last	数据	Journal 2
Block 3	CRC32	length	full	数据	Journal 3
Block 3	CRC32	length	full	数据	Journal 4

图 14-4 WAL 内部结构示意

每个 Chunk 由一段固定长度为 7 字节的 Header 和一段用户数据组成，在 Header 内有一个 4 字节的 CRC32 来保护这个 Chunk 数据的完整性，数据的长度占 2 字节，Chunk 类型占用 1 字节。由于每个 Chunk 都自带 CRC32 校验，一旦数据出现损坏，便能及时发现，并将影响面控制在单个 Chunk 上。

Chunk 共有 4 种类型，即 full、first、middle 和 last，主要是为了配合 Journal 来标识出一个完整的 Journal。因为 Block 是固定的 32KiB，而用户的数据大小是不确定的，所以必然会存在跨越 Block 单元的场景，此时就要用上 Chunk 的类型来判断出一个完整的 Journal 由哪些 Chunk 组成。一个完整的 Journal 可能有这么几种情况：

1）只包含 1 个 Chunk，Chunk 的类型为 full。

2）由 2 个 Chunk 组成，Chunk 的类型分别是 first、last。

3）由 3 个及以上 Chunk 组成，Chunk 的类型为 first、middle（可能多个 Chunk）、last。

第 2）、第 3）种情况都是因为跨了 Block。特别是第 3）种情况，用户数据超过了 32KiB，被截断放到 3 个（或以上）Block 上。

WAL 的数据结构设计考虑了数据安全性和性能。每次按照 32KiB 大块的顺序读，减少了频繁的磁盘 I/O 访问，也简化了数据解析过程，因为每个 Block 包含的是完整的 Chunk。细粒度的数据校验增强了数据安全性，也间接提升了数据读取时的效率。

当读取一个 Journal 记录时，会将其拆分成多个 Chunk 读取，每次读取 Chunk 时，都会检测 CRC32 校验码、数据长度等信息是否正确。如果检测到错误，系统会返回相应的错误码并丢弃错误的数据。

2. 写入聚合

写入聚合是另一个优化性能的策略。用户写入的数据是以一个个的 Journal 结构进行存储的，可以把多个 Journal 聚合成一个大的 I/O，然后一次性写入磁盘，从而大幅提升性能。

在 goleveldb 中，写入聚合的过程通过使用多个 Go 语言的 Channel 来实现，并发的写请求通过相同的 Channel 提交，然后由一个统一的 Goroutine 负责 I/O 聚合和串行的写入操作。

14.1.3 MemTable

MemTable 按照功能分成两种类型：可写的 MemTable 和只读的 MemTable（Immutable Memory Table），两者的数据结构完全相同。可写的 MemTable 用于承接写请求，只读的 MemTable 会尽快地转化成 Level 0 的 SSTable 文件。

1. 实现原理

数据是先写入 WAL，并且同步更新到 MemTable 中。当 MemTable 写满之后，它会被转换为只读状态，此时称为 Immutable MemTable。与此同时，相应的 WAL 文件也会被设置为只读状态。然后新建一个可写的 MemTable 和 WAL，后台就会快速把这部分 Immutable MemTable 转化成有序的 SSTable 文件。有序的 SSTable 文件位于 Level 0 层，这个过程叫作 Minor Compaction。写完这个 SSTable 文件之后，对应的 Immutable MemTable 和只读的 WAL 就可以释放了。MemTable 转换流程如图 14-5 所示。

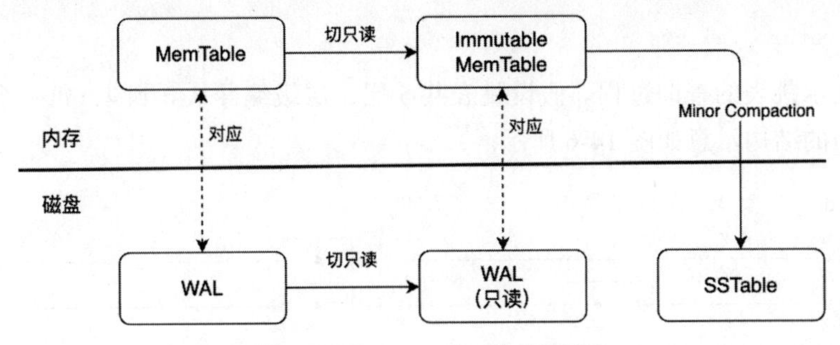

图 14-5　MemTable 转换流程

WAL 的核心目的是高效地持久化写入，MemTable 的核心需求是高效地查询，针对的是 WAL 中数据的查询。只要是 MemTable 里的数据，一定有一份在 WAL 之上的数据与之对应。

最简单的 MemTable 就可以实现成一个 Key/Value 的 Map 结构。在实际的实现中，我们通常会用性价比最高的结构体，比如跳表（SkipList）、红黑树等插入和查询效率能够取得平衡的数据结构。

2. 数据结构实现细节

在 goleveldb 项目中，MemTable 是通过跳表来实现的。跳表这一数据结构最初由 William Pugh 在其论文"Skip lists: a probabilistic alternative to balanced trees"中提出。该论文中详细地阐述了跳表结构以及查询、插入和删除操作的具体细节。

从论文标题可以看出，跳表设计的初衷就是提供了一种替换平衡树的选择。传统平衡树在实现上相对复杂，在进行节点的插入和删除时需对整棵树进行平衡操作，这可能导致较多的节点更新，而且在并发处理性能上不尽如人意。相比之下，跳表的实现则简洁许多，并且在大部分场景下能满足 $O(\log N)$ 的时间复杂度，因此具有很高的实用性。

跳表的基本原理是在有序链表的基础上，通过增加多级索引来提高搜索效率。这是一种典型的空间换时间的设计。在查找的过程中，我们通过高层的稀疏索引迅速定位到一个大致范围，再逐个比较。估算表明，大部分场景都满足 $O(\log N)$ 的复杂度。跳表的查询过程的伪代码大致如下：

```
Search(list, searchKey)
    current := list->header
    for i:= list->level-1 downto 0 do
        // 如果当前节点的下一个节点比 searchKey 要大，那么向下移动
        while current->forward[i]->key < searchKey do
            // 如果当前节点的下一个节点比 searchKey 要小，则向右移动
            current := current->forward[i]
    current := current->forward[0]
```

```
// 判断当前节点是不是目标节点
if current->key == searchKey then
    return current->value
else
    return failure
```

接下来演示跳表的查询过程。假设跳表共 5 层，层级编号从 0 到 4，每一个节点都标注了编号。跳表的结构示意如图 14-6 所示。

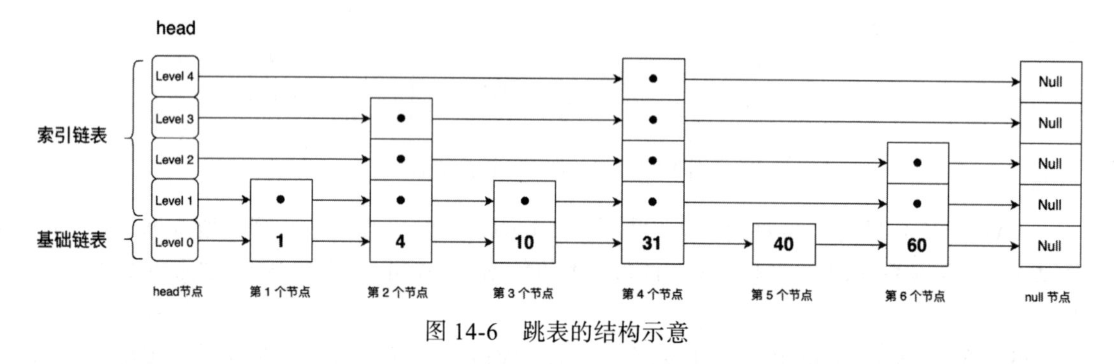

图 14-6 跳表的结构示意

如图 14-6 所示，假设现在查询 Key 等于 10 的节点，从最高层（Level 4）的 head 节点开始搜索，将 current（当前节点）初始化为 head 节点。简化的查找步骤如下：

1）在 Level 4 层，current->forward[4] 为第 4 个节点（值为 31），大于 10，因此降到 Level 3 层。

2）在 Level 3 层，current->forward[3] 为第 2 个节点（值为 4），小于 10，因此 current 向右移动到第 2 个节点。

3）在 Level 3 层，current->forward[3] 为第 4 个节点（值为 31），大于 10，因此降到 Level 2 层。

4）在 Level 2 层，current->forward[2] 为第 4 个节点（值为 31），大于 10，因此降到 Level 1 层。

5）在 Level 1 层，current->forward[1] 为第 3 个节点（值为 10），找到等于 10 的节点。

跳表的插入和删除操作都依赖于上述查找过程，都需要先找到合适的位置，然后进行节点插入或删除的操作。这一过程不仅需要对基础链表进行修改，还需调整索引链表。

在插入过程中，在哪些层级建立索引是由随机算法决定的，这种随机化的层级分配确保了跳表的结构平衡。与平衡树结构相比，跳表无须通过复杂的旋转操作来维持平衡，而是依靠概率分布自然形成平衡结构，省去了额外的维护成本，从而实现了简单、稳定和高效的查询性能。

14.1.4 SSTable

SSTable 是一种用于在磁盘上持久化存储数据的文件，其内部数据按照 Internal Key 进行有序排列，并配置多层索引结构以优化读取性能。SSTable 文件一旦创建便不可修改，只能新建或者删除。

SSTable 文件主要来自两个途径。

1）第一个是只读的 MemTable 经过 Minor Compaction 转化而成的 Level 0 层文件。这个过程是为了释放内存和 WAL 的资源。

2）第二个是 SSTable 文件相互合并生成的新 SSTable 文件，这主要是为了提升读取效率，减少空间的冗余。

在文件组织上，SSTable 通常以多个文件的形式存在，这些文件在逻辑上分多个层次，每个层次有各自的大小和排序规则，多层 SSTable 文件示意如图 14-7 所示。

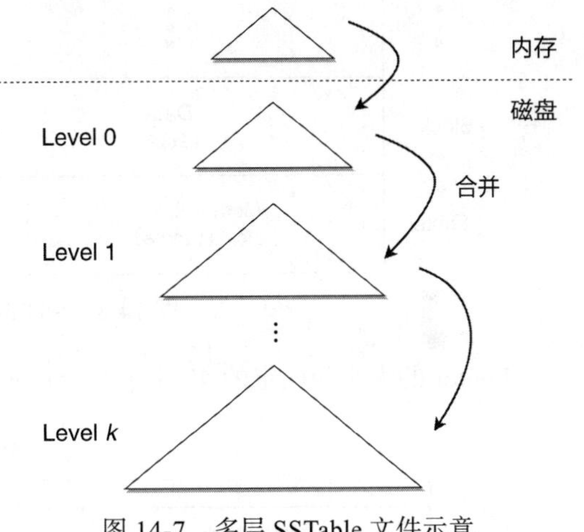

图 14-7 多层 SSTable 文件示意

通常情况下，越上层的数据，其写入时间越近，越往下写入时间越早。这种设计遵循了局部性原理，也符合热数据和冷数据的分层概念，越往下的数据越冷，读取的代价也越高。

在 LevelDB 中，SSTable 的层次关系保存在 Manifest 文件中，该文件记录了 LevelDB 的关键元数据，包括每个层级的 SSTable 的信息和状态。比如最大、最小的 Key。每次进行 SSTable 的整理（Compaction）操作时，都会生成新的 Manifest 文件，以保存整理后的 LevelDB 的状态快照。

由于 Compaction 操作会对 SSTable 文件进行重新组织和合并，从而生成新的层次结构，因此需要更新 Manifest 文件，以反映最新的文件布局和状态。

在 LevelDB 的使用过程中，可能会存在多个 Manifest 文件，它们对应不同时间的 LevelDB 的状态。LevelDB 通过一个名为 Current 的文件来指向当前最新可用的 Manifest 文件。

1. 数据结构

SSTable 是一个设计精巧的数据结构，从物理结构的角度来看，它主要由两个部分组成：Block 和 Footer。进一步地，Block 又可以根据具体功能划分成不同的类型。接下来将从物理结构和功能这两个维度进行深入讨论。

（1）物理结构维度

SSTable 文件具有独特的组织结构，整体划分成 Block 和 Footer 两个部分。SSTable 文件的物理结构如图 14-8 所示。

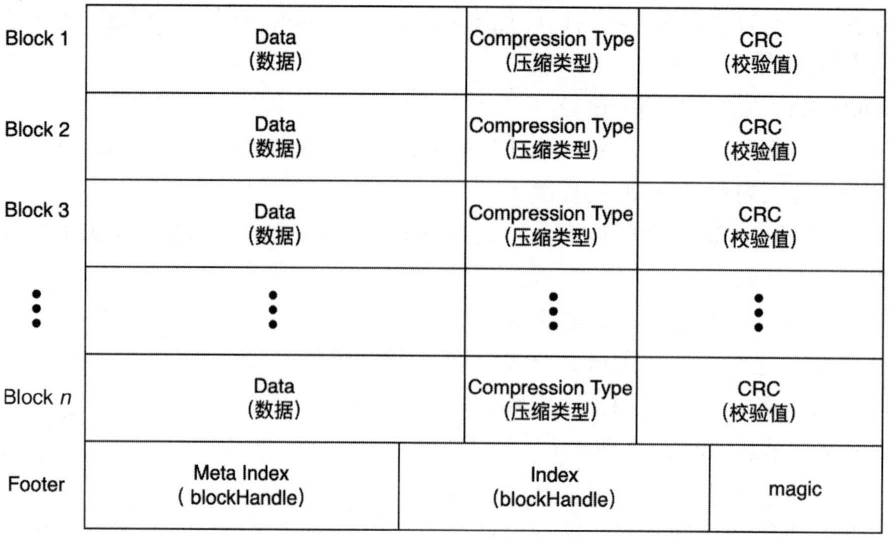

Block 1	Data (数据)	Compression Type (压缩类型)	CRC (校验值)
Block 2	Data (数据)	Compression Type (压缩类型)	CRC (校验值)
Block 3	Data (数据)	Compression Type (压缩类型)	CRC (校验值)
⋮	⋮	⋮	⋮
Block *n*	Data (数据)	Compression Type (压缩类型)	CRC (校验值)
Footer	Meta Index (blockHandle)	Index (blockHandle)	magic

图 14-8 SSTable 文件的物理结构

Footer 的大小为固定的 48 字节。Footer 的结构如图 14-9 所示。

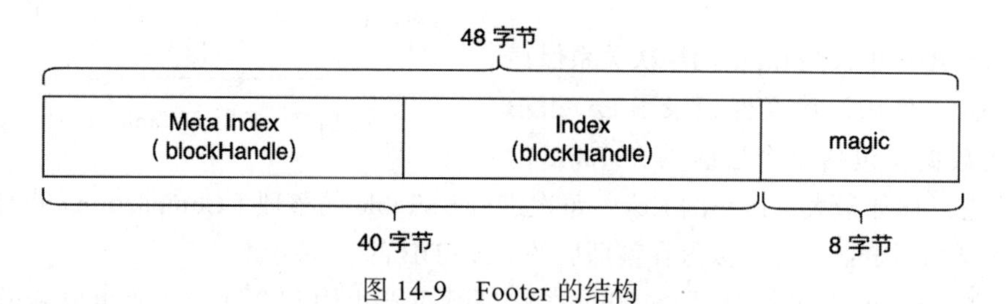

图 14-9 Footer 的结构

Footer 存储了 Meta Index Block 和 Index Block 的位置信息（也称为 blockHandle），通过这些索引 Block，我们将进一步确定用户数据的存储位置。Meta Index Block 和 Index Block 的具体功能将在后面详细阐述。

Block 是构成 SSTable 的基本单元，除 Footer 之外，SSTable 文件的其他部分均由 Block 构成。每个 Block 的大小不固定，但通常会有一个上限阈值，默认为 4KiB。当数据达到这个上限时，就会创建一个新的 Block。每一个 Block 由数据、压缩类型和 CRC 三部分组成。Block 的结构如图 14-10 所示。

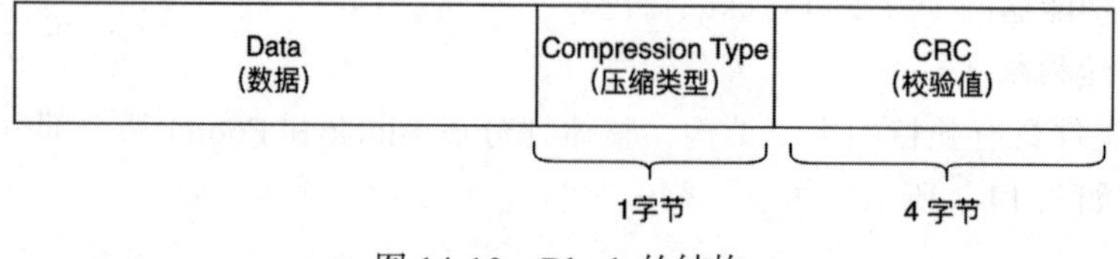

图 14-10 Block 的结构

每个 Block 都含有自身的 CRC，用以保护 Block 中的数据，即数据和压缩类型这两个部分。压缩类型指明数据是否经过压缩及所使用的压缩算法，LevelDB 默认使用的是 Snappy 算法。

（2）功能维度

根据不同的功能，Block 被分为几种类型，分别用于不同的目的，包括 Data Block、Meta Block、Index Block、Meta Index Block 以及 Filter Block 等。下面我们来看下这些 Block 的具体作用。

1）Data Block：此类 Block 数量是最多的，主要用于存储用户的 Key/Value 数据，是 LevelDB 数据存储的核心部分。

2）Meta Block：用于存储各种元数据，如 SSTable 的属性、Properties 的值、压缩算法的选项等。

3）Index Block：存储的是 Data Block 的索引信息，旨在提高数据检索效率，通过索引可以快速地定位到指定 Key 所在的 Data Block。

4）Meta Index Block：存储的是所有 Meta Block 的索引信息。这包含了 Filter Block 的位置信息，以及其他可能存在的 Meta Block 的位置信息。可能存在多个 Meta Block，通过索引可以快速检索 Meta Block 的内容。

5）Filter Block：Filter Block 实际上是一种特殊的 Meta Block，但由于它的特殊性和重要性，我们通常会将其单独拿出来讨论。该类型的 Block 用于存储一些过滤器的数据，例如布隆过滤器（Bloom Filter），用来快速判断一个 Key 是否存在于 SSTable 中，减少不必要的磁盘 I/O。如果未指定使用过滤器，那么该 Block 将不包含任何内容。

SSTable 文件的功能结构如图 14-11 所示。

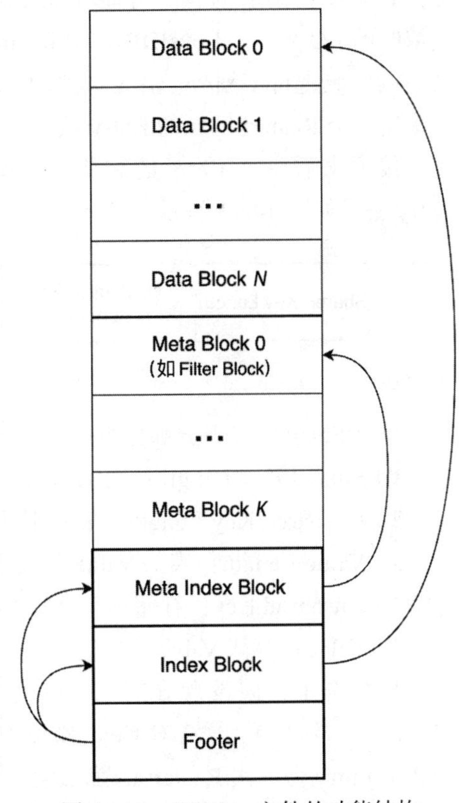

图 14-11　SSTable 文件的功能结构

解析 SSTable 文件时，一定是从 Footer 开始解析，通过 Footer 获取 Index Block 和 Meta Index Block 的位置信息，进而读取到 Index Block 和 Meta Index Block 的数据，通过这两类 Block 进一步定位到 Data Block 和 Meta Block，从而逐步解析整个 SSTable 文件。

下面重点分析一下 Data Block 的数据结构。

Data Block 是 LevelDB 中用于存储用户数据的 Block，该 Block 主要包含 Key/Value 数据。在 LevelDB 中，Key/Value 共同存储在 Data Block 的数据部分，并受到 Block 的 CRC 保护。图 14-12 展

示了 Data Block 的 Data 部分结构。

如图 14-12 所示，Data Block 的 Data 部分主要由三部分组成。

1）Entry：每个 Entry 对应一对 Key/Value。

2）Restart Point：Restart Point 是一个整数数组，用于划分 Key 重复删除的区域。

3）Restart Point Length：一个 4 字节的整数，用于指明 Restart Point 数组的大小。

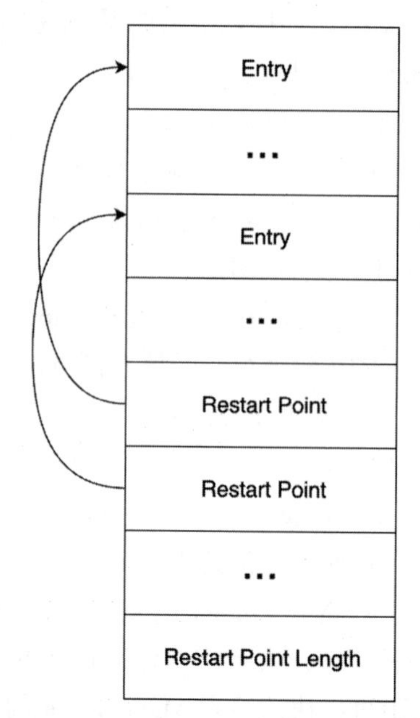

图 14-12　Data Block 的 Data 部分结构

在 SSTable 中，所有的 Key/Value 是严格按序存储的。为了节省存储空间，LevelDB 不会为每一对 Key/Value 都存储完整的 Key，而是只存储与上一个 Key 不同的部分，从而减少空间占用。当存在大量相似的 Key 时，这种方法可以显著提升存储效率。

Key 的去重是为了节省空间，但这也使读取逻辑变得复杂，并且由于单个 Key/Value 涉及的存储跨度更大，所以在读取内容时可能导致 I/O 放大。考虑到读取时的 I/O 效率，LevelDB 使用 Restart Point 对 Key 共享的区域进行了细分。在 LevelDB 的内部实现中，有一个 Restart Interval 的配置项，用于指定一个 Restart 区域的 Entry 数量。

接下来看一下 Entry 的结构。一个 Entry 代表一个 Key/Value 数据项。Data Block 的 Entry 格式如图 14-13 所示。

Shared Key Length	Unshared Key Length	Value Length	Unshared Key	Value

图 14-13　Data Block 的 Entry 格式

一个 Entry 由以下五部分组成。

1）Shared Key Length：表示与前一个 Entry 记录共享的 Key 部分的长度。

2）Unshared Key Length：表示不共享的 Key 的长度。

3）Value Length：表示 Value 的长度。

4）Unshared Key：存储不共享的 Key 的内容。

5）Value：存储 Value 的内容。

举个例子，假设现在写入了 3 对 Key/Value：（“key1”，“v1”）、（“key2”，“v2”）、（“key3”，“v3”）。这 3 对 Key/Value 对应了 3 个 Entry。假设 Restart Interval 设定为 2（即每 2 个 Entry 做一次 Restart），那么它们在磁盘上的分布如图 14-14 所示。

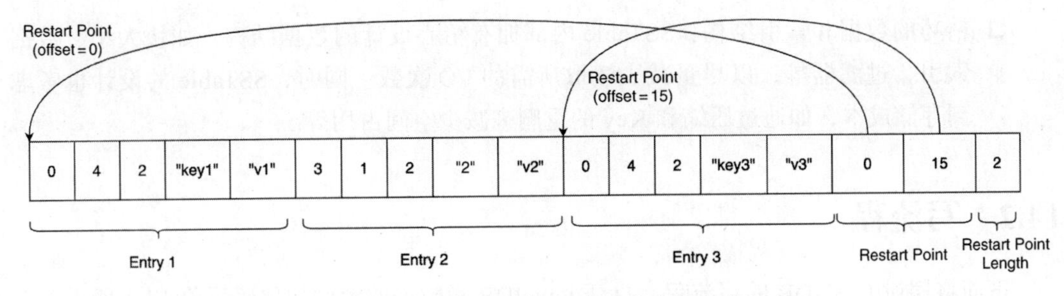

图 14-14　Restart Point 在磁盘上的分布

从图 14-14 可以清晰地看出，3 个 Entry 按照指定的格式依次存储。key1 存储的是完整的 Key，key2 复用了 key1 的一部分。key3 开启了一个新的 Restart，存储了完整的 Key。Restart 的位置分别为 0 和 15，Restart 数组一共有 2 个元素。

2. SSTable 的特点

SSTable 文件可以通过 Minor Compaction 将 MemTable 直接转化而得到，这种 SSTable 的内容和之前 MemTable 的内容完全一致，只不过是经过了排序，位于 Level 0 层。

在 Level 0 层，各个文件可能存在交集，不是一个全局有序的空间。因此，在读取数据时，必须遍历所有 SSTable 文件，才能确定是否存在对应 Key 的内容。这种情况会严重影响读取效率。因此，LevelDB 需要控制 Level 0 层的 SSTable 文件数量，并适时对这些文件进行重新排序和合并。Level 0 层的 SSTable 文件将会转化成下层的 SSTable 文件。在非 Level 0 层，每一层的 SSTable 文件都是全局有序的，且同一层的文件之间没有交集，因此，可以按照顺序查找，从而大大提高了效率。

从架构的角度来看，SSTable 可以分为 Level 0 层和非 Level 0 层，为了使底层的空间范围不至于太大（否则一旦发生了变动，就需要对大量的文件进行重新排序和合并），我们通常会将 Level 层继续拆分成多层。这样做的目的是尽可能把每次需要合并、排序的文件控制在较小的范围内，同时也需要考虑读取的性能。也就是说，Level 层数不能太多，否则会导致 I/O 操作的放大。SSTable 文件合并和下移的过程叫作 Major Compaction。

综上所述，SSTable 文件主要有以下特点。

- 原子性写入：SStable 文件来自 Compaction 的转化，这个转化过程是原子性的，要么文件全部成功，要么全部失败。
- 不可变性：每个 SSTable 文件一旦被创建，就无法再修改。由于 SSTable 文件是不变的，因此 Cache 中的数据与 SSTable 文件中的数据始终保持一致，无须考虑缓存一致性问题。
- 并发读取：由于 SSTable 文件是不可变的，因此不会存在同一个文件的读写冲突，这使得 SSTable 文件便于被多个并发线程安全地访问。
- 有序性：SSTable 文件中的条目按照 Key 的字典序进行排列。这种有序性使范围查找变得高效，在读取时可以很方便地跳过与查询无关的部分。

- 精巧的数据和索引结构：SSTable 内部拥有精心设计的数据结构，如块大小、数据索引、过滤器等，以尽量减少读取所需的 I/O 次数。同时，SSTable 的设计也考虑到存储成本，如通过压缩和 Key 的重删来减少空间占用等。

14.2 写流程

下面将探讨 LevelDB 的写流程。打开 LevelDB 写数据的示例如代码清单 14-1 所示。

代码清单 14-1 LevelDB 写数据

```
// 打开一个数据库句柄
db, err := leveldb.OpenFile("./mydb", nil)
// 写入一对 Key/Value
db.Put([]byte("Key"), []byte("Value"), nil)
```

首先，我们通过 LevelDB 的 OpenFile 方法得到一个 LevelDB 的 DB 对象。在数据写入的流程中，是将数据先写入 WAL 持久化到磁盘，然后再更新到 MemTable。接下来将详细探讨这个写入过程。

首先来看一下 DB 数据结构的定义，如代码清单 14-2 所示。

代码清单 14-2 DB 数据结构的定义

```
// 文件：leveldb/db.go
type DB struct {
    // 用于生成序列号(Sequence Number)
    seq uint64
    // MemTable 的指针(实现为跳表)
    memPool          chan *memdb.DB
    mem, frozenMem   *memDB
    // 日志文件(WAL)的抽象封装
    journal          *journal.Writer
    journalWriter    storage.Writer
    journalFd        storage.FileDesc
    frozenJournalFd  storage.FileDesc
    frozenSeq        uint64
    // 写合并操作的相关结构
    writeMergeC   chan writeMerge
    writeMergedC  chan bool
    writeLockC    chan struct{}
    writeAckC     chan error
    // 此处省略部分代码
}
```

在 DB 数据结构中，不仅包含了 MemTable、WAL 等关键结构，还包含了 writeLockC、writeMergeC、writeMergedC、writeAckC 这 4 个 Channel，它们在写流程中起到至关重要的作用，特别是在写请求的合并过程中。这 4 个 Channel 的作用如下：

- writeLockC：用于实现临界区的加锁。在同一时间只允许一个请求 Goroutine 写入磁盘。
- writeMergeC：在合并写 I/O 的场景下使用，用于传递写请求。把请求传递给加锁成功的写请求的 Goroutine。
- writeMergedC：当合并的请求被发送后，通过它可以确认合并请求是否发送成功。
- writeAckC：当写请求被合并，并且已经写入磁盘后，通过它可以获取写请求执行的结果。

在 goleveldb 中，写入操作是通过 DB 的 Put 方法实现的，具体的实现代码如代码清单 14-3 所示。

代码清单 14-3　DB.Put 函数的实现

```
// 文件: leveldb/db_write.go
func (db *DB) Put(key, value []byte, wo *opt.WriteOptions) error {
    return db.putRec(keyTypeVal, key, value, wo)
}
func (db *DB) putRec(kt keyType, key, value []byte, wo *opt.WriteOptions) error {
    // 此处省略部分代码
    // 判断是否允许合并
    merge := !wo.GetNoWriteMerge() && !db.s.o.GetNoWriteMerge()
    sync := wo.GetSync() && !db.s.o.GetNoSync()
    if merge {
        // 在允许写操作聚合的场景下
        select {
            case db.writeMergeC <- writeMerge{sync: sync, keyType: kt, key: key,
                value: value}:
            if <-db.writeMergedC {
                // 写操作被合并
                return <-db.writeAckC
            }
            // 写操作没有合并，需尝试获取写锁
        case db.writeLockC <- struct{}{}:
            // 成功获取写锁
        }
    } else {
        // 不允许写操作合并的场景下，执行纯串行写入
        select {
        case db.writeLockC <- struct{}{}:
            // 成功获取写锁
        }
    }
    // 获取一个 batch 结构
    batch := db.batchPool.Get().(*Batch)
    batch.Reset()
    batch.appendRec(kt, key, value)
    // 执行加锁的写操作
    return db.writeLocked(batch, batch, merge, sync)
}
```

LevelDB 的内部 Key 是以 Internal Key 的形式存在的。写入数据时 Value Type 的类型被设置为 keyTypeVal。在调用 DB.Put 方法时，会明确地传递这个参数到 DB.putRec 方法中。

DB.putRec 方法是写流程的核心部分，主要负责处理写入请求的合并以及磁盘数据的写入。在 DB.putRec 方法的实现中，我们可以看到两个关键的设计：

- WAL 文件的写入操作保持串行。这是因为单点串行写入才能保证磁盘 I/O 的顺序性，从而实现最佳的性能表现。
- 尽可能地合并用户的写入请求。将多个小的写入请求合并成一个大请求，然后再递交给底层写入，可以有效地提高效率。

在 DB.putRec 方法中，只有成功抢到写锁（即 db.writeLockC <- struct{}{} 操作成功），才能调用 DB.writeLocked 方法，将数据写入 WAL 文件，从而实现 WAL 的串行化写入。

接下来将着重分析写请求合并的具体实现机制。

1. 写请求合并

我们可以通过合并用户请求将多个小请求合并成一个大请求，然后一次性递交给 WAL 进行写入。这样，虽然 WAL 的写入是串行的，但合并之后批量写入的方式在用户请求层面上实现了并发的效果，从而保障了写入操作的吞吐能力。

DB.putRec 通过一个可选参数 merge 来控制是否允许 I/O 合并。如果不允许 I/O 合并，写入过程将保持完全的串行化，这意味着每次只会有一个写请求在写入磁盘，其他的请求只能等待在 db.writeLockC <- struct{}{} 这个操作上。这样的用户体验是比较差的。

如果是允许写 I/O 聚合的场景，会把多个写请求操作合并成一次写入磁盘。这个合并的流程相对复杂，需要 DB.writeMergeC、DB.writeMergedC、DB.writeLockC、writeAckC 这 4 个 Channel 相互配合，并且由 DB.putRec 方法和 DB.writeLocked 方法共同完成。DB.writeLocked 的实现如代码清单 14-4 所示。

代码清单 14-4 DB.writeLocked 的实现

```
// 文件: leveldb/db_write.go
func (db *DB) writeLocked(batch, ourBatch *Batch, merge, sync bool) error {
    mdb, mdbFree, err := db.flush(batch.internalLen)
    if err != nil {
        db.unlockWrite(false, 0, err)
        return err
    }
    defer mdb.decref()
    // 尝试合并写请求
    if merge {
        // 设置合并的请求数量上限
        var mergeLimit int
        // 省略的代码用于赋值 mergeLimit
    merge:
```

```
        for mergeLimit > 0 {
            select {
            case incoming := <-db.writeMergeC:
                // 接收一个合并请求
                // 把写请求合并成一个 batch 请求
                ourBatch.appendRec(incoming.keyType, incoming.key, incoming.value)
                merged++
                // 发送回执，确认合并请求已收到
                db.writeMergedC <- true
            default:
                break merge
            }
        }
    }
    // 为每次写操作分配唯一序列号
    seq := db.seq + 1
    // 写日志文件(WAL)
    if err := db.writeJournal(batches, seq, sync); err != nil {
    }
    // 更新 MemTable
    for _, batch := range batches {
        if err := batch.putMem(seq, mdb.DB); err != nil {
            panic(err)
        }
        seq += uint64(batch.Len())
    }
    // 更新数据库序列号
    db.addSeq(uint64(batchesLen(batches)))
    // 检查 MemTable 是否满足轮转条件
    if batch.internalLen >= mdbFree {
        db.rotateMem(0, false)
    }
    // 解锁并回复每个写请求
    db.unlockWrite(overflow, merged, nil)
    return nil
}
func (db *DB) unlockWrite(overflow bool, merged int, err error) {
    // 回复所有合并的写请求
    for i := 0; i < merged; i++ {
        db.writeAckC <- err
    }
    if overflow {
        db.writeMergedC <- false
    } else {
        // 释放写锁
        <-db.writeLockC
    }
}
```

在 DB.writeLocked 方法中，核心步骤描述如下：

首先，会尝试对多个写请求的I/O操作进行合并。具体实现是：通过循环从DB.writeMergeC中提取写请求，直至达到本轮合并请求的长度上限，或者DB.writeMergeC为空，本轮写请求合并的窗口结束。

其次，调用DB.writeJournal方法，将合并后的写请求一次性写入WAL文件，以实现数据的持久化。

再次，更新MemTable，确保这部分数据能迅速被索引。

最后，释放写锁，并通知那些已被合并并且正等待执行结果的写请求。

2. 写请求合并的实现

写请求合并流程由DB.putRec方法和DB.writeLocked方法共同完成。

（1）DB.putRec方法的实现

DB.putRec方法的实现思路描述如下。

1）当写请求到达DB.putRec时，会尝试发起请求合并，即把写请求添加到DB.writeMergeC中。如果请求入队成功，便表明请求有可能被合并，此时阻塞等待DB.writeMergedC的合并响应消息。

2）一旦从DB.writeMergedC收到为true的响应，就意味着请求合并已成功。随后，将会阻塞等待DB.writeAckC的消息，该消息代表了执行写入操作的最终结果。

3）如果从DB.writeMergedC收到的消息是false，意味着虽然请求成功添加到DB.writeMergeC，但是最终因超过单次上限而未能合并执行。在这种情况下，上一个执行DB.writeLocked的请求会把写锁让渡给它，然后由它发起下一次的DB.writeLocked方法调用。

正常情况下，一个写请求只有两个选项，要么被合并，要么抢到写锁随后亲自执行写操作。

（2）DB.writeLocked方法的实现

DB.writeLocked方法的实现思路描述如下。

1）DB.writeLocked在执行实际的写操作之前，首先尝试从DB.writeMergeC中提取写请求进行合并。一旦合并成功，便会发送一条为true的消息到DB.writeMergedC，表示合并成功。

2）如果因为请求长度超过限制而导致合并失败，那么会在写入完成之后，发送一条为false的消息到DB.writeMergedC，通知对应的写请求本轮合并失败。

3）执行完写操作之后，执行结果会通过DB.writeAckC反馈给请求方。

上述过程展现了LevelDB对写操作的深度优化，通过写请求的串行化确保了I/O在磁盘上的顺序性，并通过I/O合并提高了整体写请求的吞吐能力，这些都是非常有效的优化策略。

需要注意的是，每一轮写请求的合并并非无限制，写合并后的请求长度超过上限则等待下一轮的写请求操作。这样做主要是为了防止单次磁盘写入请求长度过大而产生长尾效应或对整个系统运行造成卡顿。

在更新 MemTable 的过程中，会基于当前大小进行一次判断。若 MemTable 大小超过一定阈值，它将会按照 SSTable 的格式写入磁盘。数据成功转换为 SSTable 文件后，相关的内存和 WAL 空间将得到释放。这一机制使 LevelDB 在处理大量写请求时能够维持高效和稳定。

14.3　读流程

LevelDB 写入成功的数据一定存在于磁盘上。从磁盘数据的角度来看，数据要么位于 WAL 中，要么位于 SSTable 文件中。其中 WAL 的数据可以通过对应的 MemTable 来满足查询的需求。

在 LevelDB 中，读取数据主要是通过 Key 来检索对应的 Value。具体的流程是：首先在 MemTable 中进行查找，如果没能找到匹配项，接下来就会在 SSTable 文件中进行搜索。由于 SSTable 文件是有序且分层存储的，因此可以采用二分查找或者其他有效的查找算法进行查找。鉴于数据在多个层次不停地流转，读取操作的复杂度要明显高于写入操作的复杂度。查找策略是从时间最近的数据层开始，逐步向时间更早的数据层推进。读取策略如图 14-15 所示。

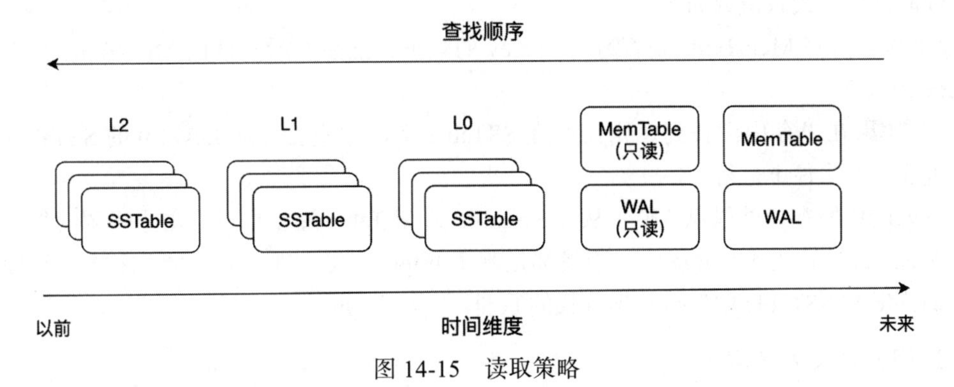

图 14-15　读取策略

读取数据由 DB.Get 方法提供，该方法的具体实现如代码清单 14-5 所示。

代码清单 14-5　DB.Get 方法的实现

```
// db.Get([]byte("Key"), nil)
// 文件: leveldb/db.go
func (db *DB) Get(key []byte, ro *opt.ReadOptions) (value []byte, err error) {
    // 获取一个数据快照
    se := db.acquireSnapshot()
    defer db.releaseSnapshot(se)
```

```
    // 读取指定数据
    return db.get(nil, nil, key, se.seq, ro)
}
func (db *DB) get(auxm *memdb.DB, auxt tFiles, key []byte, seq uint64, ro *opt.
    ReadOptions) (value []byte, err error) {
    // 构建 Internal Key
    ikey := makeInternalKey(nil, key, seq, keyTypeSeek)
    // 逐个检查 MemTable 的数据
    em, fm := db.getMems()
    for _, m := range [...]*memDB{em, fm} {
        if ok, mv, me := memGet(m.DB, ikey, db.s.icmp); ok {
            return append([]byte{}, mv...), me
        }
    }
    // 获取当前 Manifest 版本
    v := db.s.version()
    // 在此版本中查找 SSTable 文件
    value, cSched, err := v.get(auxt, ikey, ro, false)
    v.release()
    if cSched {
        // 判断是否要触发 Compaction 过程
        db.compTrigger(db.tcompCmdC)
    }
    return
}
```

读取操作的大致流程如下：

1）检查可写 MemTable 是否有对应 Key 的数据，然后查看只读的 MemTable 是否有对应 Key 的数据。

2）如果在内存中没找到，则需要在 SSTable 文件中查找。从 Level 0 的 SSTable 文件开始查找，逐步往下进行。

LevelDB 的查找过程很清晰，从 MemTable 到 SSTable 逐步推进。需要强调的是，无论是在 MemTable 还是 SSTable 中，查找都是基于 Internal Key 进行的。接下来将分别探讨在 MemeTable 和 SSTable 中进行数据查找的原理。

1. MemTable 读取

读取操作首先在 MemTable 中进行，这一过程就是典型的跳表的查找。通常 MemTable 有两个：一个是可写的，另一个是只读的。查找操作会先在可写的 MemTable 中进行，如果没有找到匹配项，那么再去只读的 MemTable 中查找。

2. SSTable 读取

SSTable 的数量是动态变化的，内部可能因为 Compaction 操作导致新建或者删除。但每个 SSTable 文件的变动是原子性的，每一次变动都产生一个新版本。每个版本对应一个 Manifest 文件，该文件代表了 LevelDB 在某一时刻的快照状态。图 14-16 直观地展示了

Manifest 作为快照文件的作用。

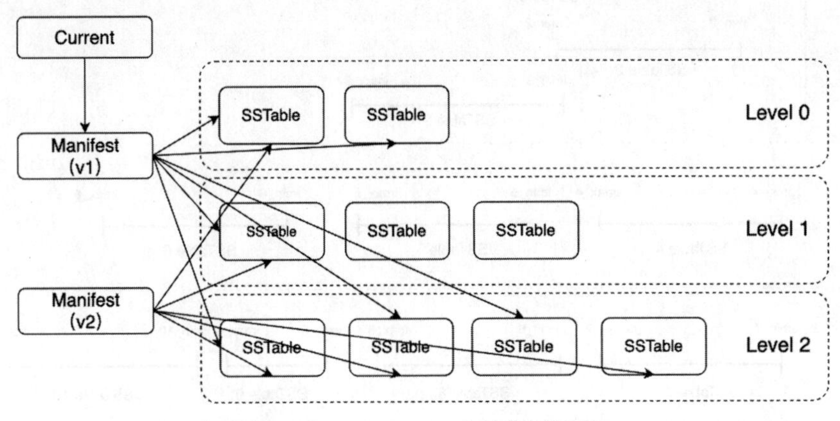

图 14-16　Manifest 文件作用示意

LevelDB 的版本在代码中被抽象为 version 结构体，代码清单 14-6 展示了 version 结构的定义。

代码清单 14-6　version 结构的定义

```
// 文件: leveldb/version.go
type version struct {
    // 会话操作的句柄
    s *session
    // 一个包含多个层级的数组，每个层级包含了一组 SSTable 文件
    levels []tFiles
    // 省略其余字段
}
```

在开始读取数据之前，必须先获取一个 version 对象，以此确保操作的是一份数据快照，防止在读取过程中数据发生变化，产生不一致的问题。

接下来将探讨在多个 SSTable 文件中的查找过程，该过程主要分为两个步骤：首先确定目标 SSTable 文件，然后在该文件内部进行具体的数据检索。

（1）查找 SSTable 文件

从 SSTable 读取数据前，首先要定位是哪一个 SSTable 文件。这个定位过程根据文件所在层级不同分为 Level 0 层和非 Level 0 层两类。这种区分的原因在于 Level 0 层的 SSTable 文件不是这一层全局有序的，它们之间可能有重叠。非 Level 0 层的 SSTable 文件在各自层次内都是全局有序的。图 14-17 直观地展示了 Level 0 层和非 Level 0 层的 SSTable 文件范围的差异。

SSTable 文件的查找过程是通过 version.walkOverlapping 函数实现的，如代码清单 14-7 所示。

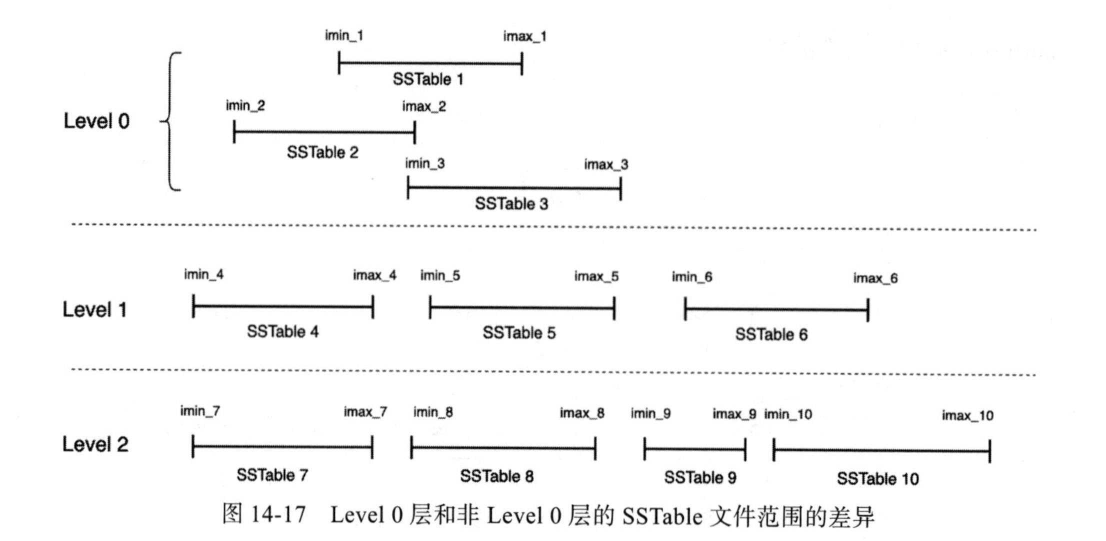

图 14-17 Level 0 层和非 Level 0 层的 SSTable 文件范围的差异

代码清单 14-7 version.walkOverlapping 函数的实现

```
// 文件: leveldb/version.go
func (v *version) walkOverlapping(aux tFiles, ikey internalKey, f func(level
    int, t *tFile) bool, lf func(level int) bool) {
    ukey := ikey.ukey()
    // 逐层遍历 SSTable 文件
    for level, tables := range v.levels {
        if len(tables) == 0 {
            continue
        }
        if level == 0 {
            // 需要遍历 Level 0 层所有的 SSTable 文件
            // 因为 Level 0 层的 SSTable 可能会有重叠，这一点在其他层级中不会出现
            for _, t := range tables {
                if t.overlaps(v.s.icmp, ukey, ukey) {
                    if !f(level, t) {
                        return
                    }
                }
            }
        } else {
            // 对非 Level 0 层级的 SSTable 文件进行遍历
            if i := tables.searchMax(v.s.icmp, ikey); i < len(tables) {
                // 找到第一个 imax >= ikey 的 SSTable 文件
                t := tables[i]
                if v.s.icmp.uCompare(ukey, t.imin.ukey()) >= 0 {
                    // 找到文件范围为 imin≤ukey≤imax
                    if !f(level, t) {
                        return
                    }
                }
            }
```

```
        }
        // 每层都要执行，判断是否要继续向下遍历
        if lf != nil && !lf(level) {
            return
        }
    }
}
```

由于 SSTable 文件自身是有序的，每个 SSTable 文件都会被记录最大 Key（imax）和最小 Key（imin），这两个值界定了该文件中 Key 的范围。我们可以通过判断目标 Internal Key 是否位于该文件的 [imin, imax] 区间内，快速判定它是不是我们要找的文件。

在 version.walkOverlapping 方法中，首先查找 Level 0 层，这需要遍历 Level 0 层所有的文件（因此，Level 0 层文件不能太多，否则会影响查询的性能）。

如果在 Level 0 层没找到目标文件，那么就会遍历下一层的 SSTable 文件，在非 Level 0 层中的查找无须遍历所有文件，可以利用二分查找的方法来加速这一过程。

一旦确定了 Internal Key 位于某个 SSTable 文件的 Key 的范围内，即该文件的 [imin, imax] 区间中，那么该文件便是我们要寻找的目标 SSTable 文件。

（2）文件内的查找

在成功定位 SSTable 之后，接下来的任务是在文件内部查找是否存在这个 Key。若存在，那么返回对应的 Value 即可。

在 goleveldb 项目中，查找功能是由 table 包中的 Reader 结构体实现的，该结构体负责查找并读取 SSTable 文件的数据。查找 Key 的具体实现主要集中在 Reader 的 Find 方法上，该方法的实现如代码清单 14-8 所示。

代码清单 14-8　Reader.Find 函数的实现

```
// 文件: leveldb/table/reader.go
// 查找 SSTable 中是否有某个 Key
    func (r *Reader) Find(key []byte, filtered bool, ro *opt.ReadOptions) (rkey,
        value []byte, err error) {
    return r.find(key, filtered, ro, false)
}
func (r *Reader) find(key []byte, filtered bool, ro *opt.ReadOptions, noValue
    bool) (rkey, value []byte, err error) {
    // 获取 Index Block
    indexBlock, rel, err := r.getIndexBlock(true)
    // 为 Index Block 创建迭代器
    index := r.newBlockIter(indexBlock, nil, nil, true)
    defer index.Release()
    // 在 Index Block 中定位到大于或等于 Key 的位置
    if !index.Seek(key) {
        if err = index.Error(); err == nil {
            err = ErrNotFound
        }
        return
```

```
    }
    // Index Block 的值是 BlockHandle 结构，指向某个 Data Block
    dataBH, n := decodeBlockHandle(index.Value())
    // 若启用了过滤器，尝试通过过滤器进行优化
    if filtered && r.filter != nil {
        filterBlock, frel, ferr := r.getFilterBlock(true)
        // 此处省略过滤器优化逻辑
    }
    // 通过 BlockHandle 获取指定的 Data Block
    data := r.getDataIter(dataBH, nil, r.verifyChecksum, !ro.GetDontFillCache())
    // 在这个 Data Block 中，定位到大于或等于 Key 的位置
    if !data.Seek(key) {
    }
    // 注意：此处只能确保找到的是大于或等于 Key 的位置，该函数外部还需要对 ukey 进行比较
    rkey = data.Key()
    if !noValue {
        if r.bpool == nil {
            value = data.Value()
        } else {
            value = append([]byte{}, data.Value()...)
        }
    }
    data.Release()
    // 返回找到的 Key/Value
    return
}
```

SSTable 文件内的查找流程描述如下：

1）需要获得 Reader 的句柄，这涉及打开 SSTable 文件，然后解析 Footer，再按照 Meta Index、Index Block 逐步解析，进而构建出一个 SSTable 的 Reader。构建完成后通常会缓存在内存中，后续可以直接复用。

2）通过 Index Block 可以对用户查询的 Key 进行快速定位，定位到 Data Block 的位置后，基本范围就确认了。如果配置了 Filter Block，还可以通过它快速判断 Key 是否存在于对应的 Data Block 中。

3）在确定的 Data Block 内逐个比较 Entry 的 Key，如果找到匹配项，则返回相应的值，否则返回“未找到”(Not Found）的结果。

现在来看一下 Index Block 是如何快速索引到 Data Block 的。其实，Index Block 内部存储了一系列的 Key/Value。其中，Key 对应一个 Data Block 内的最大 Internal Key，Value 则指向 Data Block 的 Block Handle（包含 offset 和 length）结构。因此，我们可以利用 Index Block 记录的 Key 快速确定用户 Key 落在哪个 Data Block 的范围。图 14-18 展示了 Index Block 和 Data Block 的关系。

显然，SSTable 的很多数据格式都是为了提升查找效率而设计的，这对我们有很大的借鉴意义。

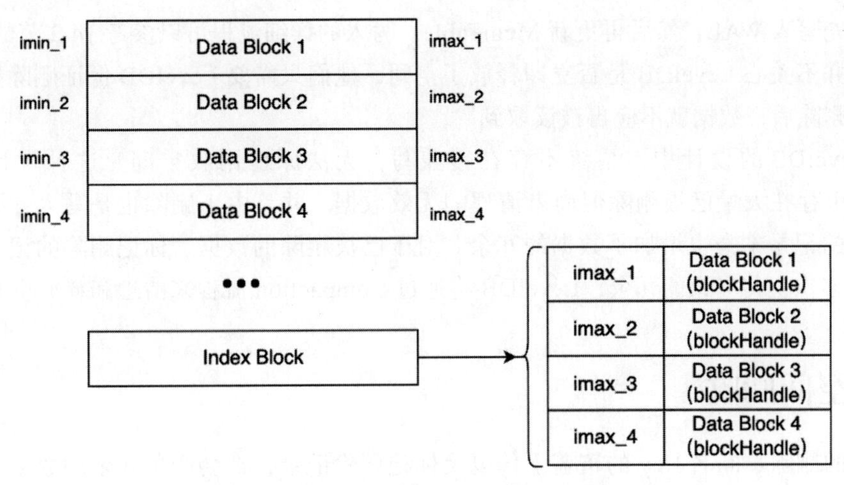

图 14-18　Index Block 和 Data Block 的关系

1）每个 SSTable 文件都是有序排列的，并且除 Level 0 外，每一层内的 SSTable 都全局有序，相互之间不存在交集。

2）SSTable 内部有 Index Block、Filter Block，这些都是用于加速查找而设计的索引信息。解析的数据会被尽可能地缓存，如 SSTable Reader、Block 等，便于后续的复用。

3）Data Block 之间有 Index Block 帮助定位，而 Data Block 内部则通过 Restart Point 的设计来提升查找效率。

通过这些精心设计的策略，系统尽量减少了不必要的 I/O 操作，从而大幅提升了查找效率。

14.4　删除流程

在 LevelDB 中，用户删除某个 Key/Value 实际上也是一次写入过程，这被称为"标记删除"。例如，用户使用 db.Delete([]byte("Key"), nil) 来删除一个名为 Key 的键值对。db.Delete 方法的实现如代码清单 14-9 所示。

代码清单 14-9　db.Delete 方法的实现

```
// DB.Delete 实现
func (db *DB) Delete(key []byte, wo *opt.WriteOptions) error {
    return db.putRec(keyTypeDel, key, nil, wo)
}
```

如上述代码所示，db.Delete 方法实际上也是调用 DB.putRec 方法，这与写流程完全一致。区别在于，在构造 Internal Key 时，Value Type 被设置为 keyTypeDel 类型，而正常写入的请求 Value Type 被设置为 keyTypeVal。因此，用户的删除操作对底层来说也是写入操作，都是先写入 WAL，然后再更新 MemTable。写入的详细流程可以参考 14.2 节的内容。

用户并不关心 LevelDB 是否立即释放了空间，他们只需要 LevelDB 保证删除操作的语义，即“删除后，数据就不应再被读取到”。

在 LevelDB 的设计中，系统不存在覆盖写，无法原地回收空间。这种设计会导致 LevelDB 中存在大量已被删除但尚未清理的无效数据。并且由于删除也是写入，因此这种标记删除的记录本身也增加了数据的冗余。对于已被删除的数据、标记删除的记录以及同一个 Key 多次上传导致的冗余，LevelDB 将通过 Compaction 流程来清理和释放空间。

14.5 空间回收

用户的删除、同名 Key 的覆盖上传以及标记删除记录，都会产生冗余的数据。对于一个健全的存储系统来说，维持正常的空间使用并尽快释放冗余垃圾是必要的。这个过程就依赖于 LevelDB 的 Compaction 功能。

Compaction 通常被翻译为“紧凑”，其具体流程是通过读取指定的文件，丢弃其中的冗余垃圾，然后将剩余数据写到一个新的位置，形成新的、紧凑的文件。接下来，整个旧文件会被删除，从而实现空间的回收。Compaction 回收空间原理如图 14-19 所示。

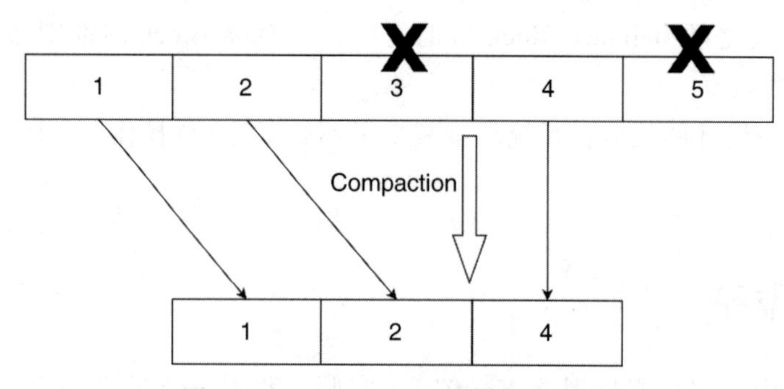

图 14-19 Compaction 回收空间原理

Compaction 是 LevelDB 中比较复杂的内部流程，是影响前台性能的重要因素之一。Compaction 的开销巨大，因为它会占用大量磁盘带宽和 IOPS 资源，因此触发 Compaction 的时机需要经过精心的设计，这是 LevelDB 最复杂且需要权衡的部分。如果 Compaction 操作过慢，会浪费空间，增加成本，过快则可能影响性能，抢占磁盘能力。

在 LevelDB 中，有 Minor Compaction 和 Major Compaction 两种类型的 Compaction。接下来将详细介绍这两种类型。

1. Minor Compaction

每次写请求完成之后，会根据 MemTable 的大小判断是否需要轮转，当内存大小超过阈值时，就会触发轮转，创建出一个新的 MemTable，旧的 MemTable 变为只读。然后触发一个 Minor Compaction 的操作消息。

Minor Compaction 是将只读的 MemTable（对应只读的 WAL）的数据转化成 SSTable 文件，该过程生成的是一个 Level 0 层的 SSTable 文件。Minor Compaction 的过程通常是比较快的，因为它的数据源已经在内存中，并且它不需要关注其他的 SSTable 文件，只需要把当前只读的 MemTable 的有效数据写入磁盘即可。Minor Compaction 流程如图 14-20 所示。

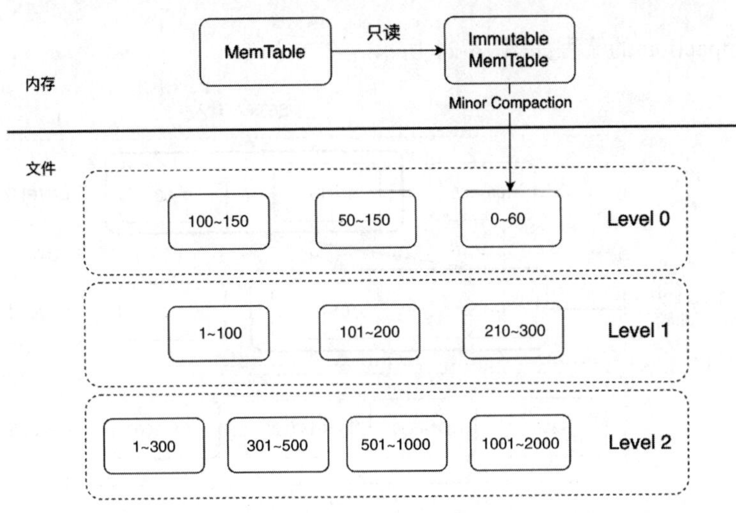

图 14-20　Minor Compaction 流程示意

在通过 Minor Compaction 生成 SSTable 的过程中，并不会与 Level 0 层的其他 SSTable 文件做比较。因此，Level 0 层的文件之间可能存在交集。这种设计是有意为之的，主要基于以下几点考虑。

- 写入速度：LevelDB 优先保障写入速度。允许 Level 0 层文件重叠，可以避免写入时进行复杂的合并操作，从而提高写入性能。
- 简化设计：不在 Level 0 层强制进行文件合并和排序，有助于简化写入过程。

Minor Compaction 需要在尽可能短的时间内完成，以免占用过多内存，阻塞正常的写入操作。因此 Minor Compaction 的优先级要高于 Major Compaction 的优先级。当触发 Minor Compaction 时，如果发现有 Major Compaction 正在执行，甚至可以暂停，让 Minor Compaction 先执行。同时我们需要注意，Level 0 层的文件数量不能太多，需要及时进行合并，否则会影响查询效率。

2. Major Compaction

相较于 Minor Compaction，Major Compaction 的主要任务是合并 SSTable 文件。它将多个 SSTable 文件合并成一个大的 SSTable 文件，并确保合并后的 SSTable 文件在其所在的层级全局有序。因此，这个过程可能涉及多个文件的修改，存在扩散的问题。在 LevelDB 中，触发 Major Compaction 的条件通常包括：

1）Level 0 层的 SSTable 文件数量过多。此时需要尽快将这些文件合并到下一层，否则会严重影响读取性能，甚至阻塞写入。

2）某个 Level 层的文件总大小超过一定阈值，也会触发合并。通常情况下，越是下层的阈值设定越大。

3）读取过程也会进行探测，当发现无效数据过多、查找效率低下时，也会触发合并操作。

Major Compaction 的流程如图 14-21 所示。

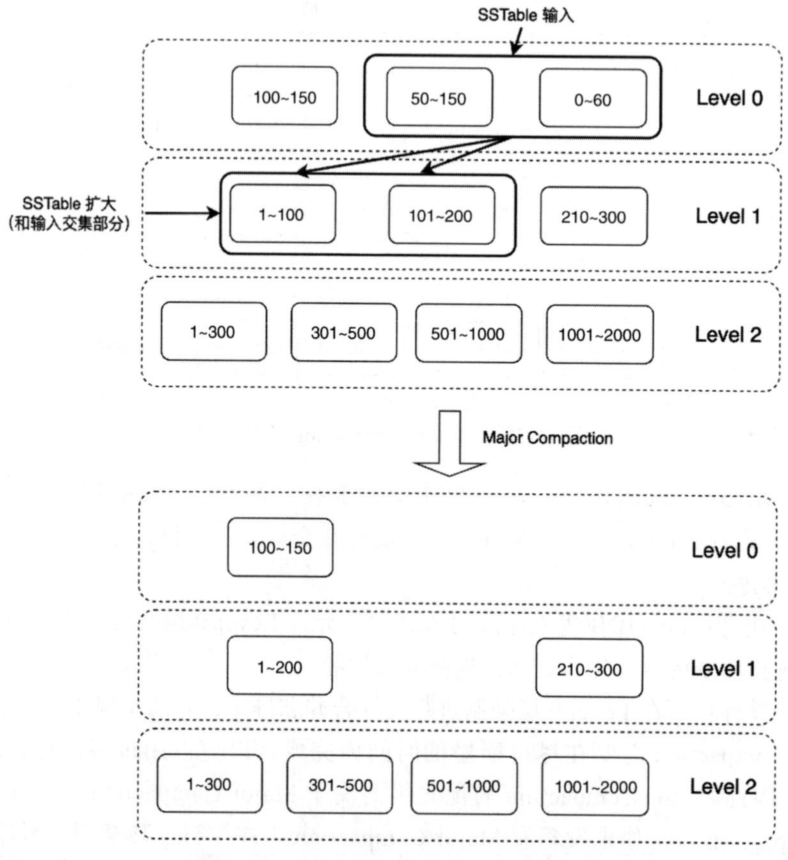

图 14-21 Major Compaction 流程示意

从图 14-21 中可以观察到，作为 Major Compaction 初始输入的两个 Level 0 层文件，其 Key 范围分别为 50～150、0～60。这两个文件和 Level 1 层的两个文件（Key 范围为 1～100 和 101～200）存在重叠，因此这 4 个文件将被合并。最终这些文件将被整合为一个 Key 范围为 1～200 的文件。

Major Compaction 的主要目的有两个：一是清理垃圾数据，降低存储成本；二是重新排序文件，减少文件的无效数据，从而提升查询的效率。

在执行 Major Compaction 时，首先需要选择输入的文件。选择文件通常遵循一些规则，例如，可以轮换地选择输入文件。具体做法是，记录上一次合并的文件的最大 Key 值，下次合并时选取该 Key 值之后的 SSTable 文件作为输入。或者，也可以选择一些热点 SSTable 文件（尤其是那些经常出现查询不命中的文件），因为这类文件更需要高效地查询。

选择了输入文件之后，接下来就是要确定下一层的哪些 SSTable 文件与输入文件有重叠。存在重叠的 SSTable 文件需要放到一起来处理。这是因为，Major Compaction 必须保证目标 Level 的全局有序性。

14.6　本章小结

本章深入讨论了 LevelDB，这是一个基于 LSM Tree 的单机 Key/Value 存储引擎。我们首先了解了 LevelDB 的基础架构和数据结构，包括 WAL、MemTable 和 SSTable 等核心组件。

我们讨论了 LevelDB 的写流程，数据先写入 WAL，然后更新 MemTable。当 MemTable 的大小达到一定阈值时，会变成只读的 MemTable，然后进行 Minor Compaction，将只读的 MemTable 转化成 Level 0 层的 SSTable 文件。我们还讨论了 LevelDB 的读流程，首先在 MemTable 中查找，如果没有找到，再在不同层次的 SSTable 文件中查找。

我们还探讨了删除操作在 LevelDB 中的实现，实际上也是一次写入过程，被称为“标记删除”。用户删除也是写入 WAL，然后更新 MemTable。

最后我们讨论了 LevelDB 的空间回收策略，包括 Minor Compaction 和 Major Compaction。Minor Compaction 主要将只读的 MemTable（对应只读的 WAL）的数据转化成 SSTable 文件。Major Compaction 则主要是 SSTable 文件间的合并，它将多个 SSTable 文件合并成下层较大的 SSTable 文件，并保证合并后的 SSTable 在其所在层次全局有序。

总之，本章的内容有助于读者深入理解 LSM Tree 的设计与实现，同时有助于读者在实际应用中更好地使用 LSM Tree 来满足数据存储的需求。

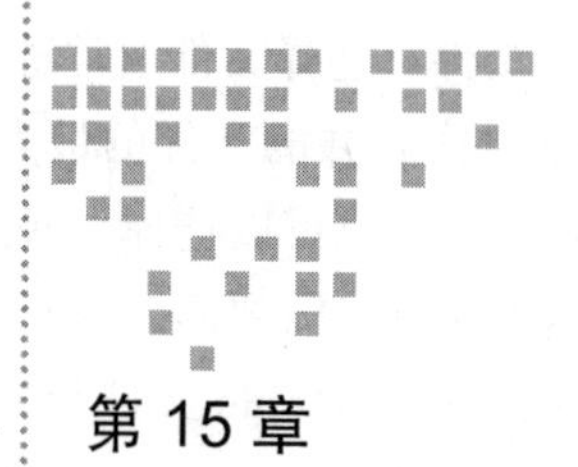

Chapter 15 第 15 章

用户态文件系统

用户态文件系统（Filesystem in Userspace，以下简称 FUSE）是一种允许在用户空间运行自定义文件系统的机制。与传统的内核态文件系统的实现相比，FUSE 使用户能够通过应用程序在用户空间处理文件系统的 I/O 请求，并自定义文件系统的实现逻辑，而无须修改内核。这涵盖了文件读写、权限控制和空间管理等多项功能。基于用户态的文件系统具有以下优势。

- 稳定性和安全性：由于运行在用户空间，用户态文件系统的崩溃不会影响整个操作系统的稳定性，因此提高了系统的整体安全性。
- 可移植性：开发者可以根据需求选择开发语言，并自由实现文件系统的逻辑，无须编写和调试内核代码。例如，开发者可以使用 Go、C、Python 等语言来开发文件系统。这为文件系统的开发带来了极大的灵活性和可移植性，使用户态文件系统能够轻松适应不同的场景和操作系统环境。
- 开发与维护的成本：开发者不再需要具备内核编程的知识，这降低了文件系统的开发难度和复杂性。

FUSE 的核心理念是将文件系统的各种操作转移到用户空间，并通过一个内核模块将系统调用转发到用户空间的应用程序执行。接下来将深入分析 FUSE 的整体架构和实现原理。

15.1 整体架构

FUSE 是实现用户态文件系统的一整套解决方案，它主要由内核态模块和用户态模块两大模块构成。

1）内核态模块：FUSE 的内核态模块为 fuse.ko，负责与用户态模块进行通信。fuse.ko

模块主要由三部分构成，即① /dev/fuse 设备文件（在内核加载 fuse.ko 模块时创建）；② fuse 文件系统（在挂载 fuse 文件系统时被创建）；③ fusectl 文件系统。

2）用户态模块：用户态模块同样分为三部分，即①公共框架，主要负责解析内核发来的 FUSE 协议的请求，并按照 FUSE 协议将响应发送回内核；②一系列实用工具，例如挂载工具 fusermount 等；③业务定制部分，这是文件系统个性化实现的核心部分。

FUSE 的整体架构如图 15-1 所示。

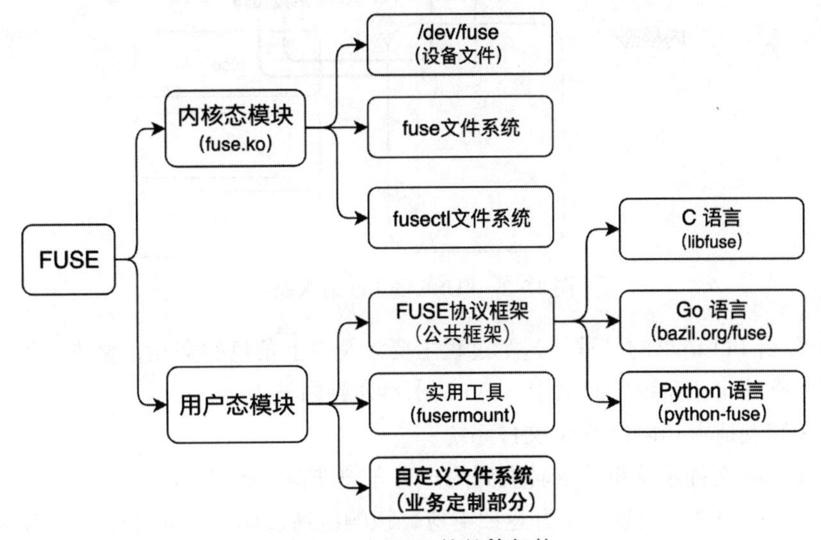

图 15-1　FUSE 的整体架构

内核态模块的实现由 Linux 核心提供，这是操作系统通用的实现部分。用户态的框架部分和工具部分通常由相应编程语言的公共库实现，开发者一般可以直接利用这些现成的库。用户态模块并不局限于某种特定的编程语言，C 语言、Go 语言都是可行的选择。

开发者真正需要自行扩展的是业务定制部分。这是开发者可以充分发挥创意的地方，可以在这里实现独特的用户态文件系统逻辑，它构成了自定义文件系统的核心。

现在通过图 15-2 来直观了解 FUSE 的 I/O 请求路径。

通过图 15-2 可以识别出若干关键角色及其功能。

1）用户应用程序：代表访问文件系统的应用。如 ls、cat 等。

2）VFS：内核 VFS 文件系统，负责将请求转发给具体的文件系统。

3）fuse：内核 fuse 文件系统作为 FUSE 的内核模块的一部分，是连接用户应用程序和用户态文件系统守护进程之间的桥梁。

4）/dev/fuse：作为用户态守护进程和内核 fuse 文件系统的通信管道。

5）用户态守护进程：主要包含 FUSE 的用户态框架部分和业务定制部分。用户态守护进程会持续运行并监听来自内核的请求，并作为 FUSE 用户态文件系统的代表执行文件系统的核心逻辑。

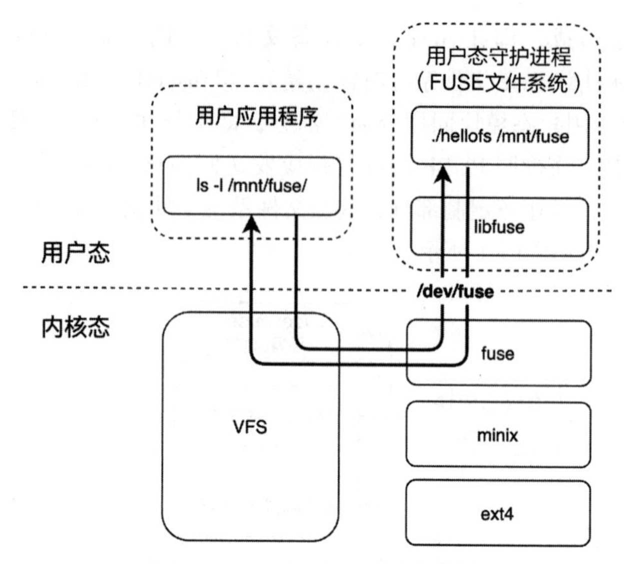

图 15-2 FUSE 的 I/O 请求路径

接下来分析 I/O 请求的过程，这个过程主要涉及以上角色的交互，整体流程如下：

1）用户通过 ls -l 命令发起请求，I/O 请求传递到内核。

2）VFS 转发请求到内核 fuse 文件系统。

3）内核 fuse 文件系统将请求转发到用户态守护进程。此时 I/O 请求进入用户态。

4）用户态守护进程处理请求并返回响应，该响应通过同样的路径返回给内核 fuse 文件系统，然后返回给应用程序。

5）执行 ls 命令后得到结果。

可以看到，FUSE 的内核模块在用户应用程序和用户态文件系统守护进程中起到了桥梁作用。在具体实现上，使用了特殊的文件 /dev/fuse 来实现内核态和用户态之间的通信。用户态的守护进程负责实现文件系统的核心逻辑。

15.2 内核态

在 FUSE 的整体架构中，内核部分发挥着极其重要的作用。FUSE 的内核态实现逻辑存放在 Linux 源代码的 fs/fuse 目录下，它可以编译为 fuse.ko 模块文件，并加载到系统中使用。fuse.ko 内核模块主要包含以下 3 个核心组成部分。

1）/dev/fuse 设备文件：fuse.ko 模块实现了对该设备文件进行打开、读写操作的特殊处理。

2）fuse 文件系统：fuse.ko 模块根据内核文件系统所定义的接口框架，实现了一个名为 fuse 的内核文件系统。当用户挂载用户态文件系统时，这个特殊的内核文件系统也随之被创建。

3）fusectl 文件系统：这是一种特殊的内核文件系统，名字为 fusectl，其作用是管理本机上的 fuse 文件系统实例。

实际上，在 Linux 系统中，可以同时运行多个用户态文件系统，每个都对应着一个守护进程。挂载用户态文件系统时，都会创建一个对应的内核 fuse 文件系统的实例。守护进程和内核 fuse 文件系统实例之间通过 /dev/fuse 建立起一条信息通道。这些通道相互独立，互不影响。图 15-3 展示了多用户态文件系统的结构。

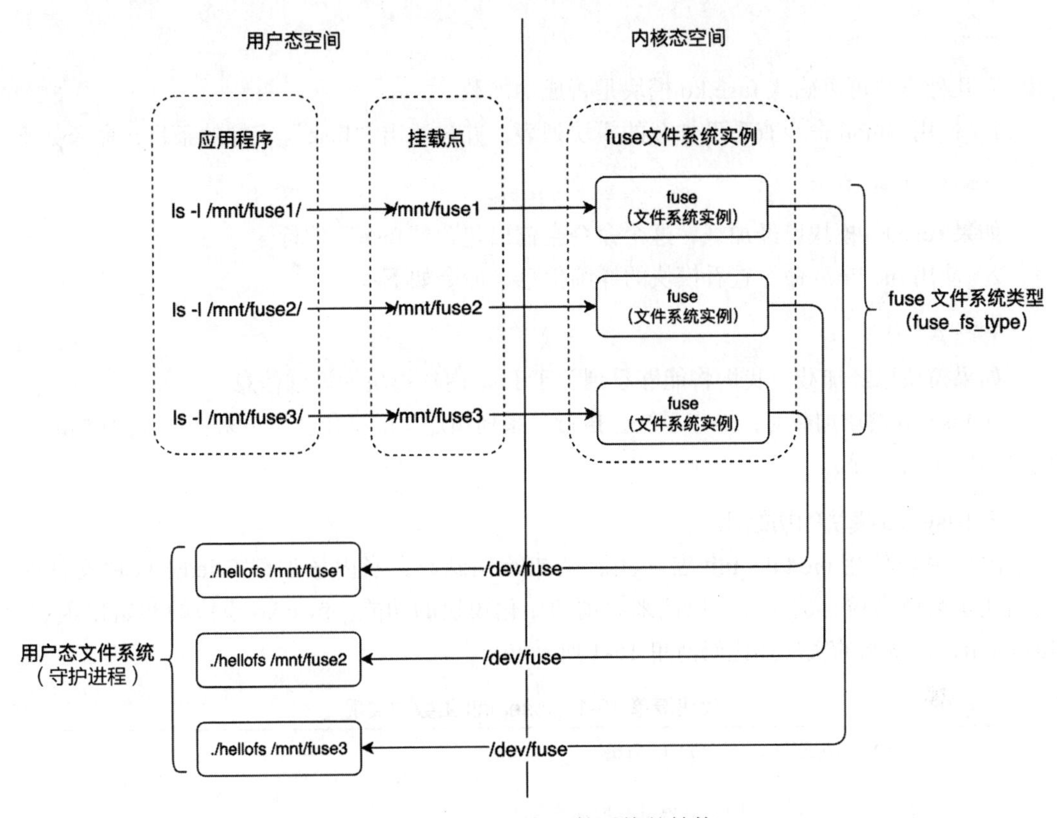

图 15-3　多用户态文件系统的结构

接下来将从内核模块的加载开始，逐步深入解析 /dev/fuse 设备文件、fuse 文件系统以及 fusectl 文件系统背后的原理，以便全面掌握 FUSE 的核心要素。

15.2.1　fuse.ko 模块文件

在 Linux 系统中，fuse 内核模块对应着 fuse.ko 模块文件，该文件通常放在操作系统的 /lib/modules/$(uname -r)/kernel/fs/fuse 目录下。

首先，我们可以使用 ls 命令检查该目录中是否存在 fuse.ko 文件。如果文件不存在，可以尝试安装 fuse 模块，具体的安装方法根据操作系统和软件包管理器的不同而有所差异。以 Ubuntu 操作系统为例，可以使用以下命令安装：

```
sudo apt-get install fuse
```

在确认操作系统已成功安装 fuse.ko 文件之后，我们将进一步探讨 fuse.ko 模块的加载和初始化过程。

1. fuse.ko 模块的加载

我们可以使用 modprobe 命令进行加载，执行命令如下：

```
modprobe fuse
```

有几种方法可以确认 fuse.ko 模块是否成功加载。

1）使用 lsmod 命令查看已加载的模块列表，并过滤出“fuse”字样的条目，命令如下：

```
lsmod |grep fuse
```

如果 fuse.ko 模块已经加载，这个命令会输出包含“fuse”的行。

2）使用 modinfo 命令查看模块的详细信息，命令如下：

```
modinfo fuse
```

如果模块已经加载，我们将能够看到关于 fuse 内核模块的详细信息。

在 fuse.ko 模块加载时，操作系统会执行一系列预定义的操作。接下来将详细探讨 fuse.ko 模块初始化的流程。

2. fuse.ko 模块的初始化

内核模块使用 module_init 宏来注册其初始化函数，当内核加载 fuse.ko 模块文件时，初始化函数就会被自动执行，以此来启动初始化模块的功能。fuse.ko 模块的初始化函数为 fuse_init，该函数的实现如代码清单 15-1 所示。

代码清单 15-1 fuse_init 函数的实现

```
static int __init fuse_init(void)
{
    // 初始化用于添加后续的 fuse 连接的链表头
    INIT_LIST_HEAD(&fuse_conn_list);
    // 初始化内核 fuse 文件系统类型（fuse_fs_type）
    res = fuse_fs_init();
    // 初始化设备文件 /dev/fuse
    res = fuse_dev_init();
    // 初始化 fuse 在 sys 文件系统的节点
    // 对应路径为 /sys/fs/fuse/connections
    res = fuse_sysfs_init();
    // 初始化内核 fusectl 的文件系统类型（fuse_ctl_fs_type）
    res = fuse_ctl_init();
}
// 注册 fuse 模块的初始化函数
module_init(fuse_init);
// 注册 fuse 模块的析构函数
module_exit(fuse_exit);
```

在 fuse_init 函数中，进行了关键的初始化工作，主要有以下 4 个任务。

1）初始化 fuse 内核文件系统：由 fuse_fs_init 函数负责，主要工作包括注册 fuse 文件系统的类型（类型变量为 fuse_fs_type，名称为 fuse），并创建 fuse_inode 结构体的缓存。

2）初始化 fuse 设备文件：由 fuse_dev_init 函数负责，其主要工作包括创建 fuse_req 结构体的缓存，并创建名为 /dev/fuse 的设备文件。该设备文件用于实现用户空间与内核空间之间的信息交换。

3）初始化 fuse 在 sysfs 的管理节点：由 fuse_sysfs_init 函数负责，其主要工作是在 /sys/fs 目录下创建 fuse 节点，并添加 connections 节点。

4）初始化 fusectl 文件系统：由 fuse_ctl_init 函数实现，注册 fusectl 文件系统类型（类型变量为 fuse_ctl_fs_type，名字为 fusectl），允许用户可以监控和管理内核 fuse 文件系统实例的状态。

fuse.ko 模块加载完成后，内核便完成了必要的准备工作。此时，内核中已创建了两种文件系统类型：fuse 和 fusectl。在后续挂载操作中，将会创建这两种文件系统的内核实例。/dev/fuse 设备文件则作为一个桥梁，连接内核 fuse 文件系统和用户态守护进程，实现双方通信。

接下来将深入分析 /dev/fuse 设备文件以及 fuse 和 fusectl 文件系统的工作原理和具体实现。

15.2.2　/dev/fuse 设备文件

/dev/fuse 是一个字符设备文件，在 fuse.ko 内核模块初始化时创建。它是用户态文件系统守护进程和内核 fuse 文件系统通信的桥梁。代码清单 15-2 展示了 /dev/fuse 设备文件注册的实现。

代码清单 15-2　/dev/fuse 设备文件注册的实现

```
int __init fuse_dev_init(void)
{
    // 注册一个设备文件 /dev/fuse
    err = misc_register(&fuse_miscdevice);
}
// /dev/fuse 设备文件的定义
static struct miscdevice fuse_miscdevice = {
.minor = FUSE_MINOR,
.name  = "fuse",
.fops = &fuse_dev_operations,
};
// /dev/fuse 设备文件的操作表定义
const struct file_operations fuse_dev_operations = {
    .owner = THIS_MODULE,
    .open = fuse_dev_open,                // 打开设备文件
    .llseek = no_llseek,                  // 设定偏移位置
```

```
    .read_iter  = fuse_dev_read,          // 读取设备文件
    .write_iter = fuse_dev_write,         // 写入设备文件
    .poll = fuse_dev_poll,                // 设备文件的 poll 机制
    // 此处省略其他字段
};
```

在 fuse_dev_init 函数中完成了字符设备 /dev/fuse 的注册，并在 fuse_dev_operations 结构中定义了该字符设备的操作方法。后续对 /dev/fuse 设备文件的 I/O 操作都将调用 fuse_dev_operations 中定义的方法函数，这对整个通信机制是至关重要的。

在挂载一个 FUSE 的时候，需要先打开 /dev/fuse 设备文件来获得一个文件描述符。这个文件描述符对应一个 file 结构，其 file_operations 就是 fuse_dev_operations 操作表。打开 /dev/fuse 设备文件的动作会触发 fuse_dev_open 函数的调用，而对该设备的读写操作则会分别调用 fuse_dev_read、fuse_dev_write 函数。

15.2.3 fuse 文件系统

1. fuse 文件系统的注册

在 fuse.ko 模块初始化时，会注册一个名为 fuse 的内核文件系统类型，即 fuse_fs_type，该文件系统的作用主要是接收 VFS 转发来的 I/O 请求，并将它们转发给相应的用户态文件系统的守护进程。代码清单 15-3 展示了 fuse 文件系统注册的实现。

代码清单 15-3 fuse 文件系统注册的实现

```
static int __init fuse_fs_init(void)
{
    // 此处省略部分代码
    // 注册文件系统
    err = register_filesystem(&fuse_fs_type);
}
// fuse 文件系统类型定义
static struct file_system_type fuse_fs_type = {
    .owner      = THIS_MODULE,
    .name       = "fuse",
    .fs_flags   = FS_HAS_SUBTYPE | FS_USERNS_MOUNT,
    .init_fs_context = fuse_init_fs_context,
    .parameters = fuse_fs_parameters,
    .kill_sb    = fuse_kill_sb_anon,
};
```

fuse_fs_type 定义了文件系统类型名为 fuse。在挂载文件系统时，需要指定文件系统的类型名。若指定为 fuse 类型，则会根据 fuse_fs_type 的定义初始化一个文件系统实例，该实例最终会挂载到 fuse_fs_type 的链表上。fuse_fs_type 指定了文件系统挂载过程解析参数的特定行为，其核心字段如下。

1）name：关键字段，指定类型名为 fuse。在文件系统挂载时，系统将使用这个名字来

匹配并找到对应的文件系统类型。

2）init_fs_context：赋值为 fuse_init_fs_context 函数，该函数用于初始化 fuse 特有的 fuse_fs_context 结构。

3）parameters：赋值为 fuse_fs_parameters 变量，该变量定义了 fuse 文件系统特有的挂载参数。

挂载过程的主要任务是创建并初始化相关结构体，并建立它们之间的关联。完成挂载之后，挂载点目录、fuse 内核文件系统、/dev/fuse 设备以及用户态的守护进程这四个关键要素便紧密关联起来，为后续的 I/O 流程打下基础，确保能够正常进行。接下来将详细介绍挂载过程的具体实现。

2. fuse 文件系统的挂载

用户态文件系统通常采用 fusermount 命令或直接使用 Mount 系统调用来完成挂载操作。这两者本质上是相同的，只不过 fusermount 封装了对 /dev/fuse 设备的处理细节。采用 fusermount 挂载成功后，它会通过 Unix 域套接字进程间的通信功能，将打开的 /dev/fuse 文件描述符传递回守护进程。此后，守护进程便可以使用这个文件描述符与内核 fuse 文件系统进行通信。

为了更深入地理解挂载的工作原理，我们以 Mount 系统调用为例进行说明。以下是 Go 语言 syscall 包中 Mount 系统调用的函数原型定义：

```
// 文件：go/src/syscall/syscall_linux.go
func Mount(source string, target string, fstype string, flags uintptr, data
    string) (err error)
```

Mount 系统调用的关键参数解释如下。

- source：这是要挂载的文件系统的来源，用户可以自行决定其内容。它的有效性校验方式取决于文件的系统的类型，可以是设备名（/dev/sda1）、目录名或者其他特殊字符串。通常展示在 df -Ta 命令输出结果的第一列。
- target：这是文件系统挂载点的路径，这个参数会强制校验，因此必须确保路径有效。
- fstype：要挂载的文件系统类型，如 Ext4、Minix、FUSE 等，也可以是像 fuse.HelloFS。这样带有“.”类型的，但实际类型仍然是 FUSE。在查找文件系统类型时，内核会忽略“.”之后的字符串。这个名称必须是有效的文件系统名。
- flags：一组用来指定挂载行为的标志。这些标志可以控制挂载的读写权限、执行权限等。
- data：传递给文件系统的特殊参数，具体含义由文件系统自行解析。

下面举一个实际的挂载例子。在用户态文件系统的守护进程中，打开 /dev/fuse 获得文件描述符 7。随后，构建参数并直接调用 Mount 系统调用来挂载一个用户态的文件系统。执行 Mount 系统调用的代码如下：

```
syscall.Mount("HelloWorld", "/mnt/fuse", "fuse.HelloFS", 0x6,
    "fd=7,rootmode=40000,user_id=0,group_id=0,max_read=131072")
```

如果执行成功，通过执行 df -Ta 命令能看到如下输出：

```
$ df -Ta
Filesystem     Type          1K-blocks      Used Available Use% Mounted on
HelloWorld     fuse.HelloFS          0         0         0    - /mnt/fuse
```

接下来让我们深入了解 Mount 系统调用的内部机制。在内核中，Mount 系统调用会先对路径进行解析，并做一些基础的校验。随后，通过一系列层级的函数调用，逐步深入，最终到达 do_new_mount 函数。Mount 系统调用的实现如代码清单 15-4 所示。

代码清单 15-4 Mount 系统调用的实现

```
SYSCALL_DEFINE5(mount, char __user *, dev_name, char __user *, dir_name,
        char __user *, type, unsigned long, flags, void __user *, data)
{
    ret = do_mount(kernel_dev, dir_name, kernel_type, flags, options);
}
long do_mount(const char *dev_name, const char __user *dir_name,
        const char *type_page, unsigned long flags, void *data_page)
{
    // 路径解析
    ret = user_path_at(AT_FDCWD, dir_name, LOOKUP_FOLLOW, &path);
    // 执行挂载操作
    ret = path_mount(dev_name, &path, type_page, flags, data_page);
}
int path_mount(const char *dev_name, struct path *path,
        const char *type_page, unsigned long flags, void *data_page)
{
    return do_new_mount(path, type_page, sb_flags, mnt_flags, dev_name, data_page);
}
```

do_new_mount 函数是文件系统挂载的核心函数，任务涉及超级块、挂载点、根节点等多步操作，do_new_mount 函数的实现如代码清单 15-5 所示。

代码清单 15-5 do_new_mount 函数的实现

```
static int do_new_mount(struct path *path, const char *fstype, int sb_flags, int
mnt_flags, const char *name, void *data)
{
    // 通过文件系统类型名称查找对应的 fs_system_type 结构
    type = get_fs_type(fstype);
    // 创建并初始化 fs_context 结构（对应执行 fuse_init_fs_context 函数）
    fc = fs_context_for_mount(type, sb_flags);
    // 解析挂载参数
    // 创建并初始化文件系统的挂载点的根节点以及超级块实例（对应执行 fuse_get_tree 函数）
    vfs_get_tree(fc);
    // 执行挂载操作，将文件系统挂载至指定路径
    do_new_mount_fc(fc, path, mnt_flags);
}
```

在挂载过程中，会创建一个 fs_context 结构体，用于保存本次挂载操作的上下文。然后，具体文件系统还可以定制自己特殊的 context，fuse 文件系统定制的是 fuse_fs_context 结构，该结构在 fuse_init_fs_context 函数中被创建并初始化。fuse_init_fs_context 函数的实现如代码清单 15-6 所示。

代码清单 15-6 fuse_init_fs_context 函数的实现

```
static int fuse_init_fs_context(struct fs_context *fsc)
{
    struct fuse_fs_context *ctx;
    // 创建 fuse_fs_context 结构
    ctx = kzalloc(sizeof(struct fuse_fs_context), GFP_KERNEL);
    // 设置默认最大读取大小和块大小
    ctx->max_read = ~0;
    ctx->blksize = FUSE_DEFAULT_BLKSIZE;
    ctx->legacy_opts_show = true;
    // 将 fuse 文件系统的上下文与 VFS 的 fs_context 关联
    fsc->fs_private = ctx;
    // 为 fuse_fs_context 设置操作表
    fsc->ops = &fuse_context_ops;
}
// fuse_fs_context 的操作表定义
static const struct fs_context_operations fuse_context_ops = {
    .free           = fuse_free_fsc,      // 释放文件系统上下文的回调
    .parse_param    = fuse_parse_param,   // 解析方法参数
    .reconfigure    = fuse_reconfigure,   // 用于处理文件系统配置变更
    .get_tree       = fuse_get_tree,      // 用于获取（或者创建）挂载点的根节点和超级块实例等
};
```

在 fuse_init_fs_context 函数中，会对通用的 fs_context 结构的 fs_private 和 ops 字段进行赋值。其中，fs_private 赋值为 fuse_fs_context 结构的变量，ops 赋值为 fuse_context_ops 的指针。这两个字段在挂载过程中非常重要，它们将用于构造 fuse 文件系统的实例。

例如，fuse_parse_param 用于解析挂载传入的参数（对应解析 Mount 系统调用的 data 参数），fuse_get_tree 方法用来构造挂载点的超级块实例、根节点等信息。fuse_get_tree 函数的实现如代码清单 15-7 所示。

代码清单 15-7 fuse_get_tree 函数的实现

```
static int fuse_get_tree(struct fs_context *fsc)
{
    // 初始化 fuse_conn 和 fuse_mount 结构
    fuse_conn_init(fc, fm, fsc->user_ns, &fuse_dev_fiq_ops, NULL);
    fc->release = fuse_free_conn;
    fsc->s_fs_info = fm;
    // 获取 Mount 系统调用的传入文件描述符对应的 file 结构
    // 该文件描述符由用户态守护进程打开 /dev/fuse 文件得到
    if (ctx->fd_present)
        ctx->file = fget(ctx->fd);
```

```
    // 获取 fuse_dev 结构体
    fud = READ_ONCE(ctx->file->private_data);
    if (ctx->file->f_op == &fuse_dev_operations && fud) {
        // 处理同一个 fuse_conn 上的多个挂载点
        fsc->sget_key = fud->fc;
        sb = sget_fc(fsc, fuse_test_super, fuse_set_no_super);
        err = PTR_ERR_OR_ZERO(sb);
        if (!IS_ERR(sb))
            fsc->root = dget(sb->s_root);
    } else {
        // 处理新的挂载请求
        err = get_tree_nodev(fsc, fuse_fill_super);
    }
out:
    if (fsc->s_fs_info)
        fuse_mount_destroy(fm);
    if (ctx->file)
        fput(ctx->file);
    return err;
}
```

fuse_get_tree 函数在挂载流程中起到关键的作用，它负责创建 fuse_conn、fuse_mount、fuse_dev 等核心结构。该函数会获取一个指向 /dev/fuse 设备的 file 结构，并将其赋值给 fuse_fs_context 的 file 字段。file 字段将成为后续内核 fuse 文件系统和用户态守护进程通信的重要通道。

在 fuse_get_tree 函数触发的相关流程中，fs_context 结构的 s_fs_info 字段会被赋值为 fuse_mount。同时，fuse_mount 还会被赋值给 super_block 结构的 s_fs_info 字段。这样的设计使后续的 I/O 请求进入内核的 fuse 文件系统时，可以通过 inode 获取 super_block，进而找到 fuse_mount、fuse_conn 等一系列结构。

在 fuse_get_tree 函数执行过程中，会调用 get_tree_bdev 函数，在这个函数中又会调用 fuse_fill_super 函数。fuse_fill_super 的核心任务是初始化 fuse 文件系统的超级块实例。在 fuse_fill_super 函数中的一项步骤是把 file->private_data 字段赋值成 fuse_dev。

挂载完成之后，fuse 文件系统相关的结构就建立了紧密的关联，如图 15-4 所示。

如图 15-4 所示，fuse 文件系统完成挂载后，与挂载点相关的结构和 /dev/fuse 对应的 file 结构完成了关联。通过这种方式，内核 fuse 文件系统与用户态文件系统的守护进程就可以顺利传递访问挂载点路径下的 I/O 请求。

15.2.4 fuse 的 I/O 链路

本节将探讨应用程序从发起写请求到接收响应的完整流程。为了简化说明，我们选择以 Direct I/O 方式来阐述，即内核 fuse 文件系统在接收到写请求后，会直接提交该请求。相比之下，如果采用先写入 PageCache 再异步提交的方式，整个流程会变得复杂。

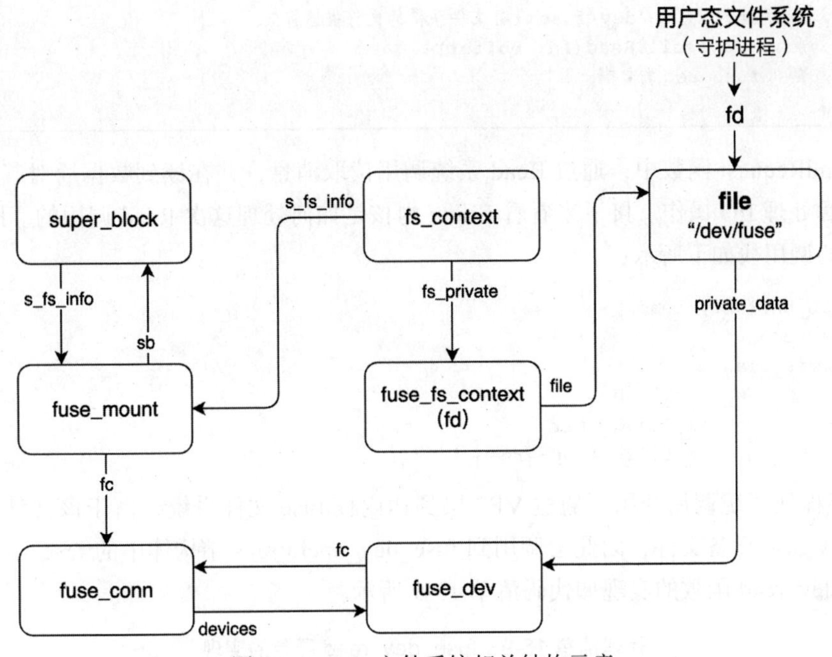

图 15-4　fuse 文件系统相关结构示意

1. 用户态的守护进程

在用户态的守护进程处理 I/O 操作之前，需要完成一系列的准备工作。

（1）用户文件系统挂载

首先，守护进程需要打开 /dev/fuse 文件，以获得文件描述符。接着，该文件描述符被作为参数，传递给 Mount 系统调用，并挂载指定为 fuse 类型的文件系统。具体执行步骤如下：

```
// 步骤 1：打开 /dev/fuse 获得文件描述符 (fd)，假设 fd=7
fd, err = syscall.Open("/dev/fuse", os.O_RDWR, 0)
// 步骤 2：执行 Mount 系统调用
syscall.Mount("HelloWorld", "/mnt/fuse", "fuse.HelloFS", 0x6,
    "fd=7,rootmode=40000,user_id=0,group_id=0,max_read=131072")
```

（2）守护进程读取 FUSE 请求

挂载成功后，守护进程即可使用 /dev/fuse 的文件描述符来尝试读取 FUSE 请求数据。如果当前没有任何数据，守护进程将会阻塞，并等待数据的到来。假设守护进程中实现了一个 ReadRequest 函数，用于从 /dev/fuse 设备读取 FUSE 请求，如代码清单 15-8 所示。

代码清单 15-8　ReadRequest 函数读取 FUSE 请求

```
// ReadRequest 函数用于读取 FUSE 请求
func ReadRequest(/* 参数省略 */) (req *request, /* 返回值省略 */) {
    // 尝试读取 FUSE 的消息，如果没有数据，则阻塞等待
```

```
    // fd 为挂载时打开 /dev/fuse 设备文件获得的文件描述符
    n, err = syscall.Read(fd, buffer)
    // 解析 fuse_req 的数据
}
```

在 ReadRequest 函数中，通过 Read 系统调用读取消息，并在读到数据后对其进行协议解析，然后处理 I/O 操作。接下来看看 Linux 内核是如何处理这次 Read 调用的。Read 系统调用触发的调用栈如下所示：

```
SYSCALL_DEFINE3, read
> ksys_read
    > vfs_read
        > new_sync_read
            > call_read_iter
                > file->f_op->read_iter()
```

I/O 流程从系统调用开始，通过 VFS 层到达内核 fuse 文件系统，由于该文件描述符对应的是 /dev/fuse 设备文件，因此会调用到 fuse_dev_operations 结构体中的 fuse_dev_read 方法。fuse_dev_read 函数的实现如代码清单 15-9 所示。

代码清单 15-9　fuse_dev_read 函数的实现

```
static ssize_t fuse_dev_read(struct kiocb *iocb, struct iov_iter *to)
{
    // 获取到 fuse_dev 对象
    struct fuse_dev *fud = fuse_get_dev(file);
    // 执行读操作
    return fuse_dev_do_read(fud, file, &cs, iov_iter_count(to));
}
static ssize_t fuse_dev_do_read(struct fuse_dev *fud, struct file *file,
                struct fuse_copy_state *cs, size_t nbytes)
{
    struct fuse_iqueue *fiq = &fc->iq;
    struct fuse_pqueue *fpq = &fud->pq;
 restart:
    for (;;) {
        // 此处省略部分代码
        // 使用等待队列机制，等待 fuse_iqueue 队列请求
        err = wait_event_interruptible_exclusive(fiq->waitq,
                !fiq->connected || request_pending(fiq));
    }
    // 从 fuse_iqueue 的 pending 队列中取一个请求
    req = list_entry(fiq->pending.next, struct fuse_req, list);
    list_del_init(&req->list);
    // 处理读取请求，转换为 FUSE 请求格式
    args = req->args;
    reqsize = req->in.h.len;
    // 把用户的读请求封装成 FUSE 请求格式
    err = fuse_copy_one(cs, &req->in.h, sizeof(req->in.h));
    if (!err)
```

```
        err = fuse_copy_args(cs, args->in_numargs, args->in_pages,
                (struct fuse_arg *) args->in_args, 0);
    fuse_copy_finish(cs);
    hash = fuse_req_hash(req->in.h.unique);
    // 把请求添加到 fuse_pqueue 的 processing 队列
    list_move_tail(&req->list, &fpq->processing[hash]);
    // 此处省略部分代码
    return reqsize;
}
```

在 fuse_dev_read 函数中，通过 file 结构体获取 fuse_dev 结构体。它是连接用户态守护进程和内核 fuse 文件系统的关键纽带，关联 fuse_conn、fuse_iqueue 等诸多结构。这些结构在用户的 I/O 流程也能看到。

当守护进程下发 Read 请求时，如果用户态文件系统当前没有请求（fuse_iqueue->pending 链表为空），则会被阻塞在 fuse_dev_do_read 函数中，进程等待在 fuse_iqueue->waitq 队列上，然后让出 CPU 执行权。当后续有新的请求到达时，就可以通过这个队列来唤醒等待的进程。

（3）守护进程写入 FUSE 请求的响应

假设 fuse 文件系统接收到了应用程序发起的 I/O 请求，它将会唤醒 fuse_iqueue->waitq 队列上的请求，此时阻塞的进程将在 fuse_dev_do_read 函数相应位置被唤醒，并继续执行。

在 fuse_dev_do_read 函数中，系统会从链表中获取到一个 FUSE 请求，并将其复制到守护进程的内存缓冲区上。用户态的守护进程的 ReadRequest 函数返回结果，随后守护进程对该 FUSE 请求进行定制化处理，并在处理完后向内核发送响应消息。

假设守护进程实现了 WriteResp 函数，它将用于向 /dev/fuse 设备文件写入 FUSE 请求的响应，如代码清单 15-10 所示。

代码清单 15-10　WriteResp 函数回复 FUSE 响应

```
func WriteResp(req *request, header []byte) error {
    // 步骤一：构造 fuse 响应
    // 步骤二：写入响应，发送给内核
    n, err = syscall.Write(fd, buffer)
}
```

回复响应消息同样对应一个 Write 系统调用，该请求通过 VFS 传递给 /dev/fuse 设备文件的处理逻辑。当 Write 系统调用被触发时，对应的调用栈如下：

```
SYSCALL_DEFINE3, write
> ksys_write
    > vfs_write
        > new_sync_write
            > call_write_iter
                > file->f_op->write_iter()
```

对于 /dev/fuse 设备文件，writer_iter 字段对应赋值为 fuse_dev_write 函数。该函数的实

现如代码清单 15-11 所示。

代码清单 15-11 fuse_dev_write 函数的实现

```
static ssize_t fuse_dev_write(struct kiocb *iocb, struct iov_iter *from)
{
    // 获取 fuse_dev 结构
    struct fuse_dev *fud = fuse_get_dev(iocb->ki_filp);
    // 执行写操作
    return fuse_dev_do_write(fud, &cs, iov_iter_count(from));
}
static ssize_t fuse_dev_do_write(struct fuse_dev *fud,
                struct fuse_copy_state *cs, size_t nbytes)
{
    struct fuse_conn *fc = fud->fc;
    struct fuse_pqueue *fpq = &fud->pq;
    if (fpq->connected)
        // 通过 Unique ID 查找相应的 request 对象
        req = request_find(fpq, oh.unique & ~FUSE_INT_REQ_BIT);
    // 把请求从 fuse_pqueue 的 processing 链表中摘出
    list_move(&req->list, &fpq->io);
    // 把数据复制到请求相应的字段中
    req->out.h = oh;
    cs->req = req;
    if (oh.error)
        err = nbytes != sizeof(oh) ? -EINVAL : 0;
    else
        err = copy_out_args(cs, req->args, nbytes);
    fuse_copy_finish(cs);
    // 结束请求，唤醒等待请求结果的进程（在 req->waitq 队列中等待）
    fuse_request_end(req);
}
void fuse_request_end(struct fuse_req *req)
{
    // 此处省略部分代码
    if (test_bit(FR_BACKGROUND, &req->flags)) {
    } else {
        // 唤醒那些调用 request_wait_answer 的等待者
        wake_up(&req->waitq);
    }
}
```

在用户态的守护进程处理过程中，发起 I/O 请求的应用程序在 req->waitq 队列中等待。此时，守护进程回复的写请求会唤醒它。唤醒流程由 fuse_do_dev_write 函数触发，在该函数中，首先通过响应的 uniqe ID 查找对应的 FUSE 请求，然后将响应数据复制过去，再唤醒在 req->waitq 队列中等待的相关进程。

因此，守护进程读取请求并回复响应的整体流程描述如下。

1）守护进程执行 Read 系统调用时被阻塞，它在 fuse_dev_do_read 函数中等待，进程插入 fuse_iqueue->waitq 队列中（此时无文件系统请求）。

2）fuse 文件系统收到用户应用的请求，唤醒 fuse_iqueue->waitq 的节点，并将当前进程挂起，阻塞等待在 req->waitq 队列中。

3）fuse_dev_do_read 函数被唤醒，FUSE 请求移动到 fuse_pqueue->processing 队列中。

4）守护进程的 Read 系统调用返回结果，解析得到 FUSE 请求。

5）守护进程处理该 FUSE 请求，执行用户态文件系统的定制化逻辑。

6）守护进程使用 Write 系统调用，回复响应给内核。

7）在 fuse_do_dev_write 函数中，从 fuse_pqueue->processing 队列中找到对应的 FUSE 请求，更新响应，唤醒 req->waitq 队列中的进程。

8）守护进程的 Write 系统调用返回。

以上内容详细介绍了用户态守护进程接收请求和回复响应的完整流程。接下来将深入分析用户应用从挂载点发起写请求的过程。

2. 应用发起的写请求

接下来将探讨一个由应用发起的写请求的例子。假设文件以 Direct I/O 模式打开，接着调用 Write 系统调用来写入数据。当应用发起 Write 系统调用时，首先会到 VFS 层，随后转发给内核的 fuse 文件系统。Write 触发的调用栈如下：

```
SYSCALL_DEFINE3, write
> ksys_write
    > vfs_write
        > new_sync_write
            > call_write_iter
                > file->f_op->write_iter()
```

fuse 文件系统 f_op->write_iter 对应为 fuse_file_write_iter 函数，该函数的实现如代码清单 15-12 所示。

代码清单 15-12 fuse_file_write_iter 函数的实现

```
static ssize_t fuse_file_write_iter(struct kiocb *iocb, struct iov_iter *from)
{
    if (!(ff->open_flags & FOPEN_DIRECT_IO))
        // 使用缓存的写入方式
        return fuse_cache_write_iter(iocb, from);
    else
        // 使用 Direct I/O 的方式
        return fuse_direct_write_iter(iocb, from);
}
ssize_t fuse_direct_io(struct fuse_io_priv *io, struct iov_iter *iter,
               loff_t *ppos, int flags)
{
    // 此处省略部分代码
    while (count) {
```

```
        // 从用户的Buffer读取数据
        err = fuse_get_user_pages(&ia->ap, iter, &nbytes, write, max_pages);
        if (write) {
            // 发送写请求
            nres = fuse_send_write(ia, pos, nbytes, owner);
        } else {
            // 发送读请求
            nres = fuse_send_read(ia, pos, nbytes, owner);
        }
    }
}
static ssize_t fuse_send_write(struct fuse_io_args *ia, loff_t pos,
                    size_t count, fl_owner_t owner)
{
    // 步骤1：构造参数
    // 步骤2：发送写请求
    err = fuse_simple_request(fm, &ia->ap.args);
}
ssize_t fuse_simple_request(struct fuse_mount *fm, struct fuse_args *args)
{
    struct fuse_conn *fc = fm->fc;
    struct fuse_req *req;
    ssize_t ret;
    // 构造fuse_req结构
    fuse_args_to_req(req, args);
    // 发送请求
    __fuse_request_send(req);
    ret = req->out.h.error;
    return ret;
}
```

fuse_file_write_iter 函数最终会调用到 fuse_send_write 函数来发送请求。在发送前，系统需要先把用户的I/O请求封装成 fuse_req 结构，随后通过 __fuse_request_send 函数发送。__fuse_request_send 函数的实现如代码清单15-13所示。

代码清单 15-13 __fuse_request_send 函数的实现

```
static void __fuse_request_send(struct fuse_req *req)
{
    // 获得fuse_iqueue队列
    struct fuse_iqueue *fiq = &req->fm->fc->iq;
    if (!fiq->connected) {
        spin_unlock(&fiq->lock);
        req->out.h.error = -ENOTCONN;
    } else {
        // 生成一个Unique ID
        req->in.h.unique = fuse_get_unique(fiq);
        // 将fuse_req放到fuse_iqueue队列中，并唤醒等待在fiq->waitq的节点（对应执行
        // wake_up(&fiq->waitq))
        queue_request_and_unlock(fiq, req);
```

```
        // 等待响应（对应执行 wait_event(req->waitq,...)）
        request_wait_answer(req);
    }
}
```

所谓“发送请求”，实际上是通过调用 queue_request_and_unlock 函数将 fuse_req 请求插入 fuse_iqueue->pending 链表中，并且需要唤醒在 fuse_iqueue->waitq 队列中等待的进程。随后，使用 request_wait_answer 函数等待响应。等待过程实际上就是用户态的守护进程处理 FUSE 请求的时间。

queue_request_and_unlock 函数的实现，如代码清单 15-14 所示。

代码清单 15-14　queue_request_and_unlock 函数的实现

```
static void queue_request_and_unlock(struct fuse_iqueue *fiq, struct fuse_req
    *req)
{
    // 把请求插入 fuse_iqueue 的 pending 链表中
    list_add_tail(&req->list, &fiq->pending);
    // 唤醒等待在 fuse_iqueue 的其他请求（对应执行 fuse_dev_wake_and_unlock 函数）
    fiq->ops->wake_pending_and_unlock(fiq);
}
static void fuse_dev_wake_and_unlock(struct fuse_iqueue *fiq)
{
    // 唤醒 fiq->waitq 队列中的请求
    wake_up(&fiq->waitq);
}
const struct fuse_iqueue_ops fuse_dev_fiq_ops = {
    .wake_forget_and_unlock     = fuse_dev_wake_and_unlock,
    .wake_interrupt_and_unlock  = fuse_dev_wake_and_unlock,
    .wake_pending_and_unlock    = fuse_dev_wake_and_unlock,
};
```

当 queue_request_and_unlock 函数执行完毕后，阻塞在 fuse_iqueue->wait 队列中的进程会被唤醒，并在 fuse_dev_do_read 函数中获取 fuse_req 请求，从而完成了 FUSE 请求通过 /dev/fuse 设备传递到守护进程的过程。

接下来进一步分析 request_wait_answer 函数如何等待响应。该函数的实现如代码清单 15-15 所示。

代码清单 15-15　request_wait_answer 函数的实现

```
static void request_wait_answer(struct fuse_req *req)
{
    // 等待响应（等待用户态守护进程处理）
    wait_event(req->waitq, test_bit(FR_FINISHED, &req->flags));
}
```

这一过程依旧是运用 Linux 的等待机制。当前进程插入 req->waitq 队列后，让出 CPU

执行权，从而阻塞等待用户态守护进程处理完成。

用户态守护进程把 FUSE 请求处理完成之后，守护程序在写入响应时，执行到 fuse_dev_do_write 函数时就会唤醒 req->waitq 队列中的所有进程。

此时，先前阻塞在 request_wait_answer 函数中进程将被唤醒，并逐步完成用户应用的写入流程。

图 15-5 清晰地展示了 FUSE 写请求的完整流程。

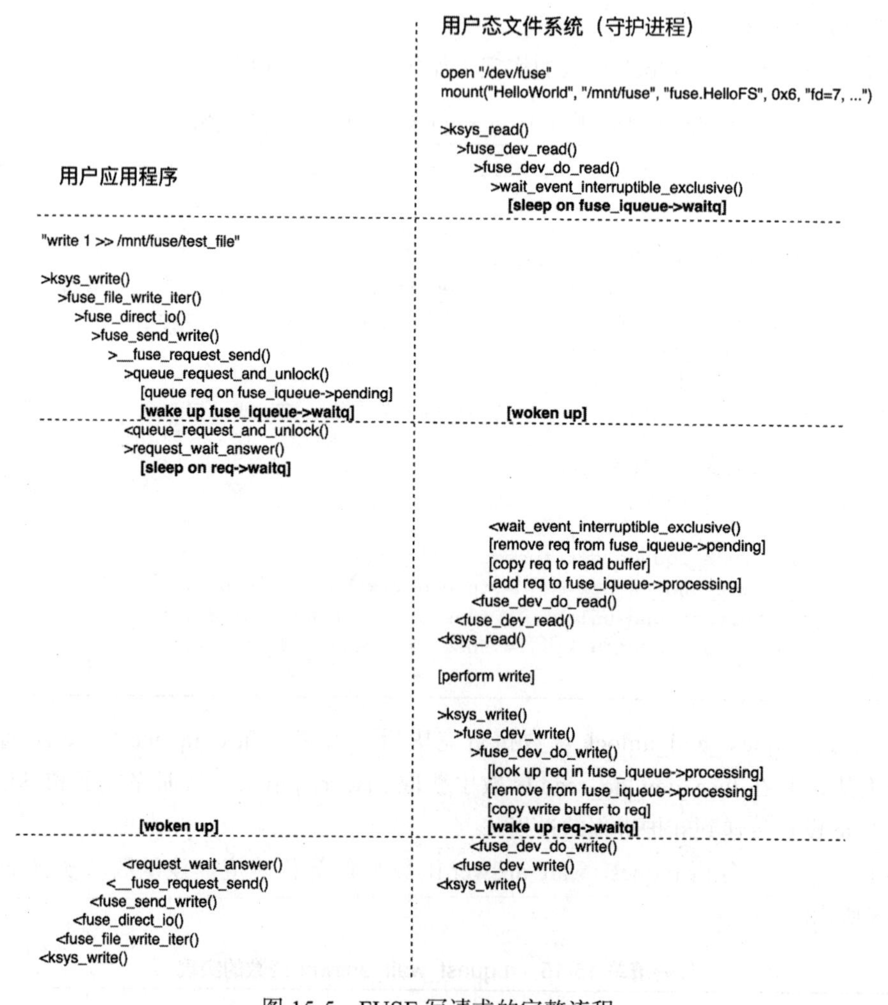

图 15-5 FUSE 写请求的完整流程

通过上图，我们可以清楚地看到，即便是用户应用程序在用户态文件系统的挂载点发起的一次简单的写入操作，也会涉及守护进程的两次系统调用：一次读取 FUSE 请求和一次写入 FUSE 响应。整个请求的传递路径为：应用程序 -> fuse 文件系统 -> /dev/fuse -> 守护进程。

15.2.5　fusectl 文件系统

fusectl 是内核 fuse.ko 模块注册的一个辅助文件系统，其主要功能是提供一些管理内核 fuse 文件系统实例的接口。该文件系统提供一些特定的文件和接口，用于管理和配置 fuse 文件系统的行为。fusectl 支持的控制操作包括：

- 列举当前系统所有的 fuse 文件系统。
- 卸载指定 fuse 文件系统。
- 查看或者设置指定 fuse 文件系统的参数和状态信息。

在 Linux 上，fusectl 通常会被挂载到 /sys/fs/fuse/connections 目录下，但也可以根据需要挂载到任何其他目录。当 fusectl 文件系统挂载后，就可以在该目录下看到 fuse_conn 的列表。挂载命令如下：

```
mount -t fusectl fusectl /sys/fs/fuse/connections
```

fuse_conn 代表着一个 fuse 文件系统的挂载连接，在一台主机上可能存在多个这样的连接：

- 内核 fuse 文件系统实例可能有多个，其数量与本机挂载的用户态文件系统数量相对应。每个 fuse 文件系统实例都关联着一个独立的 fuse_conn 结构。
- 此外，通过使用“绑定挂载”（bind mounts）技术，我们也可以将一个已挂载的 fuse 文件系统再次挂载到其他位置。这样，就可能出现多个 fuse_conn 对应于单个 fuse 文件系统实例的情况。

在 fusectl 文件系统下，每个 fuse_conn 都以目录的方式呈现，其中包含 waiting、abort、max_background、congestion_threashold 四个文件，分别对应四个内核指令。

- waiting：读取这个文件，内核将会返回等待处理的请求数。
- abort：在这个文件中写入任意数据，将会触发内核的动作，终止相应的 fuse_conn。
- max_background：具备读写功能，用于读取或设置最大后台的请求数量。
- congestion_threshold：具备读写功能，用于读取或设置控制拥塞的阈值。

需要指出的是，挂载 fusectl 是一个可选操作，并不是必需的。在 FUSE 的内核实现中，真正必需的只有内核 fuse 文件系统和 /dev/fuse 设备。

15.3　用户态

在用户态的守护进程收到内核传递的 FUSE 请求后，需要对这些请求进行解析，并进行个性化处理。解析过程通常由公共库支持，而个性化处理则属于用户态文件系统业务定制的范畴。

最著名的用于解析 FUSE 协议的公共库无疑是 libfuse，其代码托管在 https://github.com/libfuse/libfuse。使用这个公共库，我们可以解析来自内核的 I/O 请求，并守护进程的

I/O 响应封装成内核可识别的格式，这套通信协议即所谓的 FUSE 协议。

需要指出的是，解析 FUSE 协议并不受限于特定编程语言，各种语言都能实现 FUSE 协议的解析。在 Go 语言中，我们也能找到许多封装库来解析 FUSE 协议，如 bazil/fuse 库，其代码托管在 https://github.com/bazil/fuse，它为 Go 程序提供了解析 FUSE 协议数据的能力。

接下来将深入探讨 FUSE 协议、用户态框架以及如何定制文件系统的个性化业务逻辑。

15.3.1 FUSE 协议

FUSE 协议是内核 fuse 文件系统和用户态守护进程通信的数据格式，类似 HTTP 一样，是一个客户端 - 服务端的通信协议，也就是请求 - 响应的格式。客户端是 Linux 的内核 fuse 文件系统，服务端则是用户态的守护进程。用户态守护进程通过 Read 系统调用读取请求，然后通过 Write 系统调用发送响应。使用的文件描述符是挂载的时候打开 /dev/fuse 设备文件得到。挂载的时候这个文件描述符对应的 file 也和挂载的文件系统进行了关联。

每个内核 fuse 文件系统发出来的请求都会有一个头部（Header），它的大小固定。然后根据操作的类型不同，则可能携带不同的有效载荷（Payload）。FUSE 协议结构如图 15-6 所示。

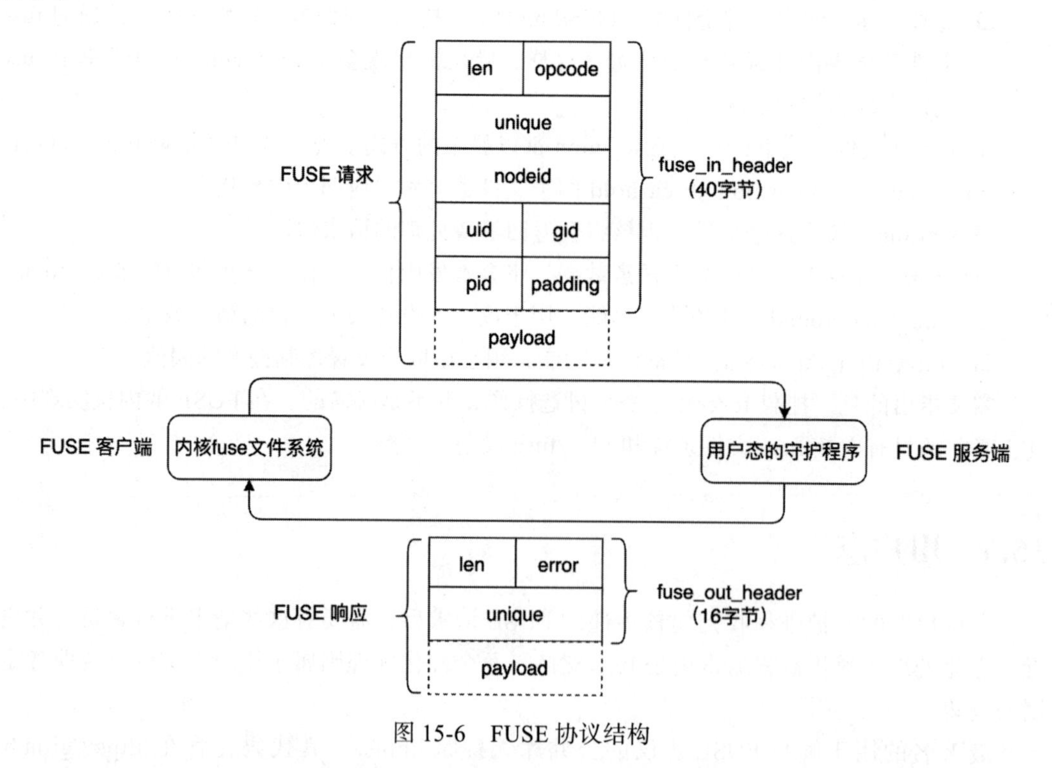

图 15-6 FUSE 协议结构

FUSE 响应的格式也是类似，有一个固定大小的头部，后面会根据操作类型的不同而携带不同的有效载荷。fuse_in_header 结构的定义如代码清单 15-16 所示。

代码清单 15-16 fuse_in_header 结构的定义

```
// 文件：include/uapi/linux/fuse.h
// 请求头部
struct fuse_in_header {
    uint32_t    len;        // 请求长度
    uint32_t    opcode;     // 操作类型
    uint64_t    unique;     // 本次请求的唯一 ID
    uint64_t    nodeid;     // 文件或者目录的 ID
    uint32_t    uid;        // 发出请求的进程的User ID
    uint32_t    gid;        // 发出请求的进程的Group ID
    uint32_t    pid;        // 发出请求的进程的 ID
    uint32_t    padding;    // 对齐预留
};
// 响应头部
struct fuse_out_header {
    uint32_t    len;        // 响应长度
    int32_t     error;      // 响应的错误码
    uint64_t    unique;     // 对应请求的唯一 ID
};
```

在请求和响应的头部中，都有一个 unique 字段，用来唯一标识文件或者目录。具体如下。

- unique 字段：是在内核中维护和生成的唯一标识一个 FUSE 请求的字段。它由 fuse_iqueue 维护，是一个 uint64 类型单调递增的整数，每次请求来的时候通过递增得到。对于一个 fuse 文件系统实例来说，它只有一个 fuse_iqueue 队列，因此一个文件系统中，unique 是唯一的，并且持续递增。当请求入 fuse_iqueue 队列的时候，可以调用 fuse_get_unique 函数来生成 unique 值。
- nodeid 字段：用于标识文件系统内部的文件对象，但不同于 inode 编号。该字段由用户态的守护进程（框架部分）生成并维护。用户态的守护进程负责确保该字段的正确性，否则可能产生非预期的结果。
- opcode 字段：请求头部内的 opcode 字段用于标识请求的类型。不同的 opcode 可能会导致不同的有效载荷内的数据结构，它们都有特定的组织形式。opcode 的枚举值定义如代码清单 15-17 所示。

代码清单 15-17 opcode 的枚举值定义

```
// 文件：include/uapi/linux/fuse.h
enum fuse_opcode {
    FUSE_LOOKUP          = 1,
    FUSE_GETATTR         = 3,
    FUSE_OPEN            = 14,
    FUSE_READ            = 15,
    FUSE_WRITE           = 16,
```

```
        FUSE_INIT           = 26,
        FUSE_ACCESS         = 34,
        // 此处省略其他字段
    };
```

opcode是整数的枚举值，定义在fuse.h文件中。下面是一些典型的opcode类型及其相关结构。

1. FUSE_INIT

FUSE_INIT是Linux的fuse文件系统给用户态守护进程发的第一个请求，用来协商FUSE协议的版本、文件系统的参数等，由于不同的FUSE协议版本可能会导致请求和响应的数据布局不一致，因此用户态的守护进程需要了解内核FUSE协议的版本和标识构建了用户态文件系统守护进程和内核fuse模块的初始通道。

FUSE_INIT请求头部的结构体为fuse_init_in，其定义如代码清单15-18所示。

代码清单15-18 fuse_init_in结构体的定义

```
// 文件：include/uapi/linux/fuse.h
struct fuse_init_in {
    uint32_t    major;          // FUSE 协议主版本号，用于文件系统和内核的兼容性检查
    uint32_t    minor;          // FUSE 协议副版本号，细化版本检查，用于兼容性检查
    uint32_t    max_readahead;  // 指定内核在读取文件时预先缓存的数据量
    uint32_t    flags;          // 各种标志位，用于传递一些选项和功能标识。
    uint32_t    flags2;         // 扩展标志位
    uint32_t    unused[11];     // 保留字段
};
```

用户态守护进程接收到FUSE_INIT请求后，应解析其中的参数，并根据协议版本和其他参数信息进行处理。包括初始化用户态文件系统的状态、设置功能特性、调整性能参数等。用户态守护进程最终向内核回复FUSE_INIT的响应。

响应结构体为fuse_init_out，其定义如代码清单15-19所示。

代码清单15-19 fuse_init_out结构体的定义

```
// 文件：include/uapi/linux/fuse.h
struct fuse_init_out {
    uint32_t    major;                  // 确认 FUSE 协议主版本号
    uint32_t    minor;                  // 确认 FUSE 协议副版本号
    uint32_t    max_readahead;          // 确认最大预读字节数
    uint32_t    flags;                  // 确认标志位
    uint16_t    max_background;         // 确认并发操作参数
    uint16_t    congestion_threshold;   // 拥塞控制阈值
    uint32_t    max_write;              // 确认最大写入字节数
    uint32_t    time_gran;              // 确认时间粒度
    uint16_t    max_pages;              // 确认最大页面数
    uint16_t    map_alignment;          // 确认映射对齐单位
    uint32_t    flags2;                 // 扩展标志位
```

```
    uint32_t    unused[7];              // 保留字段
};
```

FUSE_INIT 消息的发送和处理是 FUSE 文件系统启动时的重要步骤。用户态守护进程根据 FUSE_INIT 请求的参数和自身的状态，填充响应结构，将其发送到内核。通过 FUSE_INIT 消息的交换，用户态文件系统和内核模块协商好协议参数，建立起双方的初始的通信通道，并进行后续的文件系统操作，如读取、写入、创建文件等。

2. FUSE_LOOKUP

FUSE_LOOKUP 用于查找文件或者目录。它由内核发送给用户态守护进程，用于通过文件名在文件系统中查找文件或目录的元数据信息。

当应用程序在文件系统中执行类似 stat() 或 open() 的操作时，内核就会向用户态守护进程发送 FUSE_LOOKUP 请求获取文件或者目录的元数据信息。通过 FUSE_LOOKUP 请求可以找到并构建文件名对应的结构。

在 Linux 内核 5.18 的源码中，FUSE_LOOKUP 请求也有有效载荷，但是并没有叫作 fuse_lookup_in 的结构，它的有效载荷是一个字符串类型，字符串的内容就是文件名。用户态守护进程获取的这个 FUSE_LOOKUP 请求，从有效载荷得到文件名，守护进程处理该请求，最后响应数据中会包含文件的元数据信息。

FUSE_LOOKUP 的响应结构体为 fuse_entry_out，其定义如代码清单 15-20 所示。

代码清单 15-20　fuse_entry_out 结构体的定义

```
struct fuse_entry_out {
    uint64_t    nodeid;                 // 标识文件或者目录对象
    uint64_t    generation;             // 打开文件的标识
    uint64_t    entry_valid;            // 缓存有效期
    uint64_t    attr_valid;             // 属性的缓存有效期
    uint64_t    entry_valid_nesc;       // 缓存有效期的纳秒部分
    uint64_t    attr_valid_nesc;        // 属性的缓存有效期的纳秒部分
    struct fuse_attr attr;              // 文件或者目录的属性
    };
```

fuse_entry_out 结构体是一个比较通用的结构体，不局限于 FUSE_LOOKUP 的请求。该结构体携带了比较完整的文件或者目录的元数据信息。守护进程根据文件名查找成功之后，将会返回 fuse_entry_out 的结构体，如果查找失败，则会返回特定的错误码。

总之，FUSE_LOOKUP 请求非常重要，它用于在文件系统内部根据指定的路径查找文件或目录，从而得到相关的元数据信息，是内部其他操作的基础。

3. FUSE_GETATTR

FUSE_GETATTR 是 FUSE 文件系统中的一个请求类型，用于获取文件或者目录的属性。它是由内核发送给用户态守护进程，用于获取指定文件或目录的详细信息。

当应用程序执行类似 stat() 或者 ls -l 的操作时触发，通过该请求可以得到文件或目录的各项元数据，如文件大小、访问权限、所有者、最后访问时间、最后修改时间等。

FUSE_GETATTR 请求的结构体是 fuse_getattr_in，其定义如代码清单 15-21 所示。

代码清单 15-21 fuse_getattr_in 结构体的定义

```
struct fuse_getattr_in {
    uint32_t    getattr_flags;    // 标志位，用于指定获取属性的方式
    uint32_t    dummy;            // 保留字段
    uint64_t    fh;               // 文件句柄，用于标识要获取属性的文件或目录对象
};
```

用户态守护进程收到 FUSE_GETATTR 请求后，根据请求中的文件句柄（fh）找到对应的文件或者目录，构造并填充属性信息到 FUSE_GETATTR 请求的响应结构，将其发送回内核。

响应头部结构体为 fuse_getattr_out，其定义如代码清单 15-22 所示。

代码清单 15-22 fuse_getattr_out 结构体的定义

```
struct fuse_attr_out {
    uint64_t    attr_valid;       // 缓存超时时间
    uint32_t    attr_valid_nsec;  // 缓存超时时间(ns)
    uint32_t    dummy;            // 占位字段
    struct fuse_attr attr;        // 包括文件详细属性的结构体
};
struct fuse_attr {
    uint64_t    ino;              // ino 是文件或目录的唯一标识符(Inode ID)
    uint64_t    size;             // 文件的大小(以字节为单位)
    uint64_t    blocks;           // 文件占用的块数
    uint64_t    atime;            // 最后访问时间
    uint64_t    mtime;            // 最后修改时间
    uint64_t    ctime;            // 状态改变时间
    uint32_t    mode;             // 文件权限和类型信息
    uint32_t    uid;              // 文件所有者的用户 ID
    uint32_t    gid;              // 文件所有者的组 ID
    // 此处省略部分字段
};
```

fuse_attr 结构体包含了文件或目录的基本属性，其中涵盖了 inode 编号、文件大小、文件访问和修改时间、权限等信息。该结构的填充工作由用户态守护进程负责。一旦完成填充后，守护进程会将包含这些属性信息的响应数据发送回内核。

4. FUSE_ACCESS

FUSE_ACCESS 用于检查文件的访问权限。它由内核发送给用户态守护进程，用于确定是否允许对指定文件执行特定操作。

当应用程序在文件系统中执行类似 access() 的操作时，内核会向用户态守护进程发送 FUSE_ACCESS 请求来检查对文件的访问权限。它的作用是验证用户是否具有执行特定操

作（如读取、写入、执行等）的权限。

FUSE_ACCESS 请求的结构体是 fuse_access_in，其定义如代码清单 15-23 所示。

代码清单 15-23　fuse_access_in 结构体的定义

```
struct fuse_access_in {
    uint32_t    mask;      // 位掩码，用于指定访问权限的要求。
    uint32_t    padding;   // 填充字段
};
```

其中，mask 字段是权限掩码，用于指定要检查的权限。mask 字段可以是 READ、WRITE、EXEC 等位标志，能通过位运算组合使用。

用户态程序接收到 FUSE_ACCESS 请求后，根据请求中的文件路径和访问模式，进行相应的权限检查。文件系统可以根据自身的逻辑，检查文件的所有者、权限等信息，来决定是否允许访问该文件。守护进程将检查的结果返回响应给内核。如果权限检查通过，文件系统进程发送一个成功的响应。如果权限检查失败，将发送一个对应的错误码，指示访问被拒绝。

5. FUSE_OPEN

FUSE_OPEN 用于打开文件。它是由内核发送给用户态守护进程的请求，用于打开文件并获取文件描述符。当应用程序在文件系统中执行类似于 open() 的操作时，内核会向用户态守护进程发送 FUSE_OPEN 请求来处理文件的打开操作。

FUSE_OPEN 的请求结构体为 fuse_open_in，其定义如代码清单 15-24 所示。

代码清单 15-24　fuse_open_in 结构体的定义

```
struct fuse_open_in {
    uint32_t    flags;          // 用于指定文件的打开模式和选项
    uint32_t    open_flags;     // 特定于 FUSE 的打开标志，用于细化打开操作的行为
};
```

用户态守护进程收到 FUSE_OPEN 的请求后，应该根据请求中的标识（header->nodeid）打开文件，将得到文件描述符（fh）返回给内核。fh 用于标识资源，内核并不理解其内部结构。内核到时候在发送读写请求的时候只负责透传过来。fh 由用户态守护进程生成，也由它去理解和解析。

FUSE_OPEN 的响应结构体为 fuse_open_out，定义如代码清单 15-25 所示。

代码清单 15-25　fuse_open_out 结构体的定义

```
struct fuse_open_out {
    uint64_t    fh;             // 用于标识打开的文件对象
    uint32_t    open_flags;     // 打开文件的标识
    uint32_t    padding;        // 填充字段
};
```

用户态守护进程接收到 FUSE_OPEN 请求后，根据请求中的文件路径和打开模式，执行相应的操作打开该文件。文件系统根据自身的实现逻辑，检查文件是否存在、文件权限是否满足打开模式等信息。守护进程将填充响应结构体并返回给内核。其中，fh 作为文件句柄，用于标识已打开的文件，open_flags 是打开文件的标识。后续的 I/O 操作将以 fh 标识打开的文件。

如果打开操作失败，守护进程将返回一个对应的错误码，指示打开操作失败的原因。

6. FUSE_READ

FUSE_READ 用于读取文件的内容。当应用程序发起 read() 调用时触发。用户态的守护进程收到 FUSE_READ 请求之后，守护进程会读取指定文件的数据返回给内核，然后由内核返回给应用程序。FUSE_READ 的请求结构体为 fuse_read_in，其定义如代码清单 15-26 所示。

代码清单 15-26 fuse_read_in 结构体的定义

```
struct fuse_read_in {
    uint64_t    fh;             // 用于标识打开的文件对象
    uint64_t    offset;         // 读取偏移量，指定从文件的哪个位置开始读取数据
    uint32_t    size;           // 读取长度，指定要读取的数据的字节数
    uint32_t    read_flags;     // 读取标志，用于指定读取操作的选项
    uint64_t    lock_owner;     // 文件锁定的所有者标识，指示在读取期间文件是否被锁定
    uint32_t    flags;          // 指定读取操作的选项
    uint32_t    padding;        // 填充字段
};
```

fuse_read_in 结构通过 fh 字段指定了文件，通过 offset、size 等字段指定了文件的内部偏移位置和数据长度，守护进程接收到 FUSE_READ 请求后，根据这些信息执行相应的操作来读取文件内容。FUSE_READ 请求的响应结构体的有效载荷就是纯粹的文件数据。

7. FUSE_WRITE

FUSE_WRITE 用于向文件中写入数据。当应用程序发起 write() 调用时触发。用户态的守护进程收到 FUSE_WRITE 请求，守护进程会把收到的文件数据写到指定的文件。

FUSE_WRITE 的请求结构体为 fuse_write_in，其定义如代码清单 15-27 所示。

代码清单 15-27 fuse_write_in 结构体的定义

```
struct fuse_write_in {
    uint64_t    fh;             // 用于标识打开的文件对象
    uint64_t    offset;         // 写入偏移量，指定从文件的哪个位置开始写入数据
    uint32_t    size;           // 写入数据的长度，指定要写入的数据的字节数
    uint32_t    write_flags;    // 写入标志，用于指定写入操作的选项
    uint64_t    lock_owner;     // 文件锁定的所有者标识，指示在写入期间文件是否被锁定
    uint32_t    flags;          // 指定写入操作的选项
    uint32_t    padding;
};
```

守护进程根据 fh 字段找到文件，并根据 offset、size 等字段找到位置，然后从有效载荷中得到要写入的数据。数据写入文件之后，守护进程会构造 FUSE_WRITE 的响应，响应的结构体为 fuse_write_out，其定义如代码清单 15-28 所示。

代码清单 15-28 fuse_write_out 结构体的定义

```
struct fuse_write_out {
    uint32_t    size;     // 写入的数据量
    uint32_t    padding;  // 填充字段
};
```

用户态守护进程写入数据之后，会构造 fuse_write_out 的结构体，并返回给内核。fuse_write_out 的 size 字段表明本次写入了多少数据量。

15.3.2 挂载工具

libfuse 库提供了 fusermount 二进制工具，用于在守护进程挂载用户态文件系统。该工具通常需要在守护进程内执行挂载命令。fusermount 执行语法如下：

```
fusermount -o "fsname=文件系统名,subtype=类型" -- 挂载点
```

fusermount 命令执行时，该工具内部会先打开 /dev/fuse 设备，获得文件描述符，然后构造 fuse 文件系统模块的特定参数，构造如下：

```
// 文件: libfuse/util/fusermount.c
// 其中 fd 为打开 /dev/fuse 得到的文件描述符
sprintf(d, fd=%i,rootmode=%o,user_id=%u,group_id=%u,
fd, rootmode, getudi(), getgid());
```

上述参数将通过 Mount 系统调用传递到内核 fuse 文件系统，fuse 文件系统挂载的过程中，解析这些参数得到 /dev/fuse 的文件描述符，经过一系列的结构初始化，从而把挂载点和守护进程关联起来。具体挂载细节参考 15.2 节。

一旦 fusermount 工具完成挂载操作之后，它便会通过 Unix Socket 以 SCM_RIGHTS 的消息类型，将 /dev/fuse 文件句柄传递给守护进程，守护进程接收到文件句柄后将其保存下来，以便后续持续监听该句柄的读写事件。

15.3.3 用户态框架

我们已经了解了 FUSE 中内核层面的工作原理和 FUSE 协议的结构。接下来将着眼于用户态的 FUSE 库，探究它们的原理和功能。FUSE 库的主要职责包括以下几点。

- 抽象 API 接口：它为用户态文件系统提供了一套简单直观的文件系统的 API 接口，使开发者能够基于这些接口轻松开发。
- 封装复杂性：它隐藏了处理 FUSE 协议的细节，让开发者无须深入了解与内核通信的底层细节，专注于用户态文件系统的个性化实现。

- 错误处理机制：它提供了一个统一的错误处理机制，当文件系统操作发生异常或者错误时，能够以合适的方式与内核通信。

如果没有 FUSE 库的支持，开发者将不得不从头开始处理所有与内核通信相关的底层细节，包括编写大量的系统调用、处理复杂的错误异常，以及解决平台兼容性。这不仅耗费大量时间，而且极易出错。因此，这些用户态的 FUSE 库极大地简化了用户态文件系统的开发过程。

我们将以 Go 语言的 FUSE 库——bazil.org/fuse 为例，来深入了解 FUSE 的公共框架部分的具体实现。

1. 文件系统挂载

FUSE 库首要提供的功能便是用户态文件系统的挂载功能。这个过程涉及与内核交互的细节处理。在 bazil.org/fuse 中，挂载实际上是通过调用 libfuse 库的 fusermount 二进制工具来实现的。在 bazil.org/fuse 的 mount 函数中展现了这一过程，具体实现如代码清单 15-29 所示。

代码清单 15-29 mount 函数的实现

```
// 文件: mount_linux.go(bazil.org/fuse)
func mount(dir string, conf *mountConfig) (fusefd *os.File, err error) {
    // 创建一对 UNIX 域套接字，用于父进程和子进程（fusermount 进程）之间的通信
    fds, err := syscall.Socketpair(syscall.AF_UNIX, syscall.SOCK_STREAM, 0)
    writeFile := os.NewFile(uintptr(fds[0]), "fusermount-child-writes")
    readFile := os.NewFile(uintptr(fds[1]), "fusermount-parent-reads")
    // 配置 fusermount 命令
    cmd := exec.Command("fusermount3", "-o", conf.getOptions(), "--", dir)
    // 设置 fusermount 的环境变量和额外的文件句柄，fusermount 通过该文件回传消息
    cmd.Env = append(os.Environ(), "_FUSE_COMMFD=3")
    cmd.ExtraFiles = []*os.File{writeFile}
    // 执行 fusermount 命令
    if err := cmd.Start(); err != nil {
    }
    // 等待 fusermount 命令执行完毕
    if err := cmd.Wait(); err != nil {
    }
    // 通过 readFile（writeFile 由 fusermount 子进程写入）创建一个网络连接
    c, err := net.FileConn(readFile)
    uc, ok := c.(*net.UnixConn)
    // 读取并解析连接上的数据
    _, oobn, _, _, err := uc.ReadMsgUnix(buf, oob)
    scms, err := syscall.ParseSocketControlMessage(oob[:oobn])
    scm := scms[0]
    // 解析出文件描述符（对应 /dev/fuse 设备）
    gotFds, err := syscall.ParseUnixRights(&scm)
    f := os.NewFile(uintptr(gotFds[0]), "/dev/fuse")
    // 返回一个对应 /dev/fuse 的文件句柄
    return f, nil
}
```

该函数的核心目的是通过执行 fusermount 命令来挂载文件系统，并通过 UNIX 域套接字与之通信，最终获取一个代表已挂载文件系统的文件描述符（/dev/fuse）。这个文件描述符将用于后续的文件系统操作。

在 bazil.org/fuse 包中，定义了一个名为 Conn 的结构体，代表一个与内核 fuse 文件系统的连接。Conn 结构体的定义如代码清单 15-30 所示。

代码清单 15-30　Conn 结构体的定义

```
// 文件: fuse.go (bazil.org/fuse)
type Conn struct {
    dev *os.File // 对应 /dev/fuse 的句柄
    // 省略其他字段
}
```

mount 函数得到的文件句柄将用于初始化这个 Conn 结构体，后续 FUSE 请求和响应都将通过 Conn 结构体来实现。

2. FUSE 请求处理

在挂载完成后，bazil.org/fuse 包的另一项职责是从 /dev/fuse 中读取数据，根据 FUSE 协议格式进行解析，以识别各种不同类型的请求。然后，它会针对各种请求执行相应的处理逻辑，并返回合适的响应结构。下面具体介绍实现过程。

在 bazil.org/fuse 包中，定义了一个名为 Server 的结构体，它承担了 FUSE 协议服务端的角色。Server 结构体的定义如代码清单 15-31 所示。

代码清单 15-31　Server 结构体的定义

```
// 文件: fs/serve.go (bazil.org/fuse)
type Server struct {
    conn        *fuse.Conn                  // 与内核 fuse 文件系统的连接
    fs          FS                          // 用户态文件系统
    node        []*serveNode                // 缓存的节点
    nodeRef     map[Node]fuse.NodeID        // 缓存的节点
    handle      []*serveHandle              // 打开的文件句柄
    // 其他字段省略
}
```

Server 结构体的 Serve 方法负责持续处理 FUSE 请求，该方法的具体实现如代码清单 15-32 所示。

代码清单 15-32　Server.Serve 方法的实现

```
// 文件: fs/serve.go (bazil.org/fuse)
func (s *Server) Serve(fs FS) error {
    // 循环处理请求
    for {
        // 从 /dev/fuse 读取 FUSE 请求，构造 FUSE Request 结构
        req, err := s.conn.ReadRequest()
```

```
            // 使用 Goroutine 并发处理 FUSE 请求
            go func() {
                s.serve(req)
            }()
        }
    }
```

在 Server.Serve 方法中，通过一个 for 循环来处理 FUSE 请求。每次循环都会调用 Conn 结构的 ReadRequest 方法来读取 FUSE 请求。ReadRequest 方法的实现如代码清单 15-33 所示。

代码清单 15-33 Conn.ReadRequest 方法的实现

```
// 文件: fuse.go (bazil.org/fuse)
func (c *Conn) ReadRequest() (Request, error) {
    // 从 /dev/fuse 的句柄中读取数据
    n, err := syscall.Read(c.fd(), m.buf)
    m.off = inHeaderSize
    // 识别数据格式
    var req Request
    switch m.hdr.Opcode {
    case opLookup:
        // 构造 lookup 请求
    case opRead, opReaddir:
        // 构造读请求
    case opWrite:
        // 构造写请求
    case opStatfs:
        // 构造 statfs 请求
        // 此处省略其他请求类型的处理
    }
    return req, nil
}
```

在 ReadRequest 方法中，使用 Read 系统调用尝试从打开的 /dev/fuse 句柄读取数据。读到数据后，会根据请求头部的操作码来确定具体的请求类型，并构建相应的请求对象供后续处理使用。

在 FUSE 协议中，每个请求都有一个固定长度的头部，头部的操作码可以指明请求的类型。请求头部对应的结构体为 inHeader，其定义如代码清单 15-34 所示。

代码清单 15-34 inHeader 结构体的定义

```
// 文件: fuse_kernel.go (bazil.org/fuse)
type inHeader struct {
    Len     uint32 // 指定请求长度
    Opcode  uint32 // 指定操作类型
    Unique  uint64 // 请求的唯一标识（由内核生成）
    Nodeid  uint64 // 文件或者目录的唯一标识 (由 bazil.org/fuse 生成)
    Uid     uint32 // 发出请求的进程的 User ID
```

```
    Gid    uint32 // 发出请求的进程的 Group ID
    Pid    uint32 // 发出请求的进程 ID
    _      uint32
}
```

其中，Unique 字段用于标识本次请求，由内核生成并维护，在回复内核时，需要通过这个字段来找到对应的请求。响应头部对应的结构体为 outHeader，其定义如代码清单 15-35 所示。

代码清单 15-35　outHeader 结构体的定义

```
// 文件: fuse_kernel.go (bazil.org/fuse)
type outHeader struct {
    Len    uint32  // 响应的长度
    Error  int32   // 错误码
    Unique uint64  // 标识请求 ID
}
```

在 bazil.org/fuse 中，获取到 inHeader 请求结构之后，会根据 Nodeid 字段找到对应的文件或者目录节点，并对请求进行处理。

我们继续看 FUSE 请求的处理流程。在 Server.Serve 方法中，一旦获取 FUSE 请求，便会启动一个 Goroutine 来并发处理该请求。具体处理过程由 Server.serve 方法实现，如代码清单 15-36 所示。

代码清单 15-36　Server.serve 方法的实现

```
// 文件: fs/serve.go (bazil.org/fuse)
func (c *Server) serve(r fuse.Request) {
    // 处理 FUSE 请求
    if err := c.handleRequest(ctx, node, snode, r, done); err != nil {
    }
}
func (c *Server) handleRequest(ctx context.Context, node Node, snode *serveNode,
    r fuse.Request, done func(resp interface{})) error {
    switch r := r.(type) {
    // 此处省略部分请求处理
    case *fuse.OpenRequest:
        // 处理 open 请求
    case *fuse.ReadRequest:
        // 获取到对应的操作对象
        shandle := c.getHandle(r.Handle)
        if r.Dir {
            // 处理目录读请求
        } else {
            // 处理文件读请求
            err := h.Read(ctx, r, s)
        }
    case *fuse.WriteRequest:
        // 获取到对应的操作对象
```

```
        shandle := c.getHandle(r.Handle)
        // 处理文件写请求
        err := h.Write(ctx, r, s)
    }
}
```

Serve.serve 方法实际是对 Server.handleRequest 方法的封装。Server.handleRequest 方法会根据请求类型进行不同的处理。这些处理逻辑通常调用到由业务层面定制实现的 API 接口，以完成特定的文件系统操作。随后的流程，则是开发者针对文件系统的个性化实现。

3. 状态的维护

在 bazil.org/fuse 包中，还需要维护相关请求的交互状态。请求交互主要涉及两个场景：首先是 LOOKUP 场景，在此场景中，通过名字查找到的文件结构会被保存起来，以便后续的文件访问请求。其次是打开文件的场景，在 bazil.org/fuse 中创建一个对应打开文件的内存结构，便于随后的读写操作。

（1）LOOKUP 的场景

在 bazil.org/fuse 库中，文件和目录抽象为 Node 节点，每个 Node 都被赋予了唯一的 ID。这个 NodeID 是由 bazil.org/fuse 包生成并维护的，通常是在 LOOKUP 过程中生成。具体流程描述如下：

- 在 LOOKUP 操作中，通过名字查找到的 Node 节点会被封装成 serveNode 结构体。
- 接着生成 NodeID，并将 serveNode 保存在 Server 结构的数组结构（对应 node 字段）和 Map 结构体（对应 nodeRef 字段）中，从而建立 NodeID 和 serveNode 结构体之间的映射关系。
- NodeID 随后就包含在 LOOKUP 响应中，返回给内核。
- 后续来自内核的 FUSE 请求的 inHeader 结构的 Nodeid 字段，会被设置成之前 LOOKUP 响应中返回的 NodeID。bazil.org/fuse 包通过 NodeID 找到对应的 Node 结构体，从而进行后续的操作。

需要注意的是，NodeID 和 inode 编号是不同的概念。NodeID 是由框架生成并维护，仅在内核的 fuse 文件系统和 bazil.org/fuse 框架库之间交互时使用，它属于 FUSE 协议传输层面的标识，不用持久化。inode 编号由用户态文件系统生成并维护，对应用程序可见，是否持久化依赖于用户态文件系统的具体实现。

（2）打开文件的场景

在打开文件的场景中，每个打开的文件都有唯一的 HandleID，这个 HandleID 由 bazil.org/fuse 包生成并维护。具体流程描述如下。

- 在 FUSE_OPEN 请求中，由业务定制的 Open 调用返回了一个 Handle 对象（可以是任意类型），代表一个打开的文件。
- 在 bazil.org/fuse 包内，会把 Handle 对象封装成 serveHandle 结构体，保存本次打开

文件的状态。

- 在 bazil.org/fuse 包内，会生成一个 HandleID，用于唯一标识这个 serveHandle。然后把 serveHandle 保存在 Server 的 handle 数组中。从而构建 HandleID 和 serveHandle 的映射关系。
- HandleID 随后会在 FUSE_OPEN 的响应中，设置为 FUSE_OPEN 响应的 fh 字段，返回给内核。
- 在之后的 FUSE_READ、FUSE_WRITE 的请求参数中，会携带 fh 字段（即 HandleID），这样 bazil.org/fuse 就能通过 HandleID 找到相应的 serveHandle 结构体，从而将读写操作与文件打开操作关联起来。

至此，bazil.org/fuse 作为 FUSE 框架的核心功能已经具备，它能够进行挂载、FUSE 协议的处理、请求状态的保存等。业务层只需要根据需求定制不同请求的处理逻辑。下面探讨如何基于这个框架来定制用户态文件系统。

15.3.4　业务侧定制

在 bazil.org/fuse 的基础之上，开发者可以根据自己的需求来定制并实现该库提供的相关接口。这些接口包括打开文件、关闭文件、读取文件、写入文件、创建文件和删除文件等。通过这种方式，开发者可以轻松打造出个性化的用户态文件系统。

1. HelloFS 文件系统

下面展示如何基于 bazil.org/fuse 开发一个名为 HelloFS 的简易的用户态文件系统。该文件系统具备以下特征：

- 在操作系统中挂载一个名为 HelloFS 的文件系统，可通过执行 df -ahT 命令查询其信息。HelloFS 是一个只读文件系统，不支持创建新文件。
- 在 HelloFS 的根目录下，会自动显示两个只读文件，这两个文件无须手动创建，并且会被分配特殊的 inode 编号。

接下来逐步实现文件和目录的个性化定制，最终完成一个名为 HelloFS 的用户态文件系统的实现。

（1）文件实现

我们设计了 File 结构体来代表文件。该结构包含了 inode 编号、文件内容、模式等信息。File 结构体的定义如代码清单 15-37 所示。

代码清单 15-37　File 结构体的定义

```
type File struct {
    Inode   int64          // inode 编号
    Content []byte         // 文件内容
    Mode    os.FileMode    // 文件模式
}
```

在 File 结构体中，Content 字段用于存储文件内容，这意味着文件的内容全部加载到内存中。我们针对 File 结构体定制了两个基础方法，来处理 FUSE_GETATTR 和 FUSE_READ 请求。具体实现如代码清单 15-38 所示。

代码清单 15-38 File 结构体的实现

```
// FUSE_GETATTR 请求：返回文件的属性
func (f *File) Attr(ctx context.Context, a *fuse.Attr) error {
    a.Inode = uint64(f.Inode)
    a.Size = uint64(len(f.Content))
    a.Mode = f.Mode
    return nil
}
// FUSE_READ 请求：读取文件内容
func (f *File) ReadAll(ctx context.Context) ([]byte, error) {
    return f.Content, nil
}
```

在 bazil.org/fuse 库中，要求所有的节点（包括文件和目录）都需要实现 fs.Node 接口。fs.Node 接口中仅包含一个 Attr 方法，该方法用于返回节点的基本属性。

我们实现了 ReadAll 方法，该方法会在接收到 FUSE_READ 类型请求时被调用，即读取文件内容的请求。由于未实现写操作接口，因此文件内容不可更改。

（2）目录实现

我们定义了 Dir 结构来代表目录，该结构包含了 inode 编号和目录下的文件列表这两个关键信息。Dir 结构体的定义如代码清单 15-39 所示。

代码清单 15-39 Dir 结构体定义

```
type Dir struct {
    inode uint64                // inode 编号
    files map[string]*File      // 目录下的文件列表
}
```

实现 Dir 的三个基本方法，分别为对应目录的 FUSE_GETATTR、FUSE_LOOKUP 和 FUSE_READ 请求。Dir 结构体的实现如代码清单 15-40 所示。

代码清单 15-40 Dir 结构体的实现

```
// FUSE_GETATTR 请求：返回目录的属性
func (d *Dir) Attr(ctx context.Context, a *fuse.Attr) error {
    a.Inode = d.inode
    a.Mode = os.ModeDir | 0444
    return nil
}
// FUSE_LOOKUP 请求：根据名字查找对应的内存结构
func (d *Dir) Lookup(ctx context.Context, name string) (fs.Node, error) {
    v, exist := readonlyFiles[name]
    if !exist {
```

```
        return nil, syscall.ENOENT
    }
    return v, nil
}
// FUSE_READ 请求：读取目录的内容，即文件列表
func (d *Dir) ReadDirAll(ctx context.Context) (dirents []fuse.Dirent, err error) {
    for name, file := range readonlyFiles {
        // 构造一个目录项
        entry := fuse.Dirent{Inode: uint64(file.Inode), Name: name, Type: fuse.
            DT_File}
        dirents = append(dirents, entry)
    }
    return dirents, nil
}
```

我们首先实现了 Attr 方法，用于返回目录的基本属性，然后实现了 Lookup 和 ReadDirAll 方法。

- Lookup 方法：响应 FUSE_LOOKUP 请求，用于根据名字查找特定的文件对象。
- ReadDirAll 方法：响应 FUSE_READ 请求，用于列出目录下的所有文件对象。

这 3 个方法是目录操作的基础接口，通常在执行 ls 命令时会被调用。由于没有定制其他请求的实现，因此目录功能仅支持列举和查找文件。

（3）文件系统结构体定义

最后，我们需要定义一个 HellofsService 结构体，它将代表文件系统实例。HellofsService 结构体必须实现 Root 方法，以获取文件系统的根节点。HellofsService 结构体定义和实现如代码清单 15-41 所示。

代码清单 15-41　HellofsService 结构体的定义和实现

```
// HelloFS 文件系统的主体结构
type HellofsService struct{}
// Root 方法返回文件系统的根节点
func (HellofsService) Root() (fs.Node, error) {
    return &Dir{inode: 20230101, files: readonlyFiles}, nil
}
// 定义只读文件的列表
var (
    readonlyFiles = map[string]*File{
        "hello": {
            Inode: 20230606, Content: []byte("value: hello\n"), Mode: 0444,
        },
        "world": {
            Inode: 20230607, Content: []byte("value: world\n"), Mode: 0444,
        },
    }
)
```

HellofsService 结构的 Root 方法需要返回一个实现了 fs.Node 接口的结构实例。在

bazil.org/fuse 库中，fs.Node 代表文件系统内的一个节点，它至少需要实现 Attr 方法。在 HellofsService 的 Root 方法中，我们返回了 Dir 结构的实例，作为根目录节点的具体实现。在构造根目录的时候，我们设置了特殊的 inode 编号和 File 列表。

至此，HelloFS 文件系统的基本框架已经搭建完成。接下来将实现 main 函数，用于启动用户态文件系统。main 函数的实现如代码清单 15-42 所示。

代码清单 15-42 main 函数的实现

```
func main() {
    var mountpoint string
    // 设置挂载参数
    flag.StringVar(&mountpoint, "mountpoint", "", "mount point(dir)?")
    flag.Parse()
    if mountpoint == "" {
        log.Fatal("please input invalid mount point\n")
    }
    // 将文件系统挂载到指定目录
    c, err := fuse.Mount(mountpoint, fuse.FSName("HelloWorld"), fuse.
        Subtype("HelloFS"))
    if err != nil {
        log.Fatal(err)
    }
    defer c.Close()
    // 启动守护进程的循环处理
    err = fs.Serve(c, HellofsService{})
    if err != nil {
        log.Fatal(err)
    }
}
```

在 main 函数中，我们通过调用 bazil.org/fuse 库的 fuse.Mount 函数来执行挂载操作，该函数内部实际上使用 fusermount 命令进行挂载，fuse.Mount 函数返回一个连接结构，与内核的 fuse 文件系统通信。

随后，我们需要将挂载得到的连接结构和 HellofsService 结构体作为参数传递给 fs.Serve 函数处理。fs.Serve 函数负责循环处理内核发来的 FUSE 请求，并调用开发者定制实现的相关接口，业务逻辑处理完成后，会把 FUSE 响应发送回内核。

这样，一个简易的文件系统就构建完毕，接下来可以实际对其进行测试。

2. 程序编译

下面将编译这个程序，并运行这个极简的文件系统。所谓“麻雀虽小，五脏俱全”，我们把 HelloFS 相关代码内容写入 helloworld.go 文件中，然后使用以下命令进行编译：

```
$ go build -gcflags "-N -l" ./helloworld.go
```

编译成功后，会生成一个名为 helloworld 的二进制文件。接着创建一个空目录 /mnt/hellofs，作为用户态文件系统的挂载点。

此时用户态文件系统已经准备就绪，挂载点也已创建，一切准备完毕，可以执行以下命令运行程序：

```
$ ./helloworld --mountpoint=/mnt/hellofs --fuse.debug=true
```

- mountpoint：指定挂载点目录，即上述创建的空目录 /mnt/helllofs/。
- fuse.debug：为了更好地理解用户态文件系统的运行情况，可以将此选项设置成 true，这样便能清晰地看到用户请求对应的后端逻辑处理。

一旦程序运行无异常，helloworld 将作为用户态文件系统的守护进程，循环监听内核的 FUSE 请求。当有请求到来时，在控制台上就会输出相应的日志。

3. 系统测试

现在可以新开一个终端窗口，从多个角度对 HelloFS 文件系统进行测试，以便更加直观地感受这个用户态文件系统的工作情况。

首先，我们使用 df 命令查看挂载情况，命令执行如下：

```
$ df -aTh|grep -i hello
HelloWorld          fuse.HelloFS  0.0K  0.0K  0.0K    - /mnt/hellofs
```

执行 df 命令之后，我们可以看到类型为 fuse.HelloFS 的文件系统已经挂载。这正是我们在代码中预设的名称。如果操作系统挂载了内核 fusectl 文件系统，我们还可以在 /sys/fs/fuse/connections 目录中看到一个新增的以数字命名的目录。

接下来通过 ls、stat、cat 等命令来检测 HelloFS 文件系统。我们使用 stat 命令查看挂载点 stat /mnt/hellofs，执行命令如下：

```
$ stat /mnt/hellofs
```

显示的信息如下：

```
  File: /mnt/hellofs
  Size: 0               Blocks: 0          IO Block: 4096   directory
Device: 33h/51d    Inode: 20230101     Links: 1
Access: (0444/dr--r--r--)  Uid: (    0/    root)   Gid: (    0/    root)
Access: 2023-07-30 01:24:05.365806830 +0800
Modify: 2023-07-30 01:24:05.365806830 +0800
Change: 2023-07-30 01:24:05.365806830 +0800
 Birth: -
```

我们注意到，特殊的 inode 编号为 20230101，这是代码硬编码设置的。在执行 stat /mnt/hellofs 的同时，守护进程会打印出日志：

```
$ ./hellofs --mountpoint=/mnt/hellofs --fuse.debug=true
2023/07/30 01:30:14 FUSE: <- Getattr [ID=0x1c Node=0x1 Uid=0 Gid=0 Pid=2750903]
    0x0 fl=0
2023/07/30 01:30:14 FUSE: -> [ID=0x1c] Getattr valid=1m0s ino=20230101 size=0
    mode=dr--r--r--
2023/07/30 01:30:14 FUSE: <- Statfs [ID=0x1e Node=0x1 Uid=0 Gid=0 Pid=2750903]
```

```
2023/07/30 01:30:14 FUSE: -> [ID=0x1e] Statfs blocks=0/0/0 files=0/0 bsize=0
    frsize=0 namelen=0
```

开启 debug 日志后，当程序收到内核请求时，会打印出这些请求的基本信息。上述日志显示首先收到了一个 Getattr 的请求，随后 HelloFS 处理并返回了相应的响应信息。

再来看一下 ls /mnt/hellofs 的效果。执行 ls 命令如下：

```
$ ls -l /mnt/hellofs/
```

输出如下：

```
total 0
-r--r--r-- 1 root root 13 Jul 30 01:24 hello
-r--r--r-- 1 root root 13 Jul 30 01:24 world
```

尽管之前并没有创建这些文件，但挂载之后就能立刻看到这两个普通文件。这是因为它们直接由代码直接返回。再来看一下 stat /mnt/hellofs/hello 的效果。执行命令：

```
$ stat /mnt/hellofs/hello
```

输出如下：

```
  File: /mnt/hellofs/hello
  Size: 13          Blocks: 0          IO Block: 4096   regular file
Device: 33h/51d     Inode: 20230606    Links: 1
Access: (0444/-r--r--r--)  Uid: (    0/    root)   Gid: (    0/    root)
Access: 2023-07-30 01:24:05.365806830 +0800
Modify: 2023-07-30 01:24:05.365806830 +0800
Change: 2023-07-30 01:24:05.365806830 +0800
 Birth: -
```

我们可以看到，特殊的 inode 编号为 20230606。这个是编码在代码中的特殊数字，实际上它可以设置成大于 1 的任意数字（在内核 fuse 模块中，inode 1 具有特殊含义，代表根节点）。

最后来看一下文件的内容。执行 cat 命令：

```
$ cat /mnt/hellofs/hello
```

输出如下：

```
value: hello
```

我们看到，文件的内容是由文件系统返回的，尽管我们从未实际写过这个文件。这个文件既是一个逻辑的对象，也是文件系统提供的一个抽象。换言之，文件所表现的任何信息都只是文件系统想要展示给我们的。

15.4 本章小结

本章对 FUSE 的实现原理以及如何进行定制化操作进行了全面的讲解。FUSE 主要由内核的 fuse.ko 模块和用户态模块共同构成。

在内核实现方面，我们介绍了 fuse.ko 模块加载和初始化的过程，还深入分析了 /dev/fuse 设备的核心工作原理，解读了 fuse 和 fusectl 文件系统的实现原理，并详细梳理了 FUSE 的 I/O 处理流程。这些内容展示了 I/O 请求如何从应用程序经过层层转发，最终达到用户态守护进程的详细过程。

在用户态实现层面，我们首先分析了 FUSE 协议，接着介绍了挂载所需的工具，并详细剖析了 FUSE 用户态框架的构成。值得一提的是，这些框架的实现并不限定于任何特定的编程语言。最后通过一个实践案例，我们演示了如何使用 Go 语言的 bazil.org/fuse 库开发一个名为 HelloFS 的用户态文件系统。

总之，本章深入解析了 FUSE 的工作原理，涵盖了内核层面和用户态层面的各个模块功能。通过理解本章介绍的 FUSE 原理，并运用现有的框架，开发人员可以在用户空间创建出功能强大且高度灵活的文件系统。

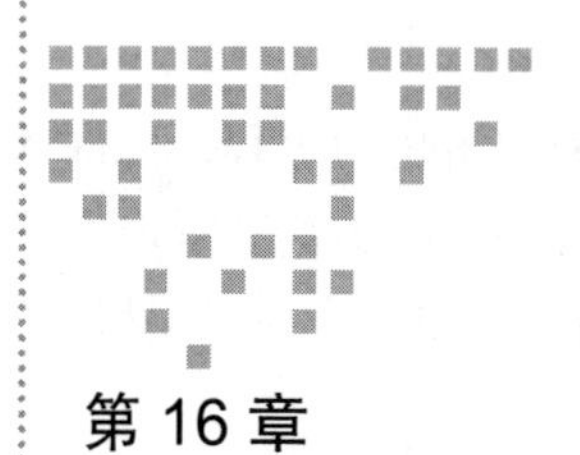

Chapter 16 第16章

分布式文件系统进阶

本章的目标是构建一个具备分布式属性的用户态文件系统。在此过程中，我们将深入了解分布式存储系统中的典型角色，探讨I/O请求的分发机制，以及数据如何分布和构建冗余。

16.1 架构设计

我们已经了解了如何实现用户态文件系统的守护进程。接下来将尝试扩展该文件系统，使其不仅仅局限于单机，而是要考虑利用多个节点，打造一个具备横向扩展能力的分布式系统。横向扩展能力是分布式文件系统与单机系统相比的核心优势。

本章设计的分布式架构内含多个不同的组件角色，采取了客户端/服务端（C/S）模式。客户端负责接入请求和解析协议，处理从内核fuse模块中收到的I/O请求，并将其转发至其他节点存储。服务端专注于数据的存储，该架构实现了存储与计算的分离。此外，我们还需要一个元数据中心，用于存储全局可见的元数据。因此，整个用户态文件系统可以分为三个部分。

- 接入层（Client）：负责接收来自内核的FUSE请求，并把FUSE请求转化为内部I/O格式。数据分布策略、数据冗余策略和负载均衡策略通常在此层实现。接入层一般只负责计算，组件本身设计为无状态，支持横向扩容。
- 存储层（Server）：存储层的每个节点都会运行一个单机存储引擎，负责管理本节点的存储资源的I/O操作，它专注于将数据安全地写入本地并从本地读取，无须全局视图。
- 元数据中心（MetaServer）：负责让每个接入层的节点都能获取统一的集群视图。元数据中心通常存储两种关键数据：一种是存储系统相关的元数据，如集群配置、节点拓扑等，这些数据量相对较小；另一种是用户数据相关的元数据，数据量取决于用户数据的规模。

用户态的分布式文件系统架构如图 16-1 所示。

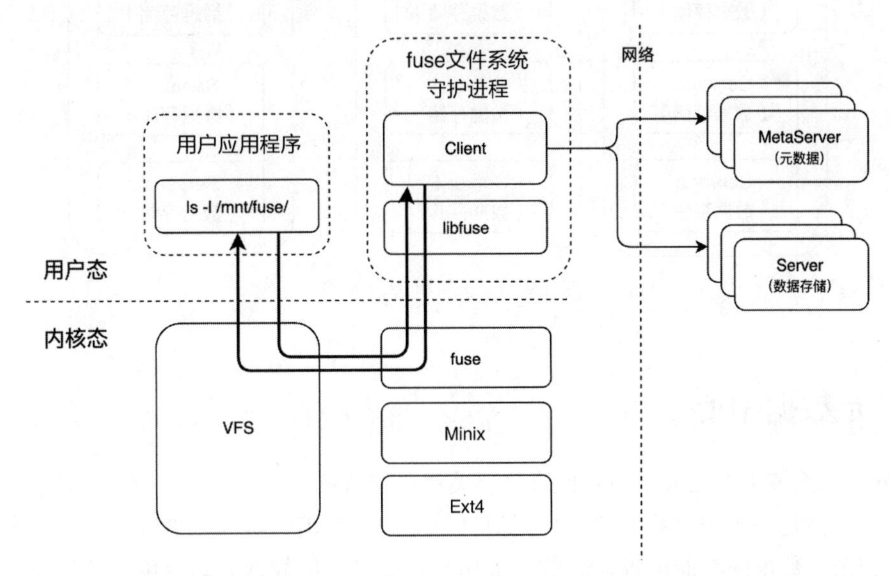

图 16-1　用户态的分布式文件系统架构

Client 作为接入层的实现，负责接收并处理内核 fuse 文件系统的请求。从内核 fuse 文件系统到 Client 组件的视角看，内核 fuse 文件系统是客户端，而 Client 则是服务端。

Client 组件将 FUSE 请求解析后，会将解析结果转换为系统内部的 I/O 格式，随后转发到存储层的 Server 组件。因此，从 Client 组件到 Server 组件视角来看，Client 是客户端，Server 是服务端。

总的来说，Client 组件主要实现了计算逻辑，作为一个无状态节点。集群状态被存储在元数据中心，Server 组件则和存储设备相对应。为了确保可靠性，数据会被写入多个副本，防止单点故障导致服务受损。

在本系统中，我们把每 3 个存储 Server 组件的节点定义为一个复制组，复制组内的节点数据互为镜像。假设每个存储节点的容量为 64 TiB，则实际上会占用 192 TiB 的物理空间，但提供 64 TiB 的逻辑容量。系统内可以构建多个复制组，复制组之间是不同的数据，以增强写请求的可用性。复制组设计如图 16-2 所示。

每次写入数据时，系统将选择一个复制组，选择的主要考虑因素是空间均衡、压力均衡和可靠性。一旦选定复制组后，数据就会在该复制组内的三个节点上存储，从而形成数据冗余。

复制组的概念加强了整个系统写入操作的可用性和数据的可靠性，我们将在后续的章节中详细介绍接入层、存储层和元数据中心的设计与实现。

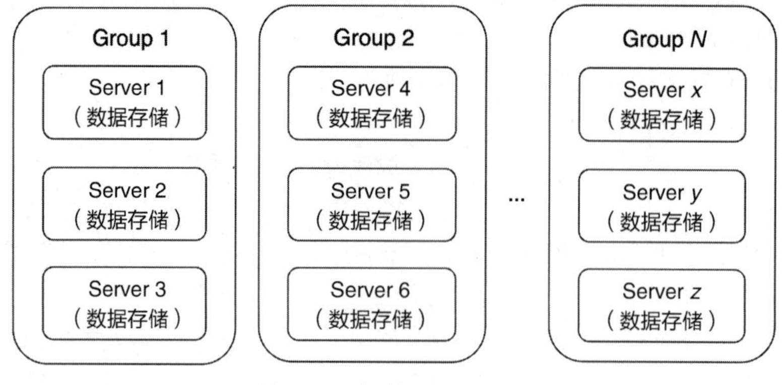

图 16-2 复制组设计示意

16.2 元数据中心

在分布式系统中，元数据中心扮演着至关重要的角色，主要负责存储两类信息。

- 第一类是关于用户数据的元数据信息。例如，当用户写入一份数据，系统内部需要记录该数据的存储位置。若数据被切分，即将一份数据分割成更小的粒度，那么这些分片的信息也需要被记录下来。这些元数据的作用在于定位用户数据，因此被称为索引元数据。
- 第二类则是系统本身的元数据信息。例如，复制组的拓扑关系、系统节点的详细信息、节点的健康状态等。通过这些信息，我们才能正确地管理分布式集群内的物理资源。

16.2.1 元数据的特征

元数据和用户数据的特征不一样，元数据的单条容量一般不大，基本是字节级别的，但其数量可能极为庞大。元数据中心的核心职责是支撑超大数量元数据的存储，并提供快速、稳定的插入、查询和列举等操作。元数据中心是分布式系统的灵魂，因此对它的可靠性要求更高，所以元数据中心通常也是一个分布式的子系统。通常，元数据中心具备以下特征。

- 灵活性和扩展性：能够适应处理各种类型和格式的元数据，并能够应对元数据结构的变化。它还能支持一些复杂的查询或索引，如支撑灵活的 SQL 语句等。
- 高性能：元数据中心通常要求可以进行高效的读写操作。并对请求的 QPS、时延等指标有较高要求。为了达到这些性能要求，元数据中心一般会选择使用 SSD 等高性能的存储介质。

- 可靠性和容错能力：一旦集群元数据丢失，可能会导致整个集群的瘫痪。用户元数据的丢失，则可能导致用户数据的不可访问。因此元数据中心的可靠性和可用性是保障系统稳定性的核心，对它的要求甚至比数据更高。元数据中心通常通过副本来实现冗余，具备数据冗余、组件冗余的特点。

元数据中心可以自行实现，例如基于 Paxos、Raft 协议构建一套专门用于存储元数据的分布式系统，但实现相对复杂，维护也需要投入大量精力。对多数的小型团队来说，性价比不高。

目前市面上已经有一些成熟的管理元数据的分布式系统。MongoDB 就是一个很好的选择，它支持丰富的数据格式，能够轻松表示嵌套和层次化的数据结构。它还支持大量的查询和索引功能，能满足各种场景的查询需求。同时，MongoDB 也支持性能和容量的线性扩展，并具备高可用、高可靠的特性，还支持空间的自动均衡。因此，本节将采用 MongoDB 来构建元数据中心，用于存储集群元数据和用户元数据。

16.2.2　数据表结构定义

首先，我们定义了 3 种 MongoDB 数据表结构，分别用于存储不同类型的信息，它们的结构及含义如下。

- file_meta 表：用于存储用户文件的元数据。在用户文件创建、更新时进行同步更新。
- server_group 表：记录集群复制组的拓扑结构。该表在集群创建时更新，通常由管理员进行初始化配置。
- super_block 表：存储分布式文件系统的超级块的信息。它在集群创建或集群资源分配时进行更新。

在 Go 程序中，这 3 张表对应的数据结构定义如代码清单 16-1 所示。

代码清单 16-1　表对应的数据结构定义

```
// super_block 表（超级块信息）
type Superblock struct {
    Name      string `bson:"name"`
    InodeNumBase uint64 `bson:"inode_num_base"`
    InodeStep uint64 `bson:"inode_step"`
}
// file_meta 表（文件元数据）
type FileMetaInfo struct {
    Name      string             `bson:"name"`
    Inode     InodeInfo          `bson:"inode"`
    DataLocs *FileDataLocation `bson:"data_location"`
}
// 文件 Inode 信息
type InodeInfo struct {
    Inode       uint64     `bson:"inode"`
    Mode        uint32     `bson:"mode"`
```

```
    Size       uint64    `bson:"size"`
    Uid        uint32    `bson:"uid"`
    Gid        uint32    `bson:"gid"`
    Generation uint64    `bson:"gen"`
    ModifyTime time.Time `bson:"mtime"`
    CreateTime time.Time `bson:"ctime"`
    AccessTime time.Time `bson:"atime"`
}
// 文件位置信息
type FileDataLocation struct {
    GroupID   int         `bson:"group_id"`
    Locations []*Location `bson:"locations"`
}
// server_group 表（复制组的配置）
type ServerGroup struct {
    GroupID int       `bson:"group_id"`   // 复制组 ID
    Servers []string `bson:"servers"`    // 复制组地址
}
```

通过上述定义，我们可以清晰地看到集群元数据和用户元数据的结构定义。ServerGroup 结构体就代表一个复制组，其中 ServerGroup.Servers 字段是一个数组，用于存储该复制组的节点地址。FileMetaInfo 结构体对应用户数据的元数据，其中 FileMetaInfo.Inode 字段包含了文件的 Inode 相关的信息，而 FileMetaInfo.DataLocs 保存了用户数据的具体位置信息。

在 Go 语言中，有很多可操作 MongoDB 的公共库，我们推荐使用官方的 MongoDB Driver，可以通过以下命令安装：

```
go get go.mongodb.org/mongo-driver/mongo
```

我们将使用这个库来操作 MongoDB，以实现元数据的增加、删除、修改和查询操作。

16.3 接入层

接入层主要由 Client 组件构成，主要负责协议的解析、路由、转发和处理等任务，消耗的主要是计算资源。Client 组件负责接收内核 fuse 文件系统的请求，解析 FUSE 的协议，并将 FUSE 协议的 I/O 请求转化成内部的 I/O 格式，进而转发至存储节点，完成数据存储。

简化的 Client 组件的模块设计如图 16-3 所示。

16.3.1 目录实现

本节将实现文件的创建、读写和目录的列举等功能。为此，需要对 HellofsService、Dir 和 File 等结构体进行相应的改造。文件创建后，其元数据需要保存在 MongoDB 中；在列举文件时，需要从 MongoDB 中提取该目录下所有文件的信息。HellofsService 和 Dir 结构体将增加一些新的字段，其定义如代码清单 16-2 所示。

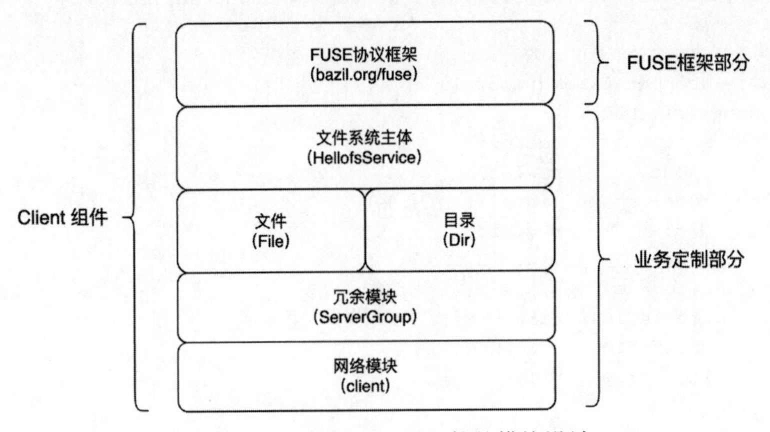

图 16-3　简化的 Client 组件的模块设计

代码清单 16-2　HellofsService 和 Dir 结构体的定义

```
// HelloFS 文件系统的主体
type HellofsService struct {
    metaCli      *mongo.Database // MongoDB 的操作句柄
    replication  []*ServerGroup  // 复制组的集群拓扑
    inoAllocator *InodeAllocator // inode 的分配器
}
// 目录结构
type Dir struct {
    fs    *HellofsService         // 核心主体
    inode uint64                  // inode 编号
    files map[string]*File        // 目录的文件列表
}
```

Dir 结构体需要实现 Attr、Lookup、Create、ReadDirAll 等方法，以支持文件查询、创建和目录下文件的列举等功能。这些方法中，大多数操作都涉及 MongoDB 中元数据的管理。以下分别就创建文件，列举文件和查询文件举例，说明这些方法的实现。

1. 创建文件

要创建文件，需要实现 Dir 结构体的 Create 方法。当 Client 收到 FUSE_CREATE 请求时，会调用此方法。Dir 结构体的 Create 方法实现如代码清单 16-3 所示。

代码清单 16-3　Dir 结构体的 Create 方法的实现

```
// 创建文件的实现
func (d *Dir) Create(ctx context.Context, req *fuse.CreateRequest, resp *fuse.
    CreateResponse) (fs.Node, fs.Handle, error) {
    // 此处省略部分代码
    // 分配新的 inode 编号
    newIno, err := d.fs.AllocInode()
```

```
    if err != nil {
        return nil, nil, fmt.Errorf("alloc new inode failed")
    }
    // 构造文件元数据信息
    meta := &common.FileMetaInfo{
        Name: req.Name,
        Inode: common.InodeInfo{
            Inode:      newIno,
            Mode:       uint32(req.Mode),
            Uid:        req.Uid,
            Gid:        req.Gid,
            Size:       0,
            CreateTime: time.Now(),
            ModifyTime: time.Now(),
            AccessTime: time.Now(),
        },
    }
    // 将文件元数据信息写入 MongoDB 元数据中心
    coll := d.fs.metaCli.Collection(TableFileMeta)
    _, err = coll.InsertOne(context.TODO(), meta)
    if err != nil {
        return nil, nil, fmt.Errorf("create file failed")
    }
    // 创建文件结构并初始化
    f := NewFile(d.fs, &meta.Inode, req.Name)
    // 将新创建的文件添加到目录的文件缓存中
    d.files[req.Name] = f.(*File)
    return f, f, nil
}
```

Dir结构体的Create的方法的关键步骤：首先分配一个全局唯一的inode编号，然后将文件的元数据信息存储至MongoDB中。这些元数据会在后续的文件查询、列举文件等场景使用。

2. 列举文件

列举目录的文件需要实现Dir结构体的Read系列操作，其中ReadDirAll对应的是一次性读取的内容。当Client收到针对目录的FUSE_READ请求时，将会调用此方法。Dir结构体的ReadDirAll方法实现如代码清单16-4所示。

代码清单 16-4 Dir 结构体的 ReadDirAll 方法的实现

```
func (d *Dir) ReadDirAll(ctx context.Context) ([]fuse.Dirent, error) {
    var dirDirs = []fuse.Dirent{}
    // 从元数据中心获取文件列表
    coll := d.fs.metaCli.Collection(TableFileMeta)
    cursor, err := coll.Find(context.TODO(), bson.M{})
    if err != nil {
        return nil, err
    }
```

```
    var results []common.FileMetaInfo
    if err = cursor.All(context.TODO(), &results); err != nil {
        return nil, err
    }
    for _, ret := range results {
        cursor.Decode(&ret)
        dirent := fuse.Dirent{Inode: ret.Inode.Inode, Name: ret.Name, Type: fuse.
            DT_File}
        dirDirs = append(dirDirs, dirent)
    }
    return dirDirs, nil
}
```

当使用 ls 命令列举目录的文件时，就会触发读取目录内容，即获取目录下所有文件的列表。这里实现的 ReadDirAll 方法对应了此项逻辑。在 ReadDirAll 方法中，通过遍历 MongoDB 中 file_meta 表的对应数据，构造出相应的 FUSE 响应结构，最终返回给内核 fuse 文件系统。

3. Lookup 方法

目录的 Lookup 方法是一个极其关键的接口。这种方法可以根据文件名来查询文件的元数据信息。当 Client 组件接收 FUSE_LOOKUP 请求时，便会调用此方法。Dir 结构体的 Lookup 方法实现如代码清单 16-5 所示。

代码清单 16-5　Dir 结构体的 Lookup 方法的实现

```
func (d *Dir) Lookup(ctx context.Context, name string) (resp fs.Node, err error) {
    coll := d.fs.metaCli.Collection(TableFileMeta)
    var m common.FileMetaInfo
    filter := bson.M{"name": name}
    // 从元数据中心查询文件元数据
    err = coll.FindOne(context.TODO(), filter).Decode(&m)
    if err != nil {
        if err == mongo.ErrNoDocuments {
            return nil, syscall.ENOENT
        }
    }
    f := NewFile(d.fs, &m.Inode, m.Name)
    return f, nil
}
```

Dir 结构体的 Lookup 方法以文件名作为查询条件，到 MongoDB 中查询此文件对应的元数据信息。Lookup 操作在文件路径解析过程中至关重要，VFS 会在这个过程中多次触发 Lookup 操作，最终把这条路径对应的文件查询出来，并在内存中构建这条路径的缓存。

16.3.2　文件实现

在目录的实现部分，创建文件结构使用的是 NewFile 函数。该函数返回一个 File 结构体实例，该实例代表一个文件。相比 15.3.4 小节，我们对 File 结构体进行了一系列的扩展，其定义如代码清单 16-6 所示。

代码清单 16-6 File 结构体的定义

```
type File struct {
    fs           *HellofsService              // 文件系统主体结构
    fileName     string                       // 文件名称
    metaInfo     *common.InodeInfo            // 文件 inode 信息
    dataLocation *common.FileDataLocation     // 位置元数据信息
}
```

在 File 结构体中，metaInfo 字段用于存储 Inode 的元数据，而 dataLocation 字段则记录了数据存储的位置。数据写入成功后，由 Server 组件返回这些位置信息，然后由 Client 组件将其持久化到 MongoDB 中。通过 dataLocation 字段，我们就可以轻松定位到数据的存储位置，并据此读取数据。与 Dir 结构体类似，File 结构体也需要实现一些特定的方法来处理数据的读写请求。本小节采用了 WARO 的副本读写策略，以这种较为简单的方式来提供读写服务。

1. 数据写入

为了处理文件数据的写入过程，我们需要实现 File 结构体的 Write 方法。该方法的实现如代码清单 16-7 所示。

代码清单 16-7 File 结构体的 Write 方法的实现

```
func (f *File) Write(ctx context.Context, req *fuse.WriteRequest, resp *fuse.
    WriteResponse) error {
    // 选取一个复制组
    repSet := f.fs.PickWriteServerGroup()
    // 将数据写入该复制组
    locs, err := repSet.Write(ctx, req.Data, int64(f.metaInfo.Inode))
    if err != nil {
        return err
    }
    dataLoc := &common.FileDataLocation{
        GroupID:   repSet.GroupID,
        Locations: locs,
    }
    // 将文件的元数据持久化到元数据中心
    err = f.writeMeta(ctx, dataLoc, len(req.Data))
    if err != nil {
        return err
    }
    resp.Size = len(req.Data)
    return nil
}
// 更新文件对应的元数据
func (f *File) writeMeta(ctx context.Context, loc *common.FileDataLocation, size
```

```
int) error {
    coll := f.fs.metaCli.Collection(TableFileMeta)
    filter := bson.M{"inode.inode": f.metaInfo.Inode}
    update := bson.M{"$set": bson.M{"data_location": loc, "inode.size": size}}
    var m common.FileMetaInfo
    if err := coll.FindOneAndUpdate(ctx, filter, update).Decode(&m); err != nil {
        return err
    }
    return nil
}
```

当 Client 收到来自内核的 FUSE_WRITE 请求后，会调用 File 结构体的 Write 方法。Write 方法的实现非常直接，主要分为两个步骤：数据写入和元数据写入。首先，我们根据特定策略选择一个可写的复制组，该复制组包含了 3 个 Server 组件节点。用户文件的数据将并行写入这 3 个节点，所有节点都写入成功，整个写入操作才算成功。随后，Client 收到这 3 个 Server 组件节点返回的存储位置信息，并将这些元数据保存到 MongoDB 中。

注意，数据写入和元数据写入的顺序极其重要。我们必须先完成数据写入，再进行元数据写入。如果数据写入完成之前就已经写入了元数据，那么可能会导致数据丢失（无法访问）。

2. 数据读取

文件数据的读取通过实现 File 结构体的 ReadAll 方法来完成，该方法会把文件的所有内容一次性读取到内存中。当 Client 组件收到内核的 FUSE_READ 请求，将调用这一方法。File 结构体的 ReadAll 方法的实现如代码清单 16-8 所示。

代码清单 16-8　File 结构体的 ReadAll 方法的实现

```
func (f *File) ReadAll(ctx context.Context) ([]byte, error) {
    // 判断是否需要加载文件的位置信息
    if f.dataLocation == nil {
        if err := f.refreshMeta(); err != nil {
            return nil, err
        }
    }
    // 找到复制组
    repSet, err := f.fs.PickServerGroupByID(f.dataLocation.GroupID)
    if err != nil {
        return nil, err
    }
    // 从复制组中读取用户数据
    content, err := repSet.Read(ctx, f.dataLocation)
    if err != nil {
        return nil, err
    }
    return content, nil
}
```

读取操作大致分为两个步骤：元数据读取和数据读取。首先，我们从 MongoDB 中读取文件的元数据，以获取数据存储的位置信息。接着，根据一定的策略选择一个可靠的节点进行数据读取。因为我们采用的是 WARO 的读写策略，所以理论上任意副本的数据都应满足读取要求。节点选择策略有很多维度，可以是随机选择以分散负载，也可以基于节点的健康状态或者空间的均衡性来选择。注意，在读取操作中，应先读取元数据然后再读文件数据，这个顺序与写入操作正好相反。

16.3.3 冗余策略

在分布式存储系统中，常见的冗余策略包括副本策略和纠删码策略。副本策略的实现相对简单，只需把同一份数据分发至多个节点，这组互为副本的节点叫作复制组。复制组在集群初始化时就被确定了，并被记录存储在元数据中心。一旦副本关系确定，后续便不再随意更改。这种固定复制组的方式虽然不是很灵活，但是实现简单，有益于简化副本代码实现的逻辑。

在副本关系中，通常会区分主副本和从副本。因此，是否支持主副本的选举也是要考虑的重点。类似 Paxos、Raft 等协议能够支持副本的选主操作，但这些协议本身的实现较为复杂。另一种选择是不进行选主，而是通过固定副本关系，并以多个复制组对外提供服务，以此来保证写操作的可用性。这种方式可能会增加运维工作量，但简化了代码逻辑，不容易出现软件逻辑上的问题。

在 File 结构体的 Write 和 ReadAll 方法中，均涉及选择复制组的操作，复制组是实现冗余策略的核心所在。接下来将探讨复制组是如何执行读写操作的。

首先，我们设计了一个对应多副本的结构体，名为 ServerGroup，其定义如代码清单 16-9 所示。

代码清单 16-9　ServerGroup 结构体的定义

```
// 表：server_group（复制组的配置）
type ServerGroup struct {
    GroupID int       `bson:"group_id"`  // 复制组 ID
    Servers []string `bson:"servers"`    // 复制组地址
}
```

这份多副本的拓扑关系存储在 MongoDB 的 server_group 表中。下面来看看多副本的写请求是如何实现的。数据写入可以分成两种情况：

- I/O 级别的多副本写入的实现相对简单。数据已经在内存中，只需将这份数据发送到多个 Server 组件节点即可。
- 数据流的多副本写入的实现则稍显复杂。例如，要将一个 Reader 的数据写入多个不同的 Server 组件节点，常见的方法是使用 TeeReader 复制一份数据流，并通过 Pipe 接收这部分数据，最后创建并发的 Goroutine 来处理 Pipe 中的数据。具体实现可以参考第 3 章。

在处理副本的读写过程中，我们采用 Write All Read One 策略。写入操作通过 ServerGroup 结构体的 Write 方法完成，具体的实现如代码清单 16-10 所示：

代码清单 16-10　复制组写入操作的实现

```
func (rep *ServerGroup) Write(ctx context.Context, data []byte, id int64) (retLocs
    []*common.Location, retErr error) {
    cli := common.NewClient()
    wg := sync.WaitGroup{}
    retResps := make([]Err, len(rep.Servers))
    // 副本写策略: Write All
    for idx, sAddr := range rep.Servers {
        wg.Add(1)
        args := &common.WritedArgs{
            ID:   uint64(id),
            Size: int64(len(data)),
            Body: bytes.NewReader(data),
        }
        go func(index int, addr string) {
            defer wg.Done()
            loc, err := cli.Write(ctx, addr, args)
            retResps[index] = Err{idx: index, loc: loc, err: err}
        }(idx, sAddr)
    }
    wg.Wait()
    for _, ret := range retResps {
        if ret.err != nil {
            return nil, ret.err
        }
        retLocs = append(retLocs, ret.loc)
    }
    log.Printf("write success: %v", rep.Servers)
    return retLocs, nil
}
```

我们采用星形写入方式来处理多副本数据的写入操作。与链式写入相比，星形写入更为简单，因为链式写入需要在 Server 端实现复杂的复制逻辑。因此，如果不考虑 Client 端网络流量扇出的瓶颈问题，那么星形写入是较为简单的选择。在这种模型下，只需要在 Client 内实现这冗余逻辑即可，Server 内完全不感知复制过程。

接下来看一下数据读取的实现方式。读取操作由 ServerGroup 结构体的 Read 方法实现，具体实现如代码清单 16-11 所示。

代码清单 16-11　复制组数据读取的实现

```
func (rep *ServerGroup) Read(ctx context.Context, loc *common.FileDataLocation)
    (content []byte, retErr error) {
    cli := common.NewClient()
```

```
    // 副本读策略: Read One
    // 根据策略选择一个合适的副本
    pickIdx := rep.pickServerForRead()
    server := rep.Servers[pickIdx]
    args := &common.ReadArgs{
        Loc: *loc.Locations[pickIdx],
    }
    reader, err := cli.Read(ctx, server, args)
    if err != nil {
        return nil, err
    }
    content, err = io.ReadAll(reader)
    if err != nil {
        return nil, err
    }
    return content, nil
}
```

在ServerGroup的Read方法中，我们首先按照策略选择一个副本，然后向选定的Server组件节点发送请求，并通过网络读取数据。我们把数据全部读取到内存中，然后返回给调用方。

实际上，副本关系存在不同的颗粒度级别，通常有3种模式可供选择。

- 文件级别的复制组：由不同的磁盘上的文件组成复制组，这些文件互成镜像。
- 磁盘级别的复制组：由一组磁盘组成复制组，磁盘的内容互为镜像。其可用容量由最小的磁盘决定。
- 主机级别的复制组：由一组主机组成复制组，主机上的数据完全一致，互为镜像。

这3种模式灵活性依次递减，系统的元数据量依次减少，代码实现和运维管理复杂度也逐步降低。为了简化实现，本节选择的是主机级别的复制组。

16.3.4 网络模块

Client将FUSE请求解析成系统内部的I/O格式，之后通过网络发送给Server组件。Client组件和Server组件之间的通信可选择HTTP或RPC进行数据传输。接下来定义Client组件到Server组件的交互接口。

首先，双方需要操作一致的数据结构。我们定义了一个名为Location结构体，用于记录用户数据在Server组件内部位置信息。当写入操作成功后，由Server组件返回给Client组件。在读取操作时，由Client组件将其传递给Server组件，以便读取特定位置的数据。我们还定义了一个名为StorageAPI的接口，其中包含读取和写入方法。相关的结构体和方法的实现如代码清单16-12所示。

代码清单16-12 StorageAPI接口相关的结构体和方法的实现

```
// 位置信息
```

```
type Location struct {
    FileID uint64
    Offset int64
    Length int64
    Crc    uint32
}
// 读请求参数
type ReadArgs struct {
    Loc Location
}
// 写请求参数
type WritedArgs struct {
    ID   uint64
    Size int64
    Body io.Reader
}
// 写请求响应
type WriteResp struct {
    Loc Location
}
// Client 和 Server 通信的接口
type StorageAPI interface {
    Read(ctx context.Context, host string, args *ReadArgs) (reader io.Reader,
        err error)
    Write(ctx context.Context, host string, args *WritedArgs) (loc *Location,
        err error)
}
```

在 File 结构体的读写流程中，就是通过调用 StorageAPI 接口向 Server 发送请求。接口定义完毕，接下来看看针对这个接口的具体实现。

首先，我们定义了一个名为 client 的结构体，并针对这个结构体实现了 Read 和 Write 方法，具体实现如代码清单 16-13 所示。

代码清单 16-13　网络 Read 和 Write 方法的实现

```
type client struct{}
// 网络读请求
func (c *client) Read(ctx context.Context, host string, args *ReadArgs) (reader
    io.Reader, err error) {
    // 构造 URL
    urlStr := fmt.Sprintf("%v/object/read/fid/%d/off/%d/size/%d/crc/%d",
        host, args.Loc.FileID, args.Loc.Offset, args.Loc.Length, args.Loc.Crc)
    req, err := http.NewRequest(http.MethodPost, urlStr, nil)
    if err != nil {
        return
    }
    client := &http.Client{}
    // 发送请求
    res, err := client.Do(req)
    if err != nil {
```

```
        log.Fatal(err)
    }
    return res.Body, nil
}
// 网络写请求
func (c *client) Write(ctx context.Context, host string, args *WritedArgs) (loc
    *Location, err error) {
    // 构造 URL
    urlStr := fmt.Sprintf("%v/object/write/id/%d/size/%d",
        host, args.ID, args.Size)
    req, err := http.NewRequest(http.MethodPost, urlStr, args.Body)
    if err != nil {
        return
    }
    req.ContentLength = args.Size
    client := &http.Client{}
    // 发送请求
    res, err := client.Do(req)
    if err != nil {
        log.Fatal(err)
    }
    defer res.Body.Close()
    // 读取响应
    resData, err := io.ReadAll(res.Body)
    if err != nil {
        log.Fatal(err)
    }
    loc = &Location{}
    if err = json.Unmarshal(resData, loc); err != nil {
        log.Fatal(err)
        }
    return loc, nil
}
```

在 Read 和 Write 方法中，我们把参数放置在 URL 的路径中，这种方式适用于简单场景。Server 组件按照相同的协议来解析，即可获得参数。然后根据 HTTP 的规范，构造 URL 和 Body，最终通过 HTTP 发送给 Server 组件。

需要注意的是，在 HTTP 的网络请求中，读请求和写请求的交互模式存在明显差异。通常情况下，服务端收到客户端发送的请求后先返回一个 HTTP 状态码进行响应，客户端在接收到这个状态码后，再从响应体中读取数据。由于读取操作是在收到状态码之后进行的，若读取数据的过程中发生异常，通常会表现为 Unexpected EOF——意味着服务端可能提前中断连接，哪怕先前返回的状态码是 200。因为状态码一旦发送给客户端，就无法更改。换言之，仅凭 HTTP 响应的状态码并不能判定本次读请求是否成功。

而在写请求中，客户端发送请求头部和 Body 后，只有当服务端接收完毕所有数据之后，才会返回 HTTP 响应的状态码。在这种情况下，HTTP 响应的状态码能有效地标识本次写操作是成功还是失败。

16.4　存储层

在设计层面上，存储层的 Server 组件主要承担数据写入和读取的职责。它的定位是单机存储引擎，不涉及分布式的相关逻辑。在这一层，我们专注于数据在单机上的组织方式，旨在提供一个安全、可靠且高效的存储服务。

简化的 Server 组件的模块设计如图 16-4 所示。

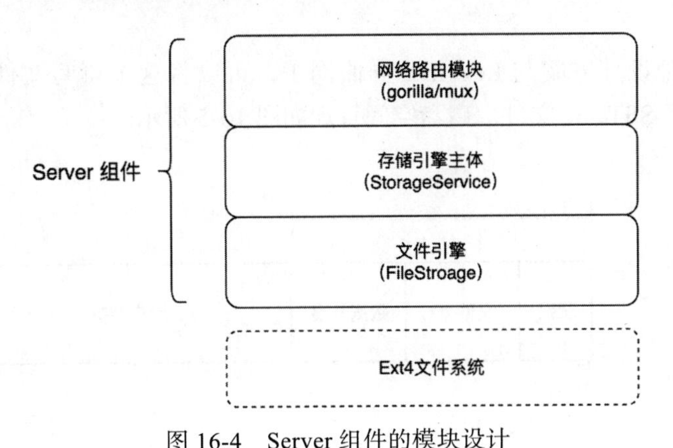

图 16-4　Server 组件的模块设计

下面探讨数据存储的具体实现。

16.4.1　空间管理

首先，我们定义一个 StorageService 结构体，该结构体代表存储层服务的主体。它将负责管理本节点上的所有数据，并作为 Server 组件的主入口。StorageService 结构体的定义如代码清单 16-14 所示。

代码清单 16-14　StorageService 结构体的定义

```
type StorageService struct {
    lock     sync.Mutex                    // 互斥锁
    current  *FileStorage                  // 当前可写的文件句柄
    files    map[int64]*FileStorage        // 所有的文件句柄
    rootPath string                        // 存放数据的目录
    seqIdx   int64                         // 文件编号
}
```

我们将使用 Ext4 文件系统作为底层支撑，它能帮助我们有效解决空间分配和回收的问题，简单化空间管理的流程。在 Ext4 的基础上，分配空间只需要创建一个本地文件，并向其中写入数据即可；回收空间则只需删除这个文件。这种方式能有效降低直接管理磁盘的复杂性。

我们采用将多个小文件的数据合并到一个大文件的方式来提高小文件的存储效率。这种方式不仅能在写入时实现批量和顺序的 I/O，从而提升写入性能，而且还能大大减少小文件的数量，减轻对底层文件系统的元数据压力。同时，我们对写入方式进行如下控制以确保效率和安全性。

- 每个磁盘上只有一个可写的文件，其他文件均为只读文件。每个文件都有唯一 ID。不存在多个文件的写入并发，这样才能让底层磁盘 I/O 尽可能地顺序化。
- 多个用户数据在底层聚合存放在一个大文件中，通过大幅度聚合 I/O，减少底层文件个数。

实际上，这种设计方案与 LevelDB 异曲同工，可以将这个可写文件视作 WAL 文件，只读文件则类似于 SSTable 文件。磁盘空间管理如图 16-5 所示。

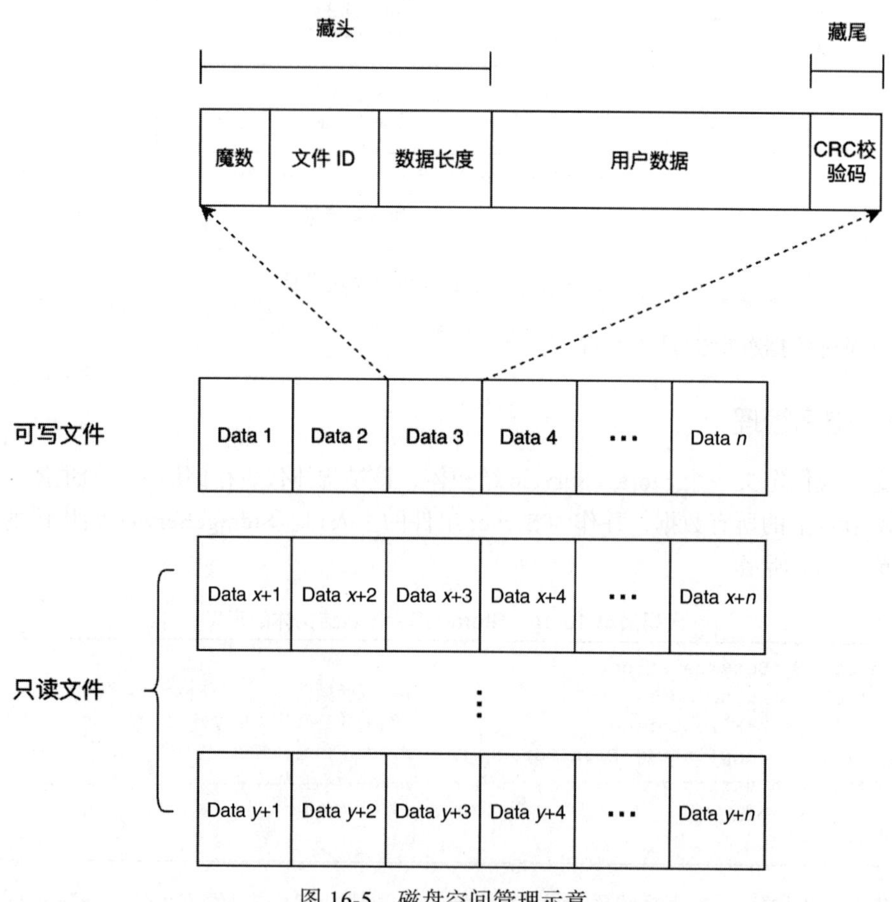

图 16-5 磁盘空间管理示意

在每个用户数据被写入文件时，我们会附加一些藏头藏尾的元数据。如魔数、文件 ID、数据长度及 CRC 校验码等。这些元数据与用户的原始数据放在一起，被同时写入文件中。这些附加数据通常用于校验数据的一致性，以及在必要时用于数据的恢复，从而进一步增强数据的安全性。

16.4.2　请求路由

接下来看一下 Server 组件是如何定义请求路由的。本质上，Server 组件就是一个 HTTP 服务器，负责监听并处理特定 URL 的请求。我们可以利用一些第三方库来搭建这层路由关系。例如 github.com/gorilla/mux 就是功能强大的 HTTP 路由库，它在 Go 语言的 Web 开发实践中被广泛使用。Server 组件的路由定义如代码清单 16-15 所示。

代码清单 16-15　Server 组件的路由定义

```
// 创建 Server 端主体结构
s := server.NewStorageService(datapath)
s.Init()
// 创建路由器
router := mux.NewRouter()
// 注册路由：对应 Write、Read 请求
router.HandleFunc("/object/write/id/{id}/size/{size}",s.ObjectWrite)
router.HandleFunc("/object/read/fid/{fid}/off/{off}/size/{size}/crc/{crc}",
s.ObjectRead)
// 指定监听地址
address := fmt.Sprintf("0.0.0.0:%d", port)
srv := http.Server{
    Handler: router,
    Addr:    address,
}
// 开启服务器
log.Fatal(srv.ListenAndServe())
```

上述代码展示了如何定义处理读写请求的路由。当 Client 组件发送的 URL 为“/object/write/id/{id}/size/{size}”时，会调用到 ObjectWrite 方法；当 Client 组件发送的 URL 为“/object/read/fid/{fid}/off/{off}/size/{size}/crc/{crc}”时，则调用 ObjectRead 方法。在 URL 的大括号内的部分表示变量，由 Client 组件提供，Server 可组件负责解析这些值。

16.4.3　数据读写

Client 组件通过 HTTP 发送请求到 Server 组件，请求通过网络路由模块后，由 StorageService 的 ObjectWrite 或 ObjectRead 方法进行处理。接下来将详细探讨 ObjectWrite 和 ObjectRead 方法的具体实现。

1. 数据写入

当 Server 收到写请求之后，路由模块首先会解析 URL 参数，随即调用 StorageService 结构体的 ObjectWrite 方法来处理该请求。ObjectWrite 方法的实现如代码清单 16-16 所示。

代码清单 16-16　StorageService 结构体的 ObjectWrite 方法的实现

```
func (s *StorageService) ObjectWrite(w http.ResponseWriter, r *http.Request) {
    // 参数解析
```

```
    vals := mux.Vars(r)
    idStr := vals["id"]
    sizeStr := vals["size"]
    id, err := strconv.ParseInt(idStr, 10, 64)
    if err != nil {
        log.Fatal(err)
    }
    size, err := strconv.ParseInt(sizeStr, 10, 64)
    if err != nil {
        log.Fatal(err)
    }
    // 获取文件的写句柄
    s.lock.Lock()
    current := s.current
    s.lock.Unlock()

    // 写数据
    loc, err := current.Write(int64(id), r.Body, int64(size))
    if err != nil {
        log.Printf("write error. err=%v", err)
        w.WriteHeader(500)
        return
    }
    // 返回写入位置信息
    data, err := json.Marshal(loc)
    if err != nil {
        log.Fatal(err)
    }
    w.Write(data)
    log.Printf("write success. loc=%v", loc)
}
```

在 ObjectWrite 方法中，首先对传入参数做一些合法性的校验。完成校验后，会找到当前可写的文件句柄写入数据，最后把数据写入的位置信息返回给 Client 组件。

写入操作的关键步骤是获取一个可写的文件，该文件由 StorageService 的 current 字段指定。该字段类型的结构体为 FileStorage。FileStorage 结构体是对底层文件的一层封装，更多细节将在后续章节详细阐述。

2. 数据读取

当 Server 组件收到读请求之后，路由模块首先会解析 URL 参数，接着调用 StorageService 结构体的 ObjectRead 方法来处理该请求。该方法实现如代码清单 16-17 所示。

代码清单 16-17 StorageService 结构体的 ObjectRead 方法的实现

```
func (s *StorageService) ObjectRead(w http.ResponseWriter, r *http.Request) {
    // 参数解析
    vals := mux.Vars(r)
```

```
    fidStr := vals["fid"]
    offStr := vals["off"]
    lenStr := vals["size"]
    crcStr := vals["crc"]
    fileID, err := strconv.ParseInt(fidStr, 10, 64)
    if err != nil {
        log.Fatal(err)
    }
    offset, err := strconv.ParseInt(offStr, 10, 64)
    if err != nil {
        log.Fatal(err)
    }
    length, err := strconv.ParseInt(lenStr, 10, 64)
    if err != nil {
        log.Fatal(err)
    }
    crcsum, err := strconv.ParseUint(crcStr, 10, 32)
    if err != nil {
        log.Fatal(err)
    }
    loc := &common.Location{
        FileID: uint64(fileID),
        Offset: offset,
        Length: length,
        Crc:    uint32(crcsum),
    }
    // 获取文件句柄
    s.lock.Lock()
    stor, exist := s.files[fileID]
    s.lock.Unlock()
    if !exist {
        log.Printf("fileID:%v not exist", fileID)
        w.WriteHeader(400)
        return
    }
    // 读取数据，并返回
    data, err := stor.Read(loc)
    if err != nil {
        log.Fatal(err)
    }
    w.Write(data)
    log.Printf("len(data)=%d", len(data))
}
```

数据读取可视为数据写入的反向操作。在 ObjectRead 方法中，我们首先对参数进行解析并进行校验，然后定位到可读文件的句柄，最后调用底层模块的接口读取数据。

读取操作的关键点在于，通过参数 fid 找到对应的文件。在 StorageService 结构体中，我们把所有的文件句柄存储在名为 files 的字段中，这是一个以文件 ID 为 Key，以 FileStorage 结构体为 Value 的 map 结构。在处理读请求时，通过 fid 参数便能查询到相应的

FileStorage结构体，并据此读取到正确的数据。

16.4.4 存储模块

在StorageService结构体的ObjectWrite和ObjectRead方法实现中，我们看到了对底层存储模块的调用，即对FileStorage结构体的方法调用。FileStorage结构体代表一个可读写的文件，是在文件系统上封装的一层轻量级抽象，实现了对底层文件特定格式的读写操作。该结构体在性能和安全性上都有特殊的设计。FileStorage结构体的定义如代码清单16-18所示。

代码清单16-18 FileStorage结构体的定义

```
type FileStorage struct {
    lock sync.Mutex       // 互斥锁
    off  int64            // 分配空间的位置偏移
    fd   *os.File         // 文件句柄
    id   int64            // 文件唯一标识
}
```

在FileStorage结构体中，fd字段是Go标准库os包提供的文件操作句柄，用于文件的读写。off字段用于记录空间分配的位置。id字段则是文件的唯一标识。

1. 数据写入

FileStorage结构体在写入用户原本的数据之外，还会添加一个固定长度的藏头和藏尾。藏头记录了用户数据的元数据，包括魔数、文件ID和数据长度。而藏尾记录了CRC校验码。藏头和藏尾的数据很关键，可以用于数据应急恢复的场景。例如，在元数据中心出现故障时，可以通过扫描用户数据的藏头藏尾来恢复元数据，从而保证数据能够访问。FileStorage结构体的Write方法的实现如代码清单16-19所示。

代码清单16-19 FileStorage结构体的Write方法的实现

```
func (s *FileStorage) Write(id int64, reader io.Reader, size int64) (loc *common.
    Location, err error) {
    s.lock.Lock()
    startPos, pos := s.off, s.off
    s.off += (size + int64(headerSize) + int64(footerSize))
    s.lock.Unlock()
    crc := crc32.NewIEEE()
    reader = io.LimitReader(reader, int64(size))
    reader = io.TeeReader(reader, crc)
    header := make([]byte, headerSize)
    footer := make([]byte, footerSize)
    copy(header[:4], magic[:])
    binary.BigEndian.PutUint64(header[4:], uint64(id))
    binary.BigEndian.PutUint32(header[4+8:], uint32(size))
    // 写入藏头
    s.fd.WriteAt(header, pos)
```

```
    pos += int64(headerSize)
    // 写入数据本身
    writer := &common.Writer{WriterAt: s.fd, Offset: pos}
    n, err := io.Copy(writer, reader)
    if err != nil {
        log.Fatal(err)
    }
    pos += n
    crc32Sum := crc.Sum32()
    binary.BigEndian.PutUint32(footer, crc32Sum)
    // 写入藏尾
    s.fd.WriteAt(footer, pos)
    loc = &common.Location{
        FileID: uint64(s.id),
        Offset: startPos,
        Length: size,
        Crc:    crc32Sum,
    }
    return loc, nil
}
```

在 FileStorage 结构体的 Write 方法中，它首先计算出所需分配的空间大小，然后串行分配空间位置，确保不同的用户请求的数据能写到不同的文件位置。在空间位置分配完成之后，我们把藏头构造好并写入文件，随后写入用户数据。写入完成后得到 CRC 校验码，并将其作为藏尾写入文件。至此完成了数据的写入过程。

CRC 校验码主要用于保护数据的完整性，特别是当磁盘上出现静默错误时，可以通过 CRC 校验器来验证数据。需要注意的是，FileStorage 结构体的 Write 方法中所计算的 CRC 校验码是用来保护整个用户数据的，因此若要使用 CRC 校验码进行校验数据，在读取时也需要完整地读取整个用户数据。

2. 数据读取

存储在磁盘上的数据有损坏的可能性，例如常见的磁盘静默错误。尽管单机存储无法避免数据损坏，但它必须能够校验出错误的数据，这是存储引擎的职责。存储引擎不能在不知情的情况下返回错误的数据。这种数据校验机制是通过写入时生成的 CRC 校验码实现的，该校验码存储在用户数据的藏尾中。FileStorage 结构体的 Read 方法的实现如代码清单 16-20 所示。

代码清单 16-20 FileStorage 结构体的 Read 方法的实现

```
func (s *FileStorage) Read(loc *common.Location) (data []byte, err error) {
    header := make([]byte, headerSize)
    footer := make([]byte, footerSize)
    secReader := io.NewSectionReader(s.fd, loc.Offset, loc.Length+int64(headerSi
        ze)+int64(footerSize))
    // 读取头部
    _, err = secReader.Read(header)
```

```
    if err != nil {
        log.Fatal(err)
    }
    // 校验头部
    // _magic := header[:4]
    // id := binary.BigEndian.Uint64(header[4:])
    // size := binary.BigEndian.Uint32(header[4+8:])
    // 读取数据
    crc := crc32.NewIEEE()
    reader := io.LimitReader(secReader, int64(loc.Length))
    reader = io.TeeReader(reader, crc)
    data, err = io.ReadAll(reader)
    if err != nil {
        log.Fatal(err)
    }
    // 读取尾部
    secReader.Seek(int64(headerSize)+loc.Length, io.SeekStart)
    secReader.Read(footer)
    __crcSum := binary.BigEndian.Uint32(footer)
    // 校验 CRC
    crcSum := crc.Sum32()
    if __crcSum != crcSum {
        log.Fatal("crc not match")
    }
    return data, nil
}
```

数据读取是写入的反向过程。Read 方法先通过 Location 参数定位到文件内的偏移位置，然后从该位置读取数据。数据被完整读到内存，同时计算出 CRC 校验码，然后将这个校验码与藏尾记录的 CRC 校验码进行对比。如果两者不一致，意味着数据已损坏。此时会返回一个表示数据已损坏的特定错误码，Client 组件在识别到该错误码后，就尝试切换至另一个副本重新读取数据。

16.5 系统测试

本节将在单机环境下模拟搭建一套分布式文件系统，并测试分布式系统的 I/O 流程。在进行测试之前，我们首先准备配置集群环境，准备目录空间，并启动一系列进程。

16.5.1 集群初始化

分布式系统涉及多种组件，为了进行有效测试，我们需要完成一些初步的准备工作。其中首要的任务就是初始化集群的配置。我们将通过手动的方式把复制组拓扑的关系在系统初始化的时候写入元数据中心，后续的变更也通过手动操作进行。虽然这种方式会显得不够自动化，但简化了系统设计。

1. 集群配置初始化

首先，在本地安装 MongoDB。接着，创建一个名为 hellofs_db 的数据库，并在其中创建一个名为 server_group 的表，填入以下数据完成复制组的配置：

```
// 复制组：第一组
{
    "group_id" : 1,
    "servers" : [
        "http://127.0.0.1:37001",
        "http://127.0.0.1:37002",
        "http://127.0.0.1:37003"
    ]
}
// 复制组：第二组
{
    "group_id" : 2,
    "servers" : [
        "http://127.0.0.1:37004",
        "http://127.0.0.1:37005",
        "http://127.0.0.1:37006"
    ]
}
```

上述配置指定了 6 个 Server 组件节点，并将它们分为两个复制组。每个复制组包含 3 个副本，一旦数据被发送到任一复制组，系统就会将数据复制 3 份并分发到该组内的 3 个节点。

接下来初始化 super_block 表，这个表的核心作用是全局管理 HelloFS 的 inode 编号。super_block 表的初始化配置如下：

```
{
    "name" : "hellofs",
    "inode_num_base" : 1000,
    "inode_step" : 1000
}
```

其中，inode_num_base 表示系统从 1000 开始分配 inode 编号。inode_step 则表示 Client 组件每次可以申请一批 inode，每批有 1000 个。当多个 Client 组件并发申请 inode 的时候，将通过 CAS 机制来保证并发操作的正确性。

2. 启动进程

Client 和 Server 组件完成编译后，便可以启动它们。首先，我们并发启动 6 个 Server 进程，分别代表 6 个存储层节点，对应 2 组复制组的节点，即对应了 MongoDB 中的复制组拓扑关系。启动 6 个 Server 进程的命令如下：

```
// 启动 6 个 Server 进程
nohup ./output/bin/server --datapath="./output/data/hellofs_data_1/" --port=37001
    2>&1 >> ./output/log/server_1.log &
```

```
nohup ./output/bin/server --datapath="./output/data/hellofs_data_2/" --port=37002
    2>&1 >> ./output/log/server_2.log &
nohup ./output/bin/server --datapath="./output/data/hellofs_data_3/" --port=37003
    2>&1 >> ./output/log/server_3.log &
nohup ./output/bin/server --datapath="./output/data/hellofs_data_4/" --port=37004
    2>&1 >> ./output/log/server_4.log &
nohup ./output/bin/server --datapath="./output/data/hellofs_data_5/" --port=37005
    2>&1 >> ./output/log/server_5.log &
nohup ./output/bin/server --datapath="./output/data/hellofs_data_6/" --port=37006
    2>&1 >> ./output/log/server_6.log &
```

这里为了模拟不同的磁盘，每个Server进程将管理不同的目录。由于IP都是本地的127.0.0.1，因此需要监听不同的端口来模拟不同的存储节点。端口配置需要与server_group表中的配置相对应。

最后，我们启动Client进程，用于接收FUSE的消息。至此，接入层组件也准备就绪。启动Client进程命令如下：

```
// 启动 Client 进程
nohup ./output/bin/client --mountpoint=/mnt/hellofs 2>&1 >> ./output/log/
    client_1.log &
```

Client组件启动时需要指定挂载路径。HelloFS文件系统将会挂载至该目录，后续所有访问/mnt/hellofs/目录下文件的所有请求将通过Client组件转发至相应的Server组件节点。

16.5.2 数据测试

在Client和Server进程启动后，我们就可以使用echo和cat命令来测试一下数据的读写功能。首先，使用echo命令写入数据：

```
$ echo "Hello World" > /mnt/hellofs/test
```

随后，使用cat命令读取数据：

```
$ cat /mnt/hellofs/test
Hello World
```

接下来去MongoDB的file_meta表中查看相应的元数据。MongoDB的file_meta表中的数据如下：

```
{
    "_id" : "653f396063741a8586dfd564",
    "name" : "test",
    "inode" : {
        "inode" : 1000,
        "mode" : 420,
        "size" : 12,
        "uid" : 0,
        "gid" : 0,
        "gen" : 0,
```

```
            "mtime" : "2023-10-30T05:04:32.868+0000",
            "ctime" : "2023-10-30T05:04:32.868+0000",
            "atime" : "2023-10-30T05:04:32.868+0000"
        },
        "data_location" : {
            "group_id" : 2,
            "locations" : [
                {
                    "fileid" : 1,
                    "offset" : 0,
                    "length" : 12,
                    "crc" : 2962613731
                },
                {
                    "fileid" : 1,
                    "offset" : 0,
                    "length" : 12,
                    "crc" : 2962613731
                },
                {
                    "fileid" : 1,
                    "offset" : 0,
                    "length" : 12,
                    "crc" : 2962613731
                }
            ]
        }
    }
```

可以看到，在 file_meta 表中新增了一条元数据。该元数据包含两部分关键的信息：一是 inode 相关的数据；二是数据存储的位置相关的信息。我们可以看到，文件名为 test，它的 data_locations.group_id 为 2，这表明该文件在第二个复制组，data_locactions.locations 数组展示了数据在复制组内的三个 Server 组件节点上的存储位置信息。

进一步检查底层元数据，按照 server_group 表的拓扑关系，我们知道第二个复制组对应的是 hellofs_data_4、hellofs_data_5、hellofs_data_6 这 3 个目录。现在，使用 hexdump 命令分析这 3 个目录下文件的数据，执行命令如下：

```
// 第二个复制组：第一个节点
$ hexdump -C output/data/hellofs_data_4/idx.1
00000000  ab cd ef cc 00 00 00 00  00 00 03 e8 00 00 00 0c  |................|
00000010  48 65 6c 6c 6f 20 57 6f  72 6c 64 0a b0 95 e5 e3  |Hello World.....|
00000020
// 第二个复制组：第二个节点
$ hexdump -C output/data/hellofs_data_5/idx.1
00000000  ab cd ef cc 00 00 00 00  00 00 03 e8 00 00 00 0c  |................|
00000010  48 65 6c 6c 6f 20 57 6f  72 6c 64 0a b0 95 e5 e3  |Hello World.....|
00000020
// 第二个复制组：第三个节点
```

```
$ hexdump -C output/data/hellofs_data_6/idx.1
00000000  ab cd ef cc 00 00 00 00  00 00 03 e8 00 00 00 0c  |................|
00000010  48 65 6c 6c 6f 20 57 6f  72 6c 64 0a b0 95 e5 e3  |Hello World.....|
00000020
```

可以看到，这 3 份数据是完全一致的。每一份数据都是“藏头 + 数据 + 藏尾”的形式存放在文件中。藏头的魔数、藏尾的 CRC 校验码等信息完全一致。

16.6 进阶思考

本章所展示的例子仅是一个极其简化的分布式文件系统，它初步具备了一些分布式的特性。然而，要达到生产环境上线的标准，还有很长的路要走。尤其是在异常处理和稳定性设计方面，目前的做法都过于简陋。在性能和成本效益方面，还有很大的提升空间。接下来将深入探讨一些关于性能和成本的思考点。

16.6.1 数据的分片

当系统收到用户数据后，并不是一定要将其整块地存放在一个位置。我们可以选择把一整块数据切分成多个片段，分散存储到系统的不同节点上。这些存储位置的信息可以存放在 MongoDB 中。该过程可以在接入层的 Client 组件中完成。分片的大小通常是根据系统的实际测试效果来定制。可以是 MiB 级别，也可以是 GiB 级别。

从空间角度考虑，数据分片能够实现对数据更细致的管理，小粒度的分片可以更容易在系统的节点之间进行均衡，而且便于在发生异常时进行重试。从性能角度考虑，数据分片之后可以让更多的硬件资源参与进来，从而提供更高的性能。数据分片的流程示意如图 16-6 所示。

举例来说，假设有 10 个磁盘，每个磁盘剩余 900MiB 空间。如果用户有 1GiB 的数据，将这 1GiB 的数据作为一个整体存储到磁盘上是不可能的。但如果将 1GiB 的文件切分成 100MiB 的片段，分散到 10 个节点，每个节点只需要存储 100MiB 的数据，那么用户 1GiB 的数据就能被存储下来了，且每个磁盘都还剩余 800MiB 的空间，系统的空间分布会更加均衡。需要注意的是，用户数据分成 10 份后，系统内需要记录的元数据也会增加，原本只需要记录 1 个位置，现在则需要记录 10 个位置，元数据的体积增加了 10 倍。

在遇到异常时，数据分片还可以有效提升用户体验。例如，一次性写入 1GiB 数据，一旦失败可能需要从头开始重试。但数据被分成 10 份，若有一个分片写入失败，则只需重传这一个分片即可。这大大提高了用户的体验和系统的稳定性。

数据分片还能有效提升性能。在读取数据的场景中，如果 1GiB 数据存储在单个磁盘上，则读取速度仅能达到单个磁盘的性能。若 1GiB 数据分散存储在 10 个磁盘上，则可利用这 10 个磁盘的能力进行读取。

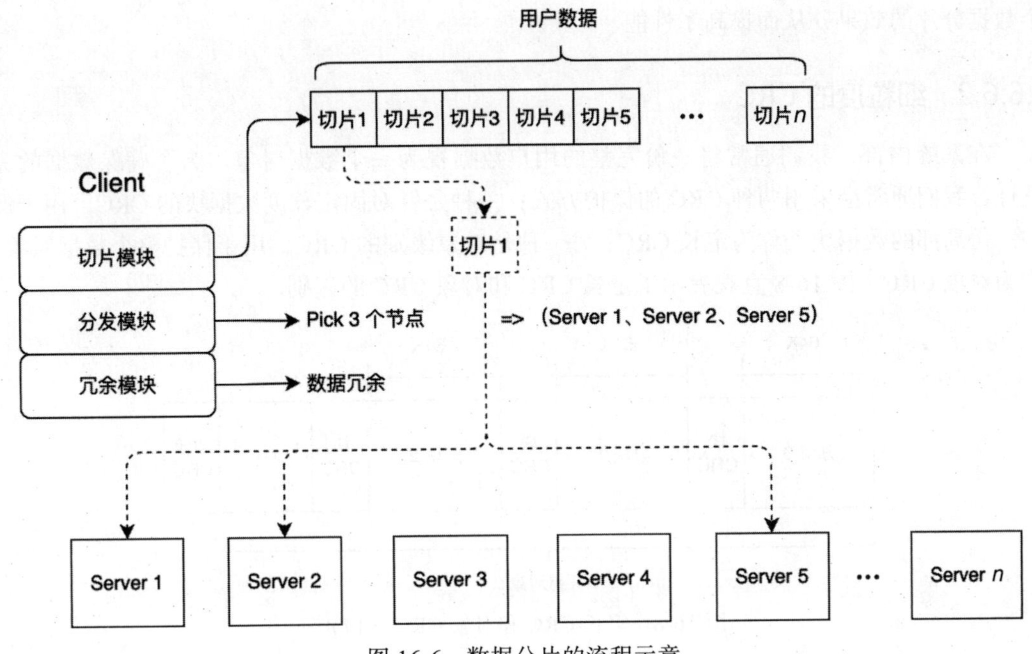

图 16-6　数据分片的流程示意

在数据写入的场景中，数据分片之后，还可以采用流水线并发的方式来提升性能。尽管用户数据上传数据通常是串行的，但系统内部可以通过数据分片实现并发写入的效果。关键点在于，数据分片之后，就有可能让接收用户数据的过程与磁盘写入的过程并发执行。图 16-7 展示了复制组内的 3 个节点进行流水线并发写操作的示例。

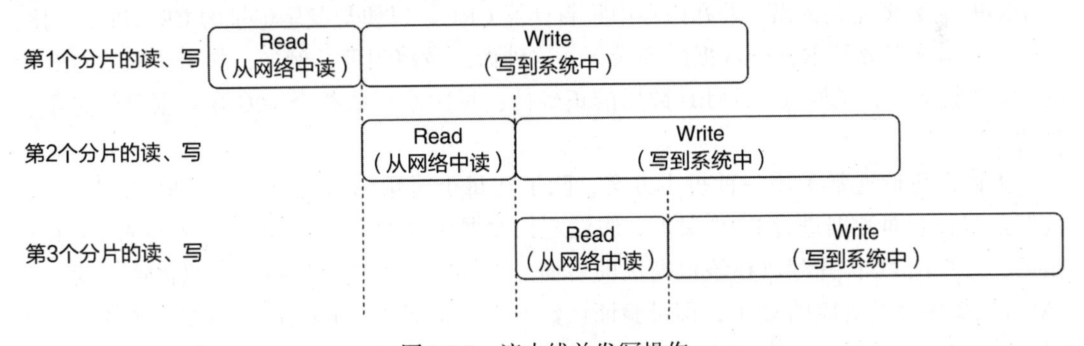

图 16-7　流水线并发写操作

例如，假设我们使用一个 Goroutine A 来处理用户上传的 1GiB 数据请求，每当 Goroutine A 读取到 1MiB 的数据，它就通过 Channel 将这部分数据发送给另一个并发运行的 Goroutine B 进行磁盘写入操作。一旦数据成功入队，Goroutine A 就可以立即着手读取下一份 1MiB 的数据，无需等待前一份数据的磁盘写入完成。这种方式使得读取下一块数据的时间与磁盘写入操作的时间重叠，从而形成一个流水线并发的模式。达到并发处理多个数据分片的效果，从而提高了性能。

16.6.2 细粒度的 CRC

在系统内部，我们通常将一份完整的用户数据视为一个数据对象。为了确保数据的完整性，我们通常会采用两种 CRC 的保护方式：一种是针对固定长度数据块的 CRC，用于保护一份局部的数据块，称为定长 CRC；另一种是对象级别的 CRC，用于保护整个数据对象，称为对象 CRC。图 16-8 直观展示了定长 CRC 和对象 CRC 的区别。

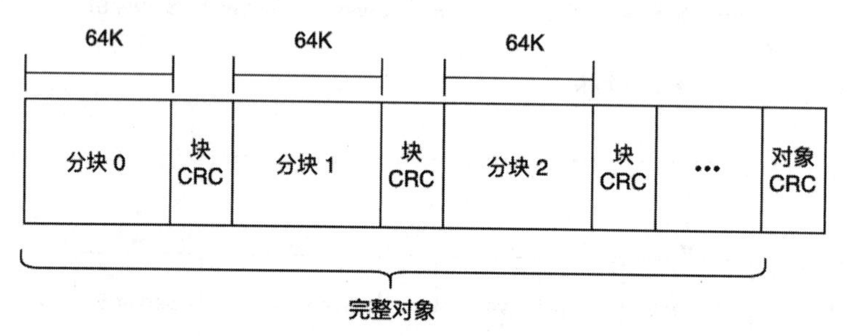

图 16-8 定长 CRC 和对象 CRC 的区别

定长 CRC 能给数据提供更细粒度的保护，这种方式常用于处理大的数据对象，通常会将定长 CRC 和对象 CRC 结合使用。而对于小的数据对象，通常仅需使用对象级别的 CRC，因为整个对象的数据可以一次性写入内存，然后直接计算出对象级别的 CRC。

以大的数据对象为例，假设我们在写入 10GiB 的数据时，只计算一个整体的对象级 CRC 并将其存储在藏尾。在这种情况下，为了验证数据完整性，我们在读取时需要将整个 10GiB 的数据完整读出，并在内存中重新计算 CRC，以便与藏尾记录的 CRC 进行对比。显然，在需要频繁读取部分数据的场景下，这种做法效率很低。例如，如果读取 10GiB 中的 1MiB 数据，为了验证这 1MiB 数据的正确性，每次都读取整个 10GiB 数据显然是不合理的。

因此，我们通常采用一种折中方案，除了在每个对象的藏尾有一个对象 CRC，还会按照固定长度对数据进行 CRC 保护。假设定长数据块的大小为 1MiB，在每写入 1MiB 数据后，计算出 CRC 并存放在该数据块的后面。这样，在后续的读取中，只需读取对应的 1MiB 数据块及其对应的 CRC，即可验证该数据块的完整性。虽然定长 CRC 不能保护整个对象，但它能对每个较小的数据对象提供保护，实现了性能和安全性的平衡。

16.6.3 更小的冗余度

在上述的例子中，我们通过采用三副本的方式来提高数据的可靠性。然而，在那些极其关注成本的场景下，我们需要考虑冗余度更低的方案，纠删码便是一个很好的选择。

纠删码能在更高的可靠性的前提下，提供更小的冗余度，因此能够显著降低成本。这也是纠删码在大容量存储的分布式系统中非常常见的原因。由于纠删码的设计较为复杂，流量扇出较大，时延可能比副本更不容易控制。而且纠删码对数据对齐的要求非常严格。因此，纠删码和副本系统通常会配合使用。在处理小对象、小容量、时延低的场景下，使用副本策略已经足够。在处理大对象、大容量、时延不敏感的场景下，则更适合采用纠删码策略。

16.7　本章小结

本章从单机用户态文件系统的守护进程拓展到了一个具备分布式属性的文件系统。通过这一进阶，我们探讨了分布式存储系统的 3 个关键组成部分：接入层（Client）、存储层（Server）和元数据中心（Meta Server），并且详细阐述了它们在系统中的作用和相互之间的交互方式。

接入层作为系统的前端，处理来自内核 fuse 模块的 I/O 请求，并将这些请求转换为内部格式，再分发给存储层。这一层采用无状态设计，可以轻松进行横向扩展。接入层还负责实施数据的分片、冗余、散列打散等策略。

存储层负责实际的数据存储工作，每个节点运行单机存储引擎，专注于将数据安全地写入本地存储并进行读取，以提高系统的可靠性。

元数据中心则扮演着至关重要的角色，它不仅存储了集群配置、节点拓扑等系统元数据，还负责存储与用户数据相关的元数据，如文件位置和切片信息。为了维护整个系统的稳定性和数据一致，元数据中心必须具备高性能、高可靠性和灵活性。

我们选择了 MongoDB 这一成熟的分布式系统来实现元数据中心，因其支持丰富的数据格式，拥有强大的查询和索引功能，并且具有良好的扩展性和可靠性。最终，我们定义了 3 张 MongoDB 数据表来分别存储用户文件元数据、集群复制组拓扑关系以及分布式文件系统超级块信息。

通过本章的介绍，我们不仅了解了分布式文件系统架构设计的理论和实践，还具体掌握了如何在实际中部署和管理这样一个系统。为读者提供了将理论应用到实践、构建自己的分布式文件系统的基础。

推荐阅读

数据中台

超级畅销书

这是一部系统讲解数据中台建设、管理与运营的著作，旨在帮助企业将数据转化为生产力，顺利实现数字化转型。

本书由国内数据中台领域的领先企业数澜科技官方出品，几位联合创始人亲自执笔，7位作者都是资深的数据人，大部分作者来自原阿里巴巴数据中台团队。他们结合过去帮助百余家各行业头部企业建设数据中台的经验，系统总结了一套可落地的数据中台建设方法论。本书得到了包括阿里巴巴集团联合创始人在内的多位行业专家的高度评价和推荐。

中台战略

超级畅销书

这是一本全面讲解企业如何建设各类中台，并利用中台以数字营销为突破口，最终实现数字化转型和商业创新的著作。

云徙科技是国内双中台技术和数字商业云领域领先的服务提供商，在中台领域有雄厚的技术实力，也积累了丰富的行业经验，已经成功通过中台系统和数字商业云服务帮助良品铺子、珠江啤酒、富力地产、美的置业、长安福特、长安汽车等近40家国内外行业龙头企业实现了数字化转型。

中台实践

超级畅销书

本书是国内领先的中台服务提供商云徙科技为近百家头部企业提供中台服务和数字化转型指导的经验总结。主要讲解了如下4个方面的内容：

第一，中台如何帮助企业让数字化转型落地，以及中台在资源整合、业务创新、数据闭环、应用移植、组织演进 5 个方面为企业带来的价值；

第二，业务中台、数据中台、技术平台这3大平台的建设内容、策略和方法；

第三，中台如何驱动新地产、新汽车、新直销、新零售、新渠道5大行业和领域实现数字化转型，给出了成熟的解决方案（实现目标、解决方案和实现路径）和成功案例；

第四，开创性地提出了“软件定义中台”的思想，通过对中台的进化历程和未来演进方向的阐述，帮助读者更深入地理解中台并明确未来的行动方向。

推荐阅读

嵌入式Hypervisor：架构、原理与应用

书号：978-7-111-75688-0

- 资深虚拟化专家撰写，辅以大量验证式案例，提供参考源码
- 解读虚拟化技术和Hypervisor产品，深入剖析嵌入式Hypervisor的架构、设计与实现和高级应用，全面提升内核安全

推荐阅读

深入浅出存储引擎

ISBN：978-7-111-75300-1

分布式存储系统：核心技术、系统实现与Go项目实战

ISBN：978-7-111-75802-0

高效使用Redis：一书学透数据存储与高可用集群

ISBN：978-7-111-74012-4

深入浅出SSD：固态存储核心技术、原理与实战 第2版

ISBN：978-7-111-73198-6